알기 쉽게 풀어쓴

전차·장갑차의 구조와 원리

허장욱 · 정상훈 著

부록: 시대별 전차, 장갑차 사진 및 제원 총정리

머리말

과거 전사를 살펴보면 무기체계의 발전은 작전개념의 변화를 강요하였으며, 이를 예측하고 적절하게 활용한 국가는 전쟁에서 승리하였으나, 이러한 변화를 무시하고 과거의 타성을 가지고 전쟁을 수행한 국가는 패망한 사례가 많이 있다.

예를 들면, 2차대전에서 전차의 기동성과 강력한 충격력을 이용하여 “전격전”이라는 작전개념으로 승화시킨 독일과 전차를 단지 “움직이는 참호”정도로 생각하고 마지노선에 기초한 수세적 작전개념을 적용한 프랑스는 큰 대조를 이루었다. 그 결과 프랑스는 우수한 성능의 전차를 보유하고도 독일에게 공격한번 제대로 하지 못하고 항복하게 되었다.

최근의 걸프전, 아프간전 및 이라크전에서와 같이 전쟁에서의 통합적인 승리는 지상 전투부대가 적지를 점령한 후에 얻어졌으며, 승리의 근간에는 전차와 장갑차를 포함한 기갑부대가 결정적인 역할을 하였고, 장차전에서도 중요한 역할을 수행할 것이 확실시 된다.

이러한 전사는 무기체계와 관련된 업무를 수행하는 모든 인원들이 되새겨야 할 교훈이라고 생각하며, 항시 미래전의 개념하에 제 성능을 발휘하는 무기체계가 전력화되도록 노력하여야 한다. 또한 최근 전차와 장갑차는 정밀화, 고도화, 복합화 추세이며, 이러한 무기체계를 효과적으로 획득하기 위해서는 관련 담당자들의 기술적인 마인드와 장비의 기본적인 동작원리를 이해하는 것도 매우 중요하다.

그러나 아쉽게도 전차와 장갑차의 급속한 발전으로 말미암아 담당자들의 기술적인 마인드 향상 노력이 절실히 요구되고 있으나, 이와 관련되어 발간된 책자는 무기체계의 단편적인 제원 위주로 기술되어 있고, 이 또한 몇 가지 종류에 지나지 않는 실정이다.

이에 따라 지상무기체계의 핵심인 전차와 장갑차를 대상으로 서론 부분인 “무기체계의 출현과 종류”, 본론 부분인 “구조와 원리”, 결론 부분인 “발전추세” 등을 총 70여개의 주제로 종합 정리하여 책자를 발간하게 되었다.

먼저 서론에서는 전차, 장갑차의 탄생 배경으로부터 현재 주요 선진국에서 운용중인 장비까지를 총망라하여 과거 전사에서의 역할과 함께 발달사를 알기 쉽게 기술하였다. 본론에서는 전차와 장갑차의 구조를 계통별로 정리하였으며, 주요 장치의 기능과 동작원리를 수록하였다. 마지막으로 결론에서는 주요 선진국에서 차세대 전차와 장갑차에 적용하기 위해 연구하고 있는 핵심기술의 연구동향과 추진내용을 제시하였다. 또한, 세계의 모든 전차와 장갑차를 시대별, 국가별로 구분하여 장비의 사진과 제원을 부록으로 정리하였다.

이와 같은 활동의 산출물이 나오기까지 일과 후 시간과 주말을 희생하며 자료정리를 도와준 방위사업청 무기체계원리탐구회 동아리 회원들께 먼저 고마운 마음을 전하며, 책자 형태로 발간될 수 있도록 도와주신 양서각 신대영 사장님께 감사를 드린다.

모쪼록 본 책자의 내용이 전차, 장갑차와 관련된 업무를 하시는 모든 분들에게 지식기반을 넓히고, 평소 담당 무기체계에 대한 관심과 연구동기를 부여하는 계기가 되었으면 하는 바램이다.

2013년 4월

저자일동

차례

1장 전차의 모든것

Tank

1장 전차의 모든것

[제 1 절]

전차의 출현과 종류

1.1 전차의 기원은 무엇인가?

역사적으로 세계 최초의 전차(戰車)는 기원전 2000년경 이집트와 히타이트[1] 사람들이 이용한 말이 끄는 전투마차였다. 이 시기에 이집트는 람세스 2세[2] 시절로서 유명한 카뎃슈 전투[3]가 있었으며, 주력 무기로는 활과 투창이었다.

▶ 그림 1–1 고대전차 상상도

이후 로마제국 시대에도 전투마차가 전쟁의 주요 수단으로 이용되기도 하였다. 하지만 네로황제[4] 시대 이후로는 주요 전투지역이 북부산림 지대로 변경됨에 따라, 전차는 로마 시민들의 관심을 끄는 구경거리용 경주전차로 전락을 하게 되었다.

방호용 차량의 개념이 등장한 것은 그림 1-2, 1-3, 1-4에 나타낸 바와 같이 보병이 성(城)을 공격할 때 사용하는 무기인 중세의 파성추(破城錐)[5], 투석기, 공성탑(攻城塔)[6]에서 찾

---

1) 히타이트 : BC1700～BC1200년까지 약 500년간 실재하였던 제국으로 현재의 터키를 중심으로 큰 세력을 형성하였음
2) 람세스 2세 : 고대 이집트 제19왕조의 제3대 왕(BC 1279～1213간 재위). 팔레스타인과의 오랜 싸움에서 화친을 맺고 시리아를 포기하였다. 대표적인 오리엔트적 전제군주로 자신의 조상(彫像)을 각지에 남기고 신전·장례전(葬禮殿)·신문(神門) 등을 세웠다. 라메세스(Ramesses) 2세라고도 부름
3) 카뎃슈 전투(BC 1265년 전후) : 카뎃슈(현재의 시리아) 지역을 둘러싼 이집트와 히타이트간의 전쟁이며, 양측의 대규모 피해로 인해 평화조약 체결로 발전하였음
4) 네로황제 : 로마제국의 제5대 황제로서, AD54～68년간 재위에 오름
5) 파성추(破城追) : 바퀴 달린 나무에 쇠뭉치나 금속제 송곳을 단 통나무를 밧줄로 매달아 놓은 병기
6) 공성탑(攻城塔) : 성벽에 접근했을 때 병사들이 성벽 위로 내려서 백병전을 전개할 수 있도록 만든 대형 목

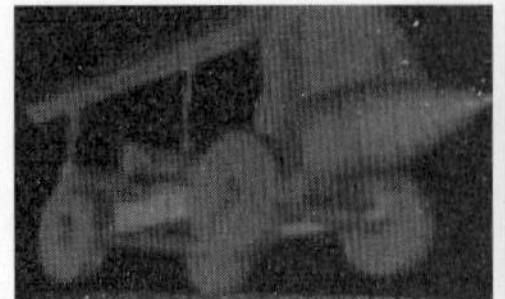

▶ 그림 1-2 파성추

▶ 그림 1-3 방호력을 갖춘 투석기

▶ 그림 1-4 공성탑

아볼 수 있다.

전투용과 방호용이라는 개념은 1335년 이탈리아의 기술자인 기도 다 비제바노가 처음 제안한 전투차에서 통합되기 시작하였다.

이 전투차는 1484년 레오나르도 다 빈치[7]와 그 후의 여러 사람에 의해 제안되었으며, 1855년에는 영국에서 제임스 코윈이 증기 트랙터에 입각한 차륜식 무장 장갑차량의 특허를 내기도 하였다.

그러나 20세기가 되어서야 비로소 전투장갑차량이 실용적인 형태를 갖추기 시작하였다. 이는 견인차와 동력차가 등장하여 장갑차량을 제작할 수 있는 토대가 마련되었기 때문이었다.

1900년에 영국에서 최초의 자주식(自走式) 장갑차량이 제작되었는데, 존파울러사(社)가 보어전쟁[8]에서 보급품을 운반하기 위해 자사 제품의 증기견인차를 장갑으로 제작한 것이었다.

다음으로 무장과 장갑을 겸한 장갑전투차량이 1902년에 비커스선・맥심사(社)의 주문으로 제작되어 런던에서 전시되었으며, 2년 후에는 하나의 포탑과 함께 완전 장갑된 차량이 프랑스에서 제작되었고, 동시에 오스트리아에서도 생산되었다.

탑 병기로서, 이동 중 적 궁병을 견제하거나 성벽에 내려서 아군 보병을 엄호하기 위해 꼭대기층에 궁병을 태우기도 하였으며, 탑 꼭대기의 전면과 양측면은 판자 등으로 방호되었음

7) 레오나르도 다 빈치(1452~1519) : 르네상스 시대의 이탈리아를 대표하는 천재적 미술가, 과학자, 사상가

8) 보어전쟁(1899~1902년) : 영국과 트란스발공화국(네덜란드 자손인 보어인이 남아프리카에 건설)간의 전쟁으로 남아프리카 전쟁이라고도 부름

그러나 실제 주행시험에서 지면이 단단한 포장 도로에서는 적당한 성능을 보여주었으나, 지면이 고르지 못하거나 진흙탕 또는 연약한 지반에서는 제대로 성능을 발휘하지 못하였다.

▶ 그림 1-5 최초 전차 개발의 개념을 제공한 농업용 트랙터

이와 같은 제한사항 해소를 위해, 1903년 프랑스에서 궤도식 농업용 트랙터를 모방하여 궤도식 장갑차량을 만들자는 제안이 나왔지만, 군 관계자들의 관심을 불러일으키지 못하였으며, 1908년 영국에서 나온 비슷한 제안도 마찬가지로 기각되었다. 그러나 전차는 1, 2차 세계대전과 중동전, 이라크전 등의 과정을 거치면서 현대전 수행을 위한 지상전의 왕자로 발전하게 된다.

1.2 1차대전에서 전차는 어떤 역할을 하였는가?

전차는 다른 무기체계에 비해 전쟁의 역사 속에서 가장 급격하게 발전하였으며, 전차의 효용성이 알려지기 시작한 것은 바로 1차대전[9]의 발발이었다. 당시 영국과 프랑스를 중심으로 한 연합군은 파죽지세로 진격해 오는 독일군을 저지하는 데 성공하였으나, 기관총과 대포의 강력한 화력으로 무장하고 철조망과 참호 등으로 구축된 독일의 방어선을 돌파할 수가 없어, 전선이 고착상태에 놓이게 되었다.

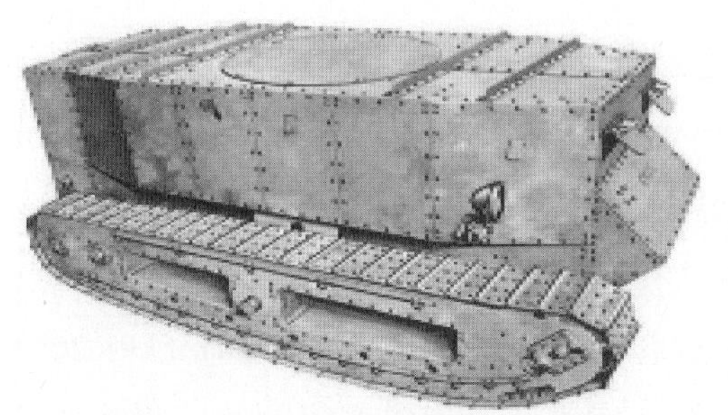

▶ 그림 1-6 세계 최초전차 리틀 윌리

▶ 그림 1-7 세계 2번째 전차 빅 윌리

9) 1차대전 : 1914년 유럽의 화약고였던 사라예보에서 세르비아 청년이 오스트리아의 내정간섭에 불만을 품고 페르디난트 황태자 부부를 암살함으로써 촉발되었다. 이 사건으로 호시탐탐 기회를 엿보던 열강제국(프랑스, 영국, 구소련, 독일 등)들이 참전함으로써 세계대전으로 비화되었다.

▶ 그림 1-8 MARK-1 전차의 참호 돌파 사진

▶ 그림 1-9 MARK-1 전차의 내부 형상

1914년 영국 육군의 슬라인튼 중령은 이러한 상황을 타개하고 적의 방어선을 뚫기 위해 트랙터에 화포를 탑재한 전차를 고안하였다. 이 전차에 대한 설계안은 최초 육군성에서 부결되었으나, 당시 해군장관이었던 윈스턴 처칠이 해군의 예산으로 전차의 연구개발을 후원하였다.

1915년 윈스턴 처칠 해군 장관의 지시에 따라 전차 개발을 위한 비밀조직인 해군상륙함위원회가 조직되었으며, 포스터라는 회사에서 농업용 트랙터에 궤도를 부착한 초기형 전차를 개발하게 되었는데 그 이름이 리틀 윌리[10)]였다.

이어서 영국은 빅 윌리[11)]라는 2번째 모델을 완성하였으며, 이 전차의 효용성을 인정한 영국 육군의 주문으로 최초의 무한궤도식(케터필러) 전차 MARK-1[12)]이 1916년 전장에 배치되었다. MARK-1은 그림 1-8, 1-9에 나타낸 바와 같이 연강판을 볼트로 결합한 형태였으며, 57 mm 포를 장착한 수컷형과 기관총을 탑재한 암컷형이 운용되었다.

이후 영국군이 영불해협을 건너 육지로 수송할 때 독일의 첩보망을 교란하기 위해 MARK-1 전차를 물을 수송하는 탱크, 즉 물탱크(Water Tank)라고 교묘하게 속였으며, 이로 인해 오늘날 정식 명칭으로 탱크라는 이름을 사용하게 되었다.

1차대전 발발 후 전차가 처음 사용된 것은 솜므전투[13)]에서였는데 철조망을 깔아뭉개고 참호를 넘어 돌진해 오는 강철덩이에 독일군이 놀란 것은 당연하였다. 1917년 11월 20일 캉브레[14)] 지역의 영국 전차군단은 400대의 대규모 전차를 투입하여 약 10 km를 돌파하였

10) 리틀 윌리(Little Willy) : 개발완료 1915년, 전투중량 16.5톤, 최대속도 5.6 km/h, 7.62 mm 기관총 1정
11) 빅 윌리(Big Willy) : 개발완료 1916년, 전투중량 28톤, 최대속도 6 km/h, 7.62 mm 기관총 2정
12) MARK-1 전차 : 개발완료 1916년, 전투중량 30톤, 최대속도 6 km/h, 항속거리 20 km, 57 mm 주포 2문(혹은 7.62 mm 기관총 4정)
13) 솜므(Somme)전투 : 1917년 영국군과 독일군의 전투로써, 최초로 탱크가 쓰인 전투

다. 그러나 진격한 지역에서의 연료 보급 제한 등으로 지속적인 전진이 곤란하여 완전한 성공을 거두지는 못하였다.

당시 독일군 지휘부는 영국군의 신무기인 전차를 과소평가하고 흥미를 보이지 않았지만, 전차의 등장으로 전선이 돌파되고 공황현상까지 나타나자 자체적인 전차 제작 계획을 수립하였으며, 그림 1-10, 1-11에 나타낸 바와 같이 초대형의 A7V 전차[15)]가 출현하게 되었다.

▶ 그림 1-10 독일의 A7V 전차

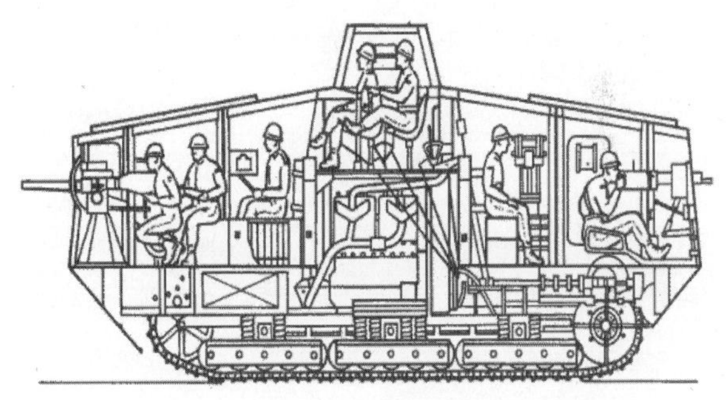

▶ 그림 1-11 독일의 A7V 전차 내부향상

이러한 A7V 전차는 18명의 승무원을 태우고, 전투중량이 30톤이나 되는 괴물 전차였으나, 전쟁이 끝날 때까지 자재부족 등으로 인해 15대만 제작되었으며, 1918년 브루토뉴(Bretonneux)의 비어(Villers)에서 벌어진 6차례의 최후 공세에 투입되었다.

전차수량 부족과 기타 전력의 절대적 열세로 독일군의 최초 공세는 실패로 돌아갔지만, 2차 공세 때는 사상 최초의 전차전에서 독일군은 쉽게 승리를 거둘 수 있었다. 독일 전차의 37 mm 직사포는 기관총만을 탑재한 영국 전차를 손쉽게 파괴할 수 있었기 때문이었다.

전차의 적은 전차라는 사실을 깨달은 영국군은 47 mm 직사포를 탑재한 비커스 전차[16)]를 개발하여 전차전 임무를 수행하도록 하였으며, 독일군의 마지막 공세를 맞아 연합군은 550대의 전차를 집중해서 돌파구를 협공, 독일군 10개 사단을 격멸하고 공세를 무력화시켰다.

이어서 1918년의 "아미엥 전투"에서는 연합군이 670대의 전차를 집중하여 독일군 7개

14) 캉브레(Cambrai) : 프랑스 북부 노르파드칼레 지방 노르 주에 있는 도시
15) A7V 전차 : 개발완료 1918년, 전투중량 30톤, 최대속도 10 km, 항속거리 35 km, 37밀리 주포 1문, 기관총 6정 탑재
16) 비커스(Vickers) 전차 : 전투중량 38.1톤, 최대속도 50 km, 47 mm 주포 1문, 기관총 2정 탑재

▶ 그림 1-12　프랑스의 르노 전차

▶ 그림 1-13　미국의 M1917 전차

사단을 결정적으로 패퇴시킴으로써 1차대전을 승리로 이끌게 되었다. 당시 독일군의 루덴돌프 참모차장은 "전차에 졌다"고 하였으며, 이 날을 독일군의 "암흑의 날"이라고 불렀다.

1차대전간 각국은 전차의 효용성에 착안하여 수많은 전차를 생산하였는데, 특히 프랑스는 세계 최초로 회전형 포탑을 차체에 얹은 르노 전차[17]를 약 3,870여 대 생산하였으며, 영국은 MARK-1 모델부터 MARK-8 모델까지 약 2,630여 대의 전차를 생산하여 운용하였다.

이와 같이 1차대전에서 전차 운용의 특징은 전차를 통합하여 대규모 전차전을 치르는 것이 아니라, 주로 적의 토치카[18]나 참호 등을 격파하는 수단으로 이용되었다.

특히 프랑스 육군은 전차가 보병의 보조수단에 지나지 않는다는 전차 운용개념을 설정하였고, 미국에서도 무거운 영국전차보다는 경량의 프랑스 전차 운용개념을 받아들였으며, 프랑스 르노 전차를 복제하여 M1917 전차[19]를 생산하였다.

1.3　2차대전에서 독일군이 사용한 전격전의 개념은 무엇인가?

전격전이란 그림 1-14에서 나타낸 바와 같이, 공군의 지원 하에 전차가 주축이 된 기계

17) 르노(Renaults) 전차 : 개발완료 1916년, 전투중량 7.5톤, 최대속도 10 km/h, 37 mm 주포 1문
18) 토치카 : 특화점(特火點 : Pillbox)이라고 하며, 기관총이나 포 등의 화기를 비치하고 있는 작은 진지를 의미한다. "점"이라는 뜻을 가진 러시아어 Tochka에서 유래되었으며, 2차대전 이전에 구소련이 만주와 국경지대에 구축한 영구진지를 가리키는 고유명사였으나, 그 후 일반명사로 사용하게 되었음
19) M1917 전차 : 개발완료 1917년, 전투중량 6.6톤, 최대속도 8.9 km/h, 37 mm 주포 1문, 7.62 mm 기관총 1정

화부대로 적의 제1전선을 급속히 돌파하여 후방 깊숙이 진격함으로써 적을 양단 및 포위하고, 포위된 적 부대는 후속의 보병부대로 하여금 각개 격파하여 섬멸하는 전법이다.

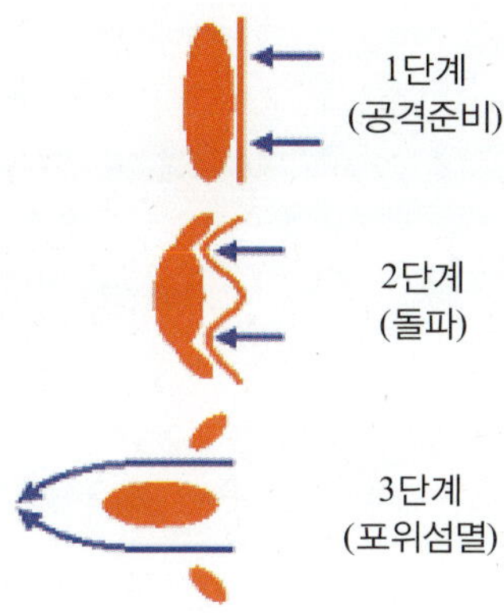

▶ 그림 1-14 전격전 개념도

1939년 9월 1일, 독일군은 6개 기계화사단을 3개 집단으로 나누어 3방면으로 폴란드를 침공하여 18일 만에 작전을 종료하였다. 이 때 폴란드 침공 당시에 쓰였던 독일군의 주력 장비로는 팬져1호 전차[20], 팬져2호 전차[21], 팬져3호 전차[22] 및 팬져4호 전차[23]였다.

독일군의 기갑사단은 폴란드 국경진지를 일거에 돌파해서 전략예비부대를 격파하였으며, 편성 중이던 예비군을 기습해서 괴멸시키고, 지휘, 통신, 보급 조직을 파괴하면서 바르샤바와 그 동북지역으로 돌진하여, 폴란드군에게 대응할 시간적 여유를 주지 않았다.

당시 폴란드군은 기병 위주로 편성되어 있어 말을 타고 칼을 휘두르며 독일군의 진격을 저지하고자 하였으나, 기병부대는 독일군 기계화부대의 상대가 아니었다. 미래전을 예측해 전력을 준비한 부대와 과거에 얽매여 있던 부대와의 전투는 시작 전에 이미 그 승패가 결정되어 있었다.

그러나 처음 치른 실전이었기 때문에 독일군의 여러 가지 부족한 점도 발견되었다. 사용

▶ 그림 1-15 독일의 팬져1호 전차

▶ 그림 1-16 독일의 팬져2호 전차

20) 팬져1호 전차 : 개발완료 1934년, 전투중량 5.4톤, 7.92 mm 기관총 2정, 최대속도 46 km, 승무원 2명

21) 팬져2호 전차 : 개발완료 1937년, 전투중량 7.3톤, 20 mm 주포 1문, 7.92 mm 기관총 1정, 최대속도 42 km, 승무원 3명

22) 팬져3호 전차 : 개발완료 1937년, 전투중량 15.3톤, 37 mm 주포 1문, 7.92 mm 기관총 3정, 최대속도 35 km, 승무원 5명

23) 팬져4호 전차 : 개발완료 1937년, 전투중량 18.4톤, 75 mm 주포 1문, 7.92 mm 기관총 2정, 최대속도 31 km, 승무원 5명

▶ **그림 1-17** 독일의 팬져3호 전차

▶ **그림 1-18** 독일의 팬져4호 전차

된 팬져1호 전차와 팬져2호 전차는 경전차였기 때문에 파괴력이 부족하였다. 따라서 이후에는 화력이 강화된 중전차인 팬져3호 전차와 팬져4호 전차를 주력전차로 삼게 되었다. 또한 경장갑 사단의 전력이 부족하여 고립된 경험으로 인해 4개의 경장갑 사단을 10개의 기갑사단으로 개편해서 프랑스와의 다음 전투에 임하였다.

1940년 5월 1일 독일군은 영국과 프랑스의 주력군이 아르덴느 삼림과 마지노선의 연장선인 스당 부근을 선회축으로 삼아 벨기에로 진출해서 독일군의 슐리펜 계획[24]에 대처하려는 것을 간파하고 공격계획을 수립하였다. 그림 1-19에 나타낸 바와 같이, 네덜란드와

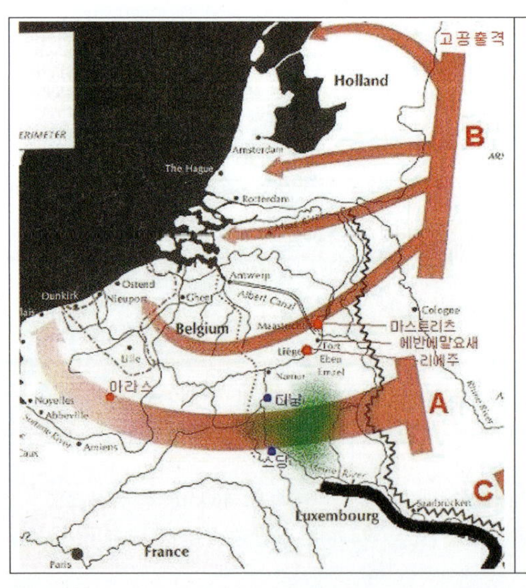

① 독일군의 B집단군이 프랑스가 예상한 공격루트인 네덜란드와 벨기에를 경유한 북프랑스 지역으로 유인작전을 감행하여 대부분의 영불 연합군을 이지역으로 집중시켰다.

② 이 때 독일군 주공인 A집단군의 기갑전력은 아르덴느 삼림지대(초록색 표시 부분)를 지나 비어있던 프랑스 후방을 향해 돌파를 시작하였다.

③ 이로 인해 프랑스 남부부터 벨기에에 이르는 마지노선(검은색 굵은선)과 아르덴느 삼림의 천혜의 요새를 맹신한 프랑스는 어처구니없이 무너지고 말았다.

▶ **그림 1-19** 독일군의 프랑스 공격간 전쟁 수행개념(기만, 속도, 집중)

24) 슐리펜 계획 : 독일이 서부와 동부 두 면에 걸쳐 두 개의 전선을 형성하여 전쟁을 하게 되었을 때, 어떤 방법으로 전쟁을 수행해 나가야 할지를 자세히 지시하는 작전수행 계획

벨기에 정면에 전개한 B집단군의 2개 기갑사단으로 하여금 영불 연합군을 유인토록 하였으며, 중앙의 A집단군에 8개 사단을 편성하여 스당 부근을 돌파하고 영불해협으로 진격하여 적을 포위 섬멸하고자 하였다.

A집단군의 선봉을 맡은 클라이스트 장군의 기갑부대(기갑사단 5개)는 공군 폭격기의 지원을 받으면서 스당을 돌파, 솜므강 북안을 따라 일거에 600 km를 돌진해서 5월 말에는 해협에 도달하였다. 그리고 마침내 영국군과 프랑스군을 플란다스 평원에서 포위하였다.

프랑스군은 드골의 제3기갑사단 등을 앞세워 포위망을 뚫기 위한 작전을 시도하였으며, 영국군은 2개 전차대대를 앞세워 탈출 작전을 수행하였지만 오히려 영불 연합군은 모두 치명적인 타격을 입었다. 이어서 독일군은 6월 초순에 2차 공세를 시작하였다. 선봉을 맡은 구데리안 기갑부대는 파리를 우회해서 마지노선의 배후로 진출하여 프랑스로 하여금 항복을 하지 않을 수 없게 압력을 가하였다.

결국 프랑스는 독일이 공격을 감행한 지 44일 만에 항복을 하였으며, 이는 과거 1차대전식 전쟁에 연연하여 진지전과 참호전을 계획한 프랑스군의 마지노선이, 전차라는 새로운 무기와 전격전이라는 새로운 전술의 독일군에 여지없이 패배하는 순간이었다. 즉, 전차를 주축으로 한 기계화부대의 승리였다.

1.4 2차대전에서 전차는 어떤 활약을 하였는가?

2차대전에서는 전차의 운용과 관련된 작전계획과 전술에 따라 전쟁결과가 결정되는 경우가 많았다. 2차대전 초기 영국, 프랑스, 미국 등의 연합군은 전차를 정찰용이나 움직이는 참호 정도로 생각하였으나, 독일군은 전격전이라는 전술교리를 바탕으로 전차를 전장의 주역으로 생각하고 기동성을 부여하였다. 이와 같이 독일군이 전차에 대해 적절한 운용개념을 정립하고 전투를 수행한 결과, 전쟁초기 독일군의 열세한 화력에도 불구하고 연합군을 상대로 전쟁을 승리로 이끌 수 있었다.

1.4.1 2차대전 이전의 상황

2차대전 이전 대부분의 국가는 전차를 "움직이는 벙커" 정도로 밖에 고려하지 않았다. 따라서 전차의 성능은 적의 소총탄으로부터 승무원을 지켜 줄 방어력을 가지고 있고, 적의 방어거점이나 보병을 공격할 기관총과 대포로 무장하는 수준이었다. 또한 전차를 보병 지원용 무기로 판단한 결과, 전차의 속도를 보병의 진격속도 정도면 된다고 생각하여 전차의 속도가 매우 느렸다.

1.4.1.1 보병전차와 순항전차의 영국

▶ 그림 1-20 영국 보병전차(Matilda)

▶ 그림 1-21 영국 순항전차(Crusader)

영국은 1차대전 후 전차의 중요성을 인식하여 중전차 300대를 근간으로 한 기계화사단의 창설과 전차군단(9개 여단으로 구성)을 편성하였다. 그러나 사회개혁에 모든 역량을 집중하고 있던 영국정부는 군 구조개편을 간과하고, 4개의 전차대대로 축소하였다.

당시 풀러는 전격전의 기초이론이란 책을 통하여 장차 전쟁은 전차가 주도하는 전장이 될 것이라고 예언하였으나, 이 책은 영국군에게는 읽히지 않고 오히려 적국인 독일군 장교의 필독도서가 되었다. 영국 전차의 특징은 전차를 보병용과 순항용으로 나누어 운용하는 데 있었다. 보병전차는 장갑 두께를 두껍게 하고 주포구경을 크게 하여, 방호력과 파괴력은 우수하였지만 기동성이 떨어졌다. 대표적인 전차로 Matilda[25]가 있으며, 보병과 같이 이동한다는 이유로 무전기가 장착되지 않았다.

순항전차는 직진지역을 최대한 넓게 확보할 수 있도록 강력한 기동성을 보유하였으나, 장갑두께가 얇고 무장도 빈약하였다. 대표적인 전차로는 Crusader[26]가 있으며, 전차 내에 무전기가 장착되었다.

1.4.1.2 진지전을 고려한 프랑스

프랑스는 미래의 전쟁도 1차대전과 같이 진지전이 될 것이라고 판단하고, 마지노선을 구축하는 등 전략적 방어를 군의 기본 전략지침으로 설정하였다. 이 때문에 전차의 역할도 수세를 만회하기 위한 반격력으로 여겨져 새로운 교리개발을 등한시하였다.

---

25) Matilda 전차 : 개발완료 1037년, 전투중량 26.5톤, 55.8 mm 주포 1문, 7.92 mm 기관총 1정, 최대속도 24 km/h
26) Crusader 전차 : 개발완료 1941년, 전투중량 19.3톤, 40 mm 주포 1문, 7.92 mm 기관총 1정, 최대속도 43 km/h

이러한 작전계획에 따라 2차대전이 시작된 시점에서는, 3개의 기갑사단과 쾌속 기계화사단이라는 적지 않은 기갑부대를 갖추었지만, 전차와 보병의 불균형과 기동력의 열세를 만회할 수 없었다.

▶ 그림 1-22 프랑스 Char B1 전차

프랑스 전차의 특징은 그림 1-21에 Char B1 전차[27]를 나타낸 바와 같이, 포탑 크기를 축소하여 승무원 수를 2~3명으로 억제하였으며, 이로 인해 적의 대전차 무기로부터 피탄면적을 최소화하였다. 그러나 독일에 일찍 패전함으로써 2차대전에서는 큰 활약을 하지 못하였다.

1.4.1.3 전격전을 준비한 독일

1차대전 후 독일은 베르사이유 조약[28] 탓에 연합군의 눈을 피해 트랙터 공장에서 몰래 만들 수 있는 수준의 전차를 생산할 수밖에 없었으며, 그 결과 독일군 전차의 주력은 팬져 1호 전차와 팬져2호 전차로써, 화력과 방호력이 지극히 취약하였다. 따라서 영국이나 프랑스에 비해 화력과 방호력이 열세인 전차를 가지고 이들과 대응할 수 있는 방안의 연구가 활발하게 진행되었다.

이러한 연구 중 구데리안[29] 대위가 영국의 풀러와 리델하트[30]의 전격전 이론을 받아들여 전차에 관한 연구를 시작함으로써, 기계화사단이 태동하는 계기를 마련하였다. 그는 기동력을 강화한 전차를 주축으로 보병/포병/공병 등을 결합시킴으로써 기계화사단을 편성하여야 한다고 주장하였다.

1933년에 정권을 잡은 히틀러는 구데리안의 구상에 강한 관심을 보였다. 이 때문에 히틀러가 1935년에 재군비를 선언하였을 때에는 2개 기계화사단의 창설을 끝마쳤고, 1938년의 오스트리아 진군으로 그 전략적 기동력을 실험하였다.

다음해인 1939년 초여름까지는 전차여단, 차량화보병여단, 곡사포대대, 기갑정찰연대,

---

27) Char B1 전차 : 개발완료 1937년, 전투중량 31.5톤, 75 mm/47 mm 주포 2문, 7.5 mm 기관총 2정, 최대속도 25 km/h

28) 베르사이유 조약 : 1919년 6월 28일 베르사이유 궁전에서 연합국과 독일 사이에 체결된 조약으로, 패전국인 독일에 막대한 배상금을 부과하였으며, 독일의 군비 증강을 엄격하게 통제하였음

29) 구데리안(1888~1954) : 2차대전 동안 폴란드, 프랑스, 유고 전선에서 전격전을 전개하여 크게 활약하였으며, 독일 기갑군의 아버지로 불림

30) 리델하트(1895~1970) : 영국의 군사 분석가, 역사가, 정책자문가였으며, 저서로는 전략론 등 30여 권이 있음

공병대대, 지원부대 등으로 이루어진 기갑사단 3개, 전차와 보병을 1 : 1 개념으로 편성한 기계화사단 3개, 그리고 경장갑사단 4개를 편성하여 새로운 개념에 의한 전격전을 구상하였다.

1.4.1.4 보병 엄호용 전차 중심의 미국

미국은 1940년 7월 전차 운용에 대한 유럽의 흐름을 받아들여 12개 기갑사단을 창설하였으나, 전차의 표적은 적 전차가 아닌 적 보병과 포병을 상대하도록 하였고, 적 전차는 포병으로 하여금 대응하도록 하였다. 1차대전 후 미국은 프랑스의 보병 엄호용 전차인 르노 전차를 모방하여 생산 하였으며, 2차대전 이전에는 M-3 경전차[31]와 M-3 중전차[32]를 보유하고 있었다.

▶ 그림 1-23 미국 M-3 경전차

▶ 그림 1-24 미국 M-3 중전차

1.4.1.5 전차보다 포병을 중시한 구소련

구소련도 독일의 기갑사단에 자극받아 전차사단의 필요성을 인식하였지만, 스탈린의 신념은 "전쟁의 신은 포병이다"라는 것이었다. 특히 2차대전 동안에 일어난 핀란드와의 전쟁 경험[33]은 전차사단의 편성에 제동을 걸었다. 그러나 1941년 6월 독소전이 시작되었을 때 구소련군은 KV-1 전차[34]를 주축으로 75개 여단과 2개 사단을 편성하고 있었으며, T-34 전차[35]를 개발하여 매월 1,000대를 생산할 준비를 하고 있었다.

---

31) M-3 경전차 : 개발완료 1941년, 전투중량 13톤, 37 mm 주포 1문, 7.62 mm 기관총 4정, 최대속도 50 km/h
32) M-3 중전차 : 개발완료 1942년, 전투중량 28.6톤, 75 mm/37 mm 주포 2문, 7.62 mm 기관총 4정, 최대속도 40 km/h
33) 1939~1946년에 걸쳐 일어난 구소련과 핀란드간 전쟁에서 강력한 포병화력 덕분에 구소련이 승리하였음
34) KV-1 전차 : 개발완료 1940년, 전투중량 43.5톤, 76.2 mm 주포 1문, 7,62 mm 기관총 3정, 최대속도 35 km/h
35) T-34 전차 : 개발완료 1942년, 전투중량 30.9톤, 76.2 mm 주포 1문, 7.62 mm 기관총 2정, 최대속도 53 km/h

▶ 그림 1-25 구소련 KV-1 전차

▶ 그림 1-26 구소련 T-34 전차

1.4.2 2차대전의 발발과 전차의 역할

독일군은 전쟁 초기 전차에 대한 탁월한 전술적 개념을 적용하여, 연합군보다 화력과 방호력이 떨어지는 전차로 훨씬 유리하게 전쟁을 이끌어 나갈 수 있었다. 그러나 2차대전 후반에는 연합군에게 제공권을 빼앗김에 따라, 연합군보다 강력한 전차를 가지고 있었음에도 불구하고 독일군 전차는 제대로 작전을 수행할 수 없게 되었다.

1.4.2.1 전차중심의 속도전(전격전) 수행

2차대전이 발발하면서 독일군은 자국의 팬져1호 전차, 팬져2호 전차보다 강력한 화력과 방호력을 갖춘 연합군과 대응할 수 있는 것은 오직 속도뿐이라고 생각하였으며, 실제 전차와 기계화된 보병의 진격속도는 움직이는 참호로 전차를 사용한 연합군에 비해 엄청난 속도 차이를 보여 주었다.

또한 적 전차에 비해 상대적으로 화력이 떨어지더라도 기동성에 비중을 두고 전차를 집단 으로 운용함으로써, 각 보병부대에 분산시킨 연합군의 전차들보다 강한 돌파력을 가지게 되었다. 예를 들면, 영국과 프랑스는 3,254대의 전차를 가지고 있었으나, 이 전차들로 보병사단을 지원한다는 작전개념 하에 500 km의 전선에 분산 배치함으로써, 전차는 1 km당 6.5대가 분포되어 결정적인 힘을 발휘할 수 없었다. 반면 독일군은 2,574대의 전차를 주요 거점에 집중 운용함으로써 연합군의 방어선을 쉽게 뚫을 수 있었다.

한편, 2차대전 중반 이후에는 많은 나라들이 독일군의 전격전이라는 전술에 충격을 받고 교리를 수정함으로써, 독일군의 이점은 사라지게 되었다. 더불어 이 때 출현한 독일군의 팬져3호 전차와 팬져4호 전차에 대항할 수 있는 M-4 셔먼전차[36], T-34 전차가 연합군

36) M-4 셔먼전차 : 개발완료 1942년, 전투중량 30톤, 75 mm 주포 1문, 12.7/7.62 mm 기관총 3정, 최대속도

▶ 그림 1-27 미국 M-4 셔먼전차

▶ 그림 1-28 미국 M-26 퍼싱전차

에 속속 등장하게 되었고, 2차대전 후반 독일군의 중(重)전차로서 화력과 방호력이 강화된 팬져5호 전차[37)]와 팬져6호 전차[38)]의 배치에 대응하여, 미국에서는 M-26 퍼싱 중(重)전차[39)]가 전선에 투입되었다.

2차대전 후반에 들어서면서 독일군은 연합군에게 제공권을 완전히 빼앗기고 말았다. 따라서 독일군이 팬져5호 전차와 팬져6호 전차 등 우수한 전차를 보유하고 있었음에도 불구하고, 전차부대가 적의 항공기를 피해 밤에만 이동하였다. 다행히 당시의 항공기들이 투하하던 폭탄과 로켓탄은 명중률이 떨어져 생각만큼 큰 피해는 입지 않았지만, 이 전차들이 사용할 연료와 탄약을 싣고 다니던 보급부대는 큰 피해를 입었으며, 결국 독일군 전차는 그 자체는 강력하나 연료와 탄약 부족으로 작전을 지속하기 어렵게 되었다.

▶ 그림 1-29 독일 팬져5호 전차 판더

▶ 그림 1-30 독일 팬져6호 전차 타이거

38.4 km/h

37) 팬져5호 전차 : 개발완료 1944년, 전투중량 45.5톤, 75 mm 주포 1문, 7.92 mm 기관총 1정, 최대속도 46 km/h

38) 팬져6호 전차 : 개발완료 1944년, 전투중량 57톤, 88 mm, 주포 1문, 7.92 mm 기관총 3정, 최대속도 38 km/h

39) M-26 퍼싱전차 : 개발완료 1944년, 전투중량 41.9톤, 90 mm, 주포 1문, 12.7/7.62 mm 기관총 3정, 최대속도 40 km/h

1.4.2.2 입체적인 공지합동작전 수행

독일이 2차대전 초반에 승승장구할 수 있었던 이유는 전격전이라는 우수한 작전개념과 더불어 입체적인 공지합동 작전의 수행이었다. 본격적인 전투에 앞서 전투기가 제공권을 장악하였고, 공수부대가 적의 후방 깊숙이 침투하였으며, 그와 동시에 폭격기 편대와 포병이 적의 방어선을 폭격하였다.

적의 방어선을 집중 공격하다 보면 상대적으로 취약한 부분이 나타나게 되었으며, 적의 약한 부위를 전차로 집중타격하고 그 지점을 빠른 속도로 돌파하였다. 또한 전차가 적의 방어거점을 돌파한 후에는 후속 보병부대가 돌파의 폭을 더 벌려놓게 되었다.

이 때 전방의 적은 이미 후방으로 침투한 독일군의 전차에 의해 포위 및 섬멸되었으며, 전차의 진격에 방해가 될 수 있는 장애물이나 진격에 필요한 다리 등은 사전 침투한 공수부대가 거점을 점령하였다.

이와 같이 공군의 폭격과 함께 공수부대라는 개념을 전쟁에 도입하여 공지합동작전을 수행한 것은 2차대전 당시의 독일군에 의해서였는데, 특히 소수의 정예 병력이 하늘로부터 내려와 적의 후방을 교란하고 진격하는 아군을 지원하는 공수부대의 역할은, 2차대전 초반 독일군의 승리가 단순한 전차전술 때문만은 아니었다는 것을 알 수 있다.

1.5 세계 최대의 전차전은 언제 어디에서 일어났는가?

독소전쟁 3년째에 일어난 프로호르프카 전투는 거대한 쿠르스크 전투의 일부분으로 수행되었으며, 2차대전 동안 많은 피해를 남긴 대규모 전차전이 벌어졌던 전투로써, 세계 최대의 전차전으로 기록되고 있다.

1.5.1 독소전쟁의 발발과 전개

구소련은 1939년 8월 구소련과 독 · 소불가침조약[40]을 체결하여 전쟁에 개입하지 않으려고 하였다. 그러나 1940년 가을부터 발칸문제로 독일과의 관계가 급격히 냉각되기 시작하였다. 1941년 6월 22일 독일은 180만 대병력을 투입하여 구소련을 기습 공격하였으며,

40) 독 · 소불가침조약 : 1939년 8월23일 모스크바에서 독일 외상 리벤트로프와 구소련 인민위원회 의장 겸 외무인민위원 몰로토프가 조인한 조약으로 상호 불침략 등 4가지 조항으로 구성되었음

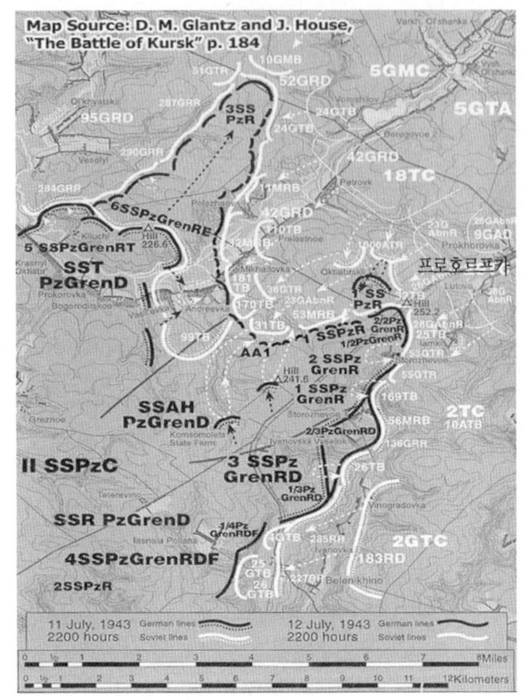

▶ 그림 1-31　프로호르프카 전투의 전투배치

전쟁 초기 구소련군은 제대로 저항도 해보지 못하고 후퇴를 거듭하였다.

그러나 겨울에 접어들면서 전세는 역전되었다. 살인적인 추위 앞에 독일군의 공세는 멈추었으며, 이 때를 기점으로 구소련의 신형전차인 T-34가 본격 투입되었다. T-34 전차는 세계 최초로 피탄 경사각을 부여하여 방호력을 강화한 전차로 개발되었기 때문에 독일군의 포탄으로부터 보호될 수 있었으며, 결국 독일군은 구소련군의 동기공세를 막아내지 못하고 물러서게 되었다.

1942년 여름에 독일군은 구소련 남부 코카서스의 유전지대를 목표로 재공격을 감행하였다. 이번에는 예년과 달리 구소련군의 저항이 치열하였지만, 전투력을 회복한 독일군은 이들을 격파하고 볼가강 유역의 스탈린그라드까지 전진하였으나, 이곳에서 독일군은 시가전에 발이 묶여 버렸다.

스탈린그라드에 발이 묶인 사이에 다시 겨울이 찾아오고 구소련군의 동기공세가 시작되었다. 독일군은 후퇴하였으나 곧 신형 전차인 팬저5호 전차 판더와 팬저6호 전차 타이거를 중심으로 재반격에 나섰으며, 요충지인 하르코프를 점령한 후 동기전투가 끝났다. 다시 1943년 여름 독일군의 하기공세가 시작되었다.

1.5.2 세계 최대 전차전 "프로호르프카 전투"

1943년 7월 10일 독일 SS장갑군은 쿠르스크 남부의 작은 마을인 프로호르프카로 진격하였다. 이 지역에는 구소련 제5근위장갑군이 대기하고 있었는데, 지휘관 파벨 로트미스트로프 장군은 이미 독일군의 진격 소식을 알고 있었다.

7월 11일 아침부터 양측의 포병과 폭격기에 의한 치열한 포격전이 전개된 뒤, 로트미스트로프 장군은 공격 명령을 내렸다. 순식간에 들판 곳곳에서 850대의 T-34 전차가 위장망을 벗고 움직이기 시작하였다.

거의 동시에 들판 반대편에서 700대의 독일군 전차들이 모습을 드러냈다. 서로가 예상치 못한 일이었으나 이미 정면충돌을 피할 길은 없었으며, 순식간에 1,500대에 달하는 전차들이 이리저리 뒤엉켰다.

전차들은 포탑을 사방으로 돌리며 포를 쏘아댔으며, 교전거리는 수십 미터를 넘지 않았다. 구소련군의 T-34 전차는 독일군의 6호전차 타이거보다 화력이 떨어졌지만, 교전거리가 짧았기 때문에 약점을 만회할 수 있었다. 구소련 전차들은 독일 전차에 바짝 붙어서 포탄을 날렸고, 포탄이 떨어진 전차는 차체로 적 전차를 들이받았다.

▶ 그림 1-32 프로호르프카 전투 모습

8시간의 전투가 끝난 뒤 들판의 모습은 참혹하였으며, 양군의 피해는 비슷하였다. 그러나 한창 생산력이 오르고 있던 구소련은 잃은 전차를 다시 복구할 수 있었으나, 물자가 점점 떨어져 가는 독일에 있어서 이것은 치명적인 피해였다.

표 1-1 프로호르프카 전투 결과

비 고		독 일	구소련
참가 전차		700	850
피해 전차	완파	350	300
	손상	80	300

이 때부터 쿠르스크 전선에서 구소련군의 일제 반격이 시작되었으며, 결국 이 전투는 쿠르스크 전역뿐만 아니라 독소전 전세 역전의 계기가 되었고, 나아가 2차대전의 승패를 가른 전투였다.

1.6 6 · 25전쟁에서 활약한 전차의 특징은 무엇인가?

1950년 6월 25일 북한군은 구소련의 군사원조로 획득한 T-34 전차[41]를 중심으로, 엄청난 화력을 내뿜으며 6 · 25전쟁(일명 한국전쟁)을 일으켰고, 전쟁 개시 3일 만에 서울을 점령하였다. 반면, 한국군은 그림 1-33에 나타낸 바와 같이 전투력의 열세와 지휘체계의 결

41) T-34 전차 : 2차대전 당시의 주포를 개량(76 → 85 mm)하였으며, 기관총 2정, 전투중량 32톤, 최대속도 54.4 km/h, 항속거리 184 km, 승무원 4명

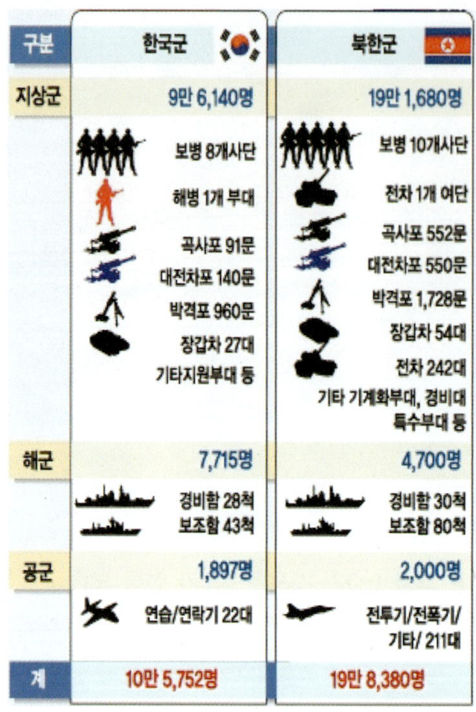

구분	한국군	북한군
지상군	9만 6,140명	19만 1,680명
	보병 8개사단 해병 1개 부대 곡사포 91문 대전차포 140문 박격포 960문 장갑차 27대 기타지원부대 등	보병 10개사단 전차 1개 여단 곡사포 552문 대전차포 550문 박격포 1,728문 장갑차 54대 전차 242대 기타 기계화부대, 경비대 특수부대 등
해군	7,715명	4,700명
	경비함 28척 보조함 43척	경비함 30척 보조함 80척
공군	1,897명	2,000명
	연습/연락기 22대	전투기/전폭기/기타/ 211대
계	10만 5,752명	19만 8,380명

▶ 그림 1-33　6.25전쟁 당시의 전력비교

▶ 그림 1-34　북한군의 T-34 전차 형상

함으로 북한군에 완전히 압도되었으며, 유엔군[42)]이 참전하기 전까지는 저항다운 저항도 해보지 못하고 계속 퇴각하였다.

그러나 전쟁 초기 북한군은 한국군을 압도하면서 진격은 하였지만, 전차를 이용한 종심돌파에는 실패하였다. 북한군 기갑부대가 단지 한국군을 밀어내기만 하고 종심돌파에 실패한 것은 기동전의 교리와 부합되지 않았으며, 결국에는 한국군의 재편성과 방어선 형성을 허용하게 됨으로써, 전쟁을 수행하는 데 있어서 북한군 전차의 역할이 크게 미흡하였다.

기습에 성공한 북한군의 진격속도는, 비교적 평지인 서부전선에서 서울 함락 때까지 최초 3일간은 1일 평균 17 km 정도였고, 낙동강 방어선이 형성될 때까지는 대략 1일 평균 10 km정도였다. 그러나 과거 1차대전시 진격속도는 1일 평균 19 km로 6·25전쟁 초기 북한군 진격속도보다 훨씬 빨랐다.

이는 북한군의 T-34 전차에 대적할 전차나 대전차화기가 거의 없었던 한국군의 상황을 고려한다면 전차운용의 실패라고 할 수 있다.

이와 같이 느린 북한군의 신속속도는 기갑전력 운용에 대한 보전협동 원칙의 무지가 한몫하였지만, 미비한 도로망과 한반도의 산악지형이 큰 원인이 되었다. 즉, 분대급 및 소대급의 특공대나 105 mm 야포의 사격으로 전차가 파괴되었고, 파괴된 전차가 도로를 가로막아 공격축선의 기동 장애를 일으키는 현상이 자주 발생하였다.

당시 대부분의 도로는 주요 축선이라 할지라도 전차 1대가 지나갈 비포장 우마차길 정

42) 유엔군 : 미국, 영국, 프랑스, 오스트레일리아, 캐나다, 뉴질랜드, 남아프리카공화국, 터키, 타이, 그리스, 네덜란드, 콜롬비아, 에티오피아, 필리핀, 벨기에, 룩셈부르크 등 16개국이 육·해·공군의 병력과 장비를 지원하였음

도밖에 안되었으며, 평야지대라면 공격 축선상의 도로가 막혀도 야지로 우회할 수 있었으나, 산악지형에서는 도로가 차단되면 기갑부대의 공격 자체가 차단되었다. 물론 북한군의 전차가 한국군에 상당한 위협이 된 것은 틀림없지만, 그것은 기갑부대의 신속한 진격으로 한국군 전선을 붕괴시켰기 때문이 아니라, 전차의 강력한 파괴력이 원인이었다.

▶ 그림 1-35 미군의 M-24 경전차 형상

한편, 최초로 미군이 6·25전쟁에 투입한 전차는 일본에 있던 M-24 경전차[43)]였으며, 1950년 8월 중순 낙동강 방어선에 M-26 퍼싱 중전차가 추가로 투입되었다. 한반도 지형에서 전차 운용의 제한사항은 미군 전차에서도 유사하였으며, 좁은 도로에서 제자리 선회가 곤란하여 방향전환이 불가함으로써, 기동장애의 요소로 작용하는 경우가 많이 발생하였다.

전쟁기간 북한군과 유엔군의 치열한 전차전은 발생하지 않았으나, 개전 시점의 북한군 T-34 전차 242대는 인천상륙작전으로 서울을 수복한 시점인 1950년 9월 30일까지 239대가 파괴되었다. 주요 파괴원인은 항공기에 의한 공격이었으며, 대전차포탄 및 육탄공격에 의해서도 상당수 손실되었다.[44)]

전차는 기동력과 화력 운용에 적합한 개활지에서 위력을 발휘하는 무기로써, 70% 이상이 산악지형인 한반도는 전차 운용에 부적합한 것으로 인식되어 왔으나, 6·25전쟁 이후 한반도 도로망의 발달과 함께 어떤 지형이나 환경에서도 작전수행이 가능하도록 발전되어 온 전차의 특징으로 인해, 향후 미래전에서도 전차의 중요성은 더욱 강조될 것으로 예상된다.

1.7 중동전에서 전차는 어떻게 운용되었는가?

이스라엘은 1948년 5월 14일 독립을 선언한 이후, 아랍국들과 4차례에 걸친 전쟁을 수

43) M-24 경전차 : 개발완료 1944년, 전투중량 18톤, 주포 75 mm, 기관총 3정, 최대속도 54.5 km/h, 항속거리 160 km

44) 미군의 "북한군전차 파괴 조사단" 보고서에 수록

▶ 그림 1-36 3차 중동전쟁 결과

행하였다. 이스라엘과 아랍국들의 1차45), 2차46), 3차47) 전쟁은 모두 이스라엘의 승리로 끝났으며, 3차전쟁 결과 이집트의 시나이반도와 시리아의 골란고원을 이스라엘이 점령하게 되었으며, 이것을 되찾기 위해 일어난 전쟁이 4차 중동전쟁이다.

시리아와 이집트는 전쟁준비를 위해 군대 기강을 확립하고 훈련을 강화하였으며, 구소련의 적극적인 지원으로 당시 최신예 전차이던 T-55 전차48)와 T-62 전차49)를 확보하였다. 그러나 이스라엘은 구형인 미국의 M-46 패튼 전차50)와

▶ 그림 1-37 아랍군의 T-55 전차 형상

▶ 그림 1-38 아랍군의 T-62 전차 형상

45) 1차 중동전쟁(1945. 5. 16~1949. 7. 20) : 이스라엘의 독립선포에 대한 아랍국(이집트, 요르단, 이라크, 사우디아라비아, 시리아, 레바논 등)의 반발로 전쟁이 발발하였으나, 아랍진영의 응집력 결여와 미국 및 구소련의 이스라엘 지원으로 이스라엘이 승리하였음

46) 2차 중동전쟁(1956. 10. 29~1957. 3) : 이집트가 수에즈운하의 국유화를 단행하여 이스라엘로 향하는 선박의 통행을 거부함에 따라, 피해를 입은 이스라엘, 영국, 프랑스가 이집트의 시나이반도와 수에즈 운하를 점령하였으나, 국제여론의 악화와 국제연합의 중재로 점령지에서 철수하였음

47) 3차 중동전쟁(1967. 6. 4~9) : 이스라엘은 1967년 4월 게릴라의 기지가 된 시리아에 대해 대규모 공격을 감행하였으며, 이를 계기로 아랍의 결속 강화를 노린 이집트와 이스라엘 간에 전투가 개시되었다. 시리아·요르단으로 전쟁이 확대되었으나, 기습공격으로 아랍측 공군력을 괴멸시킨 이스라엘군이 4일 만에 시나이반도, 요르단강 서안(西岸)지역, 골란고원을 점령하였으며, 국제연합의 중재로 정전되었음

48) T-55 전차 : 개발완료 1958년, 전투중량 36톤, 100 mm 주포 1문, 7.62 mm 기관총 1정, 최대속도 50 km/h, 승무원 4명

49) T-62 전차 : 개발완료 1961년, 전투중량 37톤, 115 mm 주포, 12.7/7.62 mm 기관총 2정, 최대속도 50 km/h, 승무원 4명

50) M-46 패튼 전차 : 개발완료 1949년, 전투중량 44톤, 90 mm 주포, 12.7/7.62 mm 기관총 2정, 최대속도 48 km/h, 승무원 4명

▶ **그림 1-39** 이스라엘군의 패튼 전차

▶ **그림 1-40** 이스라엘군의 Centurion 전차

영국의 Centurion 전차[51])로 무장하여 전투력 측면에서 질적이나 수적으로 이집트군과 시리아군에 비해 매우 미흡하였다.

1973년 10월 6일 이집트군과 시리아군은 각각 시나이 전선과 골란고원 전선에서 기습공격을 감행하였다. 이집트군은 수에즈운하를 건너 이스라엘의 방어선을 돌파하여 전진하였고, 시리아군도 수적 우세를 이용하여 골란고원에서 이스라엘군을 공격하였다.

골란고원 남부 방어선의 이스라엘군 전차는 60대가 전부였는데, 이들은 벤 쇼함 대령이 지휘하는 바라크 여단 소속이었다. 바라크 여단은 600대가 넘는 시리아 전차를 맞이하여 최후까지 싸웠으며, 여단장인 벤 쇼함 대령과 부여단장은 그들의 전차와 운명을 함께하였다.

이와 같이 여단장과 부여단장이 전사한 바라크 여단은 전투수행이 어렵게 되었으나, 이스라엘군은 간신히 시리아군의 공격을 저지하는 데 성공하였으며, 다행히 남부전선이 노출되는 상황을 피할 수 있었다.

1973년 10월 8일 시리아군은 당시 최정예부대인 제3기갑부대와 공화국 수비대를 총 동원하여 북부전선에서 최후의 공격을 감행하였다. 400대에 달하는 시리아군 전차의 상대는 이스라엘 7기갑여단으로서, 보유 전차는 시리아군 전차의 10분의 1인 40대에 지나지 않았다.

T-55 전차와 T-62 전차 및 각종 장갑차가 포함된 시리아 기갑부대는 "눈물의 계곡"이라고 명명된 협곡을 지나, 고지대에 방어진지를 구축한 이스라엘군 77전차대대를 향해 공격하였다. 시리아군 전차들은 유리한 사격진지와 대전차호를 구축한 이스라엘군 전차들에 의해 많은 피해를 입었으나, 일부 전차들은 대전차호를 통과해서 이스라엘군 방어선으로 접근하였다.

그러나 바로 이 때, 남부전선의 시리아군을 격퇴한 바라크 여단의 잔존병력이 합류하였

51) Centurion 전차 : 개발완료 1946년, 전투중량 57톤, 105 mm 주포, 12.7/7.62 mm 기관총 3정, 최대속도 35 km/h, 승무원 4명

으며, 지원병력과 함께 도착한 전차들의 공격에 당황한 시리아군은 후퇴하였다. 이 전투로 인해 시리아군은 전의를 상실하였고, 전세는 역전되어 이스라엘군이 시리아 국내로 공격해 들어가게 되었다. 또한 골란고원 전투의 승리로 인해 시나이반도의 전세도 역전되었으며, 불굴의 투지와 전차를 적절하게 운용한 이스라엘군은 초반의 패배를 딛고 전쟁에서 승리를 이루게 되었다.

1.8 걸프전에서 전차는 어떤 역할을 수행하였는가?

이라크는 장기간 수행된 이란과의 전쟁으로 부채가 늘어났으나, 쿠웨이트의 오일 과잉생산에 의한 유가하락 등으로 재원마련이 궁핍해지자 쿠웨이트 침공을 계획하였다. 1990년 8월 2일 T-72 전차[52)]를 앞세운 이라크군의 기습적인 쿠웨이트 공격은 하루 만에 끝났으며, 국왕은 사우디아라비아로 피신하였다.

1990년 8월 7일 미국의 부시 대통령은 사우디아라비아의 방어를 위해 파병을 결의하였으며, 최초로 82공수사단이 파병되었다. 그러나 이라크는 미국에 이어 세계 4위의 군사강국이었기 때문에 전문가들도 이 전쟁의 최종 결과를 예상하기가 쉽지 않았다.

이라크가 보유한 전차는 약 3,000대 정도였으며, 제4차 중동전쟁에 투입되었던 T-55 전차와 T-62 전차가 가장 많았고, 공화국 수비대를 중심으로 약 300대 가량의 T-72 전차를 보유하고 있었다.

▶ 그림 1-41 이라크군의 T-72 전차

▶ 그림 1-42 미군의 M1A1 전차

52) T-72 전차 : 개발년도 1977년, 전투중량 48.9톤, 125 mm 주포, 12.7/7.62 mm 기관총 2정, 최대속도 80 km/h, 승무원 3명

▶ 그림 1-43 이라크 주변국 지도

1991년 1월 16일 미국을 중심으로 한 다국적군53)이 바그다드를 폭격하면서 이라크군과의 전쟁이 시작되었다. 이라크군이 자랑하던 방공망은 능력을 발휘하지 못하였으며, 다국적군의 항공기 피해는 크지 않았다. 그러나 다국적군의 공격에 대한 반격으로 이라크군이 발사한 지대지용 스커드 미사일54)은 정확한 타격을 가하지 못하였지만, 심리적인 압박을 줄 수 있었다.

1991년 1월 29일 이라크 지상군의 최초 반격이 있었으며, 사우디아라비아의 해안 도시인 알 카프지를 점령하였다. 그러나 알 카프지는 이미 공격을 예상한 사우디아라비아 칼레드 장군의 지시로 텅 비어 있었다.

1991년 2월 24일 새벽 4시 다국적군 지상부대가 일제히 공격을 감행하였다. 이미 전투의지를 잃은 이라크군의 반격은 미미하였으며, 쿠웨이트로의 공격을 주도한 미 해병 1사단의 피해는 전사 1명뿐이었다. 이라크가 자랑하던 포병부대도 한 번 공격한 뒤에 위치가 노출되어 다국적군의 대포병 사격에 모두 파괴되었다.

미 제7군은 이라크 본토로 진격해 들어갔으며, 이라크군 공화국 수비대의 타워카르나 사단과 73이스팅 전투가 벌어졌다. 미군의 M1A1 전차55)는 이라크군의 T-72 전차 사정거리 밖에서 정확한 사격을 가할 수 있었으나, T-72 전차는 근거리에서도 명중률이 낮았으며, 명중시켜도 M1A1 전차의 전면장갑이 견고하여 큰 피해를 주지 못하였다.

73이스팅 전투에서 미군 전차의 피해는 거의 없었으며, 타워카르나 사단을 무력화시킨 미 제 7군은 요충지인 알 바스라까지 전진하였다. 그러나 알 바스라 외곽에는 약 300대의 T-72 전차로 구성된 이라크 기갑부대가 방어진을 치고 있었다.

걸프전 중 제일 마지막 전투인 알 바스라 전투는 규모 면에서 2차대전 독소전쟁시의 "쿠르스크 전투"나 제4차 중동전쟁 시의 "눈물의 계곡 전투"에 필적할 만큼 대규모 전차전이었다. 그러나 미군의 M1A1 전차 사격통제장치56)의 능력이 이라크군 T-72 전차의 것보다

53) 다국적군 : 미국, 영국, 프랑스, 이집트, 사우디아라비아 등 32개국으로 구성
54) 스커드 미사일 : 사거리 220~300 km, 탄두중량 800 kg의 북한이 판매한 미사일
55) M1A1 전차 : 전투중량 67톤, 120 mm 주포, 기관총 3정, 최대속도 67 km/h, 항속거리 463 km, 승무원 4명

▶ 그림 1-44 파괴된 이라크군 T-72 전차

매우 우수하여, M1A1 전차가 먼저 원거리의 T-72 전차를 탐지하여 조준 사격함으로써 일방적인 전투로 끝났으며, 바로 다음날 걸프전은 사실상 종전되었다.[57)]

이와 같이 걸프전에서 미군의 M1A1 전차는 강력한 공격력을 바탕으로, 이라크군의 군사적 전쟁의지를 말살하고 전쟁수행의 최종목표를 달성하는 데 결정적인 역할을 수행하였다.

1.9 전차가 출현한 이후 현재까지 어떻게 발전하여 왔는가?

지상 전투력의 핵심요소로 고려되고 있는 전차는 전투중량과 주포의 구경에 따라 표 1-2에 나타낸 바와 같이 경(輕)전차, 중(中)전차, 중(重)전차[58)]로 분류할 수 있다. 또한 전차는 1차대전, 2차대전, 중동전 및 걸프전 등 전쟁수행과 더불어 급격하게 발전하여 왔으며, 일반적으로 각 시기별 전차를 표 1-3에서 나타낸 바와 같이 세대별로 구분하고 있다.

일반적으로 전차는 강력한 화력을 바탕으로 신속한 기동성을 갖추고 있으며, 적의 무기체계에 대한 생존성을 보유한 특징을 가지고 있다. 따라서 전차의 발전은 화력, 기동성, 생존성 측면에서 상호 보완적으로 진행되어 왔다.

표 1-2 전차의 분류

구 분	경(輕)전차 (Light Tank)	중(中)전차 (Medium Tank)	중(重)전차 (Heavy Tank)
전투중량(톤)	10～20	20～50	50 이상
주포구경(mm)	85이하	90～110	115 이상

56) 사격통제장치 : 전차 포사격을 위해 필요한 자료를 획득, 측정 및 계산하여 표적을 파괴하도록 서로 연동되는 모든 구성품으로써, 전차장 조준경, 포수 조준경 및 탄도계산기 등이 있음

57) 걸프전 전체 기간 동안 손상을 입은 M1A1 전차는 불과 4대였으며, 그중 수리가 불가능할 정도로 완전 파괴된 전차는 1대뿐이었음

58) 중(重)전차 : 일명 주력전차(MBT, Main Battle Tank)라고 부름

표 1-3 전차의 세대별 구분

국 명	제1세대 (1920~1950)	제2세대 (1950~1980)	제3세대 (1980~2020)	제4세대[59] (2020~)
미 국	M47/M48	M60A1	M1A1	FCS
러시아	T-54/T-55	T-62/T-72	T-80U/-T90	T-95
영 국	Centurion	Chieftain	Challenger	MODIFIER
독 일	-	Leopard 1	Leopard 2	NGP

1.9.1 화력

2차대전 이후 적 전차를 파괴할 수 있는 아군 전차의 능력을 중시하게 되면서 전차의 화력이 크게 강조되었다. 그 결과 주포의 구경이 점진적으로 증대되었고, 장갑관통력이 높은 탄약들이 개발되었으며, 전차포탄의 명중률을 향상시키기 위한 복잡한 사격통제장치가 도입되었다.

주포의 구경을 증대시킨 좋은 예가 영국의 Centurion 전차이다. 이 전차는 1945년 주포의 구경이 76 mm로 개발되었지만, 1948년 83 mm 주포로 개선되었고, 1962년 재차 105 mm 주포로 향상되었으며, 1970년대에는 Centurion 전차가 120 mm 주포를 장착하여 보다 강력해진 Chieftain 전차로 되었다.

사격통제장치에 있어 최초의 큰 진전은 광학식 거리측정기의 적용으로써, M47 전차에 처음 부착된 이후 Leopard 1 전차 등에 설치되었으며, 1960년대에는 광학식 거리측정기가 레이저 거리측정기로 대체되기 시작하였다. 레이저 거리측정기는 전자식 탄도계산기와 결합하여 전차포의 명중률을 크게 향상시켰으며, 1970년대 이후 제작된 모든 전차의 표준장치가 되었다.

사격통제장치의 또 하나의 큰 발전은 야간 조준장치의 개발이었으며, 전차들은 이 장치를 갖춤으로써 밤낮을 가리지 않고 전투임무를 수행할 수 있게 되었다. 최초의 야간 조준장치는 T-54 전차에 적용된 적외선 투사방식이었으며, 1960년대부터 영상증폭 방식의 장치가 등장하였고, 1970년대부터는 열영상 방식이 적용되기 시작하였다.

또한, 2차대전 이후 전차가 이동 중에도 정확한 사격을 하기 위한 연구가 많이 수행되었

59) 제4세대 전차 : 미국, 영국 및 독일은 각각 FCS(미래형 전투체계), MODIFIER(기동 직접사격장비), NGP(차세대 플랫폼)라고 명명하고, 화력과 방호력 및 전투정보능력을 중심으로 현재의 근접전투에 의한 직접조준사격뿐만 아니라, 10 km 이상의 장거리 간접사격과 공중목표의 대공사격 등 복수의 임무 · 기능을 구현하는 다기능 전투수행이 가능한 차세대 전차를 2020년 운용을 목표로 연구중에 있음

표 1-4 세대별 전차 화력의 제원 비교

구 분	제1세대		제2세대		제3세대		제4세대
	M47/M48	T-54/T-55	M60A1	T-62/T-72	M1A1	T-80U	FCS, NGP
자동장전	무	무	무	무/유	무	유	유
주포(mm)	90	100	105	115/125	120	125	120/140
주포형태	강선포	강선포	강선포	활강포	활강포	활강포	활강포
거리측정기	광학식	광학식	광학식	레이저	레이저	레이저	레이저
탄도계산	기계식	기계식	전자식	전자식	전자식	전자식	전자식
야간 조준장치	무	적외선투사	영상증폭	영상증폭	열영상	영상증폭	열영상
안정화장치	무	무/유	유	유	유	유	유

다. 즉, 융기하였거나 함몰한 지면을 전차가 지나갈 때에도 포신을 일정한 앙각(仰角)[60]으로 유지하기

위해 주포에 안정화장치를 장착하는 것이었다. 처음에는 주포의 앙각만을 안정시키려고 노력하였으나, Chieftain 전차는 앙각뿐만 아니라 횡회전(橫回轉)도 안정화시키는 데 성공하였으며, 이것이 1970년대부터는 표준이 되었다.

1.9.2 기동성

전차 중량의 점진적인 증가에도 불구하고 고성능 엔진의 개발로 인해 전차의 기동성은 더욱 향상되었다. 2차대전 이후 전차의 엔진 출력은 500~800마력이었지만, M1 전차부터 엔진 출력이 1,500마력으로 증가하였으며, 이로 인해 톤당 20마력 이상의 출력을 발생하게 되었다.

최초 전차에 적용된 엔진은 불꽃점화 방식의 가솔린 엔진이었으나, 1960년대부터는 장갑파괴시 일어날 수 있는 화재위험의 감소와 열효율 향상을 위해 디젤엔진을 적용하게 되었다. 이러한 디젤엔진의 열효율 향상은 전차의 항속거리가 증가하게 되어 작전범위를 증대시키는 효과를 가져왔다.

1960년대에 가스터빈 엔진이 개발되면서 스웨덴의 S전차에 디젤엔진과 겸용으로 가스터빈 엔진이 처음 사용되었으며, 그 후 M1 전차와 T-80 전차에 가스터빈 엔진이 적용되었다. 그러나 1980년대 이후에 개발된 대부분의 다른 전차는 연료의 경제성으로 인해 디젤

60) 앙각(仰角) : 전차의 승무원(포수, 전차장)이 표적을 관측할 때 수평면과 이루는 각

표 1-5 세대별 전차 기동성의 제원 비교

구 분	제1세대		제2세대		제3세대		제4세대
	M47/M48	T-54/T-55	M60A1	T-62/T-72	M1A1	T-80U	FCS, NGP
엔진형태	가솔린	디젤	디젤	디젤	가스터빈	디젤	디젤/가스터빈
출력(마력)	810	520/580	750	580/780	1500	985	1200~1500
톤당마력	18	14/16	14	15/19	26	23	-
최대속도(km/h)	48	40	50	40/50	65	55	100
항속거리(km)	130/113	400/450	500	450/480	465	400	-

엔진을 더욱 선호하였다.

기복이 심한 야지에서의 전차 속력은 엔진출력과 더불어 현수장치의 성능에 의해 좌우되기 때문에 현수장치 분야에 있어서도 상당한 연구가 수행되었다. 그 결과, 대부분의 전차에서 개개의 보기륜이 독자적으로 노면의 위치를 선정하게 하였으며, 충격흡수를 위해 토션 바(Torsion Bar)가 부착되었다. 또한 1980년대 이후에는 야지 주행간 충격을 줄이고 승차감을 향상시키기 위해 토션바 대신 유기압 현수장치가 적용되고 있다.

1.9.3 생존성

1960년대까지 전차의 장갑은 균질압연강판 또는 주조로 이루어졌다. 이 장갑의 두께는 1차대전시 8 mm에 불과하였으나, 2차대전 말기 등장한 독일군 6호전차 타이거의 최대 두께는 250 mm에 달하였다. 2차대전 이후에는 장갑방호에 관한 견해가 분분해졌으며, 독일의 Leopard 1 전차는 중량을 줄이고 기동성을 높이기 위해 장갑 두께를 비교적 얇게 하는 것이 생존성을 높이는 것으로 간주하였다.

그러나 영국의 Chieftain 전차는 장갑을 보다 두껍게 하여 정면의 두께가 최고 300 mm에 달하였으며, 이스라엘과 아랍의 중동전쟁은 중장갑의 가치를 증명하였다. 특히 1980년대에는 성형장약 탄두에 대비하여 균질압연강판보다 훨씬 더 효과적인 신형 장갑들이 개발되었다.

신형 장갑의 특징은 다층성(多層性)에 있었으며, 강판만이 아니라 세라믹과 같은 복합재료를 여러 층으로 구성하였다. 영국에서 최초의 신형 장갑인 초밤장갑[61]을 개발하여 M1

61) 초밤장갑 : 세라믹과 균질압연강판을 여러 층으로 구성한 장갑으로, 복합장갑 혹은 특수장갑이라고 함

전차와 Leopard 2 전차에 적용하였으며, 이후 방호력이 요구되는 정면과 측면에 균질압연강판 대신 널리 사용되고 있다.

1982년의 레바논 전투에서 이스라엘의 전차들에 반응장갑이 처음으로 사용되었는데, 그것은 2개의 비교적 얇은 강판 사이에 폭발물을 넣은 것으로써, 성형장약 탄두의 폭발 관통력을 분산시키도록 설계되어 장갑 방호력을 증대시켰다.

일반적으로 전차의 방호력이 커지면서 전차의 중량도 증대되었다. M-48 전차는 전투중량이 48톤에 불과하였지만, M1A1 전차는 60톤을 초과하였다. 이와 같이 생존성 향상을 위한 중량 증가는 기동성의 제약요소로 작용하기 때문에, T-80 전차 등에서는 날아오는 적의 전차포탄을 레이더를 이용 탐지·추적하여 대응탄을 발사하는 개념의 능동방호체계가 적용되었으며, 향후에는 기술발전 속도와 더불어 전방위 방호가 가능하도록 더욱 향상된 레이더와 대응탄을 갖춘 능동방호체계가 개발될 것으로 예상된다.

표 1-6 세대별 전차 생존성의 제원 비교

구 분	제1세대		제2세대		제3세대		제4세대
	M47/ M48	T-54/ T-55	M60	T-62/ T-72	M1A1	T-80U	FCS, NGP
장갑재질	강판	강판	강판	강판	강판+ 복합재료	강판+ 복합재료	강판+ 복합재료
방호형태	수동	수동	수동	수동	수동	반응+반능동	능동
장갑두께(mm)	100/110	150	254	196/275	-	-	-
전투중량(톤)	46/48	36	50	36/49	67	46	-

[제 2 절]

전차의 구조와 원리

2.1 전차 체계는 어떤 장치들로 이루어져 있는가?

전차의 주요 기능은 기동력, 화력, 생존성으로 표현되며, 이러한 3가지 분야의 성능을 향상시키기 위한 방향으로 전차의 발전이 진행되어 왔다. 이 중 생존성은 차체/포탑의 장갑두께와 능동방어 탑재장비에 의존하나, 기동력과 화력은 각각 차체와 포탑의 성능에 크게 좌우된다.

일반적으로 전차의 형상은 그림 2-1에 나타낸 바와 같이 동력발생 및 전달장치, 현수장치, 유압/전기장치로 구성된 차체와 주포장치, 포 및 포탑 안정화장치, 사격통제장치로 구성된 포탑으로 구분된다. 이들 장치들은 하나하나가 독립된 체계를 유지하고 있지만, 전차에 종합되어 하나의 전차체계를 이루게 된다.

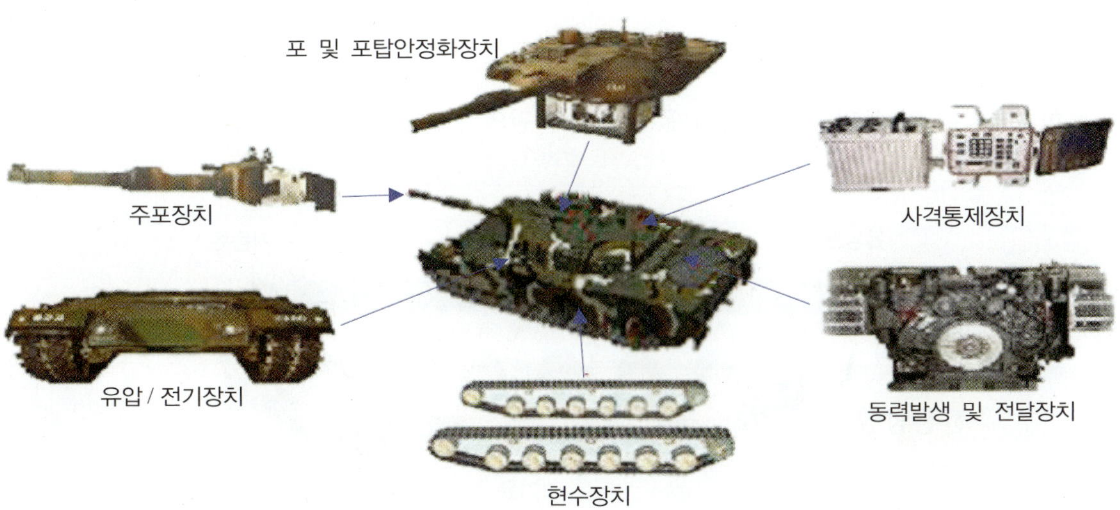

▶ 그림 2-1 전차의 차체와 포탑의 주요 구성품

2.1.1 차체

2.1.1.1 동력발생 및 전달장치

▶ 그림 2-2 엔진과 변속기의 형상

동력발생 및 전달장치는 엔진과 변속기를 결합한 시스템으로 파워팩(Power Pac)이라고 불리기도 하며, 패키지로 전차에 설치되거나 제거된다.

엔진과 변속기의 형상을 그림 2-2에 나타내었다. 그림에서 엔진은 복합공기여과기, 연료여과기, 연료이송펌프, 피스톤 및 실린더 등으로 구성되며, 연료를 연소하여 동력을 생성한다.

또한, 변속기는 엔진에서 생성된 동력을 이용하여 변속·조향·선회하는 장치로서 입력기어, 변속 및 조향기어, 좌·우측 덮게로 구성된다. 입력기어는 엔진에서 발생된 동력을 변속기에 입력하며, 변속 및 조향기어는 변속 및 조향에 필요한 출력으로 변환하고, 좌·우측 출력기어는 변속기 동력을 현수장치로 출력하는 기능을 수행한다.

2.1.1.2 현수장치

현수장치는 전차 기동을 가능하게 하고 승무원의 승차감을 높이기 위해 충격을 흡수하

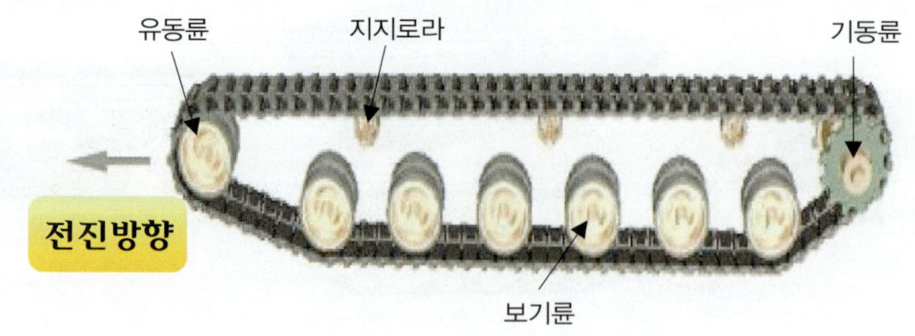

▶ 그림 2-3 현수장치의 형상

는 장치로서 유동륜, 지지롤러, 보기륜, 기동륜으로 구성된다. 유동륜은 차체 전방에 위치하여 궤도를 정렬하고 유지시키며, 지지롤러는 궤도의 처짐을 방지한다. 또한, 보기륜은 지표면 압력이 궤도에 균일하게 부가되도록 정렬시켜 주고, 기동륜은 변속기 동력을 전달받아 궤도를 구동한다.

2.1.1.3 유압 및 전기장치

유압장치는 유압에너지를 기계적 에너지로 전환하는 기능을 수행하며, 펌프구동기, 저유기 및 여과기조립체로 구성된다. 펌프구동기는 엔진동력을 유압펌프에 전달하며, 저유기는 유압유를 보관하고, 여과기조립체는 유압유에 포함되어 있는 이물질을 제거하는 기능을 수행한다.

전기장치는 전차의 시동, 충전, 점등 및 부수장치 등에 필요한 전원을 공급 및 제어하는 장치로서 조종수 조종판, 점등장치, 차체회로망상자 등으로 구성된다. 특히 차체회로망상자는 차체 내 전기장치, 유압장치, 동력발생 및 전달장치 및 보조장치들과 상호 연결되어 전원공급 및 각종 신호를 제어하며, 회로보호를 위한 회로차단 기능을 보유하고 있다.

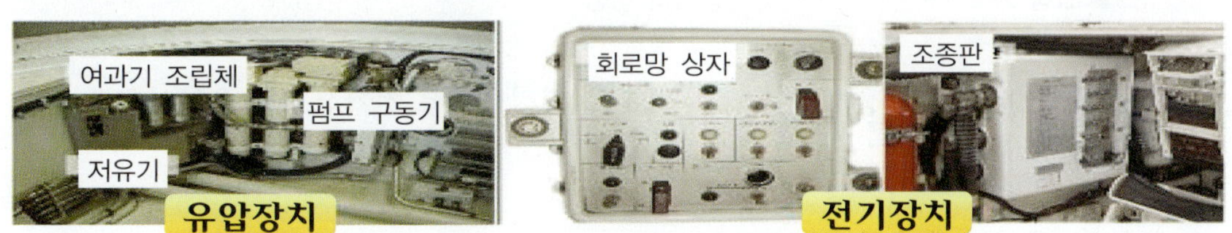

▶ 그림 2-4 유압 및 전기장치의 형상

2.1.2 포탑

2.1.2.1 주포장치

주포장치는 전차포탄의 장전 및 발사하는 장치로서 포구감지기, 배연기, 주퇴장치, 포미장치로 구성된다. 포구감지기는 사격의 정확도를 향상시키기 위해 포신의 휨 정도를 측정하여 사격제원 산출시 보정하도록 하는 구성품이며, 배연기는 사격 후 포강 내의 연소가스를 포구 쪽으로 배출하는 기능을 한다.

또한, 주퇴장치는 사격시 발생되는 반동을 흡수하는 장치이며, 포미장치는 탄약장전, 격발, 사격후 탄피추출 기능을 수행한다.

▶ 그림 2-5 주포장치의 형상

2.1.2.2 포 및 포탑 안전화장치

▶ 그림 2-6 포 및 포탑 안정화장치의 형상

포 및 포탑 안전화장치는 기동간 사격이 가능토록 주포를 안정화시키는 장치로서 자이로, 고저 서보장치, 선회 서보장치로 구성된다. 자이로는 기동간 포탑 및 차체의 상하좌우 요동을 감지하며, 고저 서보장치는 주포를 상하로 움직이도록 전기신호를 유압신호로 전환하고, 선회 서보장치는 포탑을 좌우로 회전하도록 전기신호를 유압신호로 전환하는 기능을 수행한다.

2.1.2.3 사격통제장치

사격통제장치는 표적획득 및 사격제원을 산출하는 장치로서 전차장 조준경, 포수 조준경 및 탄도계산기로 구성된다. 전차장 조준경과 포수 조준경은 표적의 탐지 · 식별 · 조준을 위한 장치이며, 탄도계산기는 탄종과 사거리에 따른 사격제원을 산출한 후, 포구감지기 등의 측정결과를 보정한다.

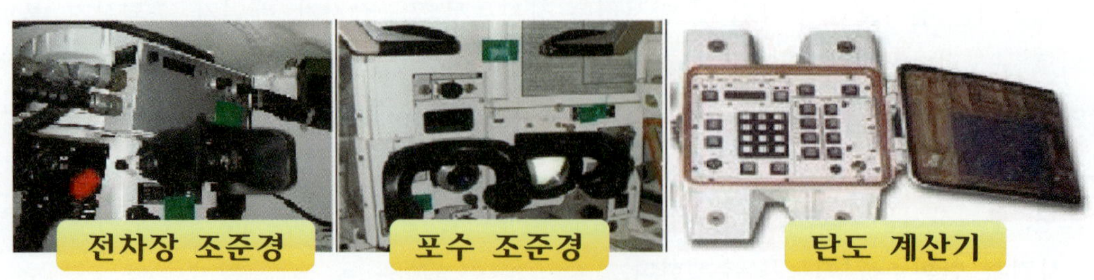

▶ 그림 2-7 사격통제장치의 형상

2.2 전차의 동력발생 및 전달장치는 어떻게 구성되어 있는가?

전차의 동력발생 및 전달장치는 일반차량과는 달리 엔진과 변속기가 결합된 시스템으로써, 파워팩(Power Pac)이라고 부르고 있으며, 정비를 위해 엔진이나 변속기를 전차에 설치 및 제거시 파워팩(엔진 + 변속기) 형태로 수행한다.

2.2.1 엔진

엔진은 화학적인 성분을 가진 연료를 연소하여 발생되는 열에너지를 기계적 에너지로 변화시켜 동력을 얻는 장치로써, 엔진의 종류에는 가솔린엔진, 디젤엔진, 가스터빈엔진 등이 있으나, 대부분의 전차에 탑재되어 운용되고 있는 디젤엔진에 대해서 설명한다.

최근에 사용되고 있는 디젤엔진은 과급식[1], 공기냉각식[2], 수냉식, 직접분사식, 90°V 형식[3]을 채택한 4행정기관이며, 엔진의 형상 및 주요 구성품의 부착위치를 그림 2-8에 나타내었다.

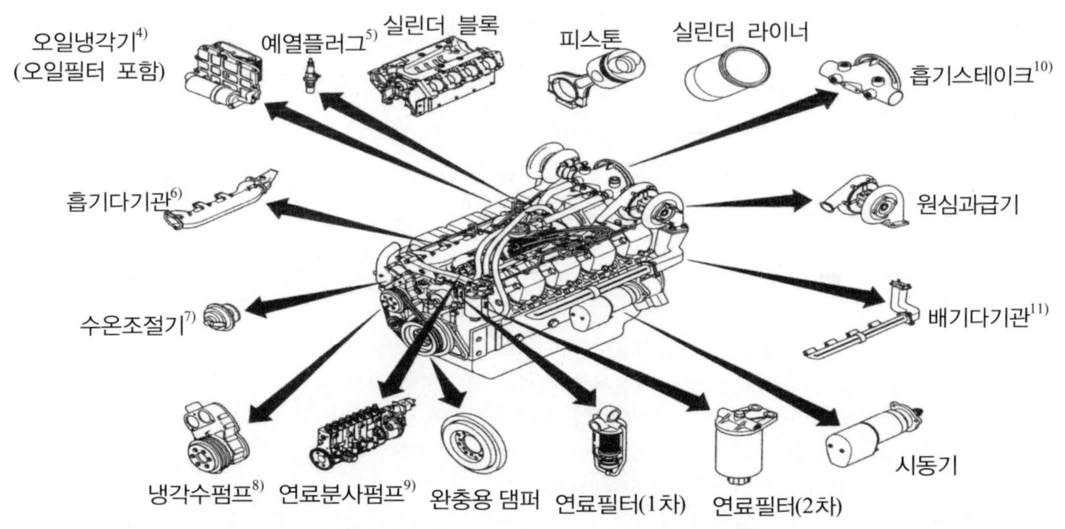

▶ 그림 2-8 디젤엔진 형상 및 주요 구성품의 부착위치

1) 과급식(Turbo Charger) : 실린더로부터 배출된 배기가스를 이용하여 터빈 휠을 구동하고, 터빈 휠과 일체로 연결된 임펠러로 흡입공기를 압축하여 실린더 내로 고압의 공기를 공급하는 형식
2) 공기냉각식(Intercooler) : 과급기를 통과한 흡입공기를 강제 냉각시켜, 실린더 내로 유입되는 공기의 밀도를 높임으로써 엔진의 출력을 향상시키는 형식
3) 90°V 형식 : 다기통의 실린더를 V자로 90°가 되도록 병렬로 배치하는 형식으로서, Compact한 엔진 설계가 가능하여 협소한 엔진실 공간에 적합

공기청정기(Air Cleaner)를 통해 걸러진 외부공기는 원심과급기에서 공기를 압축하여 흡입 다기관으로 유입된다. 흡입다기관으로 유입된 공기는 압축행정 말기에 실린더로 흡입되고, 연료분사펌프로부터 이송된 연료가 분사노즐을 통해 실린더 내부로 분사되어 연료가 연소되며(팽창행정), 피스톤의 왕복운동으로 동력이 발생하게 된다.

혹한시에는 유입되는 공기의 온도가 낮기 때문에 흡기다기관에 연결되어 있는 예열플러그로 공기를 예열하여 실린더로 보내어진다. 이때 공기온도가 연료의 자기착화 온도보다 높으면 분사된 연료는 압축된 고온의 공기 중에서 무화상태[12]로 되어 자기착화가 용이하게 된다.

압축 자기착화 후 분사되는 연료는 분무제트를 형성하여 주위의 흡입공기와 혼합함으로써 행정(흡입 - 압축 - 팽창(폭발) - 배기)이 계속 진행되고, 엔진의 연속 운용이 가능하게 된다. 디젤엔진 연소의 기본은 연료의 무화와 함께 흡입공기와 잘 혼합되게 하는 것이며, 연소실의 온도는 대략 500～550℃ 정도이다.

2.2.2 변속기

변속기는 엔진으로부터 동력을 전달받아 변속 및 변화된 동력을 종감속기와 기동륜을 통해 궤도에 전달하며, 조향기어 및 감속기에 의한 조향, 선회, 제동 기능을 제공한다.

변속기의 형상 및 주요 구성품의 부착위치를 그림 2-9에 나타내었다.

또한, 변속기의 동력전달 흐름도를 그림 2-10에 나타내었다. 전차 엔진의 동력은 플라이휠과 입력기[13]를 거쳐 팬구동기와 우력 변환기[14]로 전달된다. 팬구동기는 좌·우측 팬구동 커플링을 회전시키며, 커플링에 의해 조절된 동력은 변속기 상부에 위치한 좌·우측 원

---

4) 오일냉각기 : 엔진에 의해 뜨거워진 엔진오일을 식혀주고 여과시켜 주는 장치
5) 예열플러그 : 압축된 흡입공기를 직접 예열하여 착화가 용이하게 하는 장치
6) 흡기다기관 : 원심과급기에서 압축된 공기를 각 실린더로 균일하게 분배하는 기관
7) 수온조절기 : 라디에이터로 흐르는 냉각수 유량을 조절하여 냉각수의 온도를 유지시켜 주는 장치
8) 냉각수펌프 : 엔진 냉각을 위한 냉각수 순환 펌프
9) 연료분사펌프 : 실린더 내의 압축된 공기에 연료를 분사시켜 디젤엔진을 작동시키는 장치
10) 배기스테이크 : 흡입 공기를 과급기로 보내는 관
11) 흡기다기관 : 각 실린더로부터 배출되는 연소가스를 하나로 모아서 배기 파이프로 보내는 장치
12) 무화상태(Atomization) : 연료입자가 분사와 동시에 안개 모양의 형태로 분출됨으로써, 입자 표면적의 증대로 열 흡수가 빨라 연료의 착화시까지 온도 상승이 용이하게 되는 현상
13) 입력기 : 엔진에서 스플라인(Spline) 축이음 방식으로 동력을 받아 기어연결(평기어, 베벨기어)을 통해 우력 변환기와 팬구동기에 동력을 전달
14) 우력 변환기(Torque Converter) : 전차의 부하에 따라 우력(Torque)과 회전속도를 적절하게 변환하여 변속기어에 전달할 뿐만 아니라, 조향기어와 펌프를 구동

형냉각기[15])를 1, 2, 3단 속도로 회전시킨다.

우력 변환기는 입력기로부터 동력을 전달받아 변속기어[16]), 중앙하우징, 펌프로 동력을 전달하며, 중앙하우징은 조향기어로 동력을 전달하고, 조향기어는 좌·우측 덮개로 동력을

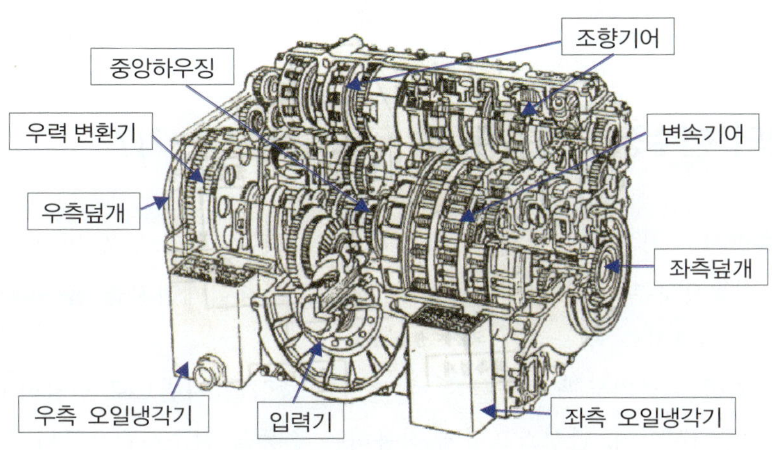

▶ 그림 2-9 변속기 형상 및 주요 구성품의 부착위치

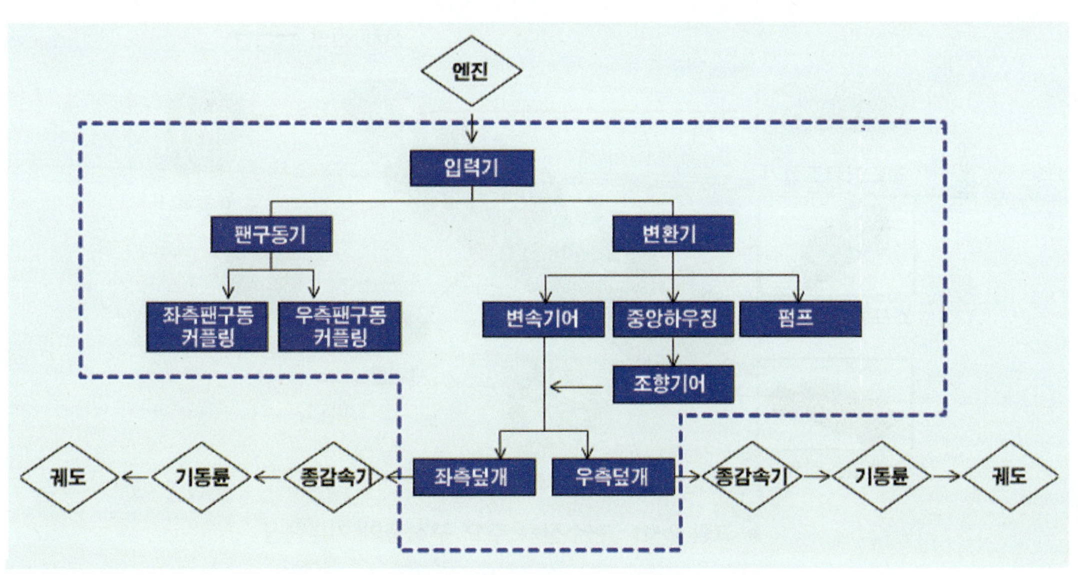

▶ 그림 2-10 변속기의 동력전달 흐름도

15) 원형 냉각기 : 방사형 공기흡입 팬이 설치되어 있으며, 팬 구동기에 의해 구동되고 냉각수, 엔진오일, 유압유를 흡입한 공기로 강제냉각

16) 변속기어 : 유압식 다판 클러치와 유성기어 조립체로 구성되어 전·후진 속도변환 기능을 제공

전달하여 종감속기[17]와 기동륜 및 궤도를 거쳐 최종적으로 전차가 기동할 수 있도록 한다.

그리고 펌프는 엔진의 동력을 받아 유압을 발생시키며, 유압조종장치의 솔레노이드 밸브까지 유압을 전달하고, 솔레노이드 밸브가 개폐됨에 따라 유압이 변속 클러치를 작동시켜 변속된다.

2.3 차체의 현수장치는 어떻게 구성되어 있는가?

전차의 현수장치는 차체가 보기륜[18] 축(axle)과 연결된 일련의 부품 및 기계장치를 의미한다. 전차의 기동으로부터 차체의 진동을 완화시키고 충격에너지를 흡수하기 위해 현수장치에는 충격흡수장치를 부착한다.

현수장치의 역할은 보기륜과 궤도를 통해 전차의 중량을 지면으로 전달하고, 차체에 작용하는 충격을 완화시키며, 탄성스프링에 작용하는 진동을 감소시킴으로써 전차의 평균속도, 이동간 사격의 정확성 및 승무원의 피로감 개선에 기여한다.

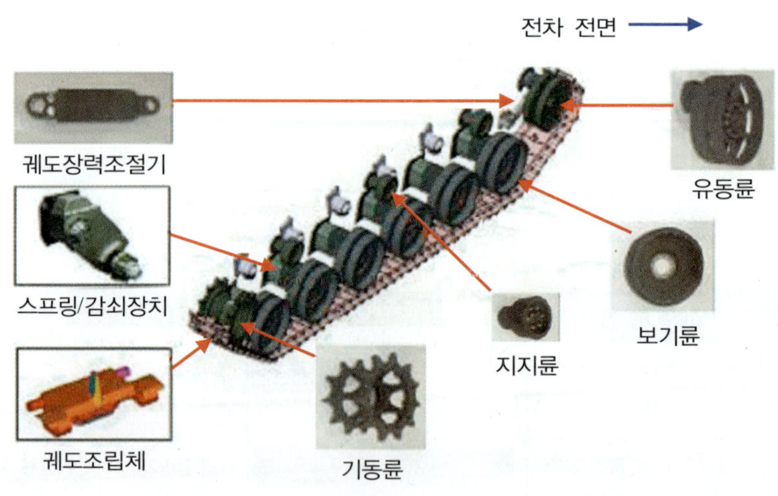

▶ 그림 2-11 현수장치 주요 구성품의 기본형상

17) 종감속기(Final Drive) : 변속기의 좌 · 우측 덮개에 연결되며, 유성기어 조립체에 의해 출력속도를 감속시키고, 우력(Torque)을 증가시켜 기동륜(Sprocket)에 전달

18) 보기륜 : 로드휠(Road Wheel)이라고도 하며, 전방으로부터 1, 2, 3, 4, 5, 6번의 순으로 번호를 붙여서 식별한다.

현수장치는 궤도의 장력을 조절하는 궤도장력 조절기, 충격을 흡수하는 스프링/감쇠장치, 전차의 구동력을 지면에 전달하는 궤도조립체 그리고 유동륜, 보기륜, 지지륜, 기동륜(Sprocket)으로 구성된 각종 휠 조립체로 구분할 수 있으며 각각의 기본형상을 그림 2-11에 나타내었다.

2.3.1 궤도장력 조절기

궤도장력 조절기는 전차의 좌・우측에 1개씩 차체와 유동륜 사이에 장착되어 장력조절기 내의 실린더에 채워진 유압에 따라 장력조절기의 길이를 변화시키고, 이로 인해 유동륜의 장착각도를 변화시켜 궤도의 장력을 조절하는 기능을 수행한다.

궤도장력은 전차의 기동성능을 결정하는 중요한 요소 중의 하나이다. 궤도가 너무 느슨하면 전차 조향중에 궤도가 이탈하는 현상이 발생하고, 반면에 너무 팽팽하면 구름저항의 증대로 인한 연료소비율이 증가하며, 구성품 간의 작용력이 커져 내구성을 악화시키는 요인이 된다.

따라서 최적의 궤도장력은 전차가 여러 형태의 지형을 기동할 때 궤도이탈 현상이 발생하지 않고 최소의 구름저항을 갖게 하는 조건이라 할 수 있으며, 궤도장력은 전투중량의 약 10% 수준으로 설정하고 있다. 궤도장력 조절 실린더의 일반적인 압력은 평지에서 약 950psi, 야지에서 약 1500psi로 설정하고 있다.

2.3.2 스프링/감쇠장치

2차대전 이래로 전차의 스프링/감쇠장치는 토숀바 형식이 주종을 이루었는데, 그 주된 이유는 토숀바 형식의 현수장치가 다른 장치에 비해 비교적 구조가 단순하고 성능이 우수하기 때문이었다.

그러나 토숀바가 차체의 저판을 통과하여 설치되기 때문에 방호 측면에서는 유리하나, 차체 내부공간 잠식으로 인하여 차체높이의 상승이 불가피하고, 야전에서 손상된 토숀바를 교체하기 어려운 단점을 가지고 있다.

최근에는 한 개의 본체 내부에 피스톤이 움직이며 질소가스를 압축함으로써 얻는 스프링력과 좁은 구멍(오리피스)을 오일이 통과할 때 얻는 감쇠 기능을 복합한 유기압 현수장치[19]가 사용되고 있다.

19) 유기압 현수장치(HSU : Hydropneumatic Suspension Unit) : 45쪽 참조

유기압 현수장치는 내부 오일의 양을 조절함으로써 차체의 높이를 조절하는 기능을 가지고 있다. 특히, 습지나 진흙지대와 같은 연약지반 주행시 차체의 높이를 조절하여 차체 바닥과 노면의 접촉으로 인한 주행불가 현상을 방지할 수 있으며, 정지상태나 저속주행시 차체 높이를 낮추어 피탄면적을 감소시킬 수 있다.

이러한 유기압 현수장치는 일반적으로 토숀바에 비해 고가이며, 차체 외부에 장착되므로 소화기탄, 지뢰 등에 대하여 취약한 문제점이 있기 때문에 토숀바와 유기압 현수장치를 혼용 사용하는 추세이다.

예를 들면 토숀바는 차체와 1, 3, 4, 5번 보기륜에 연결되어 차체 바닥의 충격을 완화시키고, 유기압 현수장치는 차체와 2, 6번 보기륜을 연결하여 전차의 차체를 낮추어 저각자세를 유지하거나 차체의 충격을 흡수하도록 하는 방법이 주로 적용되고 있다.

2.3.3 궤도조립체

▶ 그림 2-12 궤도 형상

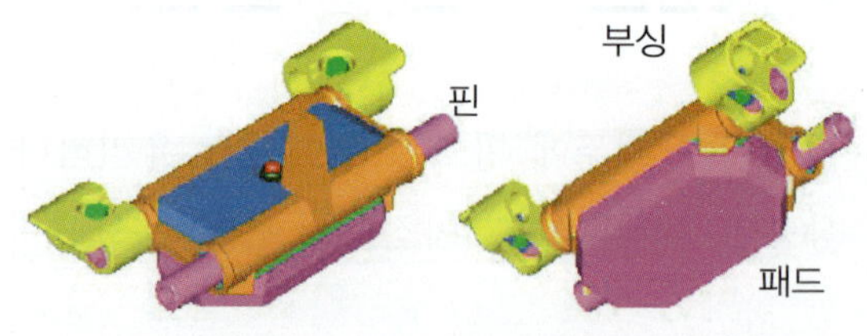

▶ 그림 2-13 패드 교환형 궤도 형상

궤도는 지면과 접촉하면서 전차의 구동력을 지면에 전달하여 전차기동을 가능하게 하는 기능을 하며, 일반적인 궤도 형상은 그림 2-12와 같다. 그림에 나타낸 바와 같이, 궤도에 고무재질의 패드를 부착하여 차량 기동에 따른 도로파손을 방지하고 진동과 소음수준을 낮추고 있다.

궤도의 수명은 전차 운용유지비용의 상당한 부분을 차지하고 있는데, 미국의 경우 연간 궤도 운용유지비로 약 2억불 이상을 지출하고 있는 것으로 알려지고 있다.

이러한 운용유지비를 절감하기 위해 기존의 패드 일체형 궤도로부터 그림 2-13과 같은 패드 교환형 궤도가 최근 주요 선진국에서 개발중에 있다. 패드 교환형 궤도의 패드 수명은 운용환경에 따라 다르나 1200~1400 km 정도인 것으로 알려지고 있다.

2.3.4 휠 조립체

유동륜은 전차의 좌·우측에 각각 1개씩 설치되어 최적의 궤도장력을 유지하기 위해 궤도장력 조절 실린더와 연결되어 궤도장력을 조절하는 기능을 하며, 보기륜은 전차의 좌·우측에 각각 6~7개씩 설치되어 궤도 정렬을 유지하고, 지지륜은 전차의 좌·우측에 각각 3개씩 고정축에 설치되어 유동륜과 기동륜 사이에서 궤도 중량을 지지한다.

표 2-1 토양의 내압력

토 양	내압력(kg/cm^2)
쇄석	4.9
암반	24.6
단단한 점토	3.9
연약한 점토	1.0
시멘트로 고정된 자갈	7.7
다져진 모래	3.9
갯벌 토양	0.5

변속기와 종감속기로부터 발생하는 구동 회전력은 전차의 좌·우측 종감속기에 부착된 기동륜에 의해 궤도에 동력이 전달되고, 궤도 링크는 기동륜 치차와 맞물려 있다. 또한, 궤도가 이탈되지 않도록 중앙 가이드가 내·외측 보기륜 사이를 통해 움직인다.

휠 조립체 중 보기륜은 지표면의 압력인 접지압을 결정하는 주요 요소이기 때문에 보기륜의 형상(직경, 폭)과 수량은 매우 중요하다. 즉, 전차의 연약지반 통과능력은 접지압[20]과 밀접한 관계가 있으며, 기동성능의 중요한 지표 중의 하나로 사용하고 있다.

전차의 접지압은 약 0.8~1.0 kg/cm^2 정도이며, 접지압의 값이 표 2-2에 나타낸 토양의 내압력 수준보다 작으면 전차는 그 노면의 통과가 가능하다고 할 수 있다.

보기륜의 형상 및 수량과 더불어 중요한 요소는 기동륜의 중량을 감소시키기 위한 노력이다. 전차의 고성능화로 야기된 전투중량의 증가를 완화시키기 위해, 초기의 강재에서 알루미늄으로 발전하였으며, 최근에는 복합소재 보기륜을 개발함으로써 동일한 성능을 유지한 채 약 19%의 중량을 감소시킨 것으로 알려지고 있다.

표 2-2 주요 전차의 보기륜 제원

전차명	중량(톤)	수량	직경(mm)	폭(mm)
Centurion	57	6 × 2	802	116.8
Challenger	62	6 × 2	800	152
S-tank	42.5	6 × 2	802	116.8
M1	60	7 × 2	635	152.4
Leopard 2	55.2	7 × 2	700	120

20) 접지압 : 전차중량을 접지면적으로 나눈 값으로, 전차중량 / {2 × 접지길이 × 궤도폭}으로 표현된다.

2.4 차체의 전기장치는 어떻게 구성되어 있는가?

전기장치는 주로 엔진을 가동하여 엔진에 부착된 발전기에 의해 26~29V의 직류전원을 생성하여 공급하고, 엔진 비가동시에는 축전지에 의해 24V의 직류전원을 공급한다. 차체와 포탑에 부착된 전기장치를 그림 2-14와 그림 2-15에 각각 나타내었다.

또한, 전기장치의 일반적인 계통도를 그림 2-16에 나타내었다. 차체전원분배상자는 축전지 및 엔진 가동시 발전기로부터 전원을 공급받아 차체회로망상자 및 포탑회로망상자에 전원을 공급하고, 차체전원분배상자 내의 회로차단기는 회로 내에 고장이 발생하면 자동으로 전원을 폐쇄(Off)하고 고장이 해소되면 개방(On)한다.[21]

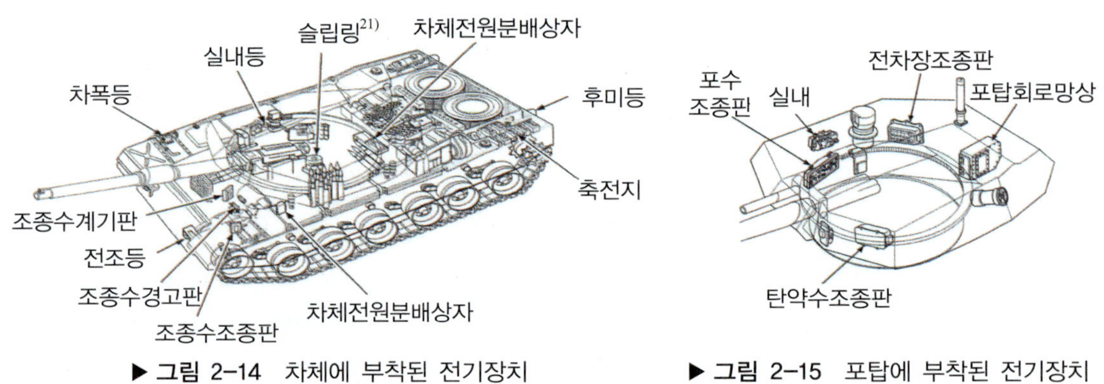

▶ 그림 2-14 차체에 부착된 전기장치

▶ 그림 2-15 포탑에 부착된 전기장치

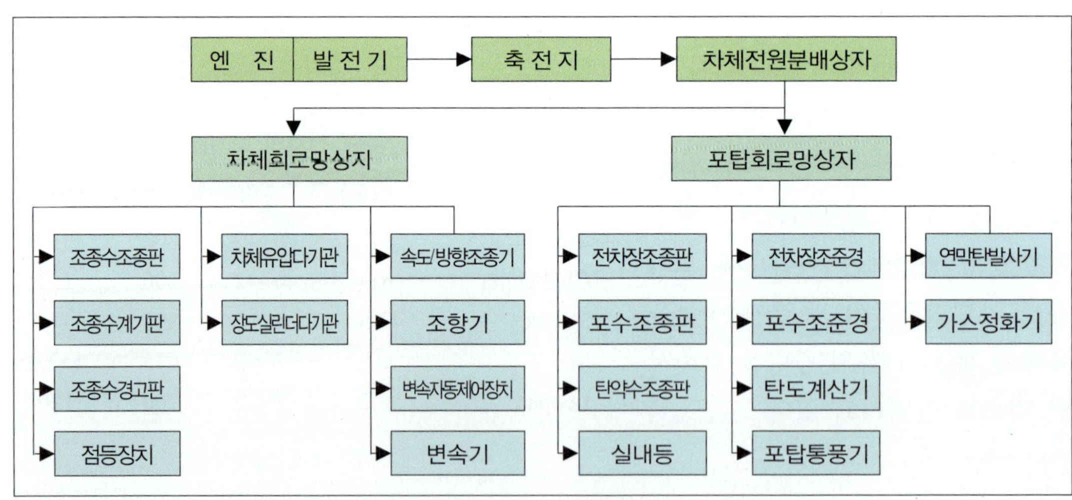

▶ 그림 2-16 전기장치의 일반적인 계통도

21) 슬립링(Slip Ring) : 포탑 회전시 차체와 포탑간의 연결 케이블이 서로 꼬이지 않고 관련 신호(전기, 유압 등)를 연속적으로 전달하는 장치

차체 및 포탑회로망상자는 전차의 모든 장치에 전원을 분배하며, 조종수조종판 및 전차장조종판에 부착된 주전원 스위치로 전원을 개폐(On/Off)할 수 있고, 조종수계기판에는 축전지 충전상태, 연료상태, 냉각수 온도, 주행기록계, 회로차단기 상태 등의 신호가 표시된다.

한편, 전차의 전기장치는 주로 시동기능, 충전기능, 주전원 제어기능, 점등 및 부수장치 전원공급 기능 등으로 구분할 수 있으며, 갑작스런 이상 전원으로부터 구성품을 보호하고 오동작을 방지하기 위해 용량에 따라 여러 종류의 회로차단기가 사용되고 있다.

2.4.1 시동기능

전차의 엔진은 자기 스스로 회전하지 못하기 때문에, 최초 엔진의 동력을 얻기 위해서는 외력으로 크랭크축을 회전시켜야 하는데, 이와 같이 엔진 시동에 관련된 기능을 시동기능이라 한다.

관련 구성품으로는 축전지, 주전원 스위치, 주전원 계전기[22], 속도/방향조정기 중립 스위치, 조향기 중립 스위치, 시동기 스위치, 시동기 솔레노이드[23] 및 시동기가 있으며, 시동기능의 개략적인 흐름도를 그림 2-17에 나타내었다. 주전원 스위치는 차체 주요 부분에 전

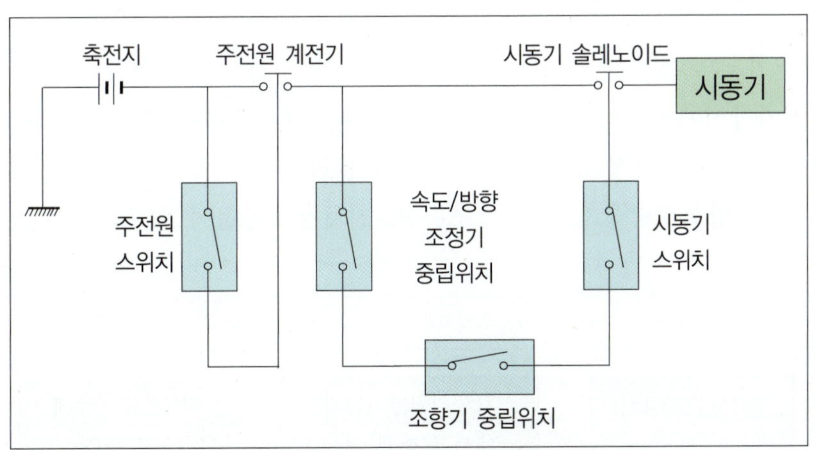

▶ 그림 2-17 시동기능의 개략적인 흐름도

22) 계전기(Relay) : 회로 내에 과도한 전압이나 전류가 흘렀을 때 회로를 보호하거나, 낮은 전압이나 전류를 이용하여 고전압이나 고전류를 사용하는 전원을 개폐하는 장치

23) 솔레노이드(Solenoid) : 코일을 원형으로 감고 전류를 흘리면 자기장이 생기고, 여기에 자성 물질을 접근시키면 원의 중심부로 이동하게 되는데, 이와 같이 전기에너지를 기계적 에너지(왕복 운동에너지)로 변환시켜 원하는 조작을 수행하는 장치

기적 조작이 가능하도록 전원을 공급해 주는 스위치이며, 주전원 계전기는 축전지 전원을 차체 및 포탑에 공급해 주는 역할을 한다.

속도/방향조정기와 조향기는 안전을 위해 중립 위치에서만 시동이 가능하도록 하는 스위치로서, 시동 후 전후진 변속이나 조향을 위해서는 각각의 중립해제 버튼을 눌러야 한다. 또한, 시동기 스위치는 시동기 솔레노이드에 전원을 공급하여 엔진의 플라이휠을 최초로 회전시키도록 전원을 공급하는 스위치이다.

2.4.2 충전기능

전차 운용간 필요한 전원을 공급하기 위해서는 축전지 충전이 필요하다. 엔진의 발전기에서 발생한 전기가 축전지를 거쳐 각 구성품으로 전기를 공급하게 되고, 사용후 여유 전원은 축전지의 충전에 이용된다.

따라서 엔진의 발전기 출력 전압은 26~29V DC로서, 정상상태의 축전지 출력 전압인 24V DC보다 높게 설정되어 있으며, 축전지의 방전으로 21V DC 이하가 되면 조종수조종판과 전차장조종판의 경고등이 점등된다.

2.4.3 주전원 제어기능

주전원 제어기능은 축전지 전원을 차체 및 포탑회로망상자에 공급하는 기능으로서 조종수석 또는 전차장석에서 작동시킬 수 있으며, 모든 전기장치는 주전원을 개방(On)한 후 동작이 가능하다. 관련 구성품으로는 축전지, 주전원스위치, 주전원계전기, 차체전원분배상자, 차체 및 포탑회로망상자, 조종수조종판, 전차장조종판이 있으며, 적용절차는 그림 2-18과 같다.

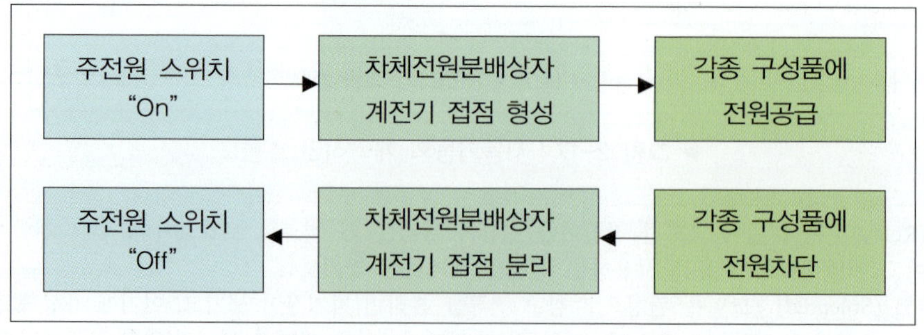

▶ 그림 2-18 주전원 제어기능 적용절차

2.4.4 점등 및 부수장치 전원공급 기능

점등장치로는 전조등, 후미등, 차폭등, 실내등으로 구성되며, 조종수조종판의 점등선택 스위치로 조작하고 차체회로망상자를 통해 전원이 공급되어 점등한다.

또한, 야간 전술적 상황 하에서 전조등을 켜지 않고 전방관측과 조종이 가능하기 위해 사용하는 장치로는, 별빛이나 달빛을 증폭시켜 이용하는 광증폭 야간잠망경과 주변 온도 차를 인식하여 물체를 식별하는 적외선 열상장치가 있다.

그리고 전차의 주행상태와 각 구성품의 동작상태 및 연료 등의 보유수준을 조종수에게 표시하여 줌으로써, 사고를 미연에 방지하고 대책을 준비할 수 있도록 안전운행 및 장비점검을 지원하는 계기 경고등이 있다.

2.5 차체의 유압장치는 어떻게 구성되어 있는가?

전차의 유압장치는 체계에서 운용되는 유압 구성품들을 작동시키는 데 필요한 유압동력을 공급하기 위하여 차량 내부에 설치, 운용되는 일련의 장치들을 의미한다.

엔진에 의해 구동되는 주유압펌프에서 형성된 유압은 차체의 현수장치 및 제동장치 등의 작동에 사용되며, 포탑에서는 주포의 고저작동 및 포탑선회에 사용되고 있으나, 최근에는 전차의 운용성과 정비성 향상을 위해 전기식 포탑을 적용하는 추세이다. 각종 유압장치 구성품의 종류와 부착위치를 그림 2-19에 나타내었다.

또한, 유압장치의 계통도를 그림 2-20에 나타내었다. 주요 장치로는 유압발생장치, 유기압 현수장치, 제동장치, 장도조절장치, 배수펌프 등이 있다.

2.5.1 유압발생장치

차체와 포탑에 필요한 유압을 발생시키는 장치로서 저유기조립체, 주유압 펌프, 보조유압펌프, 여과기조립체, 차체유압다기관, 유압승압장치로 구성되어 있다.

저유기 조립체의 형상을 그림 2-21에 나타내고 있다. 저유기 조립체는 유압시스템의 운용에 필요한 유압유를 저장 및 공급하고, 오염물질의 침전, 유압유 내의 수분 분리, 유입된 공기배출 등의 기능을 가지고 있다.

저유기 조립체 설계시 주의사항으로는 유압유가 저수위 조건에서 차량이 경사지(종경사

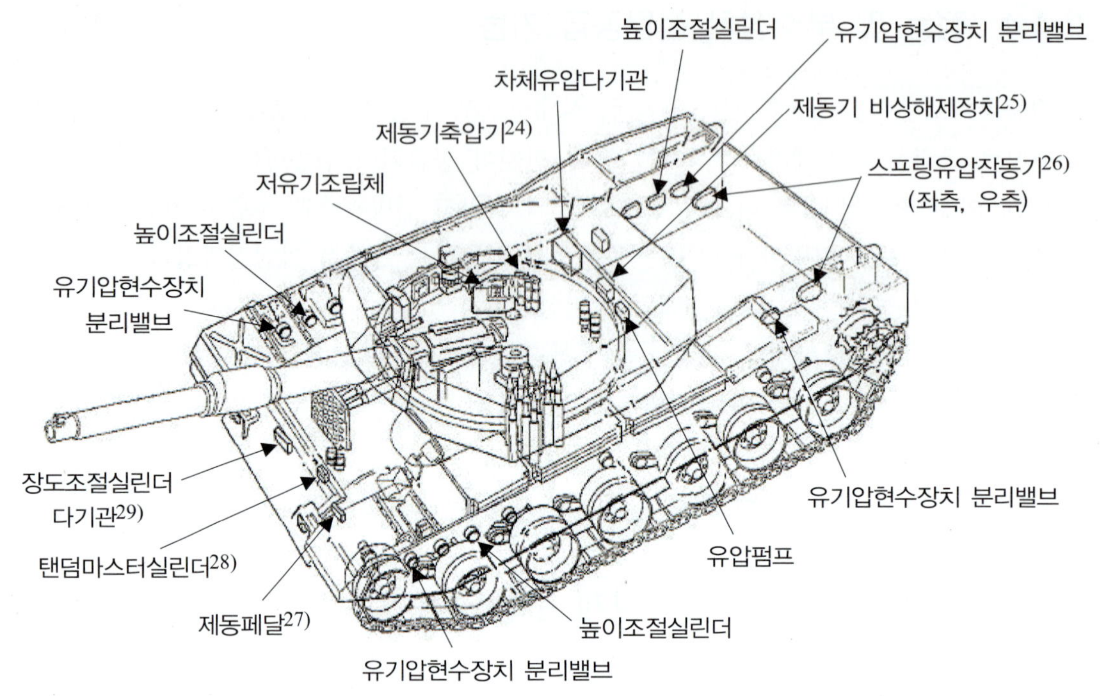

▶ 그림 2-19 유압장치 구성품의 종류와 부착위치

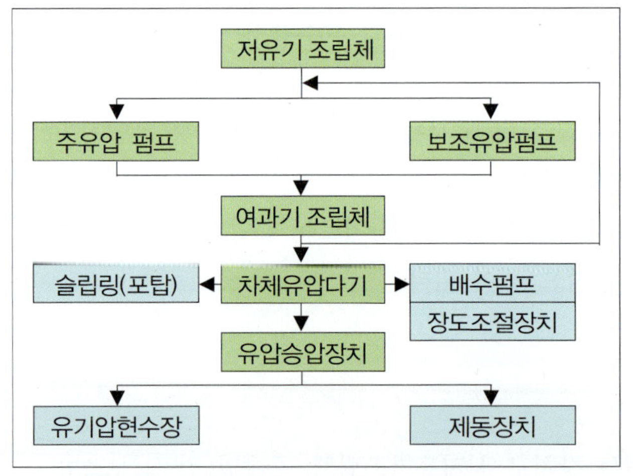

▶ 그림 2-20 유압장치의 계통도

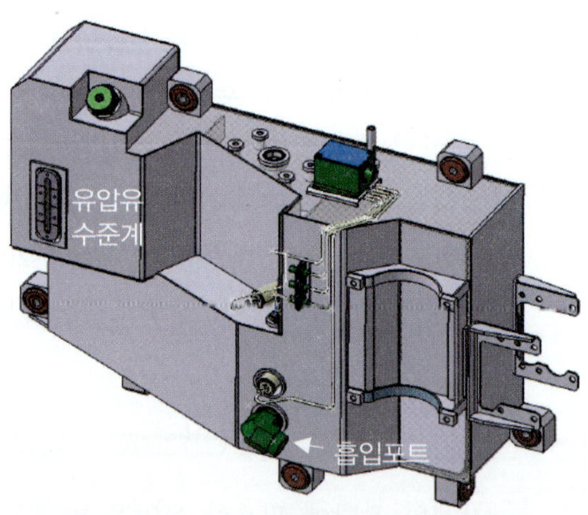

▶ 그림 2-21 저유기 조립체의 형상

24) 제동기축압기 : 유압펌프의 토출 유압을 스프링 유압작동기에 공급하기 위해 유압을 축적
25) 제동기 비상해제장치 : 제동 유압회로 고장으로 제동기가 잠겨 있을 때 제동기 해제장치
26) 스프링 유압작동기 : 원판 클러치를 작동시켜 전차를 제동하는 장치
27) 제동페달 : 조종수가 제동신호를 발생시키는 장치
28) 탠덤마스터실린더 : 제동페달과 연결되어 있으며, 제동기 축압기에 압력을 공급하는 장치
29) 장도조절실린더다기관 : 좌, 우측 장도조절실린더에 유압을 공급, 조절하는 장치

60%, 횡경사 30%)를 주행할 때, 유압라인에 공기가 흡입되지 않도록 흡입포트가 내부 유면 위의 공기중에 노출되지 않아야 한다.

주유압 펌프는 엔진과 연결된 펌프 구동기에 의해 작동되어 차체 및 포탑에 필요한 유압을 공급하는 기능을 하며, 보조유압펌프는 엔진 시동을 걸지 않은 상태에서 전기구동 모터를 이용하여 유압을 발생할 때 사용한다.

보조 유압펌프는 일반적으로 저유기 조립체 하단에 설치되며, 전기모터와 기어식 유압펌프로 구성되어 있다. 주 유압펌프와 보조 유압펌프의 형상을 각각 그림 2-22와 2-23에 나타내었다.

여과기 조립체는 각 시스템으로 공급 및 귀환되는 유압유가 여과기를 통과하게 하여 유압유의 이물질을 제거하는 기능을 한다. 여과기 조립체는 유압펌프로부터 나오는 공급회로용 유압유의 여과를 위한 고압용 여과기와 저유기로 복귀하는 유압유의 여과를 위한 저압용 여과기로 구분할 수 있으며, 여과기 조립체의 형상을 그림 2-24에 나타내었다. 여과기 내의 이물질로 인해 입구와 출구 쪽의 압력차가 30~40PSI 이상이면 여과기 교환시기를 알려 주는 차동압력지시기가 있으며, 여과기를 교환하지 않아 압력차이가 50PSI 이상이 되면 릴리프밸브(안전밸브)가 작동되어 유압유를 우회시켜 공급하게 한다.

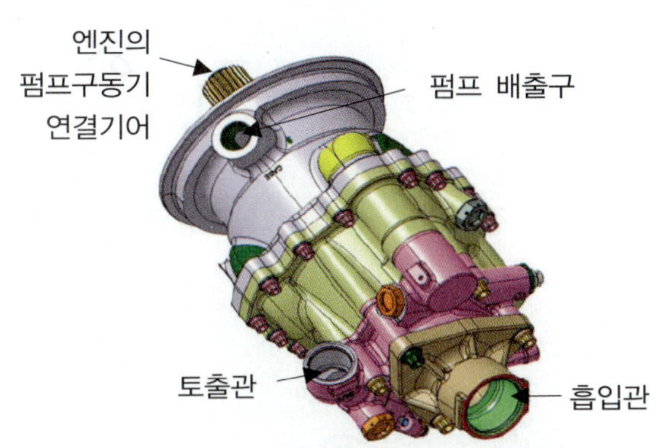

▶ 그림 2-22 주유압 펌프 형상

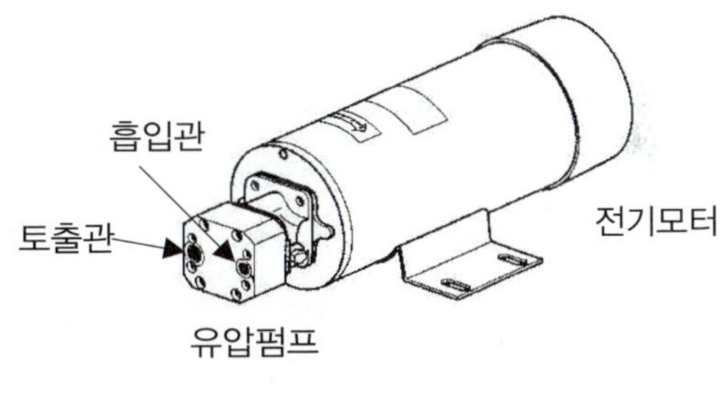

▶ 그림 2-23 보조유압 펌프 형상

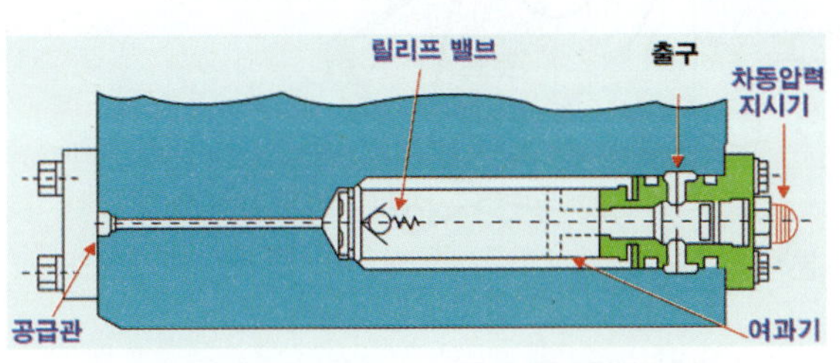

▶ 그림 2-24 여과기 조립체 형상

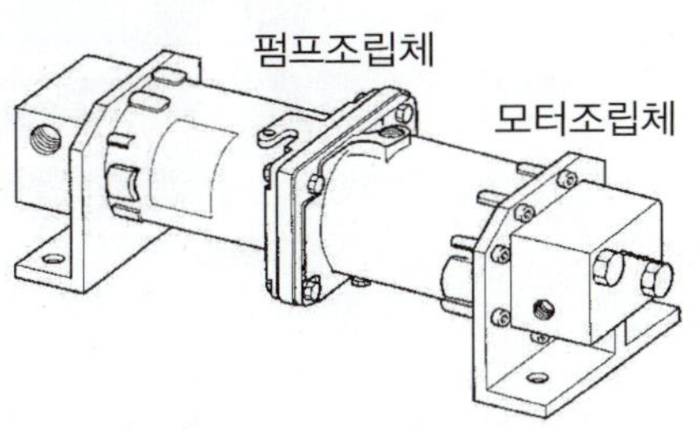

▶ 그림 2-25 유압 승압장치 형상

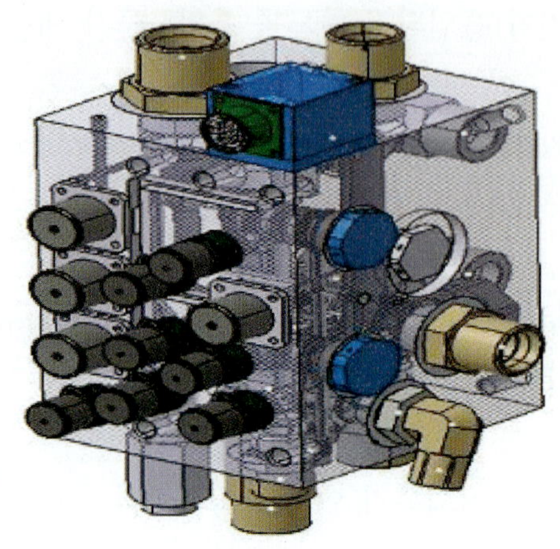

▶ 그림 2-26 차체유압다기관 투영형상

유압 승압장치는 그림 2-25에 나타낸 바와 같이 펌프조립체와 모터조립체로 구성되어 있으며, 저유기 상부에 부착된 유압모터를 이용하여 유압펌프로부터 발생한 압력을 상승시켜, 매우 높은 유압을 필요로 하는 제동장치와 유기압현수장치에 유압유를 공급하는 기능을 한다.

차체유압다기관은 유압펌프 및 압력상승 유닛에 의해 형성된 유압을 제동장치, 유기압현수장치, 장도조절장치, 배수펌프 등으로 분배하고 유량과 유압을 제어하는 기능을 한다. 유압을 분배하기 위해 솔레노이드 밸브가 부착되어 있으며, 유량과 유압을 제어하기 위해 안전밸브와 압력스위치가 설치되어 있다. 차체유압다기관의 투영형상을 그림 2-26에 나타내었다.

2.5.2 유기압 현수장치

유기압 현수장치는 차체의 높이를 조절하여 전차의 노출을 최소화하고 저각사격을 용이하게 하며, 주행중 진동이나 충격을 흡수하는 기능을 한다. 그림 2-27은 유기압 현수장치의 개략적인 구성도를 나타내고 있으며, 상부 실린더는 질소가스에 의한 스프링 작용을 하고, 하부 실린더는 유압유에 의해 진동이나 충격을 흡수한다.

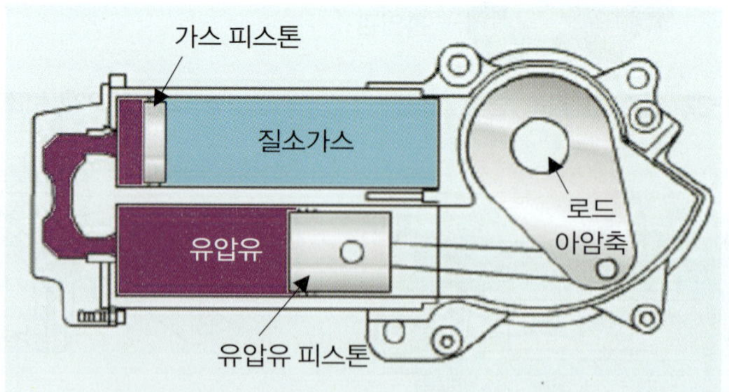

▶ 그림 2-27 유기압 현수장치 개략 구성도

주요 구성품으로는 그림 2-19에 나타낸 바와 같이 유압신호에 따라 유기압 현수장치에 유압을 공급하고, 유기압 현수장치 제거시 유압흐름을 차단하는 분리밸브가 좌·우측에 있으며, 보기륜의 좌·우측 2번과 우측 6번에 부착되어 전차의 높이를 조절하는 높이조절 실린더가 있다.

2.5.3 제동장치

제동장치는 주·정차 제동기와 제동기 비상해제장치가 있다. 주·정차 제동기는 주·정차시에 주로 사용하고, 제동기 페달의 작동에 의해 탠덤마스터실린더를 이용하여 제동기 축압기에 압력을 공급하고 스프링 유압작동기로 유압을 전달하면, 스프링 유압작동기의 내부 스프링에 의해 원판제동기를 동작시킴으로써 전차가 제동된다. 제동기 비상해제 장치는 해제펌프와 공급펌프로 구성되어 있으며, 주차제동기 축압기를 이용하여 원판 제동기의 제동이 풀리지 않을 경우 수동으로 제동을 풀 때 사용하고, 일반적인 부착위치는 그림 2-19에 나타내었다.

2.5.4 장도조절장치

장도조절장치의 장도조절실린더 다기관은 차체유압다기관으로부터 장도조절실린더로 유입되는 유압의 유량과 방향을 제어한다. 장도조절실린더 다기관은 솔레노이드 밸브, 압력스위치, 압력변환기, 급속분리기로 구성되어 있으며, 차체와 유동륜 사이에 유압실린더가 설치되어 있어 궤도의 장력을 조종수석에서 조절할 수 있다.

2.5.5 배수펌프

배수펌프는 유압모터와 펌프로 구성되어 있으며, 승무원실에 유입된 물을 엔진실로 배출하는 기능을 한다.

2.6 차체의 난방장치는 어떻게 구성되어 있는가?

전차의 난방장치는 겨울철에 엔진 예열 기능과 승무원실 난방 기능의 2가지 역할을 수

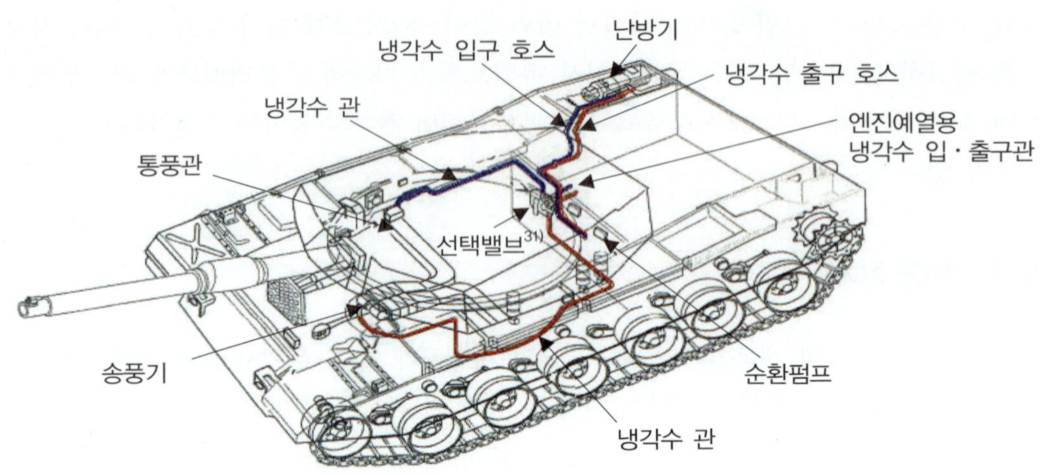

▶ 그림 2-28 난방장치 구성품의 종류와 부착위치

행한다. 엔진 예열은 저온에서 최초 엔진시동을 원활하게 하기 위한 것으로, 난방장치를 이용하여 가열된 냉각수가 순환펌프에 의해 엔진실 주위를 순회함으로써 엔진을 예열시킨다.

또한, 승무원실 난방은 별도의 난방장치를 이용하여 냉각수를 가열시키는 방법과 주엔진을 냉각하는 동안 가열되어진 냉각수를 이용하는 방법이 있으며, 이와 같이 가열된 냉각수에 송풍기를 작동시키면 뜨거운 바람이 생성되고, 통풍관을 통해 뜨거운 바람이 승무원실로 유입되어 난방기능을 수행하게 된다.

승무원실 난방의 경우, 주엔진의 냉각수를 이용한 난방 용량이 탑재 난방장치의 용량[30] 보다 훨씬 크기 때문에 전자를 승무원 난방, 후자를 승무원 예열이라고 구분하기도 한다. 난방장치 구성품의 종류와 부착위치를 그림 2-28에 나타내었다.[31]

난방장치는 냉각수 가열 형식에 따라 난방 보일러 형식[32]과 가스터빈 배기가스 형식으로 구분할 수 있으며, 최근에는 외부공기를 흡입하여 가열시킨 후, 뜨거워진 공기를 직접 승무원실로 불어넣는 직접가열 방식이 일부 적용되고 있다.

2.6.1 난방 보일러 형식

난방 보일러 형식은 주엔진과 동일한 경유를 연료로 사용하며, 순환펌프에서 공급된 냉각수를 난방 보일러 내부로 유입하여 냉각수를 가열시킨다.

30) 일반적으로 전차 등 궤도차량에 사용하는 난방 보일러 형식의 용량은 13,000~18,000㎉/h 정도임
31) 선택밸브 : 엔진 예열 혹은 승무원실 난방의 선택에 따라 냉각수 순환 경로를 제어하는 밸브
32) 난방 보일러 형식 : 가열기, 예비 가열기(Pre-Heater) 및 난방기 등으로 명명되고 있음

이때 냉각수가 규정온도(75±5℃) 이상이 되면 난방장치가 정지되고, 규정온도(65℃±5℃) 이하가 되면 난방장치가 재가동되는 방식으로 냉각수 온도를 일정하게 유지한다.

난방 보일러 형식의 특징은 3중으로 된 안전장치에 있다. 점화가 되지 않은 상태에서 연료가 분사되는 현상을 방지하기 위해, 스위치가 "ON"으로 설정된 이후 30초 이내에 점화가 되지 않을 경우 연료분사가 자동 중지되며, 냉각수를 적정온도로 유지하게 하는 온도조절기와 과열로 인한 열교환기 파손을 방지하는 과열방지용 감지기가 직렬로 부착되어 있다.

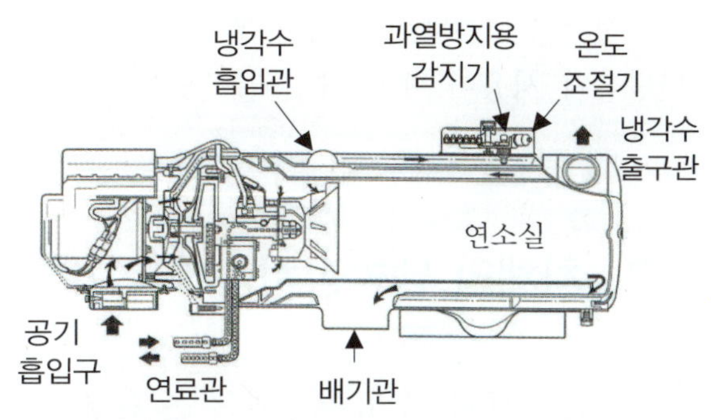

▶ 그림 2-29 난방 보일러 형식 난방장치 형상

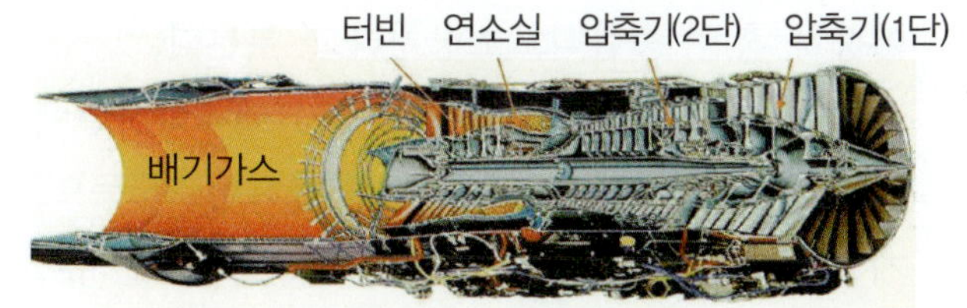

▶ 그림 2-30 가스터빈 엔진 형상 및 원리

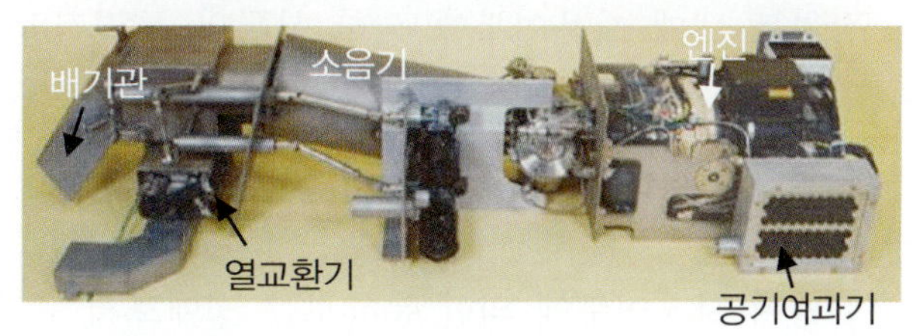

▶ 그림 2-31 가스터빈 엔진 형상 및 원리

2.6.2 가스터빈 배기가스 형식

가스터빈 배기가스 형식은 그림 2-30과 2-31에 나타낸 바와 같이 가스터빈 엔진을 이용하는 방식이다. 가스터빈 엔진은 회전식 압축기, 연소실, 터빈 등으로 구성되며, 고압으로 압축된 공기에 연료를 분사하여 완전 연소시키고, 이에 수반하여 터빈의 회전력을 얻는 엔진으로 매우 깨끗한 고온·고압의 배기가스를 배출하게 된다.

전차에서 난방밸브를 작동시키면 가스터빈 엔진의 고온·고압의 배기가스가 열교환기 방향으로 우회하여 배출하게 되며, 냉각수 순환 펌프에 의해 열교환기로 유입된 냉각수를 가열하게 된다. 냉각수 온도는 열교환기 방향으로 우회하는 배기가스의 양에 따라 조절하게 되며, 일반적으로 60~120℃로 제어한다.

이와 같은 가스터빈 배기가스 방식의 난방장치는 전차에서 보조전원장치로 가스터빈 엔진 발전기를 채용한 경우 일반적으로 적용하는 방식이다. 그러나 최근에는 소형·고효율 · 저가의 디젤엔진 형식의 보조발전기가 널리 사용됨에 따라 가스터빈 배기가스 형식의 난방장치 사용이 매우 제한되고 있다.

2.7 차체의 냉방장치는 어떻게 구성되어 있는가?

전차는 폭우나 폭염, 폭설과 같은 환경에서도 실내가 완전히 밀폐된 상태로 운용할 수 있어야 하며, 탑승한 승무원들에게 과도한 신체적 피로를 최소화시킬 수 있도록 설계되어야 한다. 이러한 장치들로는 냉방장치, 난방장치, 양압장치가 있으며 이를 총칭해서 환경제어장치 혹은 종합식보호장치라고 부른다.

특히, 혹서기 운용시에는 전차가 태양복사열에 지속적으로 노출되고, 엔진으로부터 전달된 열과 탑재된 전자장비에서 발생하는 열 등으로 인해, 승무원실 내부온도가 크게 상승하게 되어 탑승한 승무원들에게 많은 피로를 유발시킨다.

따라서 과거에는 임무필수 장치로서 혹한기 엔진시동을 위한 난방장치만 전차에 탑재하였으나, 최근에는 전투 효율성 측면에서 냉방장치를 전차에 탑재하고 있으며, 이러한 냉방장치는 냉매 사용여부에 의한 분류와 동력전달 방식에 의한 분류로 구분할 수 있다.

2.7.1 냉매 사용여부에 의한 분류

냉매 사용여부에 의한 분류로는 냉매로서 프레온가스를 이용하는 방법과 냉매 없이 고압의 공기팽창을 이용하는 방법이 있다. 프레온가스를 이용하는 방법은 가정용 에어콘이나 일반자량에서 널리 이용하고 있으며, 고압의 공기팽창을 이용하는 방법은 가스터빈 엔진을 사용하는 항공기(헬기) 등에 주로 이용되고 있다.

냉매(프레온가스)를 이용하는 방법의 냉각장치 구성도를 그림 2-32에 나타내었다. 장치는 압축기, 응축기, 수액기, 팽창밸브, 증발기로 구성되며, 각각의 기능이 분리되어 고장시 정비가 용이하고 냉방효율이 매우 높은 특징이 있다.

고압의 공기팽창을 이용하는 방법은 그림 2-33에 작동원리를 나타낸 바와 같이, 가스터빈 엔진에서 생성된 고온고압의 추기(推氣)[33]가 열교환기와 1차 응축기를 통과함으로써 온도가 낮아진다. 1차 응축기 출구의 공기는 ACM[34] 장치의 터빈부를 통과하면서 터빈을

33) 추기(推氣) : 가스터빈 엔진의 배기가스로서 추진력을 발생하는 공기를 의미한다.

34) ACM장치(Automatic Control Machine, 자동제어기구) : 냉각장치의 핵심품목으로 열교환기, 터빈, 팬으로 구성

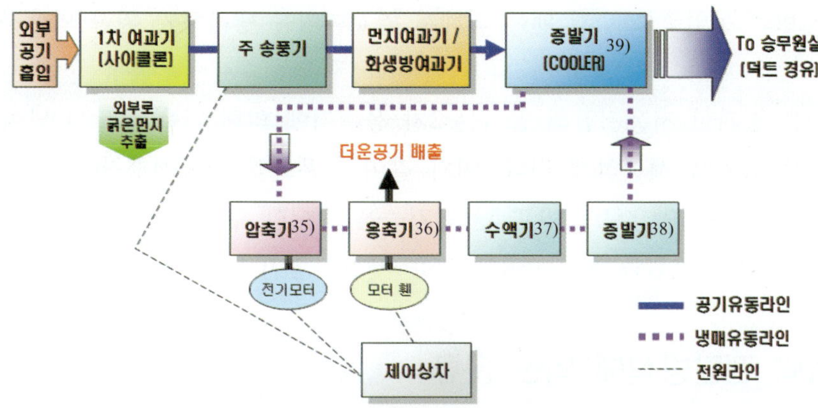

▶ 그림 2-32 냉매(프레온가스)를 이용한 냉각장치 구성도

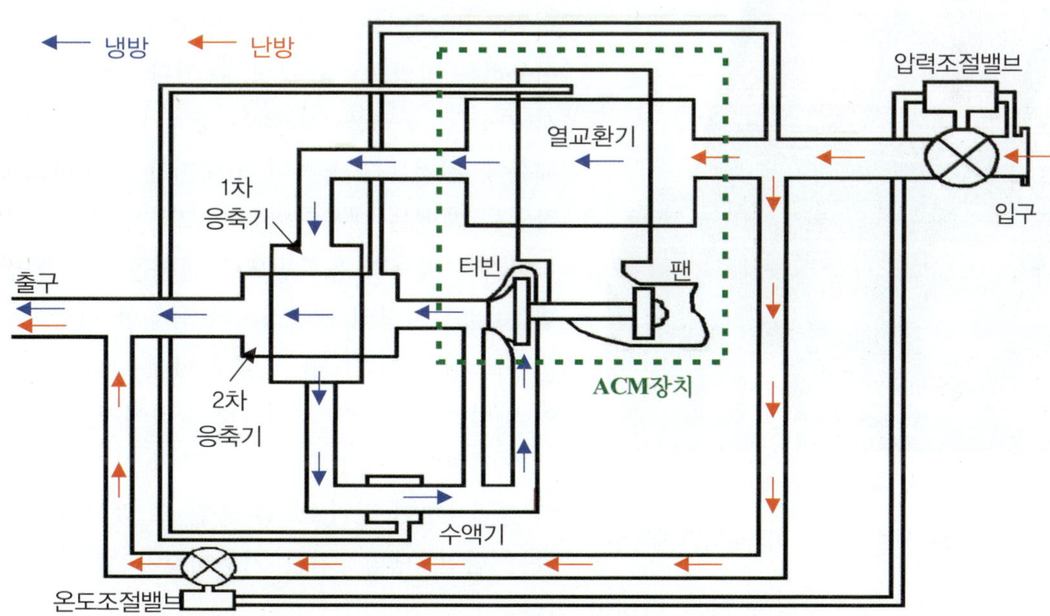

▶ 그림 2-33 고압공기 팽창을 이용한 냉각장치 원리도

35) 압축기(Compressor) : 증발기에서 열을 빼앗긴 냉매가스는 압축기내 피스톤에 의해 압축되며, 이 과정에서 저온저압의 냉매가스는 고온고압(80℃, 12bar)으로 변환된다.

36) 응축기(Condenser) : 고온고압의 냉매가스를 상온의 물이나 공기와 강제접촉으로 액화(50℃, 11.5bar)시키는 열교환 장치로서 접촉 유체에 따라 공랭식 응축기와 수냉식 응축기가 있다.

37) 수액기(Liquid Receiver) : 응축기의 냉매가스 중 이물질 및 수분을 제거하여 순수한 냉매 가스만을 팽창밸브로 보내 주는 장치이다.

38) 팽창밸브(Expansion Valve) : 고온고압의 액체 냉매가스를 모세관과 같은 가는 관을 통과시켜 저온저압(8℃, 2.5bar)으로 만들어 증발이 쉽도록 조정하는 장치이다.

39) 증발기(Evaporator) : 저온저압의 냉매액과 피냉각물체가 열교환을 일으켜 피냉각물체는 차가워지고 차가운 냉매액은 열을 빼앗겨 액체에서 기체로 변하게 되는 열교환 장치이다.

구동하고, 터빈과 동일축으로 된 팬에 의해서 열교환기를 냉각하기 위한 외부공기를 강제 흡입한다.

냉각 터빈을 통과한 저온저압의 공기는 2차 응축기에 의해 더욱 온도가 낮아지고 승무원실로 차가운 공기를 제공하게 된다. 이와 같이 고온고압의 공기팽창(추기)을 이용하는 방법은 공기 관로 선택만으로 냉방과 난방 기능을 수행할 수 있는 장점이 있으나, 냉방효율이 낮고 가스터빈 엔진을 사용하여야 하는 제한사항이 있다.

2.7.2 동력 전달방식에 의한 분류

▶ 그림 2-34 엔진 동력원 이용방법의 개략도

동력 전달방식에 의한 분류에는 압축기의 동력원으로 엔진을 이용하는 방법과 전기모터를 이용하는 방법으로 구분할 수 있다. 냉방장치에서 가장 큰 동력을 요구하는 장치가 압축기이기 때문에 전기를 이용하여 압축기를 구동하고자 하였을 때에는 대용량의 전기모터가 필요하다.

따라서 압축기 동력원으로 엔진을 이용한 방법은 일반 차량의 냉방장치와 동일한 사항으로서 시스템의 개략도를 그림 2-34에 나타내었다. 이 방법은 압축기를 크랭크축 풀리에 벨트 등으로 연결하여 구동함으로써, 별도의 전기모터 등이 불필요하여 전력소모를 줄일 수 있는 장점이 있는 반면, 냉방장치를 가동하고자 할 때에는 항상 주엔진을 구동하여야 하는 단점이 있다.

한편, 압축기 구동용 전기모터를 이용한 방법은 냉방장치의 전력소모가 매우 큰 단점이 있으나, 주엔진과 독립적으로 배터리나 보조발전기를 이용하여 냉방장치를 구동할 수 있으며, 냉각장치 설계·배치에 있어서 융통성을 확보할 수 있는 장점이 있다.

2.8 포탑의 주포장치는 어떻게 구성되어 있는가?

전차의 3대 기능인 화력, 기동력, 방호력 중에서 화력과 가장 밀접한 관계가 있는 것이 포탑부분에 설치된 주포장치이다. 포탑의 주포장치는 탄약을 장전 및 발사하는 과정에서 수반되는 제반 기계적인 활동을 포함하며, 사격 정확도 향상을 좌우하는 역할을 수행한다.

주포장치는 소총과 같이 직접 조준사격을 실시하며, 포신에 탄약을 장전하기 위해 약실을 개폐하는 폐쇄기는 소총과 달리 수직으로 작동한다[40]. 즉, 포탄 장전시 위로, 탄피 추출 및 방출시 아래로 작동한다. 주포 사격시 발생되는 충격은 주퇴장치[41]의 유압과 복좌용수철로 인해 완화함으로써 각종 구성품들을 보호한다.

2.8.1 주포장치의 구성

주포장치는 포구감지기, 포열, 배연기, 주퇴장치, 포미장치로 구분할 수 있으며, 각 구성품의 장착위치를 그림 2-35에 나타내었다.

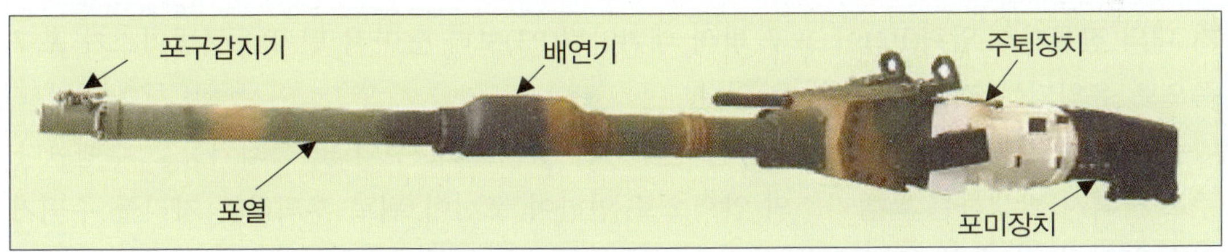

▶ 그림 2-35 주포장치 구성품의 장착위치

포구감지기는 포신의 끝에 설치하며, 포신의 휨 현상을 측정하여 사격제원 산출시 보정하는 기능을 수행한다. 포신의 휨 현상에 의한 사격 명중률 저하를 방지하기 위한 것으로 레이저 송·수신에 의한 편차를 이용하여 측정한다. 장치는 레이저 송·수신부와 반사거울로 이루어져 있으며, 레이저 송·수신부는 포가[42]에 부착되고, 반사거울은 포구 쪽에 설치된다.

포열은 포구에서 폐쇄기까지 포신으로 이어져 있으며, 폐쇄기 쪽과는 나사식으로 연결되어 있고, 강선포[43] 방식과 활강포[44] 방식이 있다. 또한 사격시 포탑 내부로 들어오는 먼

40) 전차 폐쇄기는 포신에 대해 수직으로 작동하나, 소총이나 기관총은 폐쇄기가 총신(총열)과 평행하게 작동한다.

41) 주퇴장치 : 주퇴유, 복좌용수철, 피스톤으로 구성

42) 포가(砲架) : 포를 거치하는 가대(架臺)

43) 강선포 : 포신 내벽에 강선(나선형 홈)을 설치하여 사격 후 탄자회전으로 비행간 탄자를 안정화시키는 방법이며, 포신 제작이 어려워 120 mm 이하의 소·중구경 포신에 주로 사용하고 있음

44) 활강포 : 강선이 없는 원통형 포신으로 탄자날개를 부착하여 비행간 탄자를 안정화시키는 방법이며, 120

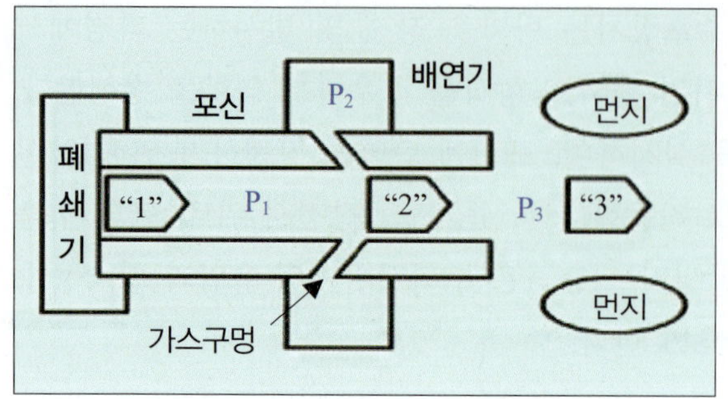

▶ 그림 2-36 배연기의 동작 원리

지를 차단하기 위해 배연기 부분에 가스 구멍이 설치되어 있다.

배연기는 사격 후 포강 내의 연소가스를 포구 쪽으로 배출하는 역할을 하며, 동작원리를 그림 2-36에 나타내었다.

포탄 발사 직후(탄자위치 "1")의 포강 내 압력은 P1 = P2 = P3의 상태로 표시할 수 있으나, 탄자가 이동하여 "2"의 위치에 이르렀을 때의 압력은 P1 = P2 > P3의 상태가 된다.

탄자가 포구를 벗어난 직후의 "3"의 위치에 탄자가 이르렀을 때에는 폐쇄기가 개방되어 P1의 압력이 하강하게 되며, 이로 인해 외부의 먼지가 포구 쪽으로 유입될 수 있는데 이를 방지하기 위한 것이 배연기이다. 즉, 이때의 압력상태는 P2 > P3 > P1의 상태가 되며, 배연기 내의 잔류가스 압력(P2)이 포구 밖의 대기압력(P3)보다 높아서 먼지나 폭발가스가 포구 쪽으로 유입되는 것을 차단할 수 있다.

주퇴장치는 사격시 발생하는 반동을 흡수하는 장치로서, 주퇴 및 복좌기능을 수행한다. 주포 사격시 발생하는 폭발가스의 압력으로 인하여 포신이 뒤로 후퇴하는 거리를 주퇴거리[45]라 하며, 주퇴 완충장치로는 복좌용수철과 주퇴유가 있다. 이와 같은 주퇴작용간 폐쇄기 후미에 운용자가 위치시에는 안전사고가 발생할 우려가 있으므로 충분한 안전거리를 확보하여야 한다.

포미장치는 탄약장전, 격발, 사격후 탄피추출 및 방출 기능을 수행하며, 폐쇄기 결합체가 포열의 약실 끝에 나사식으로 결합하고, 칼퀴가 탄피의 추출 및 방출 기능을 수행한다.

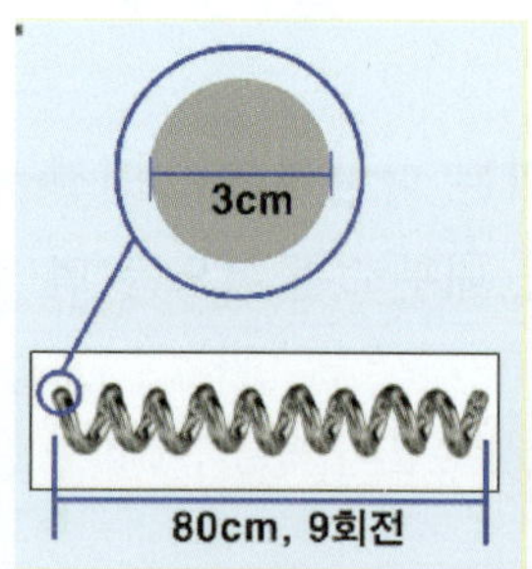

▶ 그림 2-37 주퇴장치의 복좌용수철 형상

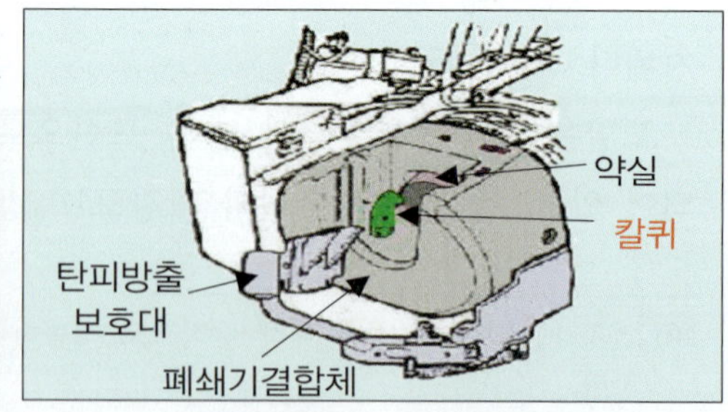

▶ 그림 2-38 포미장치 형상

mm 이상의 대구경 포신에 주로 사용하고 있음

45) 주퇴거리 : 일반적으로 약 30 cm, 최대 33 cm 설정

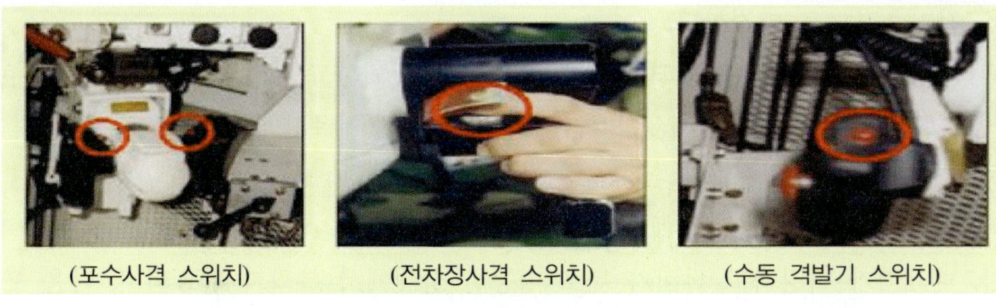

▶ 그림 2-39 전차탄 사격 방법 및 형상

전차포탄 사격은 포수사격 스위치 및 전차장사격 스위치로 배터리 전원을 이용하는 전동식 사격과 수동 격발기로 전원을 발생하여 사격을 수행하는 수동식 사격이 있으며, 사격 신호의 동작은 사격스위치(수동격발기) → 주포 안전스위치 → 주포공이의 순서이다.

2.8.2 주포장치의 원리

주포장치는 전차포탄 사격간 장전작용, 격발작용, 주퇴작용, 복좌작용의 과정을 거치며, 각각의 과정간 주포장치 구성품의 형상을 그림 2-40에 나타내었다. 장전작용에서는 폐쇄기를 개방하고 포탄을 약실에 장전한다. 이때 탄약 탄저 부분이 칼퀴 전방으로 이동하여 폐쇄기를 폐쇄하고, 폐쇄기 내부공이와 사격접촉기가 접촉점을 유지한다.

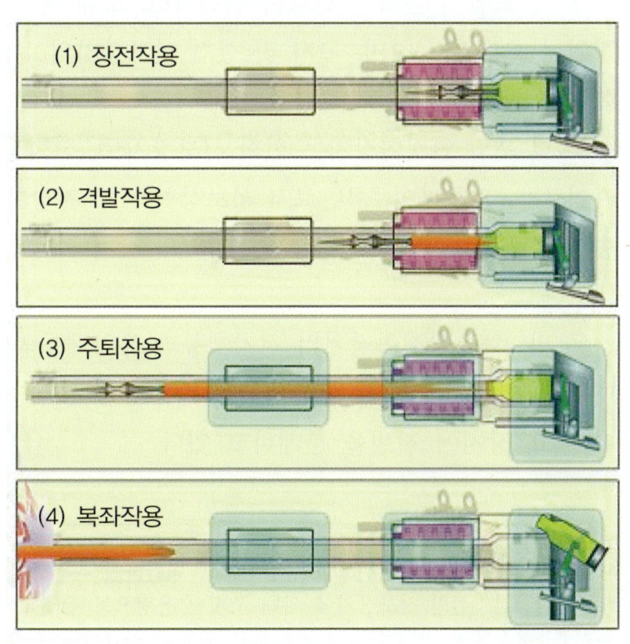

▶ 그림 2-40 전차포탄 사격간 주포장치 구성품의 형상

격발작용에서는 전동식 및 수동식46) 사격장치에 의해 사격스위치가 작동하고, 24V전원이 공이와 사격접촉기에 공급되며, 포탄 뇌관

46) 수동식 사격 시에는 배터리 전원을 사용하지 않고 자석발전기를 이용하여 순간적으로 24V를 생성하여 사격임무를 수행한다.

작약을 전기충격으로 타격한다.

주퇴작용에서는 포탄이 발사되는 힘으로 포신이 주퇴하고, 복좌용수철 압축 및 주퇴유가 전방으로 이동한다. 또한, 폐쇄기가 하강하고 칼퀴가 뒤로 이동하여 탄피 추출 및 방출을 하게 된다.

복좌작용에서는 복좌용수철 팽창 및 주퇴유가 후방으로 이동하고, 탄피 방출작용을 완료한다. 폐쇄기가 하강하고 칼퀴가 뒤로 이동한 상태에서 복좌가 완료되며, 다음 포탄의 장전을 준비한다.

2.9 포탑의 포 및 포탑 안정화장치는 어떻게 구성되어 있는가?

포 및 포탑 안정화장치는 전차가 정지간에는 물론 야지 기동간에도 포 및 포탑을 안정화시켜 사격을 가능하게 하는 장치이다. 차체 및 포탑에 장치된 전방이송 자이로를 이용하여 차체 및 포탑의 움직임 신호를 획득하고, 포에 장치된 기준 자이로로부터 측정한 포의 움직임 신호를 합성하며, 고저 및 선회 서보장치의 유압을 조절함으로써 포 및 포탑을 안정화시켜 기동간 사격을 보장한다.

포 및 포탑 안정화장치는 선회 서보장치[47], 선회장치[48], 구동전자유닛[49], 포탑 전방이송 자이로[50], 기준자이로[51], 고저 서보장치[52], 고저장치[53], 포수전동손잡이[54]로, 차체 전방이송 자이로[55]로 구성되어 있으며, 각각의 장치에 대한 형상과 장착위치를 그림 2-41에 나타내었다.

포 및 포탑 안전화장치의 전기계통과 유압계통의 개략적인 흐름도를 그림 2-42에 나타내었다. 발전기에서 생성된 전원은 슬립링을 통해 포탑의 구동전자유닛에 전원을 공급하여 주요 장치에 전원을 분배하고 있다.

47) 선회 서보장치 : 전기신호를 유압신호로 변환하여 선회장치 작동에 필요한 유량을 제어하는 장치
48) 선회장치 : 선회 서보장치에 의해 조절된 유량으로 유압모터를 회전시켜 포탑을 선회시키는 장치
49) 구동전자유닛 : 안전화장치에 필요한 전원을 공급하며 유압 및 전기신호를 발생하는 장치
50) 포탑 전방이송 자이로 : 포탑의 피칭값을 감지하여 구동전자유닛에 전기신호를 보내는 장치
51) 기준자이로 : 주포의 요잉, 피칭값을 감지하여 구동전자유닛에 전기신호를 보내는 장치
52) 고저 서보장치 : 전기신호를 유압신호로 변환하여 고저장치 작동에 필요한 유량을 제어하는 장치
53) 고저장치 : 고저 서보장치에 의해 조절된 유량으로 주포를 상승, 하강시키는 장치
54) 포수전동손잡이 : 포탑의 유압밸브를 개폐하여 포탑의 선회와 주포의 고저를 조정하는 장치
55) 차체 전방이송 자이로 : 차체의 요잉값을 감지하여 구동전자유닛에 전기신호를 보내는 장치

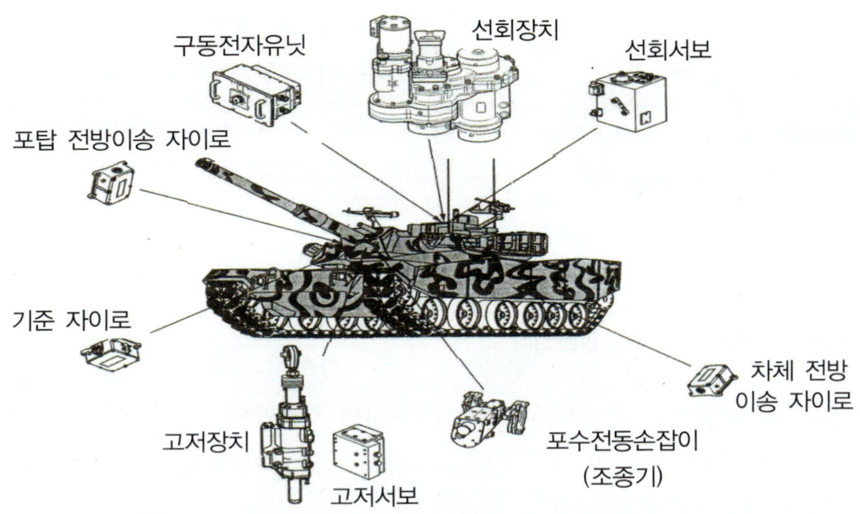

▶ **그림 2-41** 포 및 포탑 안전화장치 구성품의 형상과 장착위치

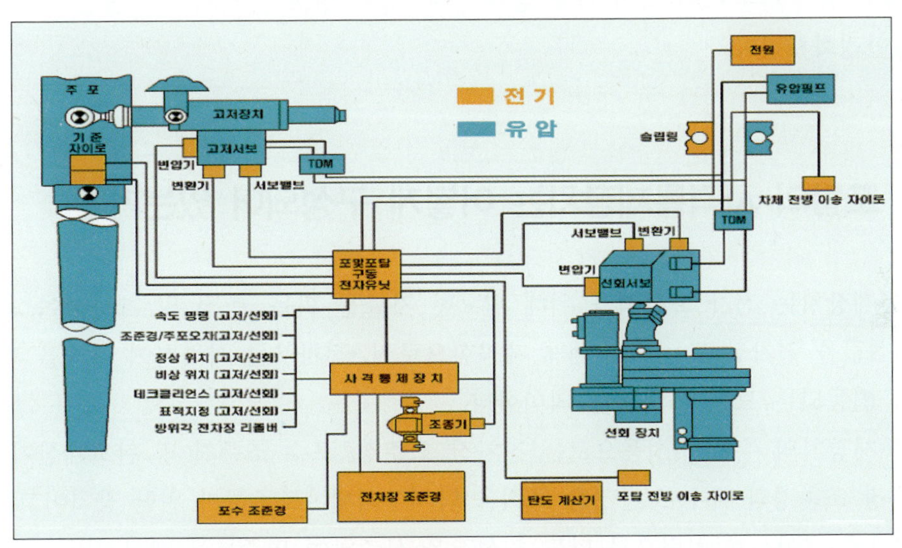

▶ **그림 2-42** 포 및 포탑 안전화장치의 전기계통과 유압계통의 흐름도

유압계통은 선회장치에 의한 포탑의 방향선회와 고저장치에 의한 주포의 상하구동을 위한 동력을 제공하며, 구동전자유닛으로부터 전기적 신호를 선회 및 고저 서보밸브에 제공하여 유량 및 유압을 제어함으로써 포탑 혹은 주포의 이동방향 및 속도를 조절한다.

포 및 포탑 안전화장치의 핵심품목으로는 차체의 요잉[56]값과 포탑의 피칭[57]값을 감지하

56) 요잉 : 전차, 비행체, 선체 등에서 상하(고저) 방향에 대한 축회전의 흔들림(진동)

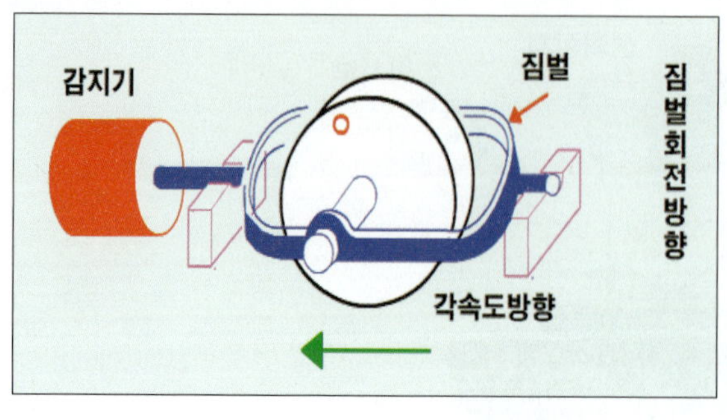

▶ 그림 2-43 자이로의 작동원리

는 포탑 전방이송 자이로가 있으며, 주포의 요잉과 피칭값을 감지하는 기준 자이로가 있다. 이러한 자이로는 내부의 회전 모터가 고속으로 회전하였을 때, 회전축이 지구중력 중심에 대해 항상 일정한 방향으로 안정화되는 특징을 이용한 장치이다.

자이로의 작동원리를 그림 2-43에 나타내었다. 입력축 방향으로 각속도(외란)가 가해지면 짐벌[58]은 각운동량을 감쇄하려는 방향으로 회전하여 각운동량을 "0"으로 만들고, 자이로 감지기는 짐벌의 회전량을 전기적으로 변환하여 각속도 입력에 비례하는 전기적 신호를 표시한다. 이 때 전기적 신호는 구동전자유닛으로 입력되어 선회 및 고저 서보밸브로 하여금 선회 및 고저장치를 동작하게 하는데, 최초 입력축의 각속도(외란)를 상쇄할 수 있는 방향과 크기로 구동함으로써 포 및 포탑을 안정화시킨다.

2.10 포탑의 사격통제장치는 어떻게 구성되어 있는가?

사격통제장치는 전차 포사격을 위해 필요한 자료를 획득, 측정 및 계산하여 최종적인 탄도 해석값을 전차장 또는 포수에게 제공함으로써, 전차포를 사격하여 표적을 파괴하도록 서로 연동되는 모든 구성품을 의미한다.

사격통제장치의 주요 구성품으로는 전차장 조준경, 포수 조준경 및 탄도계산기가 있으며, 전차장 조준경과 포수 조준경은 표적을 탐지 · 식별 · 조준하기 위한 장치이고, 탄도계산기는 각종 제어신호 입력으로 탄도 해석값을 산출하여 명중률을 향상시키는 장치이다.

2.10.1 전차장 조준경

전차장 조준경은 포수 조준경과 무관하게 360° 회전을 통한 관측이 가능하여, 정지 및 이동간에 전차장이 표적을 탐지, 식별, 조준 및 추적할 수 있으며, 그림 2-44에 나타낸 바

57) 피칭 : 전차, 비행체, 선체 등에서 전후방향에 대한 축회전의 흔들림(진동)
58) 짐벌 : 자이로가 고속 회전을 할 수 있도록 지지하고 있는 지지대

와 같이 조준경 상부 결합체[59], 지시계 유닛[60], 망원경 결합체[61]로 구성되어 있다.

전차장 조준경은 전차가 야지를 기동하면서도 안전화장치에 의해 사격 조준선(Line of Sight)을 안정화시켜 지속적으로 표적을 관측 및 탐지할 수 있도록 보장하며, 표적 지시모드를 선택하여 전차장 조준경이 지향하는 곳에 주포를 정렬시킴으로써 포수에게 표적사격을 지시할 수 있다.

또한 정렬모드 선택으로 주포가 지향하는 곳에 전차장 조준경을 정렬시켜 사격결과를 확인할 수 있으며, 긴급 상황에서는 표적 지시모드 선택으로 전차장 조준경이 지향하는 곳에 주포를 정렬시켜 직접사격을 할 수도 있다.

▶ 그림 2-44 전차장 조준경 형상

전차장 조준경에 포함된 광학 구성품의 배열과 기능을 그림 2-45에 나타내었다. 표적 영상은 최초 안정거울에 입사되고, 2축 자이로에 의해 전차 차체나 포탑의 흔들림을 제어하

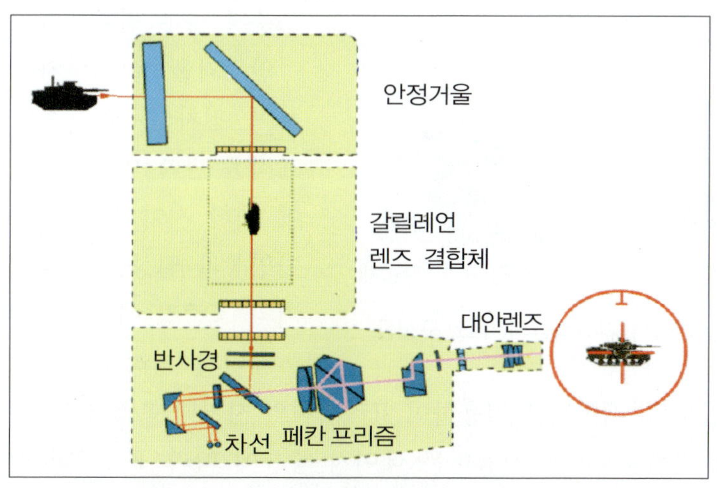

▶ 그림 2-45 전차장 조준경 광학구성품 배열과 기능

59) 망원경 상부 결합체 : 방위각으로 360° 회전하여 전차장에게 표적을 탐지, 식별, 조준 및 추적할 수 있도록 관측능력 제공

60) 지시계 유닛 : 레이저 발사에 의한 사거리표시와 다중 복귀등을 포함

61) 망원경 결합체 : 멀리 있는 물체를 가깝게 보이게 하는 망원경 역할을 하며, 좌·우측 손잡이 부착 (좌측 손잡이 : 배율변환 및 레이저 발사 기능 수행, 우측 손잡이 : 고저각 및 방위각 위치 조절)

여 전차장에게 안정적인 조준선을 제공한다.

표적 영상은 갈릴레언 렌즈 결합체[62]를 통과하여 원하는 배율의 영상으로 제어한 후, 반사경을 이용하여 반사경 뒤로부터 투사되는 차선과 표적 영상을 페칸 프리즘[63]으로 반사시켜 준다.

페칸 프리즘은 안정거울의 회전(진동, 흔들림)에 의해 기울어진 표적 영상을 정립시켜 주고, 상이 정립된 각도만큼 차선을 회전시켜서 대안렌즈 결합체로 전달하여 전차장에게 제공한다. 이 때 전차장의 시야에는 표적영상 및 차선과 함께 조준경의 관측방향을 나타내는 고정차선이 나타난다.

2.10.2 포수 조준경

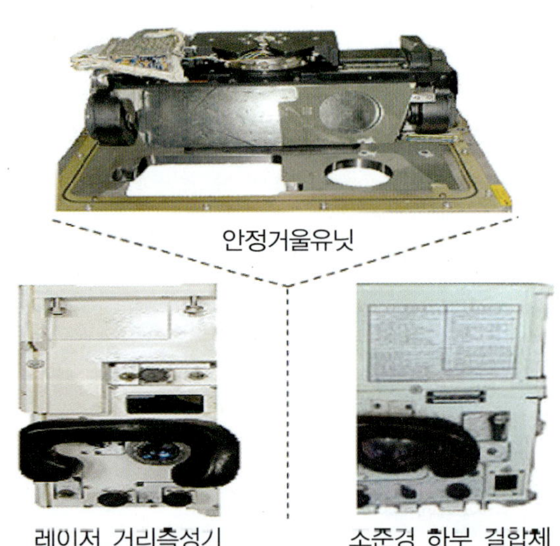

▶ 그림 2-46 레이저 거리측정기 주요 구성품

포수 조준경은 포수가 주·야간 표적 포착 및 레이저를 이용한 사거리 측정으로 목표물에 대한 명중률을 향상시키기 위한 장치이며, 그림 2-46에 나타낸 바와 같이 안정거울유닛, 레이저 거리측정기, 조준경 하부 결합체로 구성되어 있다.

안정거울 유닛은 자이로 장치를 내장하여 전차의 진동(흔들림)에 관계없이 표적을 관측 및 추적할 수 있도록 표적에 대한 시야의 안정성을 유지하며, 주간영상과 열상을 각각 레이저 거리측정기와 조준경 하부 결합체에 제공한다.

레이저 거리측정기는 포수에게 주간 관측영상을 제공하고, 레이저를 이용하여 표적까지의 사거리 측정결과를 탄도계산기에 전달한다. 레이저 거리측정기는 사용하는 레이저 종류에 따라 표 2-3과 같이 GPTTS[64]와 GPSS[65]로 구분할 수 있으며, 최근에는 인체(눈)에 무해한 GPTTS를 주로 사용하고 있다.

---

62) 갈릴레언 렌즈 결합체 : 대물렌즈가 초점을 맺는 지점 이전에 대안렌즈를 위치시키고 사출광선을 평행하게 하여 원하는 배율이 되도록 하는 장치.

63) 페칸 프리즘 : 방위각 회전(흔들림, 진동)에 따라 발생하는 상의 기울어짐을 정립시키는 프리즘으로 회전보상 광학계라고도 함.

64) GPTTS(포수 조준경) : Gunner's Primary Tank Thermal Sight

표 2-3 레이저 거리측정기 종류 및 특징

구 분	GPTTS	GPSS
레이저 종류	CO_2(인체무해)	N○-YAG[66](인체유해)
레이저 파장	10.59μm	1.06μm
레이저 출력	175 kW	5000kW
거리측정 능력	400～7990 m	200～7990 m
거리 정확도	±10 m	±10 m
발사속도	30회/분	3회/분
연막투과력	우수	미흡
대기영향	온도·습도 민감	습도영향 없음

조준경 하부 결합체는 포수에게 열상 화면을 제공하여 야간이나 악천후 시에도 표적관측이 가능하도록 하며, 표적에서 반사된 레이저파를 감지하여 목표물까지의 거리를 표시한다.

2.10.3 탄도계산기

탄도계산기는 조종판과 탄도계산기 전자유닛으로 구성되며, 전차의 사격에 필요한 자료를 자동 및 수동으로 입력받아 탄도해석 값을 산출함으로써 정확한 사격을 보장하고, 사격통제장치의 고장유무를 판단할 수 있는 자체점검 기능을 보유하고 있다.

탄도계산기의 개략적인 신호 흐름도를 그림 2-47에 나타내었다. 탄도계산기는 자동입력자료인 감지기 신호(사거리, 측풍, 수직[67], 속도, 리드[68] 등)와 수동입력 자료인 탄종선택 신호, 포강마모, 탄약온도, 기압, 대기온도, 탄약 지정번호 등의 신호를 받아 주포와 조준경(전차장, 포수)의 고저각 및 방위각에 대한 제원을 산출하여 디지털 조절 변압기에 제공한다.

디지털 조절 변압기는 사격을 위해 주포 및 조준경(전차장, 포수)의 고저각과 방위각에 대한 탄도계산기의 산출제원과 현재 위치제원의 차이에 해당하는 신호를 발생하여 포 및 포탑을 구동시킴으로써 사격 조준선을 정렬시킨다.

---

65) GPSS(포수 조준경) : Gunner's Primary Sight System

66) ND-YAG : Neo-Dymium Yttrium Aluminum Garnet

67) 수직감지기 유닛(Vertical Sensor Unit) : 사격 명중률 향상을 위해 전차의 좌우 및 전후 경사를 감지하는 장치

68) 리드(Lead) : 이동표적에 대해 표적의 속도와 방향 및 전차포탄의 도달시간을 고려하여 미리 표적의 전진방향으로 사격하도록 부여한 각도

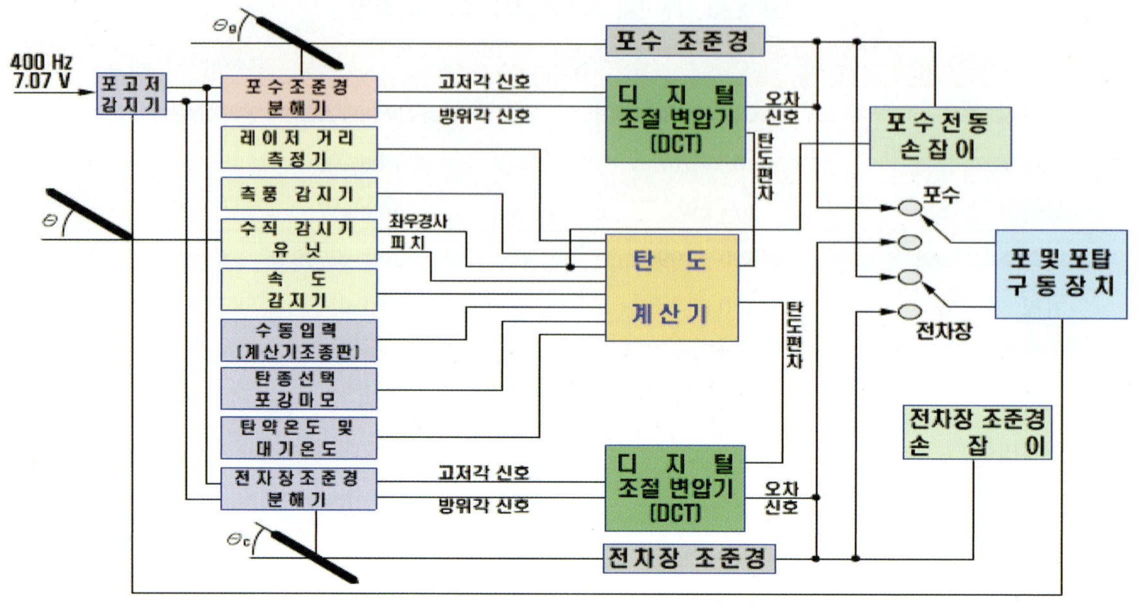

▶ 그림 2-47 탄도계산기의 개략적인 신호 흐름도

2.11 전차 엔진의 종류와 원리는 무엇인가?

전차 엔진은 연료의 연소로 인한 팽창가스의 압력을 이용하여 피스톤의 왕복 직선운동으로부터 동력을 발생시키는 왕복 엔진(가솔린 엔진, 디젤 엔진)과 압축된 공기에 연료를 분사하여 생성된 고온·고압의 연소가스에 의한 힘으로 터빈을 회전시켜 동력을 얻는 가스터빈엔진으로 구분할 수 있다.

2.11.1 가솔린 엔진과 디젤 엔진

가솔린 엔진과 디젤 엔진은 그림 2-48에 나타낸 바와 같이 일반적으로 4행정 왕복 엔진의 형상을 가지고 있으며, 흡입 → 압축 → 폭발(팽창) → 배기의 반복과정을 통해서 동력을 발생시킨다.

이들 엔진의 구조에 있어서 가솔린 엔진은 점화플러그가 불꽃을 만들어 혼합가스를 폭발시킴으로써 동력을 얻는 반면, 디젤 엔진은 연료분사장치가 압축된 공기에 연료를 분사하여 점화·폭발시킴으로써 동력을 생성한다.

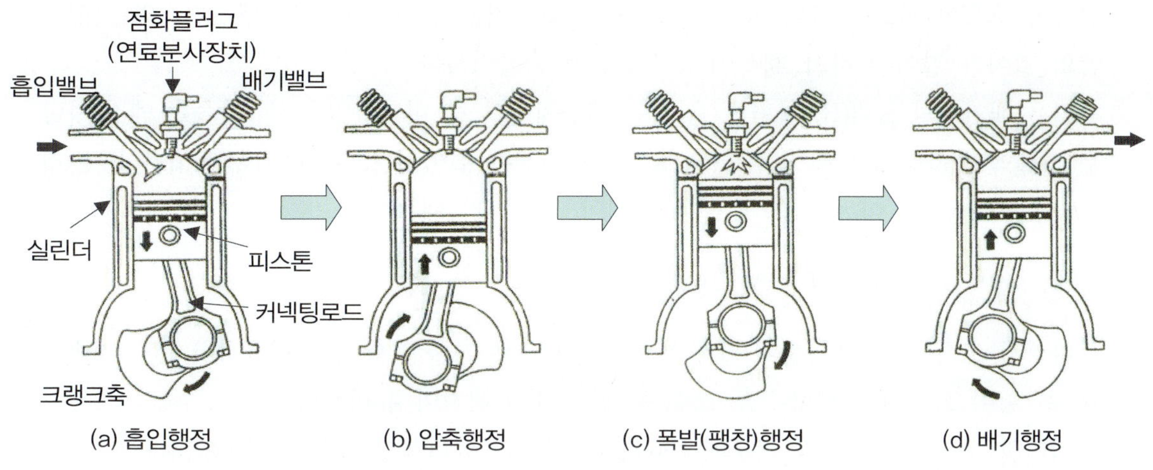

▶ **그림 2-48** 4행정 왕복 엔진의 동작순서

이는 표 2-4에 나타낸 바와 같이 사용하는 연료의 인화점[69]과 착화점[70]의 차이에 기인한다.

표 2-4 가솔린과 경유의 성질 비교

구 분	가솔린	경유(디젤)
색 깔	무색 투명	약간 황색
비 중	0.72 ~ 0.77	0.80 ~ 0.90
인화점(℃)	-35 ~ -40℃	45 ~ 80℃
착화점(℃)	300℃	250℃

가솔린은 인화점은 낮으나 착화점이 높고, 경유(디젤)는 착화점은 낮으나 인화점이 높기 때문에 엔진의 구조가 달라진다. 따라서 가솔린 엔진은 인화점이 낮아 점화플러그로 전기 스파크를 통하여 점화시키게 되고, 압축비[71]가 낮아 회전력과 효율이 떨어진다.

한편으로는 가솔린 엔진도 압축비를 높여 폭발력을 증대시키면 되지 않을까 하고 생각할 수 있으나, 불꽃점화 방식의 가솔린 엔진은 고온, 고압에서 노킹[72]이 잘 발생하기 때문에 적당하지 않다. 또한, 가솔린 엔진을 압축착화방식으로 하였을 경우에는 착화점이 높아 무리한 압축비로 인해 진동과 소음이 크게 발생한다.

디젤 엔진은 착화점이 낮아 고온·고압에서 자기 착화하므로 점화기구가 필요 없이 연료분사장치가 요구되며, 높은 압축비로 큰 폭발력이 발생하여 고회전력을 낼 수 있으나,

69) 인화점 : 외부에서 열을 인가하여 연료가 발화하기 시작하는 시점에서 인가한 열의 온도
70) 착화점 : 연료 자체의 온도가 올라가 발화하기 시작하는 온도
71) 압축비 : 연소실체적을 행정체적과 연소실체적의 합으로 나눈 값으로 정의하며, 가솔린 엔진은 약 10 : 1, 디젤 엔진은 약 20 : 1임
72) 노킹 : 비정상 연소에 의해 실린더 내에서 망치로 두드리는 것과 같은 소리가 나는 현상

진동과 소음이 비교적 크다. 이와 같은 높은 압축비를 얻기 위해서는 행정거리와 크랭크암의 길이가 길어야 하기 때문에 고속회전에는 불리하다.

같은 배기량의 출력(H, 마력)[73]을 갖는 자동차 성능을 비교하였을 때, 가솔린 엔진 차량은 디젤엔진 차량에 비해 회전력(T, kgf · mm)[74]은 떨어지나, 회전수(N, rpm)가 높은 것을 볼 수 있는데, 이는 다음과 같은 수식이 성립하기 때문이다.

$$H = T \times N / 71620 \tag{2.1}$$

따라서 고속 및 가속성능이 요구되는 승용차에는 가솔린 엔진이 적합하나, 중 · 저속으로 큰 힘이 요구되는 화물수송 트럭 등에는 디젤 엔진이 유리하다.

이러한 엔진구조의 특징 때문에 1960년대 이전의 M48계열 전차 초기모델(M48A2C 이전 모델)까지는 가솔린 엔진을 주로 사용하였으나, 주력전차의 중량이 무거워지고 고회전력의 요구에 따라 1960년 이후에 개발되는 전차에서는 디젤 엔진이 주로 사용되고 있다.

2.11.2 가스터빈 엔진

가스터빈 엔진의 구조를 그림 2-49에 나타내었다. 가스터빈 엔진은 왕복 엔진에 비해 마력당 중량이 가볍고, 내구성과 신뢰성이 크며, 저온시동이 용이하고 운전조작이 간단한 장점이 있다. 그러나 터빈 날개가 고온 작동유체와 접촉하므로 가혹한 응력 상태에 노출되고, 연료소비율이 높으며, 소음이 큰 단점이 있다.

일반적으로 왕복 엔진은 지상장비에, 가스터빈 엔진은 항공기에 많이 사용되고 있다. 왕복 엔진은 흡입, 압축, 팽창, 배기의 과정이 1개의 실린더에서 연속적으로 일어난 반면, 가스터빈 엔진은 각 과정이 서로 다른 위치에서 일어나고(예를 들면, 압축은 압축기, 팽창은 터빈 등), 다양한 설계로 선택의 폭이 상대적으로 넓다.

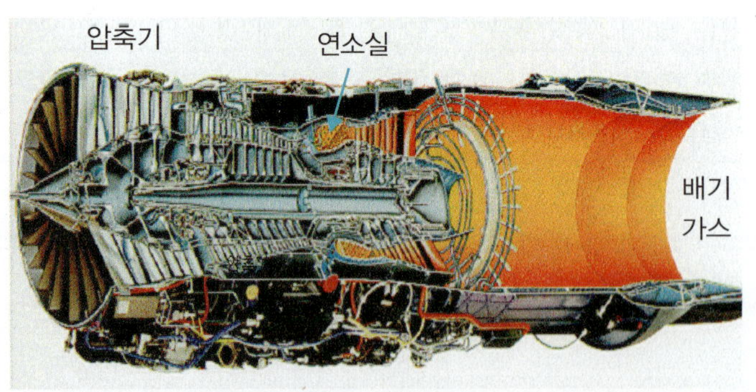

▶ 그림 2-49 가스터빈 엔진 구조

현재까지 만들어진 엔진 중

73) 출력 : 마력(HP)으로 표현하며, 엔진이 회전력(힘)을 이용하여 일을 한 양
74) 회전력 : 토크(Torque)라고도 하며, 엔진의 힘을 표시(바퀴를 굴릴 수 있는 힘)

가장 큰 왕복 엔진은 R-4360으로 약 10,000파운드의 추력을 발생하지만, 보잉747의 JT9D엔진은 R-4360 23개의 엔진 추력과 같은 230,000파운드의 추력을 생성할 수 있다. 따라서 큰 추력이 요구되는 항공기 엔진에는 왕복 엔진보다 가스터빈 엔진의 적용이 일반적이다.

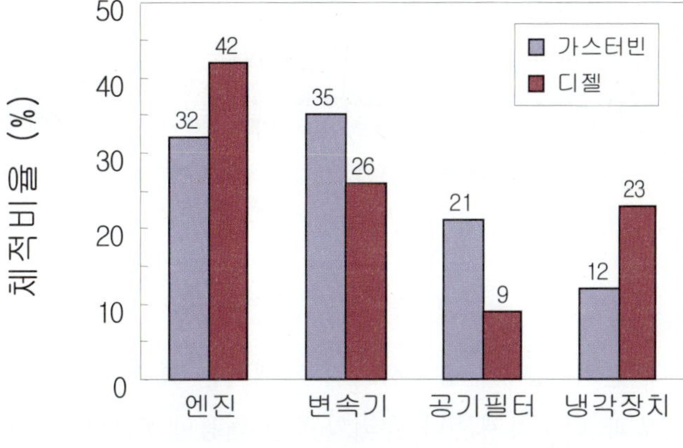

▶ **그림 2-50** 파워팩 부품의 체적 비율

그러나 지상 무기체계의 대표적인 주력전차에도 가스터빈 엔진이 일부 적용되고 있다. 미국의 M1 전차와 러시아의 T80U 전차가 그 예인데 출력당 중량이 가볍고, 부피가 작아 탑재공간의 확보가 용이하기 때문인 것으로 파악된다.

그림 2-50은 1,500마력의 동일 엔진출력을 갖는 가스터빈 엔진과 디젤 엔진에 있어서 파워팩 부품의 체적비율을 나타내고 있다. 가스터빈 엔진의 체적이 디젤 엔진의 약 76% 정도로 축소가 가능함을 알 수 있다.

이러한 가스터빈 엔진은 많은 장점을 가지고 있으나, 획득비용과 연료소비율 측면에서 디젤 엔진보다 불리하다. 획득비용은 가스터빈 엔진이 약 2배 정도 고가이며, 연료소모율은 전투지속능력을 판단할 수 있는 항속거리에 악영향을 미친다. 실제로 M1 전차는 100 km 주행에 920리터가 소요되는 반면, 디젤 엔진인 프랑스 Leopard 전차는 약 500리터가 요구된다.

따라서 러시아의 경우 T-80U의 후속모델인 T-90 전차에서는 가스터빈 엔진 대신에 디젤 엔진을 채택하고 있으며, 가스터빈 엔진의 연비 향상을 위한 노력이 가시적인 성과를 거두기 전까지는 디젤 엔진이 주력전차의 엔진으로 사용될 것으로 판단된다.

2.12 전차의 엔진 계열화란 무엇이며, 왜 중요한가?

엔진은 전차의 기동성능뿐만 아니라 전체적인 중량과 형상을 결정하는 핵심 구성품이며, 전차 획득비용의 큰 부분을 차지한다. 즉, 전차에서의 엔진은 부체계이면서 체계수준의 복합 시스템으로 이루어져 있고, 차량제어장치를 포함한 여러 분야의 핵심기술이 요구되며, 금형비용을 포함한 개발비용이 막대하게 소요되기 때문에 독일, 미국 등 주요 선진국만이 개발 능력을 보유하고 있다.

전차 엔진의 주요 특징은 전차의 좁은 공간 내에 탑재하기 위해 소형화가 요구되고, 군용 요구조건을 만족하도록 내구성과 고출력성을 갖추어야 한다. 특히, 엔진의 출력은 기동성과 밀접한 관계가 있으며, 다음과 같은 함수로 표현이 가능하다.

$$f(\text{출력}) = (\text{연소효율, 체적효율, 배기량, 엔진속도}) \tag{2.2}$$

엔진의 출력을 향상시키기 위해서는 표 2-5에 나타낸 바와 같이 연소효율을 개선시키는 방법과 터보차저[75]나 슈퍼차저[76] 적용에 의한 흡입공기량 증대로 배기량과 체적효율을 개선시키는 방법 및 최대 출력점의 엔진 회전수를 향상시키는 방법 등이 적용되고 있다.

이러한 엔진은 시대변화에 따라 급격하게 발전하여 왔다. 표 2-6는 엔진 출력이 300마력인 경우 엔진무게와 배기량의 변화를 나타내고 있다. 1920년과 2000년을 비교하였을 때, 엔진 기술의 급격한 발전으로 엔진중량과 배기량은 약 93% 감소하여 소형화되었으며, 출력 회전수는 5배 증가하여 고출력화되었음을 알 수 있다.

이와 같이 새로운 모델의 엔진을 개발하기 위해서는 복잡한 금형설계로 인한 개발비용과 개발기간이 많이 소요되기 때문에 주요 선진국은 계열화 형식으로 엔진을 관리하고 있으며, 필수 변경사항 이외는 대부분 표준화된 공통품목을 적용하도록 기준을 설정하고 있다.

계열화된 엔진을 적용하면 요구출력에 적합한 기종을 선택할 수 있으며, 신규 엔진은 기존 엔진과 주요 부품이 호환성을 유지하게 되어 군수지원성과 정비성의 향상으로 전투력 향상에 기여할 수 있다. 이와 같은 엔진 계열화 방법에는 성능 최적화에 의한 계열화와 기통수 변경에 의한 계열화로 구분할 수 있다.

표 2-5 연소효율 개선 방법

구 분	기 존	개 선
연소방식	간접분사식	직접분사식
과급방식	자연흡입	급기냉각
제어방식	기계식	전자식

표 2-6 엔진무게와 배기량의 변화("예" 300HP)

연 도	중량(kg)	출력회전수(rpm)	배기량(ℓ)
1920년	10,000	500	97
1950년	1,850	1,850	21
1980년	950	2,100	11
2000년	650	2,500	7

75) 터보차저(Turbo - Charger) : 배기가스의 힘을 이용하여 흡입 공기량을 증대시키는 방법
76) 슈퍼차저(Super - Charger) : 벨트나 전기의 힘을 이용하여 흡입 공기량을 증대시키는 방법

2.12.1 성능 최적화에 의한 계열화

성능 최적화에 의한 계열화 엔진에는 자연흡입 엔진, 과급식 엔진, 급기냉각식 엔진으로 구분할 수 있다. 자연흡입(NA, Natural Aspirated) 엔진은 그림 2-51과 같이 피스톤 왕복운동으로 발생하는 연소실의 부압과 대기압의 차이에 의해 공기가 자연적으로 연소실에 흡입되도록 한 엔진 형식이다.

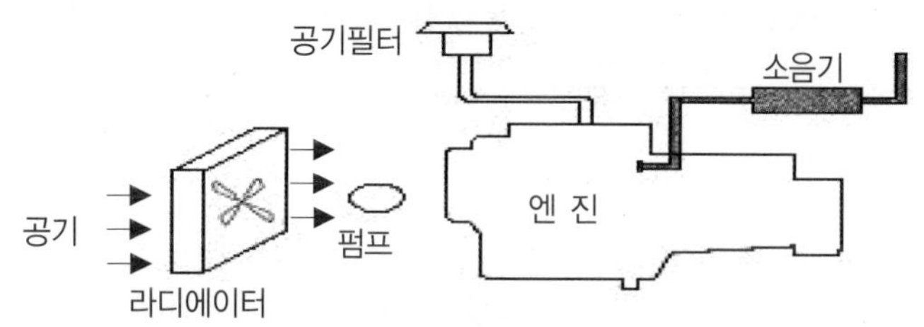

▶ 그림 2-51 자연흡입(NA) 엔진의 형상

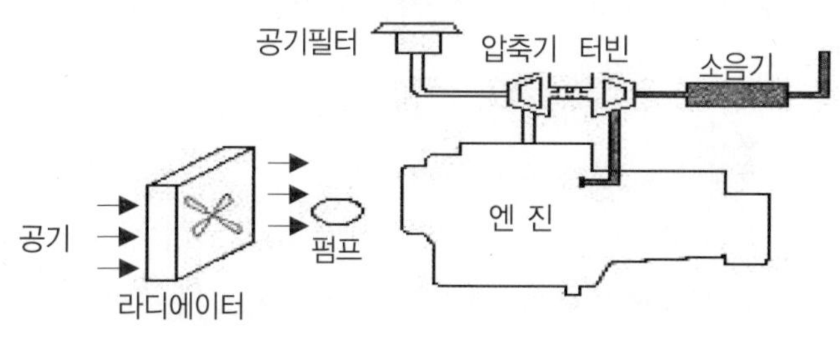

▶ 그림 2-52 과급식(TC) 엔진의 형상

과급식(TC, Turbo - Charger) 엔진은 그림 2-52와 같이 배기가스의 에너지로 터빈을 돌려서 흡입공기를 과급기의 압축기로 압축하여 더 많은 공기가 연소실로 들어가도록 한 엔진 형식으로 자연흡입 엔진보다 약 20~30% 출력이 향상된다.

급기 냉각식(TI, Turbo - Intercooler) 엔진은 그림 2-53과 같이 과급식 엔진에서 압축기에 의해 압축된 공기온도를 낮추어, 공기밀도가 높은 공기가 연소실로 들어가도록 한 엔진 형식으로, 과급식 엔진보다 20~30% 출력이 향상된다.

이와 같은 성능 최적화에 의한 계열화 추진시 변경되어야 할 부품은 과급기와 인터쿨러가 있으며, 연료분사계, 커넥팅로드, 실린더헤드, 벨브계통, 기어계통, 피스톤, 제어장치 등은 공통사용이 가능하다. 그림 2-54는 국내개발 전투차량(K-200, K-200A1, 천마, 비호, 차기IFV) 엔진으로써, 성능 최적화에 의한 계열화 엔진의 사례를 나타내고 있다.

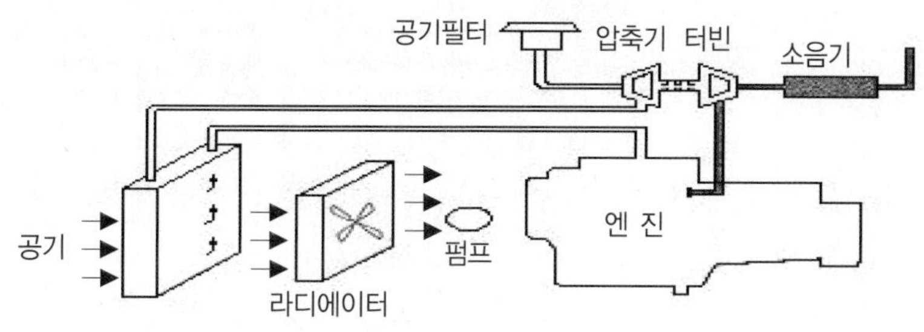

▶ 그림 2-53 급기 냉각식(TI) 엔진의 형상

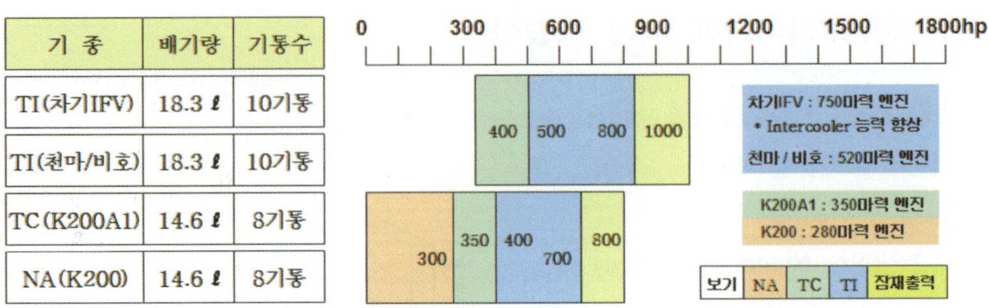

기 종	배기량	기통수
TI(차기IFV)	18.3 ℓ	10기통
TI(천마/비호)	18.3 ℓ	10기통
TC(K200A1)	14.6 ℓ	8기통
NA(K200)	14.6 ℓ	8기통

▶ 그림 2-54 성능 최적화에 의한 계열화 엔진의 국내개발 사례

2.12.2 기통수 변화에 의한 계열화

기통수 변화에 의한 계열화는 기통수 변경을 제외하고 모든 부품을 공용화할 수 있도록 설계하는 것을 의미한다. 예를 들면 그림 2-55와 같이 V형 12기통의 디젤 엔진을 기본으로 하여 디젤 6기통, 8기통 및 10기통의 엔진으로 계열화할 수 있도록 기본구조를 동일하게 설계함으로써 엔진의 계열화가 가능하다.

기통수 변경에 따른 엔진 계열화 개발시 기통수가 증가됨에 따라 변경되는 주요 부품은 실린더블록, 크랭크 축, 캠축 등이 있으며, 실린더 헤드의 경우는 일체형으로 설계할 경우 기통수에 따라 변경되어야 하나, 설계시 계열화를 용이하게 하기 위하여 기통당 분리된 실린더 헤드로 설계를 적용할 수 있다. 그림 2-56은 국내에서 개발중인 기통수 변경에 의한 계열화 엔진의 사례를 나타내고 있다.

성능 최적화에 의한 엔진 계열화는 엔진 효율을 조절함으로써(압축기, 인터쿨러 장착 등) 엔진 계열화가 가능하나, 최근에는 대부분의 엔진에 효율 향상을 위한 급기 냉각방식을 적용하여 계열화의 의미가 퇴색되었으며, 기통수 변화에 의한 엔진 계열화를 일반적으로 사용하고 있다.

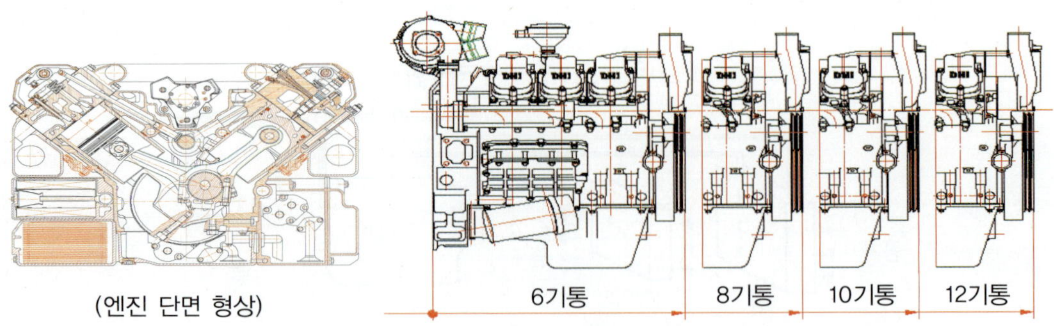

▶ 그림 2-55 V형 12기통 엔진을 기본으로 기통수 변화에 의한 엔진 계열화 형상

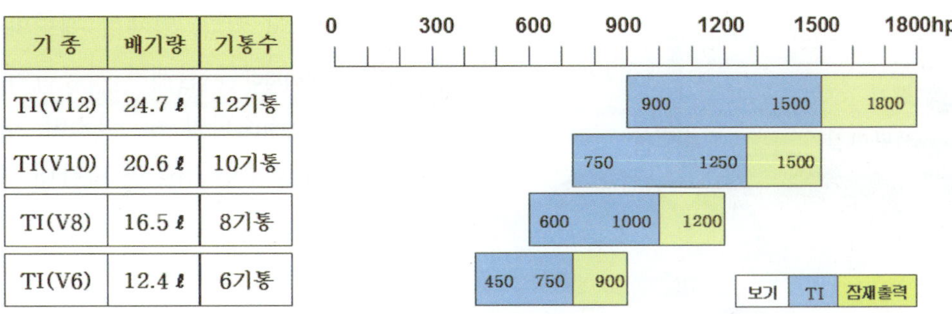

▶ **그림 2-56** 기통수 변경에 의한 계열화 엔진의 국내개발 사례

2.13 일체형 궤도와 분리형(패드교환형) 궤도는 어떻게 다른가?

궤도는 전차의 기동성과 관련된 필수 구성품으로서 주행 중 인가되는 고하중에 견딜 수 있는 충분한 강도와 함께 경량화가 필요하다. 궤도의 강도부족시 주행간 궤도 파손을 초래할 수 있고, 이로 인해 전차의 제동 및 조향 능력을 상실하게 되어 치명적인 사고를 유발할 수 있다.

▶ **그림 2-57** 궤도의 마모형상

또한 궤도는 주행간 소음 및 도로보호 등의 이유로 궤도몸체 및 패드에 고무 소재를 적용하고 있으나, 전차 주행에 따른 고무 소재의 내구도가 상대적으로 낮아 운영유지비의 많은 부분이 궤도 교체비용으로 투입되고 있다.[77)]

궤도 종류로는 궤도몸체와 패드의 분리에 따른 재활용 가능성에 따라 일체형과 분리형(패드교환형)으로 구분할 수 있으며, 궤도는 운용유지에 많은 비용이 소요되기 때문에 주요 선진국을 중심으로 궤도 수명연장을 위한 연구가 많이 수행되고 있다.

2.13.1 일체형 궤도

일체형 궤도는 그림 2-58에 나타낸 바와 같이 궤도몸체와 패드의 분리가 불가능한 형상

---

77) 미국 M1 Abrams 전차의 경우 궤도 교체비용으로 연간 약 2억달러를 지출하고 있는 것으로 추정

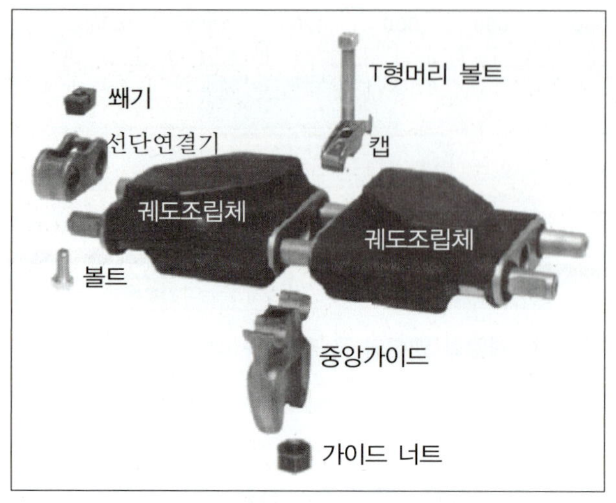

▶ 그림 2-58 일체형 궤도 형상

으로 되어 있다. 일체형 궤도의 특징은 Compact한 설계가 가능하여 궤도무게를 최소화할 수 있으며, 충격과 진동에 우수한 성능을 나타내고 있으나, 패드 마모시 궤도조립체의 교환이 불가피하여 운용유지비용이 많이 소요되는 단점이 있다.

이와 같은 일체형 궤도는 80년대 초반까지 주로 사용되어 왔으나, 최근에는 패드교환형 궤도를 사용하는 추세이다.

2.13.2 분리형(패드교환형) 궤도

패드교환형 궤도는 그림 2-59, 2-60에 나타낸 바와 같이 패드와 궤도몸체가 분리가 가능한 형상으로 되어 있으며, 패드 마모시 궤도조립체 대신 패드만 교환토록 함으로써 운용유지비용을 절감한 수 있는 형식이다.

패드교환형 궤도의 특징은 패드교환만으로 궤도정비가 가능하여 정비성이 양호하며, 기동간 궤도에서 발생하는 소음이 적은 장점이 있으나, 궤도중량이 증가하는 단점이 있다.

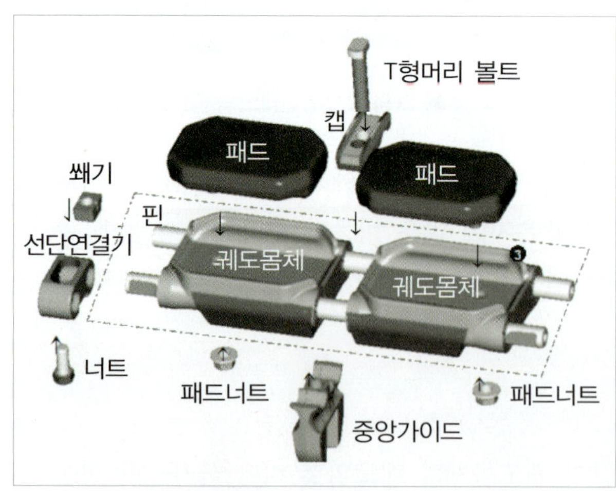

▶ 그림 2-59 패드교환형 궤도 형상

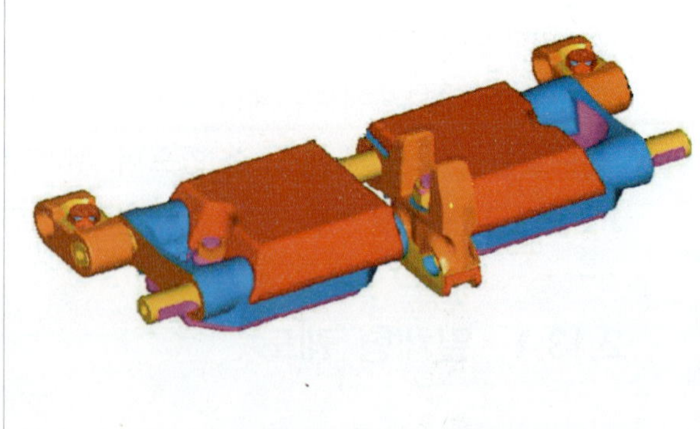

▶ 그림 2-60 패드교환형 궤도의 모델링 형상

궤도 1개의 부분품 중량은 일체형이 약 26 kg이나 패드교환형은 33 kg으로, 총 궤도수(약 150개)를 고려하면 약 1톤의 전투중량 증가가 예상된다.

패드교환형 궤도는 그림 2-61에 나타낸 바와 같이, 궤도몸체와 패드를 결합하는 방식에 따라 슬라이딩 체결방식과 볼트체결 방식으로 구분된다.

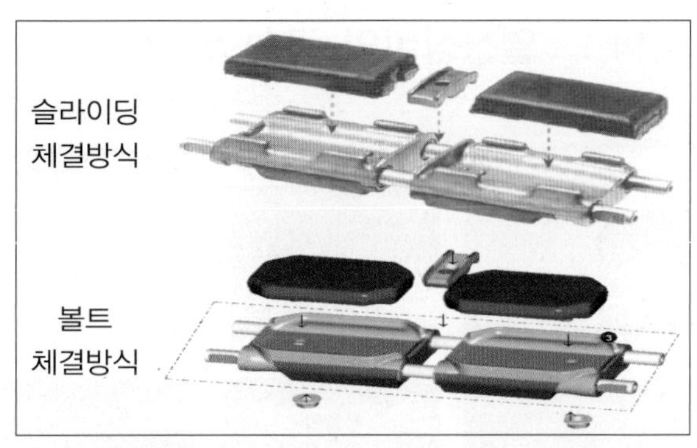

▶ 그림 2-61 패드교환형 궤도의 종류

슬라이딩 체결방식은 궤도몸체가 변형하기 쉬워 패드가 조기 마모되는 단점이 있으며, 이로 인해 최근에는 볼트 체결방식을 주로 적용하는 추세이다.

궤도의 내구성과 관련된 미군사규격(MIL-PRF-11891F)에 따르면, 일체형 궤도의 경우 전체 궤도조립체(약 150개)의 20%(약 30개) 이하의 교체로 최소 1920 km의 내구수명을 보유하도록 설정되어 있으며, 분리형 궤도의 경우 전체 궤도 패드의 40% 이하의 교체로 최소 1600 km의 내구수명을 갖도록 규정하고 있다.

이때, 주행시험 조건은 전체 주행거리의 25%는 포장도로, 50%는 자갈도로, 25%는 야지를 주행하며, 한번에 주행할 거리는 80 km로써, 포장도로 20 km, 자갈도로 40 km, 야지 20 km로 주행하도록 시나리오가 정해져 있다.

2.14 전차의 눈인 조준경에 사용되는 열상장비의 원리는 무엇인가?

현대전은 원거리에 있는 적을 먼저 탐지 및 조준하고 이에 대응하는 것이 전투의 승패를 좌우한다. 특히, 걸프전과 이라크전에서 미군 M1A1 전차가 이라크군 T-72 전차에 대해 일방적으로 승리를 거두게 된 것은, M1A1 전차의 탐지 및 조준장치 성능이 T-72 전차의 것보다 월등하게 우수하였기 때문이다.

이와 같이 전차에 탑재되는 탐지 및 조준장치로는 전차장 조준경과 포수 조준경이 있으며, 이들은 전차의 눈과 같은 역할을 수행하기 때문에 매우 중요하다. 최근에는 이들 조준경의 핵심 구성품으로, 표적이 방출하는 적외선을 텀지하여 표적을 인식할 수 있도록 고안된 열상장비가 주로 사용되고 있다.

2.14.1 열상장비의 구성과 원리

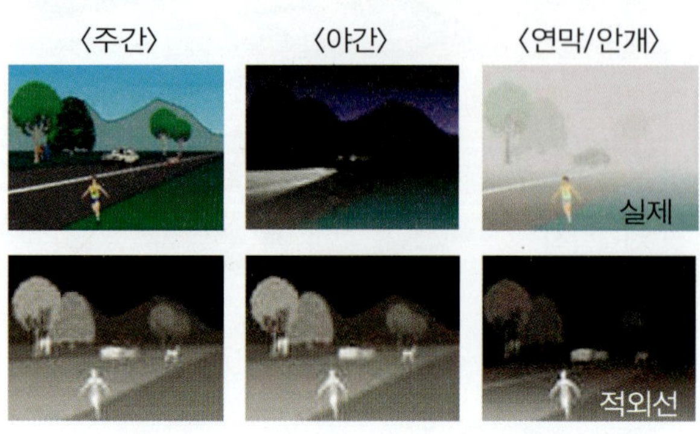

▶ 그림 2-62 실제 영상과 적외선 영상의 비교

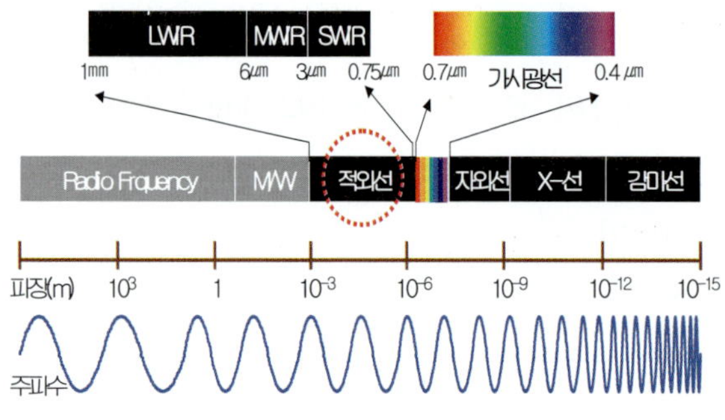

▶ 그림 2-63 전자기 스펙트럼

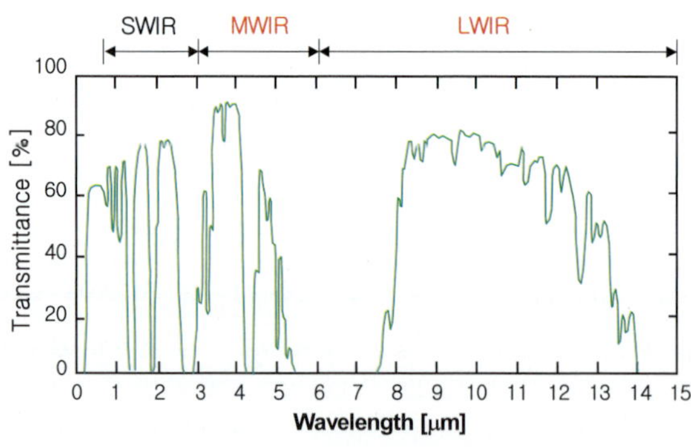

▶ 그림 2-64 적외선 대기 투과도

적외선은 사람의 눈으로 직접 볼 수 없는 빛의 일종으로서, 절대온도 0°K(-273℃) 이상의 모든 물체는 항상 적외선을 주위에 방출하고 주위와 열평형을 이루기 때문에, 표적이 방출하는 적외선을 이용하여 야간이나 악천후 시에도 형상을 식별할 수 있는 열상장비가 1980년대에 최초로 개발되었다.

이와 같은 열상장비는 그림 2-62에 나타낸 바와 같이, 주위의 빛과 무관하게 주・야간이나 무월광 시에도 표적탐지가 가능하고, 연막이나 안개 시에도 표적탐지에 거의 영향을 받지 않는 특징이 있다.

적외선은 그림 2-63, 2-64에 나타낸 바와 같이 SWIR, MWIR 및 LWIR으로 구분할 수 있고, 열상장비에서는 대기 투과도가 높은 MWIR과 LWIR을 일반적으로 사용하고 있으며, 적외선 탐지 파장대별 특성을 표 2-7에 나타내었다.

일반적인 열상장비의 시스템 구성은 그림 2-42에 나타낸 바와 같이 표적 → 광학계 → 검출기 → 신호처리기 → 전시기로 이루어진다.

표적이 자체온도에 비례한 세기의 적외선을 방출하게 되면, Ge나 ZnSe로 구성된 광학계로 적외선이 입사하여 여러 가지 렌즈에 의해 보정된 적외선 광량이 검출기에 입력된다.

검출기에 입사된 적외선 광량은 에너지가 매우 적기 때문에 전자검출이 용이한 화합물

표 2-7 적외선 탐지 파장대별 특성

구 분	SWIR[78], 근적외선	MWIR, 중적외선	LWIR, 원적외선
파 장	1 ~ 3μm	3 ~ 5μm	8 ~ 12μm
특 성	1000°K 이상 고온 표적탐지에 유리	• 500~1000°K 표적 탐지 유리 • 습기에 강함	• 200~300°K 표적 탐지 유리 • 먼지, 안개에 강함
용 도	미사일 탐지용	항공기 탑재장비	지상무기 탑재장비

반도체[79]로 된 검출기에서 전기적 에너지로 전환하여 신호처리기로 전송된다.

신호처리기는 잡음(Noise) 신호를 제거하고, 아날로그 신호를 디지털 신호로 변환하여 전시기로 데이터를 제공한다. 이 때 포수나 전차장은 전시기를 통하여 표적을 확인하게 되고, 대응조치를 강구하게 된다.

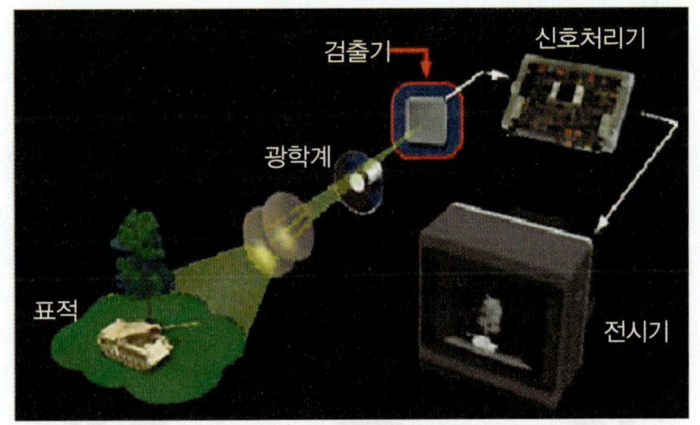

▶ 그림 2-65 열상장비의 시스템 구성도

2.14.2 열상장비의 종류

무기체계에 사용되고 있는 열상장비는 핵심부품인 검출기의 형상에 따라 주사방식에 의한 분류와 냉각방식에 의한 분류로 구분할 수 있다. 주사방식에 의한 분류로서는 주사장치를 이용하여 스캐닝한 영상을 재현하는 주사형과 주사장치 없이 2차원적인 사진촬영과 유사한 방법으로 영상을 재현하는 비주사형으로 나눌 수 있으며, 각각의 영상 재현방법을 그림 2-66에 나타내었다.

일반적으로 고분해능을 요구하는 시스템에는 주사형을 사용하고, 중간정도의 분해능과 경제성을 고려하는 경우에는 비주사형을 사용하고 있으나, 최근 광학분야 기술의 급격한 발전으로 비주사형의 화소수가 급격히 증가[80]하고 있으므로, 향후에는 시스템이 간단하고

78) SWIR(Short Wavelength Infra-Red), MWIR(Medium Wavelength Infra-Red), LWIR(Long Wavelength Infra-Red)

79) 화합물 반도체(Compound Semiconductor) : Ge나 Si와 같은 단일 소자가 아니라, 2종 이상의 원소가 결합된 소자로서 반도체 성질을 가진 것

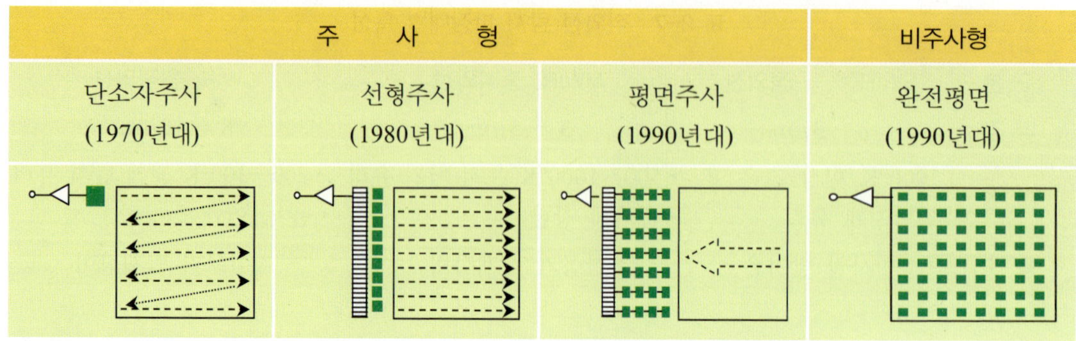

▶ 그림 2-66 주사형과 비주사형의 영상재현 방법

경제적이며 성능이 우수한 비주사형이 많이 적용될 것으로 판단된다.

냉각방식에 의한 분류로서는 영상을 재현하는 검출기의 재질에 따라 극저온에서 동작하는 화합물 반도체(HgCdTe 등)를 사용하는 냉각형과 상온에서 동작하는 화합물 반도체(VOX 등)를 사용하는 비냉각형으로 나눌 수 있으며, 냉각형과 비냉각형의 제원을 표 2-8에 나타내었다.

일반적으로 고분해능과 원거리 탐지가 요구될 때에는 냉각형을 사용하며, 분해능보다는 무게나 부피를 축소하고 근거리 탐지용으로 적용하고자 할 때에는 비냉각형을 사용하고 있다.

표 2-8 냉각형과 비냉각형의 제원 비교

구 분	냉각형[81]	비냉각형[82]
파 장	3～5μm, 8～12μm	3～5μm
재 질	HgCdTe, GaAs, InSb, PtSi (화합물 반도체)	VOX, a-Si, Ti (화합물 반도체)
적용원리		

80) 선진국에서는 1992년 30만 화소, 1997년 120만 화소, 2002년 480만 화소의 검출기를 개발하였음

81) 냉각형 : 공핍영역에 빛이 입사되면 전자와 전계가 형성되며, 내부 전계에 의해 N쪽과 P쪽으로 전하가 흐르고 전압이 생성됨

따라서 주요 선진국의 전차에서는 적보다 먼저 탐지하고 조준하여 대응하는 것이 중요하다고 판단하기 때문에 고분해능의 열상장비를 요구하고 있으며, 주사형이면서 냉각형인 열상장비가 주로 사용되고 있다.

2.14.3 열상장비 평가방법

열상장비는 획득된 표적을 사용자의 표적인식 정도에 따라 탐지[83], 인지[84] 및 식별[85]로 구분하며, 외부적 환경요인에 의해 많은 영향을 받으므로 성능 평가 시에는 표적의 종류, 크기 및 형태가 정의되어야 한다. 특히 전차 조준경과 같이 원거리 표적 관측용 장비는 대기 투과도 등의 영향도 고려되어야 한다.

1958년 John Johnson은 영상장치에 있어서 막대 쌍을 구분할 수 있는 광학센서의 능력을 이용하여 표적의 탐지, 인지 및 식별과의 관계를 연구하였다. 즉, 영상의 인식능력은 표적의 길이 내에서 분해할 수 있는 최대 막대 쌍의 개수와 관계가 있으며, 전차의 경우 John Johnson이 제시한 판별기준을 표 2-9에 나타내었다.[86]

표 2-7에서 표적과 배경의 온도 차이($\Delta T = T2 - T1 = 2℃$)를 주었을 때, 표적의 길이를 탐지의 경우 1개의 막대 쌍(1 cycle)으로 나누고, 인지의 경우 3개의 막대 쌍(3 cycles)으로

표 2-9 John Johnson의 판별기준

구 분	탐지 표적	인지 표적	식별 표적
크 기	2.3 × 2.3m	2.3 × 2.3m	2.3 × 2.3m
온도차	ΔT = 2℃	ΔT = 2℃	ΔT = 2℃
판별확률	50%	50%	50%
막대 쌍	(1쌍)	(3쌍)	(6쌍)

82) 비냉각형 : 적외선을 흡수하여 물질의 특성(저항, 캐패시턴스 등)이 변화하는 것을 검출
83) 탐지(Detection) : 표적의 유무 판별(존재 확인)
84) 인지(Recognition) : 표적의 종류 판별("예" 전차, 장갑차, 트럭 등)
85) 식별(Identification) : 피아의 표적을 구분할 수 있도록 표적의 기종 판별("예" K1, M1, T-80 등)
86) STANAG 4347(Standard Agreement 4347)로서 NATO 표준으로 설정됨

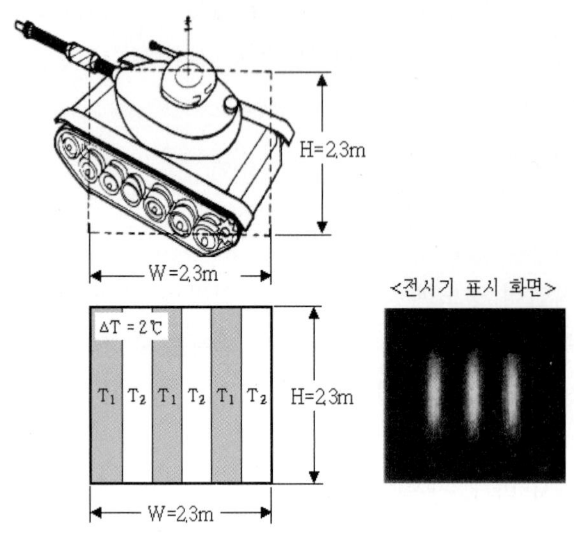

▶ 그림 2-67 전차와 인지표적 형상

나누어 각각의 막대 쌍을 열상장비로 분해할 수 있어야 한다. 이를 위해서는 표적의 길이에 대응하는 검출기의 수평방향 화소(Pixel)가 탐지에서는 2개 이상, 그리고 인지에서는 6개 이상이어야 이론적으로 분해가 가능하다.

일반적으로 열상장비 성능 평가시 탐지거리는 표적이 보이기 시작하는 최대 거리로 판단하며, 인지거리는 그림 2-67의 전시기 표시 화면에 나타낸 바와 같이 3개의 선이 희미하게 보이기 시작하는 최대거리로 판단한다.

2.15 전기 구동식 포탑은 기존의 전기유압 구동식과 어떻게 다른가?

전차의 포/포탑 구동은 전통적으로 전기유압 구동방식으로 개발되어 왔으나, 영국에서는 1950년대부터 전기식 포/포탑 구동장치를 개발하여 Centrion 전차와 Chieftain 전차에 적용하였다. 그러나 성능 면에서 전기유압식에 비해 다소 열등하였기 때문에 1970년대까지의 전기식 포/포탑 구동장치는 경전차나 대공포 등에 주로 사용되었다.

1970년대 후반에 이르러 전기식 포/포탑 구동장치의 제한사항이었던 대용량 전력소자의 개발과 자성재료의 발달에 따라, Challenger 전차와 Leclerc 전차 같은 주력전차에 전기식 포/포탑 구동장치를 적용하고 있다.

2.15.1 전기식과 전기유압식 구동장치의 비교

전기식과 전기유압식의 포/포탑 구동장치는 표 2-10에 나타낸 바와 같이 체계구성이 매우 유사하며, 동력원을 유압 대신 전기를 사용한다는 점이 상이하고, 동력원에 따라 부착되는 관련 구성품들이 약간 차이가 있음을 알 수 있다.

전기식과 전기유압식의 포/포탑 구동장치의 특성에 대한 비교를 표 2-9에 나타내었다. 전기식 포/포탑 구동장치는 전기유압식에 비해 성능, 운용성, 정비성, 경제성 등의 모든 측

표 2-10 전기식과 전기유압식의 구성품 비교

구 분		전기식	전기유압식
동 력 원		전 기	유 압
동력전달		엔진 → 발전기 → 전기모터 → 기어	엔진 → 유압펌프 → 유압모터 → 기어
구성품	고출력생성	직류전압승압기	유압펌프
	에너지저장	에너지 저장기	축압기
	구동제어	구동/전력제어기	차체유압다기관
	서보장치	전력증폭기	유압식 서보장치
	고저/선회장치	전기모터 기어박스	유압모터 기어박스

면에서 우수함을 알 수 있다.

단지, 성능 중 최대 토크 능력에서는 전기유압식이 전기식보다 다소 유리하며, 이것은 과거 전기 구동식 포/포탑 적용의 제한요소로 작용하였다.

그러나 최근 대용량 전력소자들의 급속한 발전으로, 전차의 포탑에서 요구하는 최대토크 수준까지는 전기식 포/포탑 구동장치로 구현이 가능한 수준에 이르렀다.

2.15.2 전기식 포/포탑 구동장치의 구성 및 주요기능

전기식 포/포탑 구동장치의 신호 흐름도를 그림 2-68에 나타내었으며, 구성품 간의 신호

표 2-11 전기식과 전기유압식 구동장치의 특성 비교

구 분		전기식	전기유압식
성 능	추적성	우 수	보 통
	최대토크	제한됨	우 수
	효 율	70~80%	30~50%
운용성	소 음	우 수	보 통
	화재위험	우 수	보 통
정비성	MTBF	우 수	보 통
	정비주기	우 수	보통(유압유, 필터 등)
경제성	획득비용	우 수	보 통
	운용유지비용	우 수	보 통

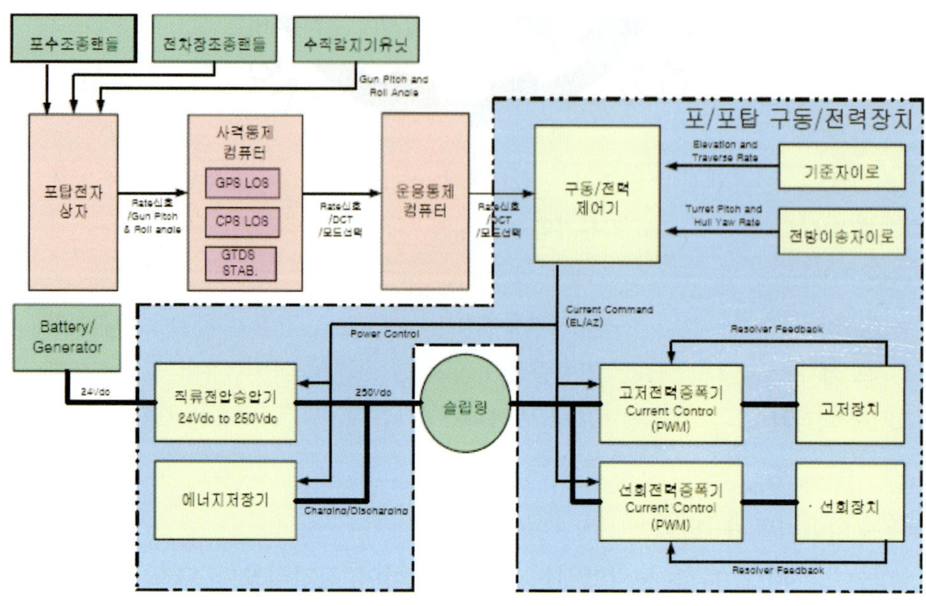

▶ **그림 2-68** 전기식 포/포탑 구동장치 신호 흐름도

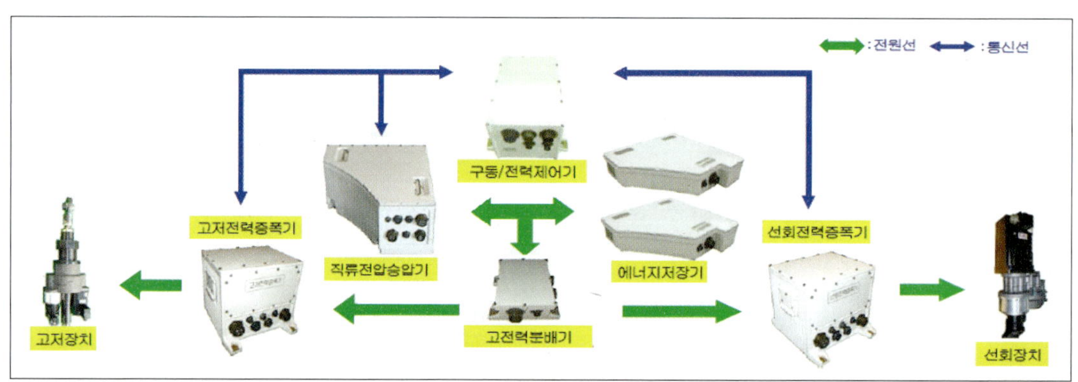

▶ **그림 2-69** 전기식 포/포탑 구동장치의 전원 및 통신 인터페이스

및 통신 인터페이스를 그림 2-69에 나타내었다. 일반적으로 전기식 포/포탑 구동장치는 직류전압승압기, 에너지 저장기, 고저 및 선회 전력증폭기, 구동/전력 제어기 및 센서류로 구성되어 있다.

2.15.2.1 직류전압승압기

직류전압승압기는 24V DC 전압을 250V DC 수준으로 승압하고, 에너지 저장기의 충·방전제어 및 감시, 축전지 상태 감시, 전류·전압·전력 제어 및 보호 등의 기능을 수행하며, 에너지 저장기 충·방전 제어 프로그램, 승압제어 프로그램, 통신 프로그램, 자체진단 프로그램, 모니터링 프로그램 등이 내장되어 있다.

2.15.2.2 에너지 저장기

에너지 저장장치는 고밀도 에너지 저장 및 저장용량의 최적화 기술을 적용한 Capacitor Bank 형태의 에너지 저장기로서 자체보호회로를 내장하고 있으며, 포/포탑의 초기 구동을 위한 첨두 순시전력을 원활하게 공급하기 위해 평시 여분의 에너지를 저장하는 역할을 한다.

2.15.2.3 구동/전력 제어기

구동/전력 제어기는 고정밀 구동제어 및 시스템 제어/감시를 위한 디지털 제어 알고리즘, 전력제어 알고리즘, 통신 및 인터페이스 프로그램 등을 보유하고 있으며, 전차의 다양한 운용조건 하에서 구동시스템을 최적의 상태로 구동하기 위하여 사격통제장치로부터 전달되는 오차명령과 각종 센서로부터 입력되는 상태변수 신호를 입력받아 제어 알고리즘에 따른 출력신호를 생성한다.

2.15.2.4 고저 및 선회 전력증폭기

고저 및 선회 전력증폭기는 고효율 전력 증폭회로 및 전류제어 알고리즘과 통신 및 자체 고장진단 프로그램 등이 적용되고 있으며, 고저/선회장치의 전동기를 구동하기 위한 전류제어형 인버터로써 고성능 신호처리 회로를 내장하여 디지털 형식으로 구성되어 있다. 구동/전력제어기로부터의 출력신호는 전력증폭기로 입력되어 액추에이터를 동작할 수 있도록 전력증폭기 내의 스위칭 소자를 On-Off 제어한다.

2.15.2.5 고저 및 선회 장치

고저장치는 고저 전력증폭기의 제어신호에 의해 모터의 회전력을 감속기에서 증폭시키고 직선운동으로 변환하여 포를 상하로 구동시킨다. 또한, 선회장치는 선회 전력증폭기의 제어신호에 의해 모터의 회전력을 감속기에서 증폭시키고 선회베어링에 전달하여 포탑을 선회 구동시킨다.

2.15.2.6 센서류

포/포탑 구동장치의 안정화 성능을 향상시키기 위해 고정밀, 저 백래시형의 구동메커니즘과 선형성이 높은 전기식 액추에이터가 적용되고 있으며, 기준 자이로[87], 전방이송 자이로[88], 리졸버[89], 가속도계 등의 센서류가 사용되고 있다.

2.16 전차 장갑의 재질은 무엇이며, 두께는 어느 정도인가?

전차는 장갑판재로 만들어진 거대한 상자로서 장갑판의 재질과 구조 등이 기본적인 장갑 방호력을 결정한다. 전차의 장갑 방호력은 교전상대의 화포, 미사일, 포탄, 지뢰 등의 화력으로부터 승무원과 주요 탑재장비를 보호하기 위한 것이며, 일반적으로 전차의 정면장갑에 대해서 적 전차의 1,000m 전방사격에 대해 방호가 가능하도록 내탄기준이 설정되어 있다.

이러한 방호력을 충족하기 위해 방탄강판과 방탄주강이 장갑재질로써 가장 널리 사용되고 있으며, 이 중 2차대전 이전까지의 방탄강판으로는 강판표면의 탄소 함유량을 증가시켜 경도[90]를 향상시킨 침탄강[91]이 널리 사용되었다.

침탄강의 경도를 나타내는 브리넬경도(HB)[92]는 1차대전 당시 HB 400정도 이었으나, 현재에는 HB 600 정도까지 향상되었다. 이러한 침탄강에 대해 1차대전 당시의 기술로써는 침탄강의 용접 혹은 절삭이 어려웠기 때문에 각국의 전차에서는 리벳을 사용하여 전차를 조립하였다.

그러나 침탄강의 경도를 일정치 이상으로 높여 얇게 만들면, 철갑탄과 같은 강한 충격으로 인해 균열이 생기거나, 뒷면이 박리해서 비산하는 문제가 발생하고, 부수적으로 차체의 리벳 구조도 손쉽게 피괴되는 강도상의 문제가 있었다.

따라서 장갑의 표면경도가 높아 철갑탄이 튀어나가게 하고, 뒷면은 인성[93]이 있어 충격을 흡수할 수 있으며, 충분한 연성[94]으로 용접이 가능한 장갑재질이 추구되어 왔다. 그 결

87) 기준 자이로 : 포에 장착되어 포의 고저 및 선회운동 각속도 측정용 센서
88) 전방이송 자이로 : 포탑과 차체에 장착되어 포탑의 Pitch와 차체의 Yaw의 각속도 측정용 센서
89) 리졸버 : 모터에 장착되어 모터의 회전각도 측정용 센서
90) 경도(Hardness) : 재질 표면의 딱딱함(혹은 긁힘)의 정도를 나타내는 기계적 성질
91) 침탄강(Carbonizing Steel) : 재질의 표면에 탄소를 침투시켜 표면만 경화시킨 강으로서, 내부는 연성이 있기 때문에 마모, 충격, 진동을 받는 부분에 주로 사용
92) 브리넬 경도(Brinel Hardness) : 직경 10 mm의 강구를 500～3000 kgf의 힘으로 표면에 눌러서 생긴 자국의 직경으로 표시하는 값
93) 인성(Toughness) : 충격에 의한 파단시 에너지의 흡수 정도를 나타내는 기계적 성질
94) 연성(Ductility) : 탄성한도를 초과하는 하중에 대하여 늘어나는 정도를 나타내는 기계적 성질

과 2차대전 이후 침탄강보다 경도, 인성 및 연성이 우수한 합금강인 균질압연방탄장갑(RHA)[95]이 개발되어 방탄강판의 방호력을 개선하였다.

▶ 그림 2-70 모듈장갑을 적용한 MK.3전차

또한 방탄강판 표면의 내탄성을 향상시키기 위해 다음과 같은 2가지 방법이 사용되고 있다. 첫 번째는 방탄강판의 표면을 침탄처리 또는 고주파 열처리에 의해 경화시키는 것으로, 강판 내부는 연성을 보유하고 있기 때문에 장갑 뒷면이 박리하거나 균열이 발생할 우려가 없다. 두 번째는 이종의 방탄강판 2장을 접합하고 열처리하여 경도가 서로 다른 2중 방탄강판을 만드는 방법으로, 내탄성 개선효과가 우수하다.

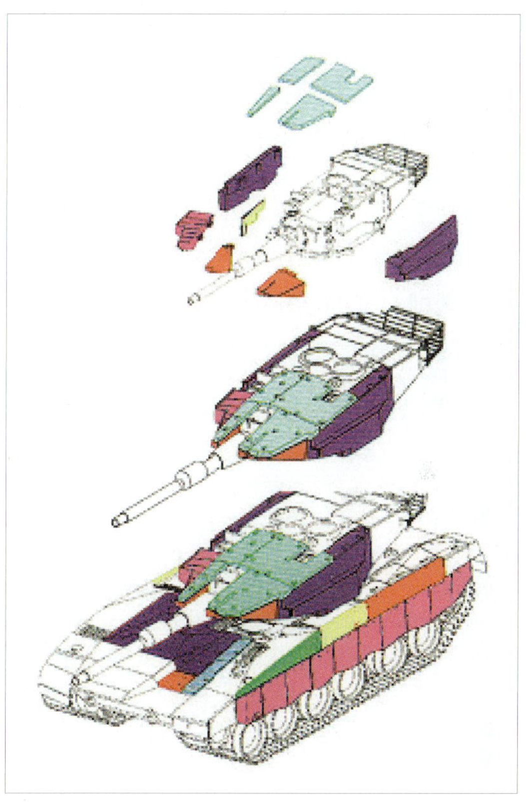

▶ 그림 2-71 MK.3 전차의 모듈장갑 형상

전차에 장갑을 배치하는 방법으로는 리벳, 주조 및 용접방식 외에 모듈화된 장갑(이하 "모듈장갑", Modular Armour)을 설치하는 방법이 있다. 모듈장갑은 장갑재를 용접하거나 주조하는 대신 전차의 차체 및 포탑에 볼트로써 조립하기 때문에, 장갑설치를 위해 숙련된 기술자가 필요 없고, 단시간 내에 작업이 가능하다.

모듈장갑은 전차의 중량을 최소화할 수 있으며, 전투중 손상된 장갑은 야전 정비병에 의한 모듈장갑의 교체작업으로 신속하게 복구할 수 있다. 이와 같은 모듈장갑을 채택하여 가장 먼저 실전에 배치한 전차로는 그림 2-70과 2-71에 나타낸 바와 같이 이스라엘의 Merkava MK.3[96] 전차가 있다.

95) 균질압연강판장갑(Rolled Homogeneous Armour) : Ni - Cr - Mo 합금강으로서, 여러 장갑재질간 방탄성능 비교를 위해 기준값(기준 장갑재질)으로 사용하고 있음("예" 임의의 알루미늄 장갑이 RHA 50이라는 의미는 균질압연방탄장갑의 50 mm에 해당하는 방탄성능을 가지고 있음을 의미함)

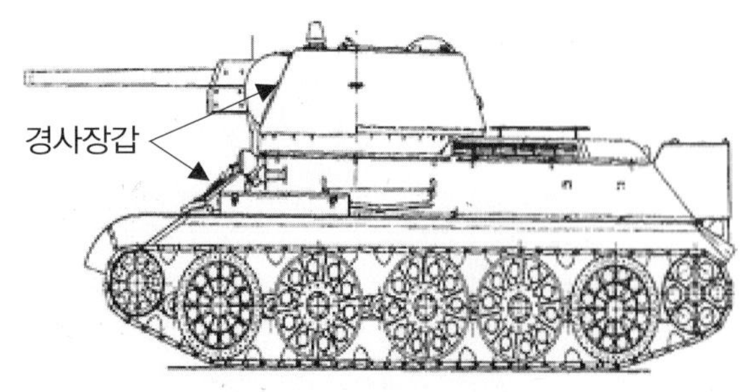

▶ 그림 2-72 T-34 전차의 경사장갑 형상

한편, 2차대전 중 구소련에서는 차체 및 포탑의 각부를 그림 2-72와 같이 최초로 경사지게 한 T-34 전차[97]가 등장하였으며, 이러한 경사장갑이 양호한 내탄성을 가지고 있음이 입증되었다. 이러한 실전경험으로부터 미국, 영국, 독일 등 주요 선진국에서는 대부분의 전차에 피탄 회피형 경사장갑을 채택하고 있다.

러시아의 T-80 전차에 적용하고 있는 경사장갑의 형상을 그림 2-73에 나타내고 있다. 그림에서 대전차 포탄이 장갑을 관통하는 데 필요한 길이(L)는 장갑의 두께(t)와 경사장갑의 기울기(θ)의 함수로써 다음 식과 같이 표현할 수 있다.

$$L = \frac{t}{\cos\theta} \tag{2.3}$$

위 식에서 T-80 전차의 기본 장갑두께는 약 200 mm이고, 68°의 경사각을 갖고 있으므로, 이에 대해 장갑을 관통하는 데 요구되는 대전차 포탄의 능력은 534 mm(= 200/cos68°) 이상이어야 한다.

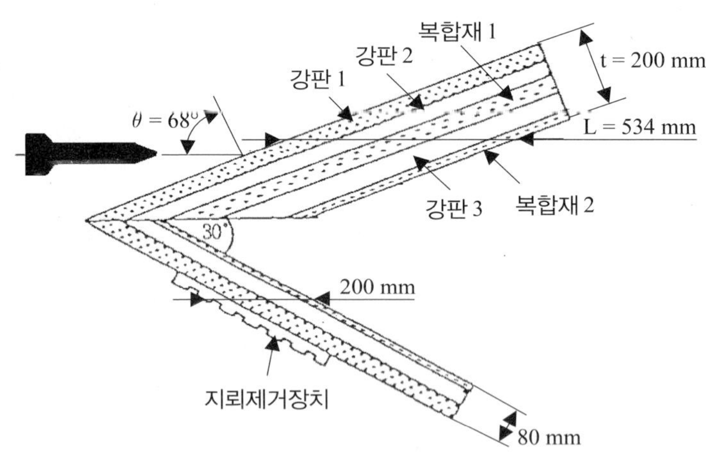

▶ 그림 2-73 T-80전차 경사형상과 장갑두께

96) Merkava MK.3전차 : 개발완료 1989년, 전투중량 65톤, 120 mm 주포, 7.62 mm 기관총, 최대속도 60 km/h
97) T-34전차 : 개발완료 1942년, 전투중량 30.9톤, 76.2 mm 주포, 7.62 mm 기관총 2정, 최대속도 55 km/h

표 2-12 주요 선진국 전차의 경사장갑 두께와 기울기

구 분	차체(mm/deg)			포탑(mm/deg)		개발국
	전면상부	전면하부	측 면	전면상부	측 면	
T-54	99/60	100/55	20~80	150/0	50/0	구소련
T-62	102/60	102/54	64	196/0	150/5	
T-72	200/60	100/60	20~80	275/0	290/10	미 국
M47	100/60	75/53	50~75	100/40	63/30	
M48	110/60	102/53	51~76	110/40	76/30	영 국
M60	120/60	110/53	76	110~254/0	64~140/10	
Centurion	76/55	76/ -	12~55	121/0	76~133/0	프랑스
Chieftain	120/70	80/50	80/12	200/60	130/0	
AMX-30	80/ -	-	30~60	80/0	42/0	독 일
Leopard 1	70/60	5-/50	35	52~60/10	62/30	

이와 같이 전차의 장갑 방호력 향상을 위한 경사장갑의 채택은 다음과 같은 2가지의 장점이 있다. 첫 번째는 대전차 포탄이 장갑을 관통하지 못하도록 실질적으로 두께를 증가시키는 효과가 있으며, 두 번째는 정확하게 명중하지 못하고 비스듬하게 날아온 대전차 포탄을 튀어나가게 하는 효과가 있다.

주요 선진국 전차의 장갑 방호력 향상을 위해 채택한 경사장갑의 두께와 기울기를 표 2-12에 나타내었다. 차체 측면의 경우에는 스커트[98]에 의해 보호되기 때문에 특별히 경사장갑을 채택하지 않고 있음을 알 수 있다.

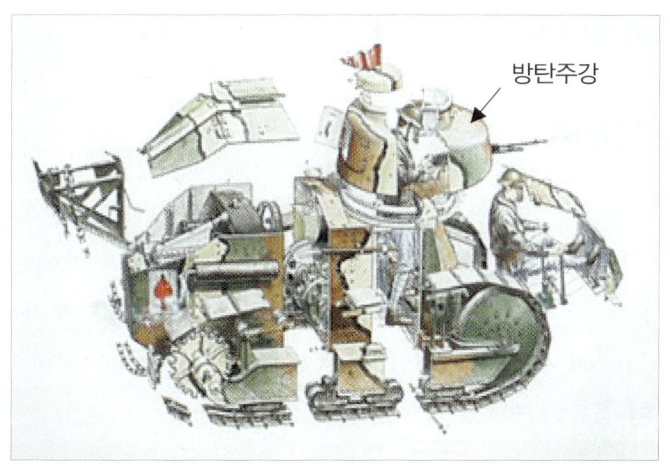

▶ **그림 2-74** 포탑을 방탄주강으로 제작한 르노 전차

한편, 방탄강판과 더불어 많이 사용하는 방탄재질로는 방탄주강(혹은 주조장갑)이 있는데,

98) 스커트(Skirt) : 허리에서 다리까지 늘어지는 여자 옷의 명칭으로, 전차에서 측면장갑과 궤도를 보호하기 위해 부착한 보호강판을 의미함

방탄주강은 용융된 강재를 주형에 부어 만든 장갑판을 의미하고, 곡면이 많은 복잡한 형상일지라도 한 번에 제조가 가능한 장점이 있으며, 프랑스 르노 전차[99]의 포탑에 최초로 적용되었다.

따라서 2차대전 이후 등장한 전차의 경우 차체는 RHA의 용접구조물로 제작하고, 비교적 곡면으로 구성된 포탑은 방탄주강으로 만들어 조립하는 구조로 되어 있다.

그러나 주조에서는 장갑두께의 정밀한 제어가 어려워 두께가 균일하지 못하며, 열처리가 곤란한 단점이 있다. 이러한 이유로 인해 주요 선진국의 전차는 포탑이 차체보다 높은 위치에 있어 피탄 확률이 크고 방탄주강이 RHA보다 내탄성이 떨어지기 때문에, 포탑의 장갑두께를 차체의 장갑두께보다 약간 두껍게 설계하고 있다.

2.17 전차 보호용 장갑에는 어떠한 종류가 있는가?

전차의 장갑에 의한 방호력은 대전차 무기의 발달과 더불어, 장갑형상을 경사지게 하고, 방탄강판의 두께를 두껍게 설계함으로써 방호효과를 향상시켜 왔다. 따라서 전차의 방탄강판 두께는 1차대전시 6～12 mm이었으나, 최근 전차는 200～300 mm까지 증가하였다.

그 결과 전차의 과도한 중량 증가로 인해 기동성 측면에서 한계에 도달하게 되었으며, 이로 인해 주요 선진국을 중심으로 기존의 수동형 장갑 및 반응장갑 개념에서 벗어나 능동방어체계에 대한 연구가 활발하게 수행되고 있다.

2.17.1 수동형 장갑

수동형 장갑은 적 전차포탄의 공격을 받았을 때 장갑판재가 견딜 수 있도록 설계하는 개념의 장갑을 의미하며, 장갑판재의 재질과 두께에 크게 영향을 받는다. 수동형 장갑의 종류로는 장갑판재의 종류와 배치방법에 따라 부가장갑(Added on Armour), 유격장갑(Spaced Armour), 초밤장갑(Chobham Armour) 및 하이브리드 장갑(Hybrid Armour) 등으로 분류할 수 있다.

99) 르노(Renaults) 전차 : 개발완료 1916년, 전투중량 6.7톤, 37 mm 주포, 최대속도 8 km/h

2.17.1.1 부가장갑(Added on Armour)

부가장갑은 기본장갑의 부족한 장갑 방호력을 보강하기 위해 여러 가지 모양의 장갑판재를 추가로 부착하는 형태의 장갑이다. 부가장갑으로 사용하는 장갑 판재로는 반응장갑이나 초밤장갑 및 하이브리드 장갑 등이 있으며, 그림 2-75은 반응장갑을 부가장갑으로 부착한 러시아의 T-80 전차를 나타내고 있다.

▶ 그림 2-75 부가장갑을 부착한 T-80 전차

이와 같이 부가장갑을 부착하는 이유는 다음과 같이 크게 2가지로 설명할 수 있다. 첫 번째는 전차 운용간 장갑방호력의 요구수준이 전차의 최초 설계시보다 더 높게 요구되기 때문이다. 일반적으로 전차의 수명주기는 약 30년 이상으로 고려되고 있는 반면, 대전차탄은 상대적으로 수명주기가 짧고 기술발전 속도가 빠르다. 따라서 최초 전차 설계시의 장갑방호력으로는 대전차탄의 방어가 곤란하기 때문이다.

두 번째는 전차운용간 운용유지비용을 절감하기 위한 방안으로 부가장갑을 부착하고 있다. 전차 중량은 운용유지비용에 매우 크게 영향을 미친다. 예를 들면 무거운 전차중량은 전차궤도에 과다한 하중을 주어 마모 혹은 파손이 일어나기 쉽다. 따라서 평시에는 기본장갑으로 운용을 하고, 작전시나 전시에는 부가장갑을 부착한다면 평시 운용유지비용을 크게 절감할 수 있기 때문이다.

2.17.1.2 유격장갑(Spaced Armour)

유격장갑은 장갑을 겉장갑과 기본장갑으로 구분하고 그 가운데를 공간으로 한 형태의 장갑으로서, 장갑의 측면방어를 위한 스커트에 유격장갑을 설치한 형상을 그림 2-76에 나타내고 있다.

이와 같이 유격장갑을 설치함으로써, HEAT탄과 같은 화학에너지탄에 대해서는 겉장갑에서 금속제트를 발사하도록 강요하여 기본장갑의 관통효과를 감소시킬 수 있으며, APFSDS탄과 같은 운동에너지탄에 대해서는 겉장갑

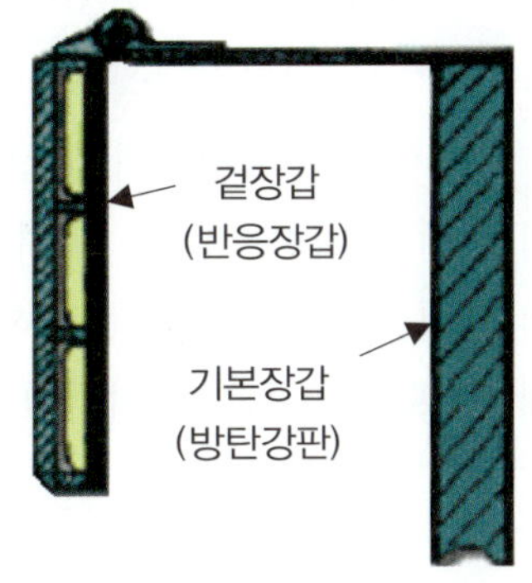

▶ 그림 2-76 유격장갑 형상

에서 관통자의 방향을 바꾸어 줌으로써, 기본장갑 충격시 관통력을 저감시킬 수 있다.

특히, 그림 2-76과 같은 유격장갑의 겉장갑으로 반응장갑을 사용한 경우, 장갑방호력은 HEAT탄에 대해 220%, APFSDS탄에 대해서 280% 증가하는 것으로 알려지고 있다.[100)]

2.17.1.3 초밤장갑(Chobham Armour)

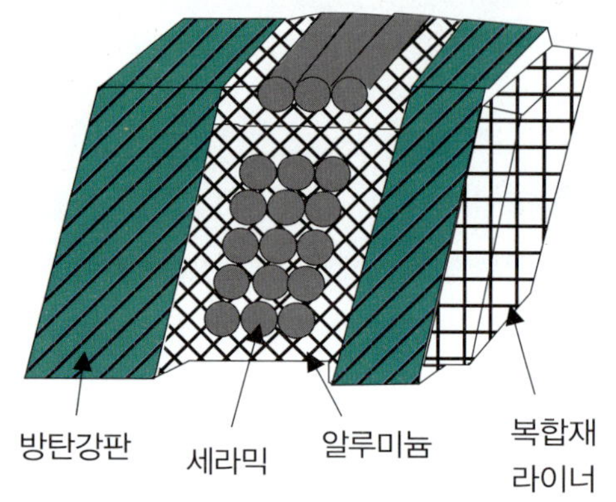

▶ 그림 2-77 초밤장갑 형상

1976년 6월 17일 영국 국방성은 초밤연구소가 신세대 장갑판재 개발에 성공하였다고 발표하였다. 이 발표에는 초밤장갑으로 명명된 새로운 장갑이 종래의 RHA 강판보다 HEAT탄에 대해 3배 이상의 방호효과가 있다는 내용이었다.

초밤장갑의 구성은 비밀로 취급되어 알려지지 않고 있으나, 독일의 장갑 시험결과에 의하면 그림 2-77에 나타낸 바와 같이, 산화알루미늄(Al_2O_3) 세라믹을 4각형 또는 6각형의 타일형상으로 고정하고, 이것을 알루미늄의 틀 속에 넣어서 판상으로 제작한 것을 방탄강판 사이에 삽입한 것이라고 볼 수 있다.

이러한 초밤장갑의 출현을 계기로 새로운 장갑재질로서 세라믹이 주목받게 되었고, 각국은 세라믹을 이용한 연구개발에 박차를 가하고 있으며, 세라믹 재료로는 산화알루미늄 이외에도 붕산탄화물과 티탄붕소탄화물 등이 고려되고 있다.

세라믹이 HEAT탄에 대해 효과적인 이유는 고온에서 발생하는 금속제트의 관통속도(8,000~9,000 m/s)가 세라믹의 균열진전 속도보다 훨씬 빨라서, 금속제트의 효과가 소멸되기 때문이다. 그러나 APFSDS탄에 대해서는 관통자의 충격속도(1,500~1,800 m/s)가 세라믹의 균열진전 속도보다 느려서, HEAT탄보다 세라믹의 효과가 크게 감소된다.

따라서 APFSDS탄의 위협에 대응하기 위해서는 세라믹 두께의 증가가 요구되나, 세라믹이 너무 경한 재질로 되어 있어 가공이 어렵고, 고가인 관계로 경제적인 문제가 따른다. 이와 같은 초밤장갑은 영국의 Challenger 전차, 미국의 M1 전차, 독일의 Leopard 전차 등에 적용된 것으로 알려지고 있다.

100) http : // www.morozov.com.ua/eng/body/bulat.php

2.17.1.4 하이브리드 장갑(Hybrid Armour)

하이브리드 장갑은 유격장갑, 초밤장갑, 반응장갑의 특징을 최대한 살려서 장갑방호력을 극대화하기 위한 장갑형태이며, 하이브리드 장갑의 구성을 그림 2-78에 나타내었다.

하이브리드 장갑에 대전차포탄이 충돌하면 전면부 장갑판재 사이에 삽입된 둔감화약이 압축되면서 폭발하게 되어, HEAT탄의 경우 대전차탄의 금속제트를 차단시키고, APFSDS 탄의 경우 관통자의 진행방향을 바꾸어 준다.

또한, 반응장갑과 기본장갑이 유격장갑 형태로서 이격되어 있기 때문에 관통효과가 크게 감소하게 되며, 기본장갑 위에 부착된 세라믹에 의해 최종적으로 전차포탄의 관통력을 더욱 축소하여 장갑을 방어하게 된다.

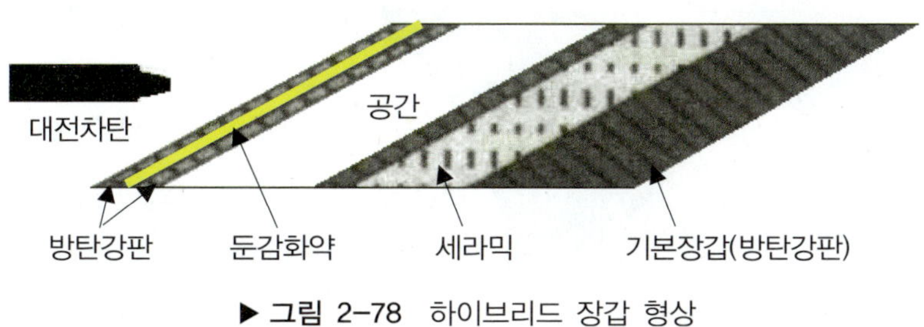

▶ 그림 2-78 하이브리드 장갑 형상

2.17.2 반응장갑(Explosive Reactive Armour)

반응장갑은 HEAT탄이 장갑에 충돌할 때 물리적 작용과 화학적 반응을 일으켜 관통저항을 발생시키도록 설계된 장갑이며, 반응장갑의 작동원리를 그림 2-79에 나타내었다.

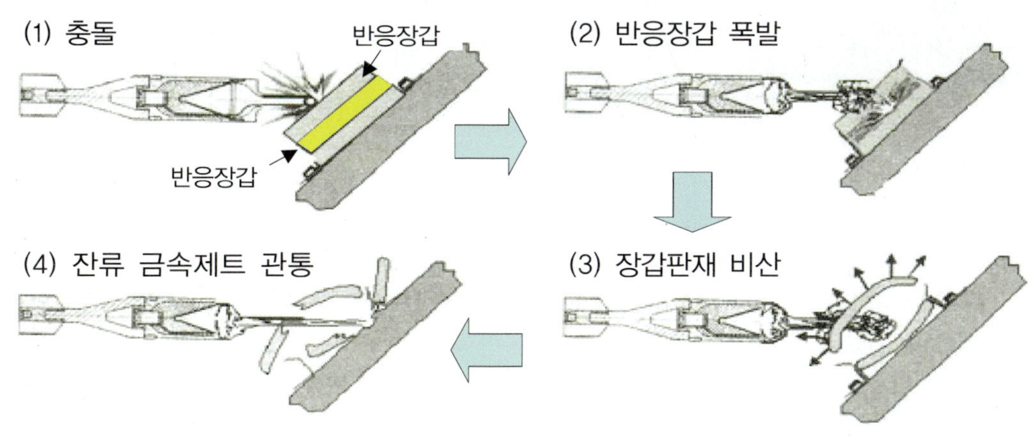

▶ 그림 2-79 반응장갑 작동원리

반응장갑의 구조는 2개의 장갑판재 사이에 둔감화약을 장입한 상태로 금속상자에 넣은 후, 기본장갑에 부착할 수 있도록 되어 있으며, 마치 도시락에 샌드위치를 넣었을 때의 형상과 비슷하다.

HEAT탄이 반응장갑에 충돌하면 [그림 2-79의 (1)], 강력한 고온·고압의 금속제트를 분사하게 되고 [그림 2-79의 (2)], 탄자의 충격력이 장갑에 가해져 장갑판재 내부에 있는 둔감화약이 폭발하게 된다. 둔감화약이 폭발하면 폭발력에 의해 장갑판재는 비산하게 되며 [그림 2-79의 (3)], 그 결과 HEAT탄에서 분사되는 금속제트의 유동을 방해하게 된다. 이와 같은 장갑파편에 의한, 금속제트의 유동 방해는, 금속제트의 유동에너지를 감소시켜 관통력 저하로 나타난다 [그림 2-79의 (4)].

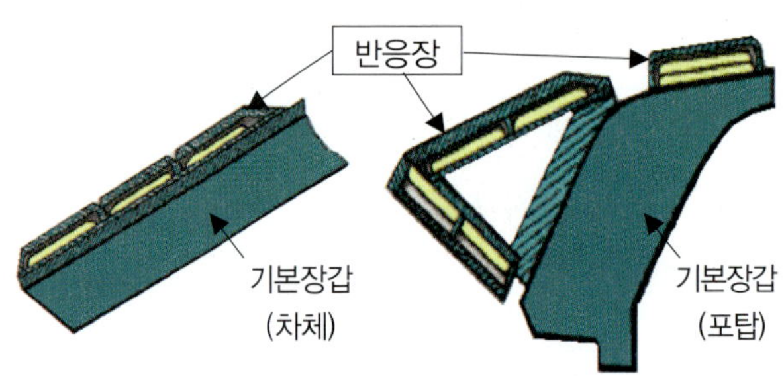

▶ **그림 2-80** 차체와 포탑의 반응장갑 설치 형상

반응장갑의 효과에 대한 실험결과에 의하면, 그림 2-80과 같이 차체와 포탑에 반응장갑을 사용한 경우 반응장갑 사용전의 장갑방호력과 비교해서, HEAT탄에 대해 220%, APFSDS탄에 대해서 190% 장갑방호력이 증가하는 것으로 알려지고 있다.[101]

▶ **그림 2-81** T-80전차의 반응장갑의 설치위치와 형상

이와 같은 반응장갑의 효과에 따라, 장갑두께가 얇아 가장 취약한 부분 중의 하나로 주목되고 있는 상부장갑에 대해, 반응장갑을 설치하는 방안이 각국에서 검토되고 있다. 그림 2-81은 러시아의 T-80 전차에 대해 반응장갑의 설치 위치와 형상을 나타내고 있다.

2.17.3 능동방어체계(Active Protection System)

오늘날의 장갑방호는 대부분 수동형 장갑과 반응장갑에 의존하고 있다. 그러나 미래 전장에서는 위협에 대한 정확한 탐지, 추적 및 대응력 강화에 의하여 전차의 장갑방호력을

101) http : // www.morozov.com.ua/eng/body/bulat.php

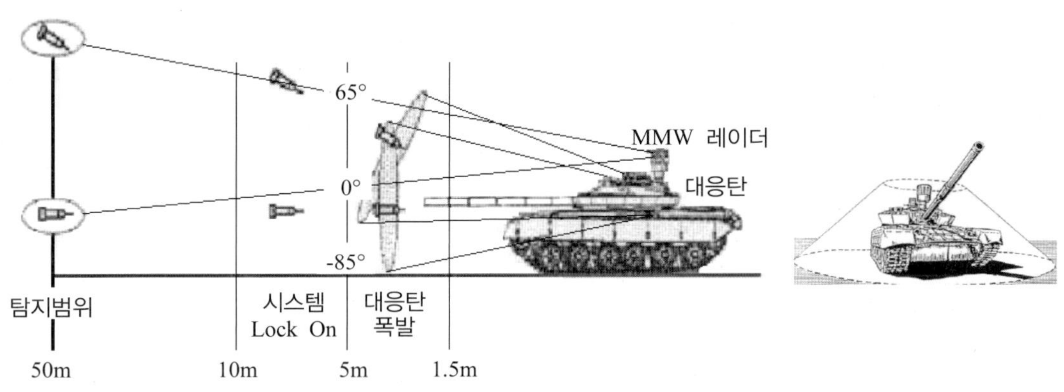

▶ 그림 2-82 러시아의 ARENA 능동방어체계 동작원리

향상하는 능동방어체계[102)]가 요구되고 있다.

현재 능동방호체계 연구에 가장 앞서고 있는 나라는 러시아이다. 러시아의 ARENA 능동방호체계의 동작원리를 그림 2-82에 나타내었다. 포탑에 설치된 다기능 밀리미터파 레이더가 공격해 오는 미사일이나 로켓을 탐지하면, 포탑 주위에 설치된 발사대시스템(22~26발 설치)이 작동하여 이를 격파하도록 되어 있다.

하나의 위협을 탐지하여 격파하기까지의 시간은 약 0.07초, 시스템 리셋 시간은 0.2~0.3초 소요된다. 이러한 능동방호체계는 공격간 전차의 피해를 극소화시켜 생존성을 크게 향상시킬 것으로 기대되며, 미래 전차에서는 필수 불가결한 장비가 될 것이다.

이와 같은 능동방어체계는 시스템의 안전문제도 크게 고려하여야 하는데, ARENA의 경우 표적이 전차로부터 50m 이상 떨어져 있거나 전차에서 멀어질 때, 또는 표적크기가 소구경 탄약 정도로 작을 때에는 작동하지 않고, 표적(적의 대전차탄)이 명확하게 전차에 명중할 가능성이 있을 경우에만 작동하도록 설정되어 있는 것으로 알려지고 있다.

2.18 전차포탄의 종류와 구조는 어떻게 되어 있는가?

전차는 화력, 기동력 및 방호력의 3가지 전술적 특성이 하나의 체계 속에서 완성된 무기체계로서, 각각의 전술적 특성은 오랜 세월에 걸쳐 상대적 비중을 달리해 왔지만, 최근에는 화력을 가장 우선순위에 두고 있다.

102) 능동방어체계 : 장갑이 대전차탄에 의해 피탄되기 전에, 대응탄 발사 등으로 위협요소를 제거하는 형태의 장갑

이러한 화력의 결정요소로는 안정화장치, 사격통제장치, 주포장치 및 전차포탄 등이 있으나 가장 대표적인 것이 전차포탄이며, 전차포탄은 탄자가 표적에 가하는 에너지 형태에 따라 운동에너지탄과 화학에너지탄으로 구분된다.

2.18.1 운동에너지탄

운동에너지탄은 탄자가 표적에 충돌하면서 운동에너지를 전달하여 장갑을 관통시키는 탄약이며, 주로 적전차 파괴용으로 사용되고 있다. 운동에너지탄은 탄자의 안정된 비행을 위한 목적으로 이탈피와 날개의 부착여부에 따라 보통철갑탄과 날개안정철갑탄으로 세분할 수 있다.

2.18.1.1 보통철갑탄

보통철갑탄은 1916년 영국의 Mark Ⅰ전차에 최초로 사용된 이래 1960년대까지 가장 많이 사용되어 왔으며, 강재질의 탄환 형태를 가지고 있다. 보통철갑탄은 탄자의 구조와 재질에 따라 완전구경 형태의 탄과 APCR탄 및 APDS탄으로 구분할 수 있다.

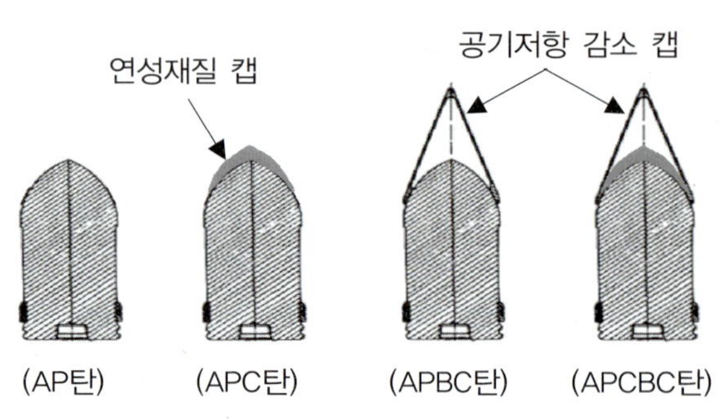

▶ 그림 2-83 완전구경 형태의 탄 형상

탄두의 직경과 탄자의 직경이 같은 완전구경(Full Caliber) 형태의 전차탄 형상을 그림 2-83에 나타내었다. AP탄의 탄두는 속이 강재질로 채워진 형태가 기본형이며, 고폭약이 내장되어 장갑 관통 후에 신관이 작동하여 폭발하도록 한 AP-HE탄도 출현하였다.

AP-HE탄은 장갑관통력이 AP탄보다 떨어지지만 완전 관통이 이루어진 후 전차 내부에서 폭발하므로 훨씬 큰 살상효과를 갖는다. 그림 2-84는 AP탄[103]의 장갑관통 형상을 나타내고 있다.

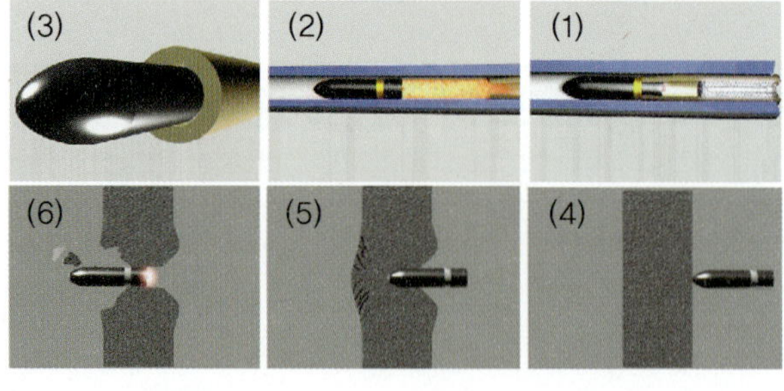

▶ 그림 2-84 AP탄의 장갑 관통 형상

103) AP(Armour Piercing)탄 : 강재질로 속이 차있는 탄으로서, 보통철갑탄의 기본형

APC탄[104)]은 AP탄의 노즈(Nose) 부분에 응력분포 개선을 위한 연성재질의 캡을 부착함으로써, 탄이 표적에 충돌시 산산이 부서져 나가는 경향을 감소시켰으며, APBC탄[105)]은 탄의 공기저항을 감소시키기 위해 탄두부분에 속이 빈 원추형 캡을 설치하였다. 또한 APCBC탄[106)]은 APC탄과 APBC탄의 장점을 살려서 이중 캡이 부착된 형상을 하고 있다.

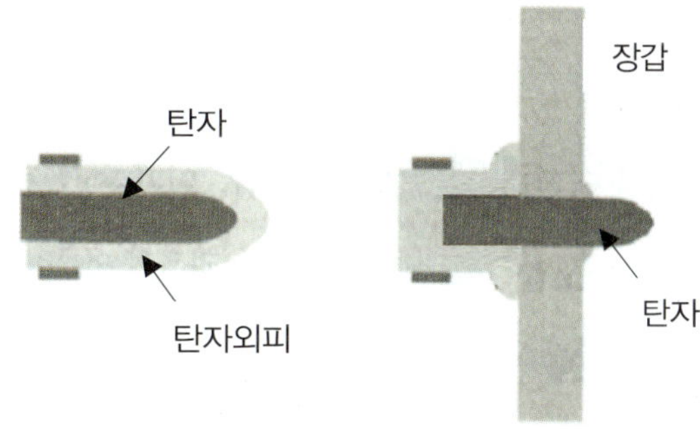

▶ 그림 2-85 APCR탄의 장갑 관통 형상

그리고 APCR탄[107)]은 그림 2-85에 나타낸 바와 같이 고밀도의 탄자와 연성재질의 탄자외피로 구성된 탄으로서, 탄자외피에 의한 탄저 단면적 증가로 포구속도를 증대시켜 관통력이 향상되었다.

탄자는 고밀도의 텅스텐으로서 관통성능이 우수하며, 탄착시 탄자외피가 장갑에 밀착된 상태에서 탄자를 지지하는 동안 탄자는 장갑을 관통한다.

또한, 그림 2-86은 APDS탄[108)]의 장갑관통 형상을 나타내고 있다. APDS탄은 고밀도의

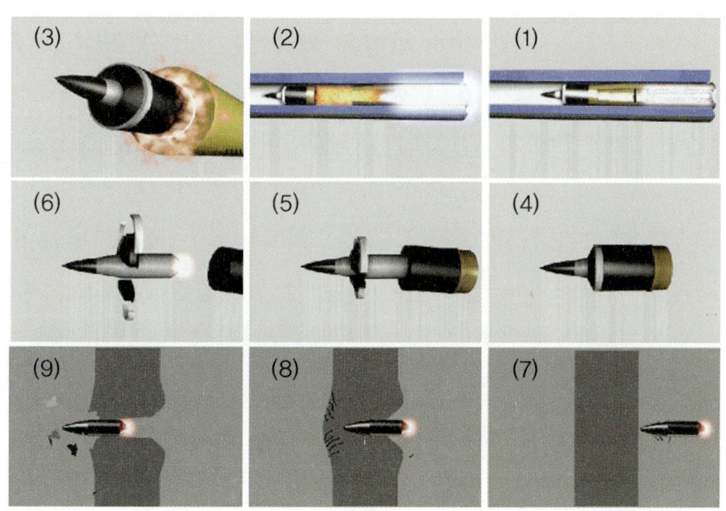

▶ 그림 2-86 APDS탄의 장갑관통 형상

104) APC(Armour Piercing Capped)탄 : 장갑 타격시 미끄러짐을 최소화할 수 있는 연성재질의 캡 부착
105) APBC(Armour piercing Ballistic Capped)탄 : 공기저항을 감소시킬 수 있는 캡 부착
106) APCBC(Armour Piercing Capped, Ballistically Capped)탄 : APC와 APBC를 결합한 형태의 탄
107) APCR(Armour Piercing Composite Rigid)탄 : 경량합금으로 된 탄자외피와 고강도/고밀도로 된 탄자로 된 탄
108) APDS(Armour Piercing Discarding Sabot)탄 : 탄자와 이탈피가 분리되는 형태의 탄

탄자를 갖는다는 점에서 APCR탄과 유사하지만, 탄이 포구를 떠난 후 탄자로부터 이탈피가 분리된다는 점에서 APCR탄과 다르다.

2.18.1.2 날개안정철갑탄(APFSDS탄)

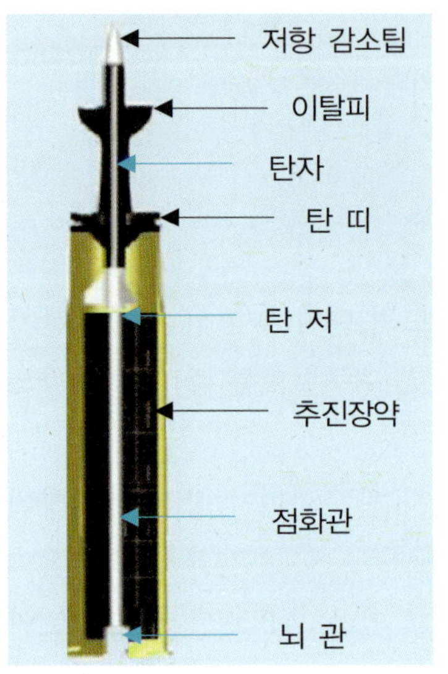

▶ 그림 2-87 APFSDS탄의 형상

APFSDS탄[109]은 발사 후 포탄의 측면에 부착된 이탈피가 분리되고 송곳처럼 뾰족한 탄자가 빠르게 비행하여 두꺼운 장갑을 관통한다. 이탈피는 포탄이 포구를 빠져나온 후 일정시간이 지나면 공기저항을 적게 받기 위하여 탄자로부터 분리되어 떨어져 나가고, 고강도의 텅스텐 재질로 된 탄자만이 표적을 향하여 비행하게 된다.

APFSDS탄의 관통력은 운동에너지의 크기에 좌우되며, 운동에너지를 크게 하기 위해서는 탄자의 질량과 포구속도를 증대시켜야 한다. 탄자의 질량을 증대시키기 위해서는 탄자의 길이를 길게 만들어야 하기 때문에 모양이 송곳과 같은 형태를 하게 된다.

이와 같이 탄자의 직경에 비해 길이를 길게 한 상태로 안정한 비행을 위해서는 날개부착이 요구되며, 일반적으로 탄자의 길이 대 직경의 비율이 6 : 1 이상이면 날개 부착이 요구되고 있다. 일반적인 APFSDS탄의 형상은 그림 2-87과 같으며, APFSDS탄의 장갑관통 형상을 그림 2-88에 나타내었다.

최근에는 미국에서 텅스텐 합금 대신에 감손우라늄[110] 합금으로 만들어진 탄자를 개발하였다. 감손우라늄은 고밀도의 물질로 높은 기계적 성질을 가지고 있으며, 텅스텐 탄자보다 약 10% 이상 관통능력이 우수하다. 또한, 독특한 인화성 성질은 탄자가 장갑을 관통할 때 장갑입자를 발화시켜 가연성 물질이 포함된 표적을 태워버리는 부수적 효과를 가지고 있다. 그러나 감손우라늄은 핵무기와 연관성이 있으며, 방사선 물질로 인식하는 일부 정치적인 반대에 부딪혀 그 사용이 제한을 받고 있다.

---

109) APFSDS(Armour Piercing Fin Stabilized Discarding Sabot)탄 : 뾰족한 탄자(관통자)와 날개 및 이탈피가 분리되는 형태의 탄

110) 감손우라늄(Depleted Uranium) : 자연광석 우라늄으로부터 핵무기 및 핵발전소에서 사용되는 동위원소 U-235를 추출하는 과정에서 생기는 부산물.

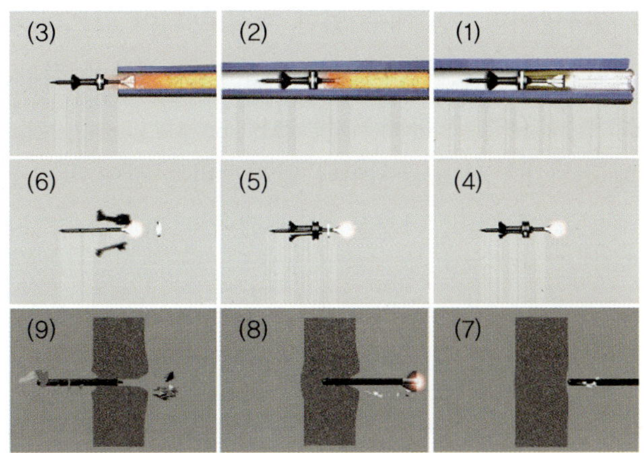

▶ 그림 2-88 APFSDS탄의 장갑관통 형상

2.18.2 화학에너지탄

화학에너지탄은 탄이 표적에 충돌한 후, 고폭장약의 집중으로 장갑을 녹이거나 파열시켜 장갑을 관통시키는 탄약이며, 주로 적 전차나 콘크리트 구조물로 된 방호벽 및 참호 파괴용으로 사용되고 있다. 화학에너지탄은 고폭장약의 집중방식의 사용여부에 따라 고폭탄과 성형장약탄으로 세분할 수 있다.

2.18.2.1 고폭탄(High Explosive Ammunition)

철갑탄은 적전차 파괴용으로는 우수하지만 참호 속에 들어가 있는 보병에게는 비효과적이다. 이러한 보완수단으로써 HE탄이 고려되어졌으며, HE탄은 파편효과와 폭풍효과 덕분에 방호되지 않거나 경방호된 표적에 매우 효과적이다.

그러나 HE탄은 중장갑(Heavy Armour)을 파괴하는 데는 관통성능이 부족하여 비효과적인 것으로 알려져 있으며, 이러한 제한사항을 해결하기 위해 HESH탄[111]이 개발되었다. HESH탄의 장갑파괴 형상을 그림 2-89에 나타내었다.

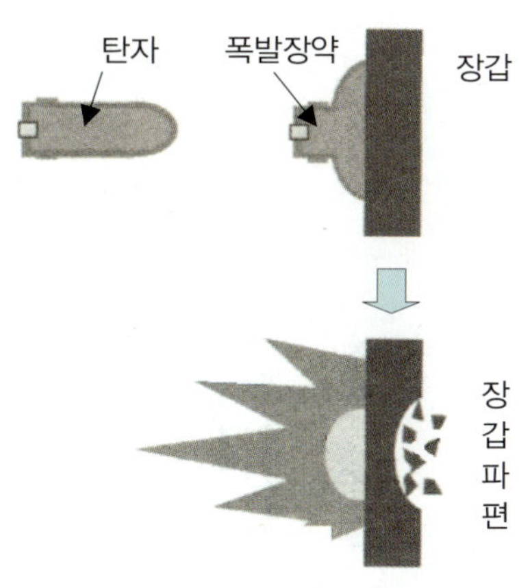

▶ 그림 2-89 HESH탄의 장갑파괴 형상

111) HESH(High Explosive Squash Head)탄 : 강력한 장갑충격에 의한 응력파를 발생하여 장갑 안쪽 및 탑재 전자장비 파괴

HESH탄은 탄자가 진흙덩어리처럼 매우 연한 재질로 되어 있으며, 폭발장약이 장갑판에 붙어 폭발하면서 발생된 충격파가 파동의 형태로 장갑의 내부에 전파되고, 충격파가 장갑 표면의 안쪽을 파괴하여 장갑에 피해를 주게 된다.

이러한 효과로 인해 전차내부의 승무원이나 탑재장비는 탄이 폭발할 때 발생된 충격 및 반사파에 의하여 피해를 입게 되며, 이것은 마치 해머로 전차의 장갑을 내리칠 때 발생하는 현상과 같다.

2.18.2.2 성형장약탄(High Explosive Ammunition)

성형장약탄은 대전차 고폭탄(HEAT탄)이라고도 하며, 고폭장약 축상으로 대칭인 오목한 부분을 만들고 얇은 재료의 금속 라이너(Liner)를 씌운 것으로, 그 반대쪽에서 기폭될 때 고속의 금속 제트를 형성하도록 설계된 탄이다.

성형장약탄은 최초 장갑파괴용으로 개발되었으나, 최근에 개발된 다목적 HEAT탄(HEAT-MP탄)은 구경이 120 mm로 대형화되면서 뛰어난 장갑 관통성능 외에 우수한 파편효과를 갖도록 설계되었다. 또한, 고속으로 발사됨으로 인해 얻어지는 직선 탄도궤적과 탄 비행시간의 단축으로 명중률을 향상시킬 수 있었다.

성형장약탄의 형상은 그림 2-90과 같으며, 성형장약탄의 장갑관통 형상을 그림 2-91에 나타내었다. 그림 2-91에서와 같이 탄이 장갑을 타격하면 [그림 2-91의 (5)], 스파이크 선을 따라 신호가 신관결합체에 전달되고 [그림 2-91의 (6)], 탄저부에 있는 신관이 고폭장약을

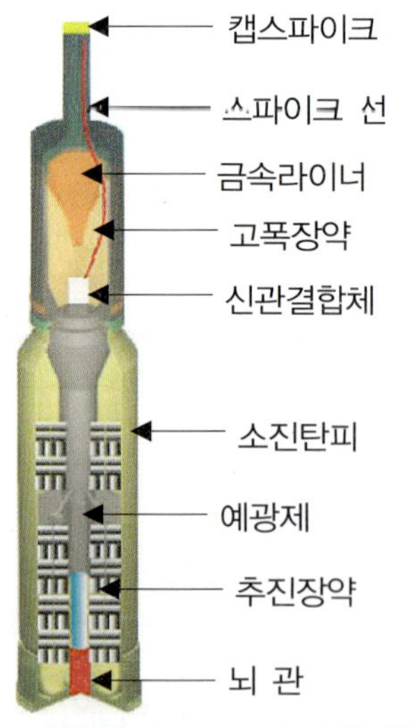

▶ 그림 2-90 APFSDS탄 형상

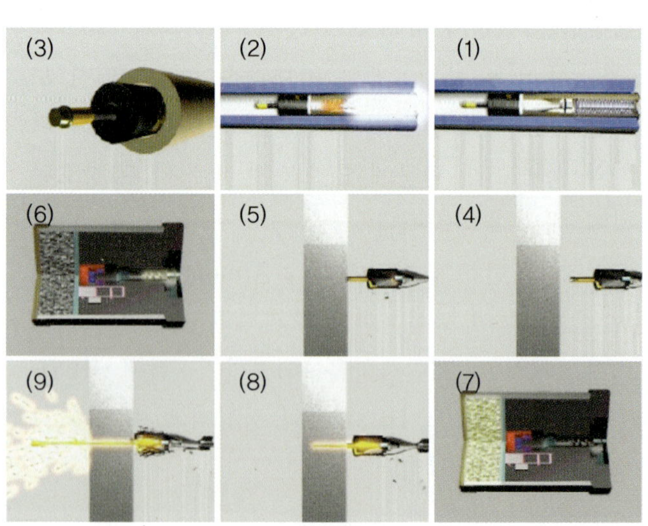

▶ 그림 2-91 APFSDS탄의 장갑관통 형상

탄의 뒷부분으로부터 폭발시킨다 [그림 2-91의 (7)]. 이때 폭발파가 전방으로 이동하며 원추형 금속 라이너는 그 정점으로부터 붕괴되어 구멍이 생긴다.

금속 라이너가 붕괴되면서 길고 좁은 고온 · 고압의 폭발가스가 분사되며, 이와 동시에 금속 라이너의 표면으로부터 용융된 금속이 고속의 금속제트가 되어 장갑을 타격한다. 그리고 이 분사물질이 장갑 표면을 타격할 때에 매우 높은 압력이 접촉점에서 발생하며, 이 압력으로 장갑 표면이 용융상태가 되어 장갑을 관통하게 된다.

2.19 전차의 조준선 정렬(조준감사)은 어떻게 하는가?

현대 전차는 전자장비의 발달로 인해 독자적으로 표적을 탐지 · 획득 · 조준하여 전차포탄을 발사하는 체계로 설계되고 있으며, 사격에 대한 정확도 등은 초기 제작단계의 조립오차와 각종 정비작업 후에 수행되는 정렬 작업의 영향을 크게 받고 있다.

전차에 있어서 정렬작업의 핵심은, 주포 축선과 전차에 장착된 각종 조준경의 조준선을 어느 일정한 지점에 일치시키는 조준감사 과정으로, 조준선 정렬작업이라고 할 수 있다. 조준감사값은 조준감사 사거리에 설치한 표적의 시차 보정값으로써, 차후 탄도계산기에 의해 조준경 차선구동시 보상하도록 되어 있다.

이와 같은 전차의 조준감사는 주포나 조준경의 영점조정에 앞서 기준설정을 위한 기초작업이며, 조준감사가 정확한 장비는 주포와 각 조준경의 조준점이 일치되어 사격 정밀도가 높은 장비라고 할 수 있다. 따라서 조준감사 대상장비로는 주포, 포수 조준경, 전차장 조준경, 포구감지기 등이 해당되며, 전차를 평탄한 곳에 주차하고 수행하여야 한다.

2.19.1 주포 조준감사

전차 주포에 대한 조준감사는 유효사거리 내의 어떠한 거리에서도 수행이 가능하나, 일반적으로 1200m 거리에 표적을 설치하고 조준감사를 실시한다. 주포의 조준감사 방법은 크게 전용도구 이용 조준감사 방법과 간이 조준감사 방법으로 구분할 수 있다.

2.19.1.1 전용도구 이용 조준감사 방법

주포의 정확한 조준감사를 위해, 그림 2-92와 같은 전용도구를 포구에 설치하여 조준감사를 실시하는 방법으로, 주포의 포구에 조준감사용 전용도구를 설치한 형상을 그림 2-93

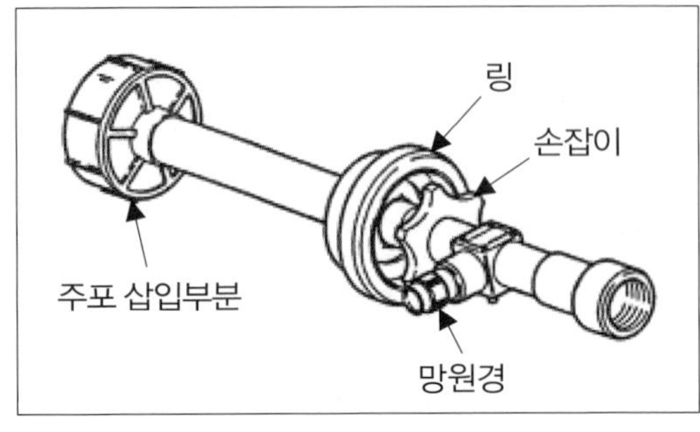

▶ 그림 2-92 조준감사용 전용도구

에 나타내었다.

조준감사를 위한 준비 사항으로써, 그림 2-93(a)와 같이 전용도구의 표시선이 포구의 12시 방향 표시선과 일치하도록 설치하고, 전용도구의 망원경을 9시 방향으로 위치시키며, 손잡이를 시계방향으로 돌려 전용도구를 포구에 결합한다. 그리고 전용도구의 망원경으로 조준점을 보면서 포수수동손잡이로 그림 2-94와 같이 표적의 좌측상단 모서리에 조준점을 정렬시키면 조준감사는 종료된다.

조준감사 결과를 검증하기 위해, 전용도구를 그림 2-93(b)와 같이 180° 회전시켜 전용도구의 표시선이 포구 하단의 6시 방향 표시선과 일치하고, 전용도구의 망원경이 3시 방향으로 위치하도록 설치한다.

전용도구의 망원경을 통하여 조준점이 표적의 좌측상단 모서리에 정렬되었는지 확인하고(그림 2-94 참조), 정렬되었으면 조준감사는 종료되며, 정렬되지 않았으면 정비부대에 의뢰하여 주포 조립시의 정렬을 점검 및 조정하도록 하여야 한다.

2.19.1.2 간이 조준감사 방법

전용도구를 이용하지 않는 간이 조준감사 방법은 다소 정확성이 저하되기 때문에 조준감사용 전용도구를 사용할 수 없을 때 수행하며, 그림 2-95에 나타낸 바와 같이 포구 끝의 십자선 표시에 검은 실을 일치시키고 테이프로 부착하여 고정시킨다. 포미 망원경을 폐쇄기의 공이결합구에 설치하고, 포미 망원경을 보면서 포수수동손잡이로 표적의 좌측상단 모서리에 포구 십자선을 정렬시키면 조준감사는 종료된다(그림 2-94 참조).

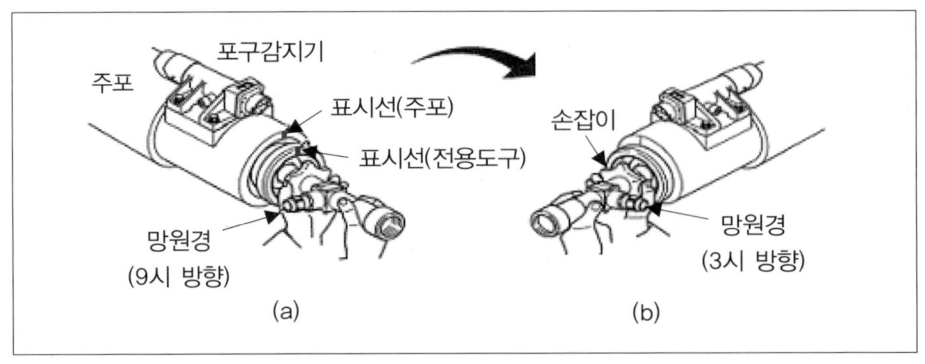

▶ 그림 2-93 주포의 포구에 조준감사용 전용도구를 설치한 형상

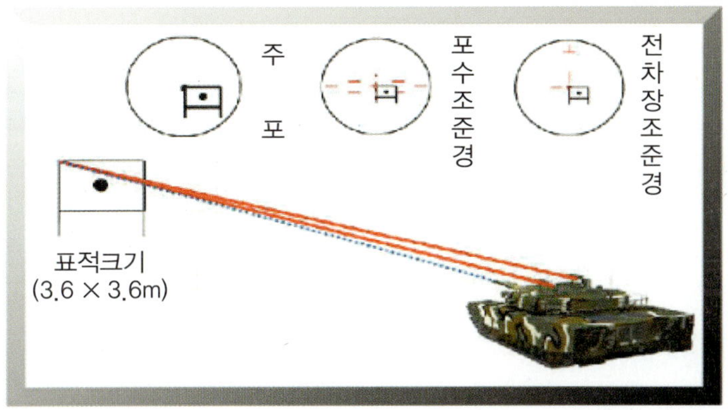

▶ 그림 2-94 표적과 주포 / 조준경의 조준선 정렬

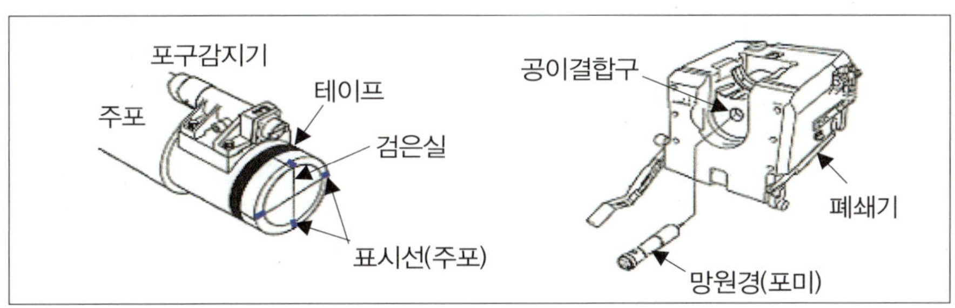

▶ 그림 2-95 조준감사기재를 이용하지 않는 조준감사

2.19.2 조준경 조준감사

포수 조준경의 조준감사는 주간영상장치와 열영상장치가 서로 독립적으로 운용되기 때문에 구분하여 수행한다. 즉, 주간영상장치의 차선조절스위치를 사용하여 표적의 좌측상단 모서리에 주간차선을 일치시키고(그림 2-94 참조), 이 때 산출된 방위각 및 고저각 조준감사값을 탄도계산기에 입력시킨다. 또한 열영상장치에 대해서도 주간영상장치와 동일한 방법으로 방위각 및 고저각 조준감사값을 탄도계산기에 입력시키면 포수 조준경의 조준감사는 종료된다.

한편, 전차장 조준경의 조준감사는 포수 조준경의 조준감사와 동일한 방법으로 수행하나, 그림 2-96과 같이 차선의 형상이 약간 다르다. 포수[112)]와 전차장[113)]의 차선 형상이 다

112) 포수 : 표적에 대한 정확한 사격이 주 임무로써, 포수 조준경의 상하 2개 차선의 높이(1mil)와 적 전차 영상의 높이가 같을 때, 적 전차는 유효사거리(2 km) 이내에 있음을 표시하였음

113) 전차장 : 조준경을 360° 회전하면서 적 전차를 탐지하여 포수에게 인계하는 것이 주 임무로써, 전차장이 조준경의 회전위치를 인지할 수 있고, 표적 탐지에 유리하도록 차선을 표시하였음.

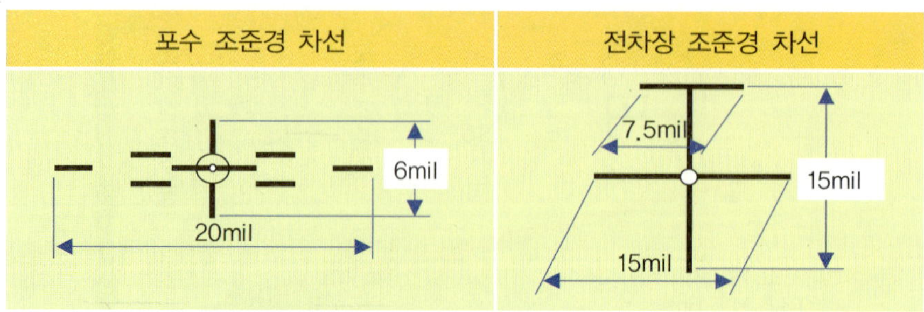

▶ 그림 2-96 조준경의 차선 형상

른 이유는 기본임무가 서로 다르기 때문이며 임무수행의 적합성을 고려한 결과이다.

2.19.3 포구감지기 조준감사

포구감지기 조준감사는 계속되는 사격에 의해 수반되는 포신의 휨 현상에 따라 주포를 보정하는 의미를 포함하고 있다. 조준감사를 위해 먼저 포수전동손잡이의 팜스위치로 주포를 고저각 0°의 위치로 조정한다. 그리고 탄도계산기의 차선조절스위치를 이용하여 그림 2-97에 나타낸 바와 같이 포구감지기 차선 내부에 포수 조준경의 조준차선을 정렬시키고, 이 때 산출된 방위각 조준감사값과 고저각 조준감사값을 탄도계산기에 입력하면 조준감사는 종료된다.

이 때, 방위각 및 고저각의 조준감사값이 ±4mil[114] 이상이면, 주포와 포구감지기의 조립오차가 허용한계를 초과한 것으로써, 정비부대에 의뢰하여 주포와 포구감지기를 점검 및 재조립하도록 하여야 한다.

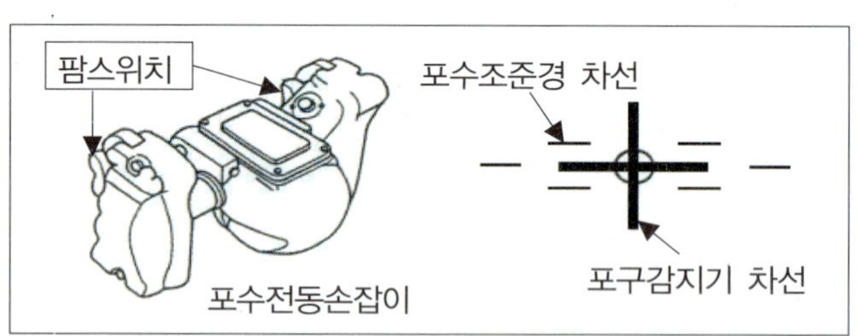

▶ 그림 2-97 포구감지기와 포수조준경 차선 정렬

114) Mil(밀)은 각도 단위로써 360°를 6,400 등분한 값으로 정의되며(1mil = 360°/6,400 = 0.056°), 일반적으로 정밀한 각도가 요구되는 포병 사격기재 등에 주로 적용하고 있음

2.20 전차의 영점조정은 왜 필요하며, 어떻게 수행하는가?

조준감사를 통해 주포와 조준경의 조준선 정렬이 완료된 전차는 정확성을 확보하기 위해 영점조정을 하여야 한다. 조준감사는 사격통제장치의 조준점을 일치시키는 작업으로 필요시 언제나 확인하여야 하나, 영점조정은 포신, 주퇴장치, 포수 조준경, 전차장 조준경 등을 교환하지 않는 한 반복할 필요는 없다.

영점조정은 포신, 주퇴장치, 탄종 등의 차이에 따른 탄도의 편차를 수정하는 데 반드시 필요하며, 발사한 전차포탄의 탄도곡선에 의한 탄착군과 조준경의 조준점과의 차이를 일치시키는 것으로써, 탄착군의 중심이 조준경의 조준점에 일치하면 영점조정은 완료된다. 이와 같은 영점조정을 탄약지정 번호별로 구분하여 수행한다면 최대의 정확성을 얻을 수 있다.

전차의 영점조정은 영점사격과 확인사격으로 구분되며, 영점사격은 포수 조준경의 주간 영상을 기준으로 하여 실시하고, 확인사격은 영점사격 이후 모든 조준경에 대해서 조준감사와 영점조정을 검증하는 의미에서 수행한다.

2.20.1 영점사격

전차포탄의 영점조정은 운동에너지탄(APFSDS-T), 화학에너지탄(HEAT-MP)의 순으로 실시한다. 영점조정을 위한 사격은 포수 조준경의 차선을 표적 중앙에 정조준하고, 레이저 거리측정기를 이용하여 사거리를 측정하며, 포수 조준경 하단에 사거리가 표시되는지 확인 후 표적[115)]을 향해 총 5발의 사격을 실시한다.

사격 후 포수 조준경 차선을 그림 2-98(a)에 표시된 바와 같이 표적의 중앙에 조준하고 영점조정을 리셋한다. 그리고 그림 2-98(b)에 나타낸 바와 같이, 탄도계산기의 차선조절스위치를 이용하여 포수 조준경 차선을 탄착군 중심으로 이동한 후, 탄도계산기에 표시된 방위각 및 고저각의 영점조정값을 구하면 영점조정은 종료된다.

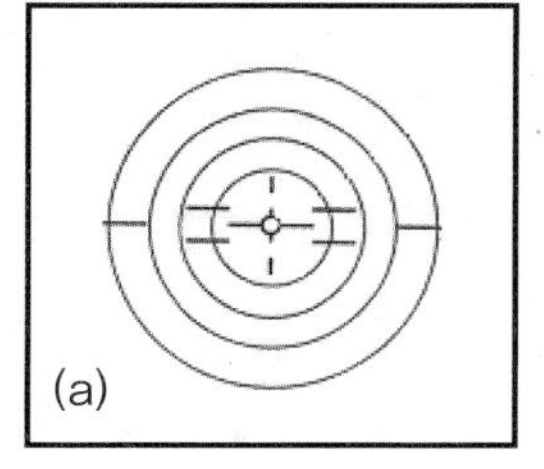

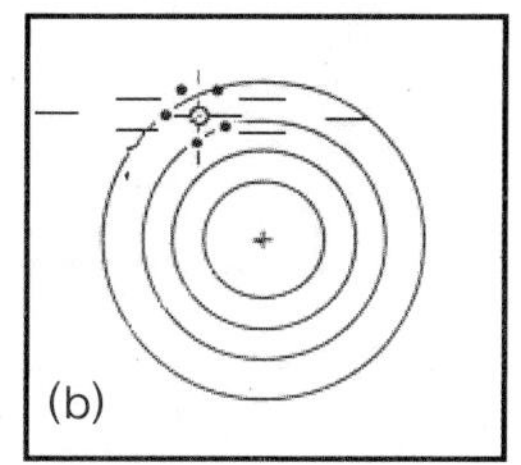

▶ 그림 2-98 영점사격에 의한 탄착군 형성

115) 표적의 크기는 3.6 × 3.6m이며, 1,200m 이격된 거리에서 영점사격 및 확인사격을 실시한다.

2.20.2 확인사격

영점사격 이후에는 조준감사와 영점조정이 정확한지 검증하기 위해 확인사격을 실시하며, 포수 조준경과 전차장 조준경을 포함한 모든 조준경을 대상으로 한다.

2.20.2.1 포수 조준경 주간영상 모드

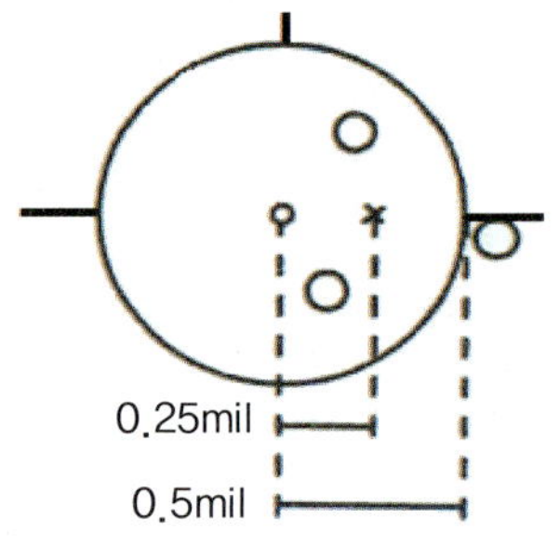

▶ 그림 2-99 탄착군 형성

포구감지기를 재정렬(재조준감사)하고, 포수 조준경의 주간영상 모드 차선을 표적중앙에 정조준하여 3발의 사격을 실시한다. 그림 2-99에 나타낸 바와 같이, 탄착군의 중심이 조준점에서 0.25 mil 이내에 있을 경우 영점조정은 검증된 것으로 간주하며, 0.25 mil 이상 이탈하면 확인 사격한 3발의 탄착군 중심을 이용하여 영점조정을 재실시한다.

영점조정 재실시 이후 확인사격을 반복하여 실시하며, 재확인 사격에서 탄착군의 중심이 0.25 mil 이내이면 영점조정의 확인사격은 종료하며, 0.25 mil 이상이면 정비부대에 의뢰하여 주포와 포수 조준경의 정렬을 점검 및 조정하도록 하여야 한다.

2.20.2.2 포수 조준경 열영상 모드

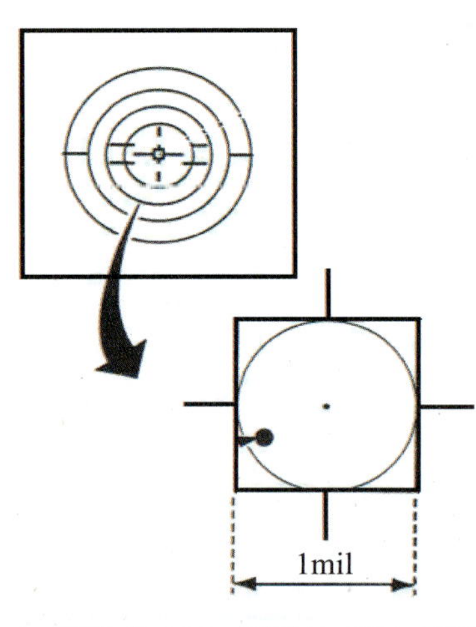

▶ 그림 2-100 열영상 모드 확인사격

열상화면의 조준 차선을 표적 중앙에 정조준하여 1발을 사격한다. 포탄이 그림 2-100에 나타낸 바와 같이 조준점으로부터 0.5 mil 이내에 있으면 영점조정이 검증된 것으로 간주하며, 0.5 mil 이상 벗어난 경우, 포수 조준경의 열영상 유닛에 대한 조준감사를 점검하여야 한다.

그리고 기준값(0.5 mil)을 벗어난 경우, 열영상 유닛에 대한 조준감사를 재점검한 후 1발을 재사격하고, 포탄이 표적의 조준점으로부터 0.5 mil 이내에 있으면 확인사격을 종료하며, 0.5 mil 이상 이탈하면 정비부대에 의뢰하여 열영상 유닛의 정렬을 점검 및 조정하도록 하여야 한다.

2.20.2.3 전차장 조준경(주간영상 및 열영상 모드)

전차장 조준경의 차선(주간영상 및 열영상)을 표적의 중앙에 정조준하고, 포수 조준경의 열영상 모드에서 실시한 것과 동일하게 전차포탄 1발로 확인사격을 수행한다. 확인사격 이후의 후속조치는 포수 조준경의 열영상 모드에서와 동일하게 실시한다(그림 2-100 참조).

2.21 포신의 수명 측정방법과 기준은 무엇인가?

전차포는 그림 2-101에 나타낸 바와 같이 크게 포열(Tube), 차열관(Thermal Shroud), 제연기(Bore Evacuator), 포미장치(Breech Mechanism)로 구성된 포신과 포가대로 이루어져 있다.

원통관 형태의 포열은 탄두를 목표지점까지 비행토록 발사하는 역할을 수행하며, 포열의 내부인 포강[116)]은 추진제가 연소 폭발하면서 발생하는 고온·고압의 환경 하에 직접 놓이게 되고, 추진제의 가스와 포강 부위가 충돌하여 침식(Erosion)과 같은 마모현상이 발생하게 된다.

최근의 전차포탄은 관통력 증대를 위해 고에너지 탄약을 사용하여 포구속도를 증가시키고 있으며, 이로 인해 포강 부위의 침식에 의한 포신 내구수명의 감소를 초래하기 때문에 포신수명을 개선하기 위한 많은 연구가 수행되고 있다. 이와 같은 포신수명과 관련된 분야는 개발 혹은 양산 단계와 운용유지 단계로 구분하여 표현할 수 있다.

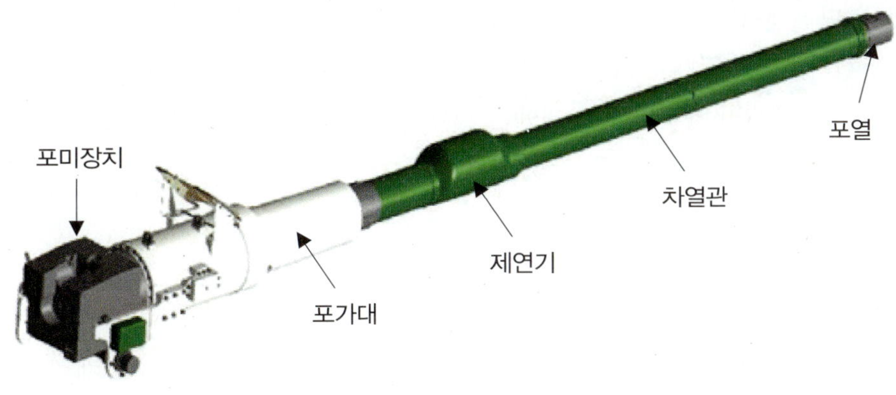

▶ 그림 2-101 전차포의 구조와 명칭

116) 포강(Cannon Bore) : 포신 내부의 약실로부터 포구까지의 원통형 부분.

2.21.1 개발 혹은 양산 단계

국내외에서 가장 많이 개발 및 양산되고 있는 포신은 직경이 120 mm이고, 이들 포신의 수명분석은 내구성 시험으로 확인하게 된다. 미군사규격(DOD-C-70429)의 내구성 시험방법을 표 2-13에 나타내었다.

표 2-13 전차포 포신의 내구성 시험방법

구 분	합 계	1 cycle		2 cycle		3 cycle		4 cycle		5 cycle	
운동에너지탄 (APFSDS탄)	355발	① 71발	-	③ 71발	-	⑤ 71발	-	⑦ 71발	-	⑨ 71발	-
화학에너지탄 (HEAT탄)	165발	-	② 33발	-	④ 33발	-	⑥ 33발	-	⑧ 33발	-	⑩ 33발

시험은 5주기로 구성되며, 사격은 운동에너지탄인 APFSDS탄 355발, 화학에너지탄인 HEAT탄 165발로 총 520발을 실시한다. 내구성 시험을 위한 포신의 시제품 수량은 일반적으로 4개를 기준으로 평가하기 때문에, 요구되는 전차포탄의 사격은 APFSDS탄이 1,420발, HEAT탄이 660발로 총 2,080발이 된다. 이 때 포신의 수명을 판단하는 기준은 포강내 침식(마모) 깊이로써 확인하며, 포신수명의 한계값은 침식깊이가 5 mm 이하이어야 한다.

2.21.2 운용유지 단계

운용유지 단계에서 포신의 수명판단을 위한 상태검사는 완전장약당량[117]으로 첫 300발 사격 후에 실시하고, 그 이후에는 150발 사격시마다 수행하며, 상태검사 이후 사격을 실시하지 않더라도 6개월이 경과하였을 때에는 상태검사를 실시한다. 이와 같은 포신의 상태검사 방법에는 육안검사, 게이지 검사가 있다.

2.21.2.1 육안검사

육안검사는 가장 일반적인 검사방법으로 모든 검사에 우선 적용하며, 육안에 의한 검사와 포강경에 의한 검사(그림 2-102)로 구분된다. 이와 같은 포강경은 여러 개의 연장관 결

117) 완전장약당량(EFC, Equivalent Full Charge) : 주 탄종이나 최대장약을 사용하여 전차포탄 발사시 계수 “1”로 적용한 것을 말하며, 이를 완전장약당량 1발이라고 함.

합체를 연결하고 조명헤드와 조립함으로써, 포강의 깊은 곳을 직접 관찰하는 데 용이하다.

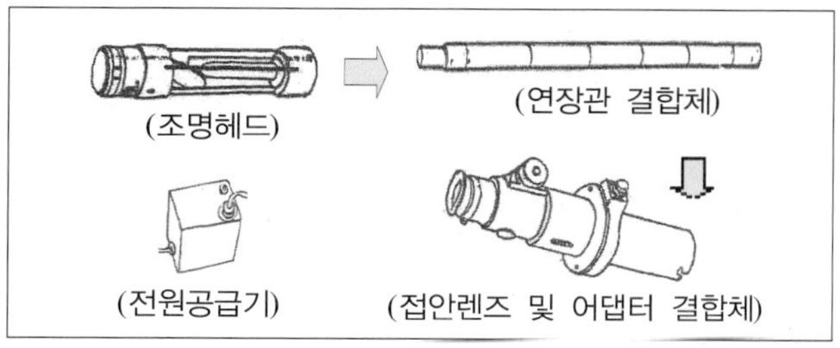

▶ 그림 2-102 포강경 구성 품목

육안에 의한 평가는 포신의 내부를 약실, 경사부분, 포강으로 구분하고, 약실[118]과 경사부분[119]에 내해서만 실시하며, 포강에 대해서는 깊이가 깊어 육안검사가 곤란하기 때문에 게이지 검사를 실시한다.

약실과 경사부분의 육안검사 결과, 약실 내부의 경우 곰보자국이 약실면적의 20%를 초과하거나 깊이가 0.010인치(0.254 mm) 이상이면 폐기한다. 또한, 경사부분 내부의 경우에도 곰보자국이 경사부분 면적의 20%를 초과하거나, 깊이가 0.05인치(1.27 mm) 이상일 경우 폐기한다.

한편, 포신내부 표면의 균열(Crack)로서 길이가 0.125인치(3.175 mm)를 초과하거나, 포신외부 표면의 균열로서 길이가 0.25인치(6.35 mm)를 초과한 경우에도 포신을 폐기하여야 한다.

2.21.2.2 게이지 검사

침식은 포강의 크롬도금이 탈락하고, 고온·고압의 추진제 가스가 포강의 금속 표면과 충돌할 때 발생한다. 게이지 검사를 실시할 때에는 포강경을 사용하여 사전에 침식의 위치와 상태를 확인하고, 침식(마모)의 깊이는 그림 2-103에 나타낸 바와 같이 풀오바 게이지를 사용하여 측정한다.

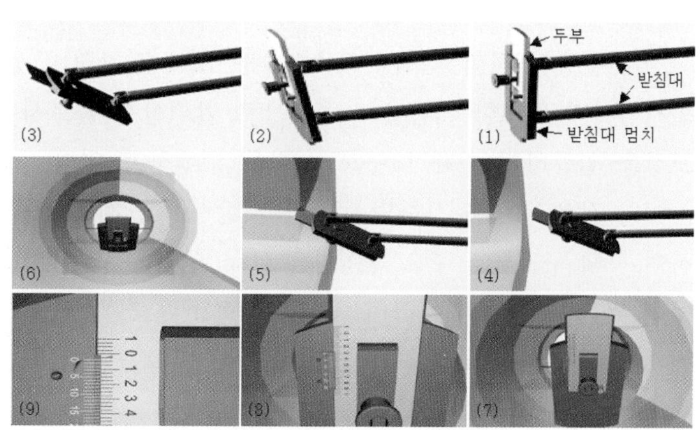

▶ 그림 2-103 풀오바 게이지(Full Over Gauge) 측정 방법

풀오바 게이지는 포강의 침식값을 측정하는 두부, 두부가 기선부에 위치하도록 하는

118) 약실 : 포미 선단에서부터 경사진 부분까지로써, 포미 선단으로부터 18.75인치(47.625 cm)까지임

119) 경사부분(Tapered Zone) : 포미 선단의 18.75인치(47.625 cm) 지점부터 22인치(55.88 cm) 지점까지이며, 약실과 포강사이의 변이(變移) 부분임

받침대 멈치, 그리고 두부에 결합되어 손잡이 역할을 하는 받침대로 구성되며, 측정결과에 따라 포신의 교체여부를 판단할 수 있다. 즉, 포강내부의 침식위치와 관계없이 침식깊이가 0.197인치(5.004 mm)를 초과하면 폐기한다.

2.21.2.3 발사탄수 검사

미국과 유럽에서 주로 사용하는 120 mm 포신의 안전 사용수명은 완전장약당량 발수를 기준으로 1,500발로 설정하고 있으며, 1,500발을 사격한 포신은 폐기하고 있다.

발사탄수를 계산하는 방법은, 화포 이력부의 발사탄수에 대해 탄종별 등가치[120]를 적용하여 완전장약당량을 산출하며, 발사탄수를 미기록한 경우의 등가치(E)는 다음 수식과 같이 계산한다.

$$E = \text{발사탄수} \times (0.75 \times \text{가장높은 등가치계수} + 0.25 \times \text{가장낮은 등가치계수}) \tag{2.4}$$

그리고 예상 잔여 발사탄수는 포신수명(1,500발)에서 발사된 누적 완전장약당량을 뺀 값으로 계산할 수 있다.

2.22 운용간 신뢰성 보장을 위한 내구도 시험은 어떻게 수행하는가?

전차 운용간 신뢰성 보장 요소인 내구도는 전차의 구성품이 고장없이 목표수명 또는 교환시점까지 의도한 기능을 성공적으로 발휘할 확률로서 정의하고 있으며, 내구도의 성능 보장을 입증하기 위해 내구도 시험을 수행하고 있다.

이와 같은 내구도 시험의 목적은 개발시험 단계에서 규정된 도로조건 비율에 따라 주행하여 차체 구조물과 주요 구성품의 내구 신뢰도를 분석하고, 안전도, 연료소모율, 기동성능 등의 기본 자료를 획득하며, 군수지원요소의 기본 요소인 RAM-D(신뢰도[121], 가용도[122], 정비도[123], 내구도) 등을 산출하기 위한 자료를 수집하는 데 있다.

120) 등가치(Equivalent Value) : 포탄의 탄종 및 장약에 따라 포신의 마모량이 상이한 것을 등가계수로 나타낸 값

121) 신뢰도(Reliability) : 주어진 조건하에서 규정된 기간 동안 의도한 기능을 고장없이 수행할 확률로써, 고장간 평균 주행거리(MKBF), 고장간평균운용시간(MTBF), 고장간평균사격발수(MRBF) 등으로 표현한다.

122) 가용도(Availibility) : 임무가 요구된 어떤 시간에 전차의 임무수행 및 운용가능한 정도의 척도로써, 고유 가용도(Ai), 성취 가용도(Aa), 운용 가용도(Ao)가 있다.

123) 정비도(Maintainability) : 전차가 고장이 났을 때 규정된 상태로 원상복구시킬 수 있는 확률로써, 평균수리

표 2-14 내구도 시험 기준 "예"

구 분	세 부 내 용
내구도	• 전차 : 9,600 km(6,000mile) • 동력장치 : 6,400 km(4,000mile), 50% • 구조물 : 9,600 km의 거리를 창정비없이 임무수행이 가능하여야 함.
신뢰도	• 체계[124] : 150MKBF • 임무[125] : 470MKBF
정비도	• MTTR : 1.5H 이하

일반적으로 전차의 내구도 시험 기준은 미군 시험절차서 ITOP 2-2-506을 준용하고 있으며, 표 2-14에 한 예를 나타내었다. 9,600 km 주행하는 동안 동력장치(엔진, 변속기 등)의 교환, 재생 또는 분해수리 없이 종료할 확률이 50% 이상이어야 하고, 전차 체계는 고장간 평균 주행거리(MKBF)가 470 km 이상이어야 하며, 고장간 평균시간은 1.1H 이하이어야 한다.

2.22.1 시험절차

최초 전차개발 혹은 성능개량간 수행하는 내구도 시험은 표 2-15에 나타낸 바와 같이 9,600 km를 포장도로, 비포장도로, 야지를 구분하여 수행한다. 시험평가의 기준이 되는 고장판단 기준은, 차체와 포탑의 경우 용접 및 기계가공이 요구되는 심한 균열이나 변형이 발생하였을 때를 고장으로 설정하고, 동력장치의 경우 엔진이나 변속기가 창정비 시점 이전에 교체되어야 할 때를 고장으로 고려한다.

내구도 시험간 평균속도는 도로 주행시 48 km/h를 초과하지 않도록 하고, 임의의 3시간 동안 평균 60 km/h의 속도로 총 60분 이상 주행하지 않아야 하며, 야지에서는 40 km/h 이하의 속도로 주행하여야 한다. 그리고 내구도 주행시험 실시전 차량상태를 확인하고, 내구도 시험 종료 후 결과 비교를 위해 기동성능 시험[126]을 실시한다.

시간(MTTR), 정비율(MR) 등으로 표현한다.

124) 체계신뢰도(System Reliability) : 시스템이 규정된 기간동안 규정된 조건하에서 임무를 수행할 때 시스템에 어떠한 고장도 발생하지 않고 작동할 확률 또는 사용기간

125) 임무신뢰도(Mission Reliability) : 시스템이 규정된 기간동안 임무를 수행할 때 임무수행에 영향을 미치는 고장이 발생하지 않고 작동할 확률 또는 사용기간

126) 기동성능 시험 : 차량속도, 가속성능, 장애물 통과, 등판능력 및 측면경사, 조향 및 제동, 심수도하, 도섭 등

표 2-15 목표 주행거리와 도로조건 비율

구 분	목표 주행거리(km)	도로조건 비율(%)
계	9,600	100
포 장	2,207	23
비포장	2,592	27
야 지	4,800	50

1일 시험은 80 km 주행을 기준으로 하고, 매일 주행시험 시작 전에 육안 및 기능 점검을 수행한다. 주행간에는 1시간 주행시험 후 약 5분간 장비를 점검하는 개념으로 운용하고, 매일 주행시험 종료 후에는 장비상태를 점검한다.

1주간 시험은 400 km 주행을 기준으로 주말을 이용하여 장비상태의 육안 및 기능 점검, 정비 가능부위 수정, 세차작업 등의 주간 정비를 수행하며, 1개월 시험은 1,600 km 주행을 기준으로 한다.

2.22.2 내구도 시험결과 판정

9,600 km 내구도 시험을 종료한 경우 내구도 시험 전 초기검사시 실시한 내용을 반복하여 전차성능의 변화여부를 추적하며, 전차 체계와 주요 구성품으로 구분하여 검사를 진행한다.

전차 체계는 차량속도 등 기동성능을 시험하여 내구도 시험 전·후의 결과를 비교하고, 주요 구성품은 해당 품목별로 육안 및 기능 점검을 실시하여 파손, 변형 및 기능저하 여부를 점검하며, 동력장치는 엔진과 변속기의 전용 성능시험 장치를 이용하여 성능변화를 추적한다.

내구도 시험 후 전차체계 및 주요 구성품의 점검결과가 내구도 시험전과 비교하여 기계적 균열이 발생하지 않고, 기동성능의 저하 없이 관련 규격을 충족한 경우 내구도 시험을 합격한 것으로 판정한다.

[제 3 절]

전차의 발전추세

3.1 주요 선진국 전차는 어떤 형상으로 발전하고 있는가?

3.1.1 미래전차의 체계 특성

냉전 종식 후 세계 각국에서 많은 전차가 급격히 감소되었으나, 전차는 여전히 적 전차에 대응할 수 있는 가장 효과적인 수단으로 여겨지고 있으며, 적의 지상군을 격파하기 위한 기동 공세전력의 핵심 주력장비이다.

걸프전, 아프간전 및 이라크전에서 증명되었듯이 강력한 공격력을 바탕으로 한 기갑부대 중심의 지상전을 통해서만이 적의 전쟁의지를 말살하고 전쟁수행의 최종목표를 달성할 수 있다는 사실로부터, 전차는 장차전에서도 중요한 역할을 수행할 것이 확실시된다. 향후 2020년까지 주요 선진국 전차의 발전전망을 표 3-1에 나타내었다.

표 3-1 주요 선진국 전차의 발전전망

구 분	발 전 전 망		
	2007~2010	2011~2015	2016~2020
미 국	M1A2 SEP		POST M1A2 SEP
	M1A1 AIM, M1A1D		M1A1 AIM, M1A1D
독 일	Leopard 2A5		
	Leopard 2A6	Leopard 2A6 개량	Leopard 2A6 개량
프랑스	Leclerc block2		Leclerc block2 개량
러시아	T-80UM2	T-80UM2 개량	T-80UM3(?)
	T-90S	T-90S 개량	T-90S 개량

전차는 복합기능을 갖는 지상무기체계로서 화력, 기동력 및 방호력의 3가지 전술적 특성이 합성된 체계이다. 이러한 전술적 특성의 우선순위나 비중은 전쟁양상과 기술수준에 따라 변해 왔으나, 최근에는 이들 3가지 요소가 조화되면서 생존성 및 신뢰성을 향상시키는 방향으로 발전하여 가고 있다.

각 분야별 발전전망을 살펴보면, 기동력 분야는 전기식 포탑의 적용과 함께 지속적인 경량화와 고출력화로 전술적 기동성이 향상될 것이며, 항공기 수송이 가능할 정도로 경량화시킴으로써 전략적 기동성도 지속적으로 개선될 것이다.

화력분야는 기존 화포의 구경, 발사속도 및 사거리 증대 등과 함께 전자기포, 전자열포, 액체추진제포 등이 실현될 것이며, 레이저 무기 및 고출력 펄스무기로 발전될 것이다. 또한, 전차포탄도 지능화 추세 등으로 인해 위력과 정밀도 측면에서 성능이 대폭 향상될 것이다.

생존성 분야는 기존의 장갑방호 개념에서 복합장갑, 반응장갑 등의 적용으로 동일 방호력을 유지하면서 단위면적당 밀도를 지속적으로 낮춰 가고 있다. 또한, 형상 소형화와 스텔스 기술도입에 의한 탐지회피 노력과 함께 대응탄 개념의 능동방호시스템 등으로 생존성을 향상시키고 있다.

3.1.2 선진국 전차 개발현황 및 발전추세

3.1.2.1 미국

미국에서 1980년 초에 생산되기 시작한 M1 계열의 주력 전차는 M1으로부터 Improved M1, M1A1 및 M1A2로 발전하여 왔으며, 최근에는 M1A2 SEP(System Enhancement Package)이라는 최신 전차의 생산으로 이어지고 있다.

미 육군은 원래 2005년까지 총 1,174대의 M1A2 SEP 전차를 야전에 배치하려는 계획을 가지고 있었으나 예산상의 이유로 547대로 감소시켰으며, 기 전력화된 M1, Improved M1, M1A1 및 M1A2를 M1A2 SEP으로 성능개량하고 있다.

미 육군은 1990년대 초부터 기갑부대의 현대화를 위해 ASM(Armoured System Modernization) 프로젝트를 추진하여 왔으며, 그 일환으로 Block-Ⅲ 차기전차가 고려되었으나, 국제정세의 급변에 의한 군축 흐름에 따라 개발계획이 취소된 바 있다. 그러나 이와 관련하여 많은 핵심기술이 개발되었으며, 이를 토대로 차기전투차량 FCS(Future Combat System)의 개발을 완료하여 2012년부터 2025년까지 전력화를 추진하고 있다.

표 3-2 선진 주요국 전차의 개발현황 및 특성 비교

구 분		미 국	프랑스	독 일	러시아
모 델		M1A2 SEP	Leclerc	Leopard 2A6	T-80U
생산연도		1999	1994	2002	1985
기동력	전투중량(톤)	68.7	56.5	62.4	46
	최고속도(KPH)	68	72	72	70
	항법/지도전시	자동항법/지도	자동항법/지도	자동항법/지도	없음
화 력	주무장(구경, mm)	120(44구경장)	120(52구경장)	120(55구경장)	125
	관통력(RHA, mm)	540	560	-	430
사 격 통 제	탐지/인지거리(km)	9.8/4.5	-	-	5.0/1.5
	포/포탑구동방식	유압식	전기식	전기/유압식	전기/유압식
	전술정보처리	C4I 연계	C4I 연계	C4I 연계	C4I 연계
생존성	방호력(RHA, mm)	600	600	-	550
	능동방호	없음	없음	없음	대응파괴
	화생방방호	집단방호	집단방호	집단방호	집단방호

미 육군은 향후 10개 여단을 FCS로 대체할 예정으로 알려져 있으며, FCS의 개발을 위해 DARPA와 2000년 초에 협정서를 체결하였다. 2006년 체계개발에 착수하여 2012년부터 전력화가 진행되고 있으며, 전력화가 완료되면 새로운 목적군 부대의 한 부분을 구성할 예정이다.

▶ 그림 3-1 미국의 M1A2 SEP 전차

3.1.2.2 프랑스

1990년 초 프랑스에서 개발하여 양산배치하고 있는 Leclerc 전차는 미래 지향적 개념하에 개발된 전차로서, 장갑체계를 모듈화하여 대장갑 위협증대에 대한 탄력적 운용을 가능하게 하였으며, GALIX 능동방호장치에 의해 생존성을 크게 향상시켰다. 전차포를 52구경장으로 장포신화함으로써 운동에너지탄의 관통력을 향상시켰으며 서방국가에서는 최초로 자동장전장치를 장착하였다.

▶ 그림 3-2 프랑스의 Leclerc 전차

한편, Leclerc 전차의 특징 중 하나는 차량전자화 개념의 도입으로서, 디지털 데이터 버스를 통해 모든 전자장비들이 통합 관리되고, 포수와 전차장이 독립적으로 관측 및 조준능력을 보유하고 있어 60초 내에 각기 다른 6개의 표적을 처리할 수 있다.

프랑스 육군은 Leclerc 전차의 성능 개량을 3단계로 고려하고 있다. 1단계는 2002년부터 시작해서 전장관리시스템과 신형 화재탐지 및 소화시스템의 개선을 포함하고 있으며, 2단계는 2006년부터 시작하여 전장 피아식별장치와 신형 열상장비를 장착하게 되고, 3단계는 2010년부터 시작하여 향상된 장갑기술, 표적 자동추적장치 및 최신 통합지휘통제 시스템을 갖추도록 추진하고 있다.

3.1.2.3 독일

독일은 1965년에 Leopard 1을 전력화하였으며, 1980년대 초까지 각 부분의 성능개선을 통하여 Leopard 1A1, 1A1A1, 1A2, 1A3, 1A4, 1A5로 발전하여 왔다. Leopard 1이 러시아의 T-64보다 화력 면에서 열세라고 판단한 독일은 Leopard 2를 독자 개발하였으며, 2002년에는 Leopard 2A6를 생산하였다.

Leopard 2A6는 주포를 120 mm 55구경장 활강포로 개량한 전차로서, 기존의 44구경장 주포보다 장갑관통 능력이 개선되었으며, 야간전투능력과 방호력이 크게 향상되었다.

노후화된 Leopard 1을 대체할 새로운 전차개발을 위해 Leopard 3 및 Kampfpanzer 2000 사업이 추진되었으나, 1990년대 초 냉전구조의 해체로 중단되었다. 또한, 1990년대 중반에 NGP(Neue Gepanzerte Plattformen) 계획하에 차세대 주력전차에 대한 기술적 검토가 이루어졌으나, 최근에 와서는 NGP 프로그램의 진행상태도 알려지지 않고 있다.

▶ 그림 3-3 독일의 Leopard 2A6 전차

따라서 Leopard-2A6의 지속운용을 위해 추가 성능개량 대상으로는, 140 mm 활강포 및 자동장전장치를 적용한 2인용 포탑과 표적자동추적 장치 및 능동방호장치 등이 고려되고 있으나, 2015년 이후에나 가시화될 전망이다.

3.1.2.4 러시아

▶ 그림 3-4 러시아의 T-80U 전차

러시아는 서방국가들이 매우 복잡하고 정교한 전차를 통해 질적 우위를 점유하려 했던 것과는 대조적으로 저렴한 생산비용, 단순한 구조 및 높은 전투효율을 갖는 전차를 개발함으로써 양적 우세를 통한 전력증대를 추구해 왔다.

현재 양산중인 러시아 전차는 T-80U와 T-90이 있으며, T-80U를 성능개량한 T-80UM2와 Black Eagle이 개발중에 있다. T-80UM2는 125 mm 활강포를 탑재하고 반응장갑 및 능동방호시스템을 장착하고 있으며, Black Eagle은 T-80계열의 차체와 기동체계를 바탕으로 135 mm 또는 140 mm 활강포를 탑재할 예정이었으나, 러시아의 경제 여건상 당분간 생산 배치되기는 어려울 것으로 판단된다.

러시아 전차의 특징은 화력의 우세와 생존성 향상에 있다. T-64부터 적용하기 시작한 포발사 유도탄에 의한 사거리 연장 개념은 러시아 전차에서만 채택하고 있는 독특한 개념으로서, AT-8 Songster에서 시작하여 AT-11 Sniper로 발전하고 있다.

또한, 생존성 향상을 위해 화생방장치뿐만 아니라 전차 내부에 중성자 차폐 라이너를 설치하여 화생방전 상황에 대비하고 있으며, Shtora 연막차장 및 적외선 교란 시스템과 접근 미사일을 탐지 후 파편탄을 이용하여 대응 파괴할 수 있는 Arena 능동방호시스템을 적용하고 있다.

3.2 지능형 전차탄이란 무엇이며 어떤 종류가 연구되고 있는가?

세계 각국에서 널리 운용되고 있는 전차탄으로는 운동에너지탄인 날개안정철갑탄(APFSDS)과 화학에너지탄인 성형작약탄(HEAT)이 주종을 이루고 있다. 하지만 이러한 재래식 전차탄은 지형에 따라 교전능력에 제한을 받으며, 이동 표적에 대한 공격능력이 저하되고, 비가시선의 표적을 공격할 수 없는 단점 등이 있다.

따라서 최근 선진국에서는 이와 같은 단점을 보완하면서 무기효과 극대화를 위해, 원거리에서 회피기동을 통해 접근해 오는 적 전차 또는 헬기를 무력화 시킬 수 있는 지능형

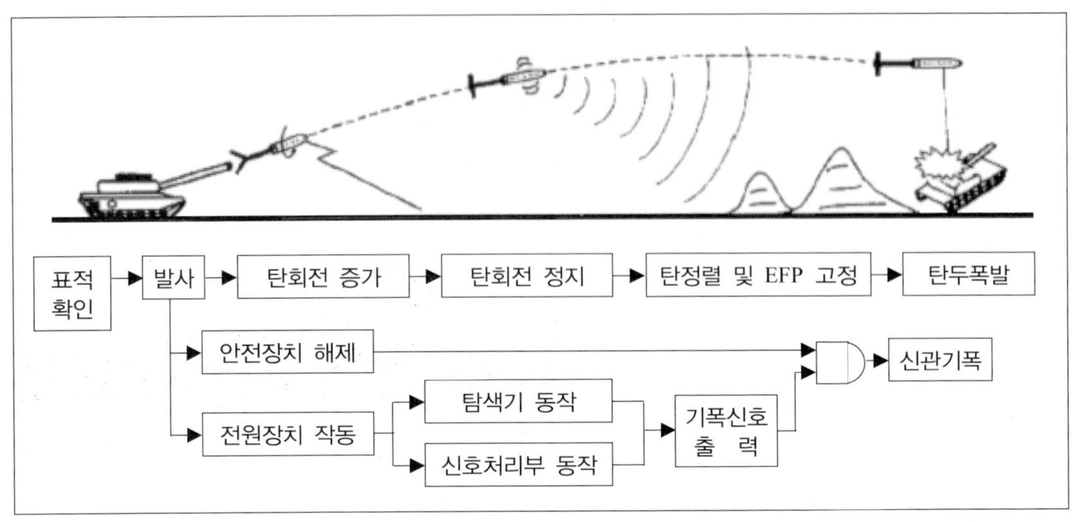

▶ 그림 3-5 지능형 전차탄(STAFF)의 운용 계통도

전차탄의 개발이 추진되고 있으며, 이러한 지능형 전차탄중 STAFF의 개략적인 운용 계통도를 그림 3-5에 나타내었다.

적 전차나 헬기를 향해 지능형 전차탄이 발사되면, 탄이 포구를 벗어나면서 전원이 공급되기시작한다. 이 때 안전장치가 해제되고 전차탄의 날개가 전개되면서 탄도비행을 시작하며 탐색기(MMW, IR)가 작동된다. 날개에 의해 탄의 회전이 증가하면 탐색기는 회전정보와 하늘과 지면에 대한 구별된 신호를 이용하여 지면에 대한 기준을 설정한 후, 이 기준에 의거 전차탄의 회전을 정지시킨다.

비회전 상태로 안정화된 전차탄은 표적을 향해 계속 비행을 하면서 탐색기는 전방과 하방의 표적을 탐색하게 된다. 탐색기가 표적에 대한 신호를 포착하면 미리 정해진 신호특성과 비교하여 실제 표적인지의 여부를 판단하고, 만일 실제 표적이라고 인식되면 전차탄이 표적의 상부를 비행할 때 EFP 탄두가 표적을 향해 정렬될 수 있도록 회전시킨 후, 전차의 취약부인 상부를 타격할 수 있는 최적 기폭시점을 산출하여 기폭신호를 내보낸다.

현재 선진국에서 개발을 추진하고 있는 지능형 전차탄을 운용 특성별로 구분하면 레이저 유도형, 종말유도형탄, 센서감응형, 유도종말 가속형으로 나눌 수 있다.

레이저유도형은 레이저 빔을 표적에 조사하여 탄을 유도하는 방식으로서, 명중률이 높기 때문에 재래식 탄보다 효과적이다. 하지만 탄 외에 레이저 유도장비를 추가적으로 운용해야 되므로 획득시 고비용이 소요되고, 적 전차 공격에 대한 신속한 대응이 곤란하다. 이러한 탄으로 이스라엘의 LAHAT(LAser Homing Anti-Tank), 러시아의 100/115/125 mm급

전차탄이 있다.

종말유도형은 탄의 두부(頭部)에 탐색기와 공력조종날개가 있으며, 발사후 망각(Fire & Forget) 개념으로 사격후 신속한 대응이 가능하고 정확도가 매우 높다. 하지만 시스템이 복잡하고 상부공격을 위한 급상승(Pop-up) 및 급강하(Pitch-down) 비행 등 기술난이도가 높은 단점이 있다. 이러한 탄으로 프랑스의 Polynege와 이스라엘의 Excalibur가 있다.

▶ 그림 3-6 LAHAT탄

센서감응형은 MMW 탐색기를 통해 적 전차를 탐색하고, 적 전차 식별과 동시에 EFP 탄두와 표적을 정렬시킨 후, EFP를 기폭하여 상부장갑을 타격하는 형식으로, 원거리에서 은폐 또는 엄폐되어 있는 적 전차나 헬기를 제압할 수 있다. 이러한 탄으로 미국의 STAFF(Smart Target Activated Fire and Forget)가 개발중에 있다.

유도종말가속형은 발사초기 포구속도를 증대시키지 않고 비행중 센서를 통해 표적을 감지한 후 로켓 모터를 이용하여 충돌속도를 증대시키는 개념을 적용하고 있다. 이러한 탄으로 MRM(Mid Range Munition)-KE가 있다. 이것은 STAFF와는 달리 기존의 운동에너지탄을 이용하여 표적의 정면이나 측면을 공격할 수 있으며, 표적의 상부 공격용으로는 두부(頭部)에 IIR 탐색기와 소형 조종날개(Conard)를 이용하여 탄도 종말단계에서 급강하한 후, 성형작약탄두로 표적의 상부를 타격하는 MRM-CE가 있다.

▶ 그림 3-7 Polynege의 운용개념

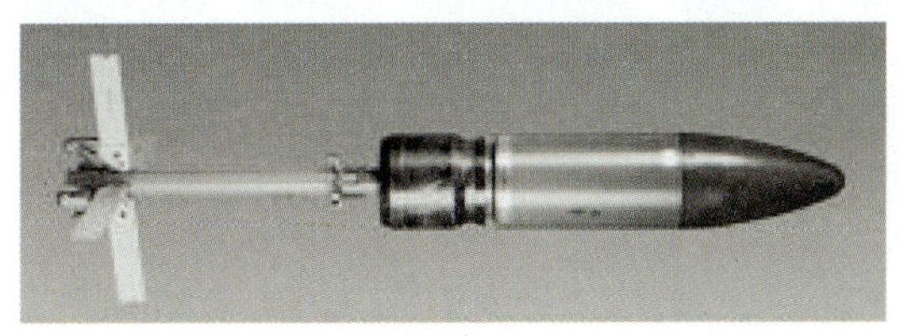

▶ 그림 3-8 STAFF 형상

▶ 그림 3-9 MRM 형상

3.3 최근 연구되고 있는 미래형 전차포탄으로는 무엇이 있는가?

전차의 주포 및 포탄은 증대되는 장갑방호에 대응할 목적으로 소구경 강선포로부터 대구경 활강포로 발전하였으며, 이와 관련된 탄도기술 역시 계속적으로 향상되어 왔다. 그러나 기존의 뇌관 점화방식을 사용한 전차포는 약실체적, 약실압력, 포신구경, 포신길이, 추진제의 양 등의 제한으로 탄의 운동에너지 증가가 곤란한 실정이다.

이러한 제한사항을 해결하고 전차포탄의 장갑관통 능력을 개선하기 위해, 주요 선진국을 중심으로 전자기에너지를 이용하여 탄자를 가속하는 전자기포와 플라즈마를 이용하여 추진제를 연소시키는 전열화학포 등을 개발하려는 시도가 행해지고 있다.

3.3.1 전자기포

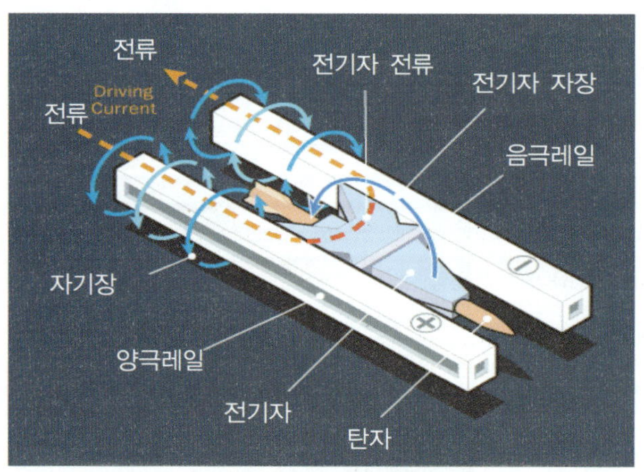

▶ 그림 3-10 직류 레일건 구성

전자기포는 전자기력을 이용하여 탄을 가속시키는 방법으로, 직류 레일건(Rail Gun)과 교류 코일건(Coil Gun)으로 구분할 수 있지만 동작원리는 유사하다.

직류 레일건은 그림 3-10, 3-11에 나타낸 바와 같이 전원에 연결되고 포강의 역할을 하는 2개의 평행한 구리레일과 레일 사이에서 움직이는 전기자[1])로 구성된다.

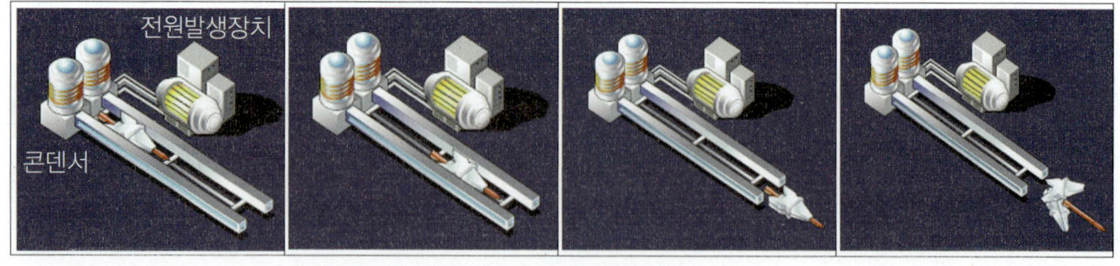

▶ 그림 3-11 직류 레일건의 동작 순서

1) 전기자(Armature) : 회전 전기기기(電氣機器)에서 주요한 동작을 하는 권선(捲線)을 포함하고 있는 품목을 의미하며, 직류전동기의 경우 권선과 철심 및 전류자로 구성되는 회전부분 전체를 전기자라 부름

직류 레일건의 원리는 2개의 레일과 전기자에 수메가 암페어의 전류를 흐르게 하면 거대한 자기장이 형성되고, 이 때 자기장과 전류의 상호작용에 의하여 전자기력(Electro Magnetic Force)이 발생하게 되는데, 이 힘을 이용하여 탄자를 가속시키는 방식이다.

그림 3-12는 미 해군의 구경 90 mm급 직류 레일건의 발사시험 장면을 나타내고 있으며, 사격속도가 분당 6~12발 정도의 수준인 것으로 알려지고 있다.2)

한편, 직류 레일건 대신에 그림 3-13에 나타낸 바와 같이 여러 개의 유도코일을 연결하여 탄자를 가속시키는 방식이 있는데, 이러한 방식을 교류 코일건이라고 한다.

교류 코일건은 원형으로 된 코일에 전류를 인가할 때 발생하는 유도 기전력으로 탄자를 추진시키는 방식이며, 직류 레일건에 비해 높은 효율을 얻을 수 있으나, 회로가 매우 복잡한 구조를 갖는 단점이 있다.

이와 같은 전자기포탄은 이탈피와 같은 기존의 운동에너지탄과 유사한 구조를 가지고 있다. 즉, 기존 전차포탄의 이탈피는 고강도 플라스틱이지만, 전자기포탄은 알루미늄으로 만들어져 전기를 연결하는 전기자로 사용하도록 하고 있다.

전자기포탄이 일정한 추진력을 얻어 포구를 빠져나간 후에는 기존 전차포탄과 동일하게 공기의 압력에 의해 이탈피가 분리되어 떨어져 나가고, 고밀도 탄자(관통자)가 고속으로 표적에 충돌하여 장갑을 파괴하게 된다.

이러한 전자기포는 기존의 전차포탄보다 3배 이상 빠른 포구속도로 탄을 발사할 수 있는데, 이는 장갑 관통성능의 개선을 의미하며, 탄의 비행시간이 짧아져 기동표적에 대한 명중률을 향상시킬 수 있고, 탄의 크기와 무게가 작아도 되므로 탄의 적재공간이 감소되어 탄 적재량을 증가시킬 수 있다.

▶ 그림 3-12 직류 레일건 발사시험 장면

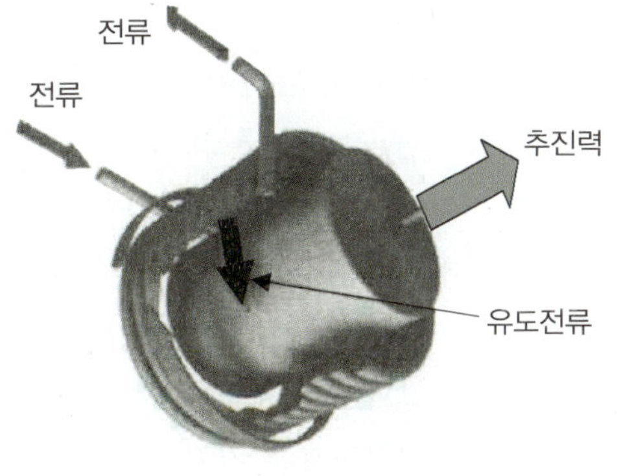

▶ 그림 3-13 교류 코일건 구성

2) 미 해군 레일건 시험장비 형상 : 포신길이 10 m, 탄자질량 20 kg, 탄자길이 76 cm

앞에서 살펴본 바와 같이 전자기포의 원리는 간단하지만, 탄을 날려 보내는 데 많은 전력이 요구되며, 일반적으로 전차용 엔진 출력의 4배 이상에 해당하는 전력이 공급되어야 한다. 그리고 기동을 위한 전차엔진과는 별도로 전차포용의 동력원과 이를 저장할 수 있는 축전지가 있어야 하고, 발사장치가 순간적으로 초고온 상태에 노출되기 때문에 대용량의 냉각장치가 필요하다는 기술적인 제한사항이 있다.

3.3.2 전열화학포

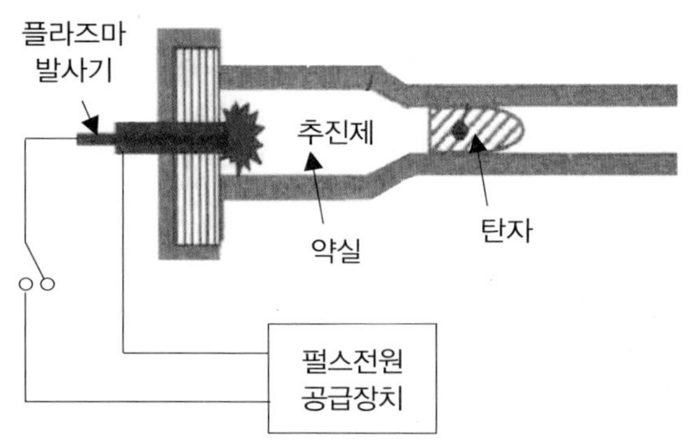

▶ 그림 3-14 전열화학포 동작원리

전열화학포(Electro-Thermal Chemical Gun)는 전기에너지와 열에너지를 동시에 이용하는 전차포탄으로서 기존의 전차포탄과 유사한 구조를 가지고 있다. 이 전차포탄은 약실 내에서 추진제가 연소할 때 발생하는 열에너지와 외부에서 인가한 전기에너지를 동시에 이용하여 탄자를 가속한다.

즉, 전열화학포의 동작원리를 그림 3-14에 나타낸 바와 같이, 전기 공급으로 전류펄스에 의하여 형성된 고온의 플라즈마[3]가 약실 내에 들어 있는 작동유체를 이온화시키고, 이를 통해 고압의 추진가스가 생성되며, 발생된 추진가스의 팽창으로 탄체를 가속시킨다. 그 결과 추진제의 점화시기를 제어할 수 있기 때문에 명중률을 향상시킬 수 있고, 포구속도가 증가하여 전차포탄의 파괴력과 사거리를 증가시킬 수 있다.

또한, 전열화학포 발사에 필요한 총에너지 중에서 열에너지에 의한 것이 80~90%, 전기에너지에 의한 것이 10~20%로써, 전자기포와 유사한 성능을 가지지만 전원공급장치의 크기를 전자기포에 비해 20% 이하로 줄일 수 있는 장점이 있다.

기존 전차포탄는 뇌관에 충격을 가하면 뇌관 화약이 폭발하여 고온 고압의 가스가 방출되면서 이 가스로 추진제를 연소시킨다. 그 결과 추진가스에 의해 약실압력이 급격히 증가하며, 이 압력으로 탄자를 가속시키도록 하고 있다.

그러나 전열화학포는 전기에너지를 여러 번에 걸쳐서 투입할 수 있을 뿐만 아니라, 전기에너지를 인가시킬 때마다 인가량을 제어할 수 있기 때문에 약실압력을 변화시킬 수 있다.

3) 플라즈마(Plasma) : 전기 방전 등으로 발생된 기체상태의 전기적 입자 집단.

따라서 전열화학포는 그림 3-15에 나타낸 바와 같이 기존 화포보다 최대 압력은 낮게 유지하면서 압력 작용시간을 연장시켜, 탄자 비행을 위한 에너지를 많이 제공할 수 있다.

이와 같이 최대압력을 낮게 유지함으로써, 전차포탄에 사용되는 과다 성능의 고가 센서부품을 적절한 성능의 저가 센서부품으로 대체할 수 있으며, 약실 압력의 제어로 포구에너지를 증가시킬 수 있다.

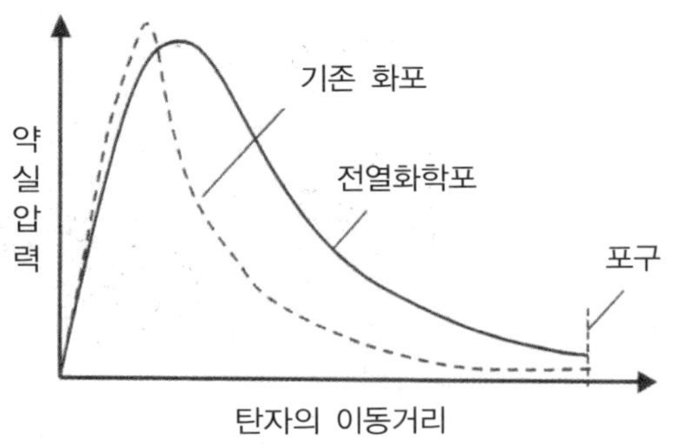

▶ 그림 3-15 기존 화포와 전열화학포의 비교

이와 같은 전열화학포는 기존의 추진제보다 에너지 밀도가 높고 둔감한 추진제의 개발과 전류 펄스를 균일하게 공급할 수 있는 제어기술의 개발 등에 대한 연구가 전차포탄의 획기적인 발전을 목적으로 수행되고 있다.

3.4 입체고속기동전을 위한 기동성 향상 방안에는 무엇이 있는가?

미래전의 양상은 정밀타격전과 네트워크전 및 로봇전 등으로 예측되고 있지만, 이라크전의 사례에서 알 수 있듯이 최후작전에는 주력전차를 이용한 입체고속기동전을 추구하고 있으며, 이러한 시대적 흐름에 맞추어 전차의 기동성, 생존성 및 무장능력 향상에 많은 연구가 진행되고 있다.

특히 기동성은 고속도로와 같은 포장도로뿐만 아니라 비포장도로 및 야지 운용을 고려한 발전방안이 요구되고 있으며, 이를 위해서는 전차중량의 감소, 엔진 출력의 증대, 현수장치 제어방식 개선 등이 있다.

야지에서 전차를 운용할 때의 주행속도는 전차중량의 감소나 엔진 출력의 증대 효과가 매우 제한적이며, 현수장치의 성능에 크게 의존한다. 그림 3-16는 전차의 야지 주행속도 변화를 나타내고 있으며, 제4

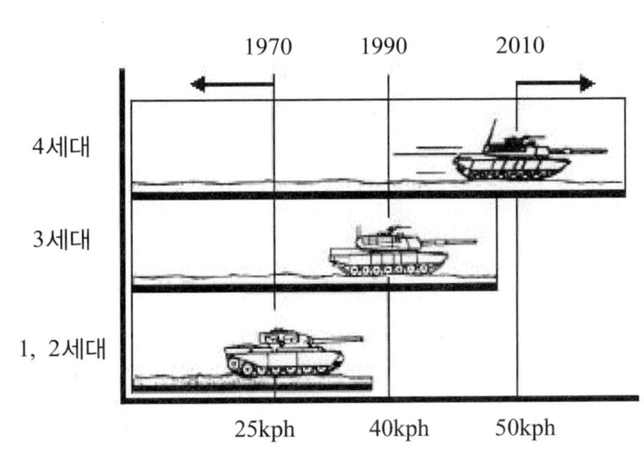

▶ 그림 3-16 야지 주행속도 변화

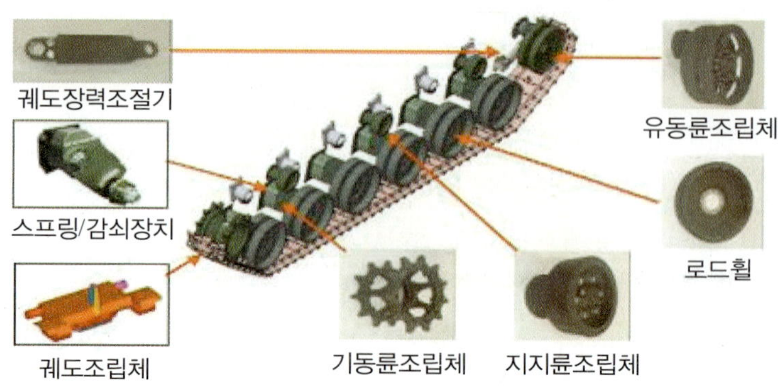

▶ 그림 3-17 현수장치 주요 구성품

세대(차기세대) 전차의 경우 야지 주행속도가 50 km/h 이상을 구현하고 있다.

전차의 운용개념이 점차 복잡해지고 정밀전자 장비들이 많이 탑재됨에 따라 기존의 수동형 현수장치로는 더 이상 성능개선 및 기능향상을 도모할 수 없게 되었다. 이로 인해 선진 각국에서는 미래형 현수장치 형태로써 제어개념이 도입된 능동형 현수장치에 대한 연구개발을 추진하고 있다.

현수장치는 전차의 하중을 분산 지지하고 주행시 노면으로부터 인가되는 진동을 효과적으로 흡수하여 조종수나 탑승자에게 양호한 승차감을 제공하며, 사격시 주포로부터 인가되는 주퇴력과 충격을 흡수하는 기능을 수행한다. 또한, 차체의 기울기나 높이를 조정하여 화력 사용범위를 극대화하고 피탄면적을 최소화하여 궁극적으로 방호력을 향상시키는 역할을 요구받고 있다.

현수장치의 주요 구성품을 그림 3-17에 나타내었으며, 이 중에서 스프링/감쇠장치와 궤도장력조절기가 핵심품목이다. 스프링/감쇠장치로는 토션바, 충격흡수기 및 유기압 현수장치가 있으며, 대부분의 선진국에서는 유기압 현수장치를 적용하고 있다.

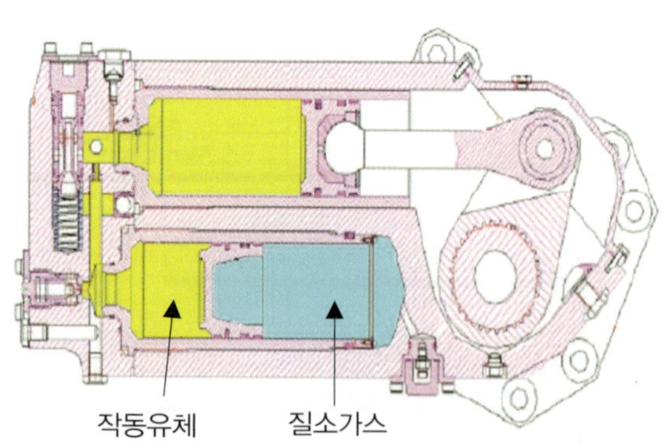

▶ 그림 3-18 유기압 현수장치 단면형상

유기압 현수장치는 그동안 수차례 발전을 거듭하여 지금은 로드암 속에 주요 메커니즘을 내장시켜 차체 공간 점유와 중량을 감소시킨 In-Arm형 유기압 현수장치가 개발되고 있으며 대표적인 형상을 그림 3-18에 나타내었다. 내부 질소가스의 압축팽창을 이용하여 스프

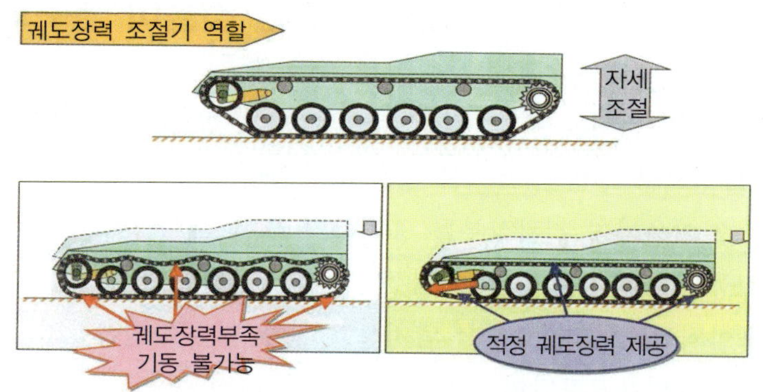

▶ 그림 3-19 궤도장력조절기의 역할

링력을 얻고, 내부의 유체가 오리피스를 통과할 때 감쇠력을 얻을 수 있도록 고안되었다.

유기압식 현수장치는 종래의 토션바나 충격흡수기에 비해 비교적 고가이고 신뢰성이 낮은 단점이 있으나, 차체 내부공간을 잠식하지 않으므로 차체를 낮게 설계할 수 있고 동특성이 우수한 장점이 있다. 또한 유기압 현수장치 내부 작동유체의 양을 외부동력으로 증감시킴으로써, 전차의 지상고(地上高와)와 차체의 기울기 제어가 가능하다.

전차의 피탄면적을 최소화하기 위해 지상고를 낮추게 되면 그림 3-19의 하단 좌측 형상과 같이 궤도장력이 약해지게 되어, 고속주행시 궤도이탈 현상이 발생하게 된다. 이러한 현상을 방지하기 위해서는 궤도장력이 항상 일정하게 유지될 수 있도록 능동제어 시스템 구축이 필요하다.

궤도장력조절기가 최대 수축시와 최대 팽창시의 개략도를 그림 3-20에 나타내었다.

주요 부위의 궤도장력이 실시간으로 측정되면 이를 이용하여 제어시스템이 작동하여 제어명령을 내리고, 이는 장력조절기를 통해서 궤도에 전달되어 원하는 장력으로 조절된다.

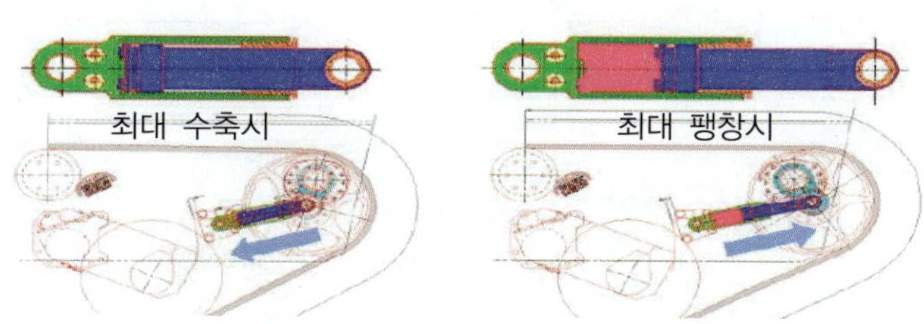

▶ 그림 3-20 궤도장력조절기의 운용개념

3.5 상부 위협에 대한 방호수단에는 어떤 것들이 연구되고 있는가?

전차는 전차전에서의 승리를 주요 목적으로 운용되고 있으므로 전방(前方)에서 교전하게 될 적전차를 대상으로 전방 방호력을 강화시켜 왔다. 그러나 최근에는 전차의 상부가 취약하다는 단점을 이용하여 전차상부를 공격하기 위한 수단들이 주로 등장하고 있다.

전차 상부 공격용 무기체계는 곡사포, 자주포, 박격포, 전차포, 헬기 등으로 거의 대부분의 지상무기가 포함되고 있으며, 전차를 탐지하고 전차 상부를 인식할 수 있는 지능탄으로써 감지대장갑탄과 종말유도포탄이 있다.

감지대장갑탄은 그림 3-21에 나타낸 바와 같이 센서감응형 지능형 대전차탄으로써, 직접 포에 장전하지 않고 모탄에 자탄이 2발 장전되어 모탄인 곡사포탄이 발사되면 목표지역까지는 모탄에 의해 운반되고, 목표 지역 근처 부분에서는 자탄이 모탄으로부터 폭발에 의해 분리된다. 이 분리된 자탄(감지대장갑탄)은 1차 감속장치에 의해 속도가 감소되고 회전운동이 없어지게 된다.

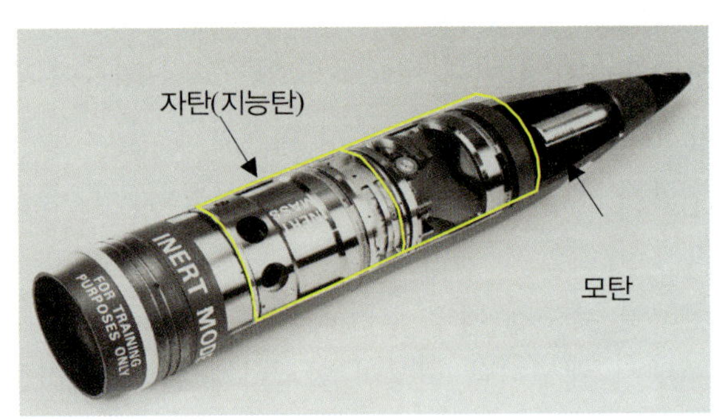

▶ 그림 3-21 감지대장갑탄의 모탄과 자탄 형상

안정화된 자탄은 2차 감속장치에 의해 낙하하고, 회전운동을 하면서 지상의 표적을 탐지한다. 적외선이나 능동형 MMW의 탐지센서를 이용하여 표적을 탐지하고, EFP (Explosive Forging Penetrator, 자기단조 파편 탄두)에 의해 표적을 공격하는 방식을 채택하고 있으며, 이러한 무기체계에는 미국의 SADARM, 프랑스의 BONUS, 독일의 SMART 등이 있다.

▶ 그림 3-22 감지대장갑탄의 운용개념

종말유도포탄은 박격포로 발사되며 정지표적은 물론 이동표적에 대해서도 효과적이고, 자주포에 의해 발사되는 감지대장갑탄에 비해 탐지능력과 관통력이 뛰어나다.

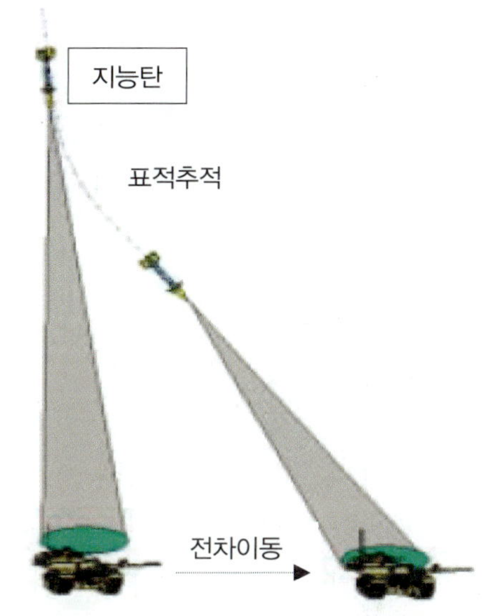

▶ 그림 3-23 종말유도포탄의 운용개념

종말유도포탄의 발사위치로부터 최고고도까지의 탄도는 일반적인 박격포탄 탄도와 유사하며, 종말유도포탄이 최고고도에 도달했을 때, 열전지 및 탄두의 활성화가 이루어지고, 표적탐지 모드로 전환된다. 표적이 획득되면 명중할 때까지 추적하고 유도비행을 한다. 탐지센서로는 MMW 능동형 탐색기, IIR 수동형 탐색기, MMW/IIR 복합형 탐색기 등을 이용한 Fire & Forget 유도방식이 있으며, 종말유도포탄에는 미국의 PGMM, 영국의 Merlin, 스웨덴의 Strix 등이 있다.

감지대장갑탄과 종말유도포탄은 관통력이 100～600 mm 수준으로 기존의 장갑방호 개념인 장갑두께만을 증가시키는 수동형 장갑으로는 방호가 불가능하다. 이를 방호하기 위해서는 반응장갑과 같은 특수장갑을 이용하여 방호력을 강화하여야 하나, 전차 상부에는 각종 센서 및 부착물이 많이 배치되므로 능동방호 수단을 강구하지 않으면 안 된다.

이와 같은 지능탄으로부터 전차를 방호하기 위한 능동방호 수단으로는 지능탄의 탐지, 교란, 회피 등의 절차에 따라 대책이 강구되어야 한다.

먼저 지능탄의 접근을 탐지하는 방법으로는 탄체를 직접 탐지하는 방법과 지능탄의 능동형 탐색기 신호를 탐지하는 방법이 있다. 탄체를 직접 탐지하는 대표적인 탐지장치로는 레이더가 있으나, 레이더는 표적을 향해 레이더 파를 송신하고 반사되는 반사파를 분석하여 표적을 탐지하기 때문에, 적에게 전차의 위치를 노출시키는 결과를 초래할 수 있다. 그리고 지능탄의 능동형 탐색기(MMW)는 약 35㎓의 파를 전차에 송신하고, 이의 반사파를 분석하여 전차를 추적하기 때문에 능동형 탐색기의 송신파를 탐지할 수 있는 센서를 전차에서 보유하고 있으면 전차로의 지능탄 접근을 탐지할 수 있다.

최근 지능탄의 유도를 교란할 목적으로 복합 연막탄이 집중적으로 연구되고 있다. 복합 연막탄의 내부에는 가시광선 및 적외선 차장 연막제가 있으며, 밀리미터파(MMW) 영역의 탐색기 교란을 위해 초고주파 연막차장을 포함한다. 연막제는 급속 연막차장이 요구되기 때문에 분말형이 적용되고 있으며, 약 1초 이내에 연막차장을 완료한다.

연막차장 개념은 복합 연막탄이 발사기에 의해 발사되면, 일정 거리를 비행하여 공중에서 폭발함으로써 연막탄 내부에 저장되어 있는 연막제를 공중에서 퍼뜨리는 것이다. 지능

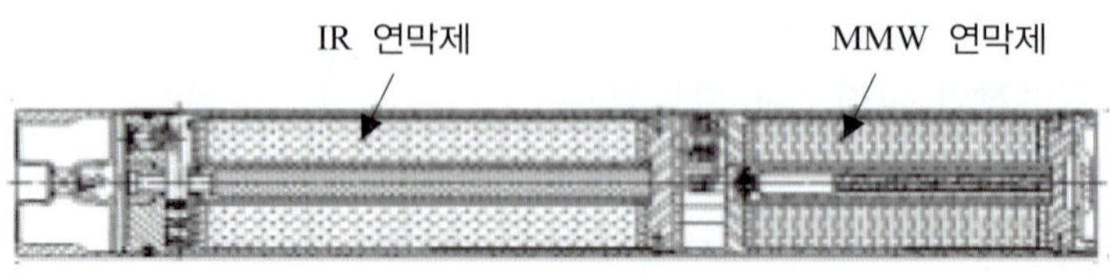

▶ 그림 3-24 복합 연막탄 형상

탄의 상부 공격을 유도교란하기 위해서는 연막탄을 상부방향으로 발사하여 연막차장을 하여야 하며, 공중에서 형성된 연막영역은 회피기동을 할 때까지 지속되어야 한다.

지능탄의 유도교란을 위해 추가적으로 연구되고 있는 분야는 허위 표적을 생성토록 함으로써 지능탄이 전차 대신에 허위 표적을 추적·유도하도록 하는 기만체계가 있다.

지능탄의 탐색기는 적외선을 이용할 수도 있으며, MMW를 이용할 수도 있기 때문에 서로 다른 2가지의 탐색기를 방호할 수 있는 기만체계가 요구된다. 즉 항공기에서 적외선 유도 미사일을 기만하기 위해 사용하는 Flare탄과 레이더 유도 미사일을 기만하기 위해 사용하는 Chaff탄의 성격을 모두 갖는 기만체계이어야 한다.

이러한 기만체계에 대해서는 기존의 복합 연막탄에 의한 능동방호를 추가적으로 보강할 수 있도록 주요 선진국을 중심으로 연구가 진행되고 있다.

전차의 능동방호 시스템은 지능탄의 위협을 탐지하여 복합 연막탄이나 기만체계를 발사하여 전차를 은폐하고 회피기동하는 개념을 가지고 있다. 그런데 적의 지능탄이 전차를 탐지할 수 없도록 사전에 전차의 방사신호를 감소시키면 능동방호 시스템의 부담이 감소될 수 있다.

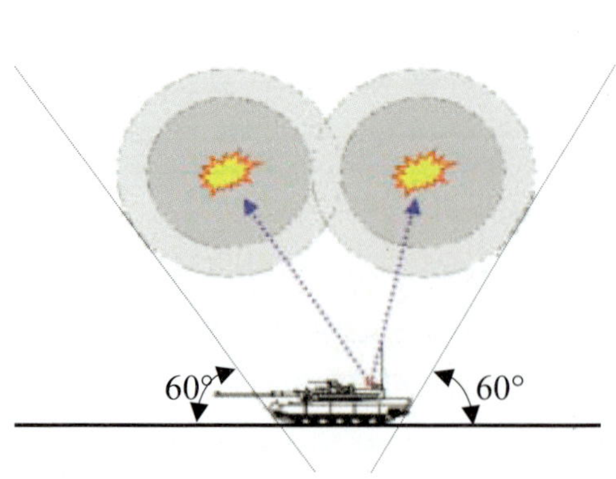

▶ 그림 3-25 전차 상부 연막차장 운용개념

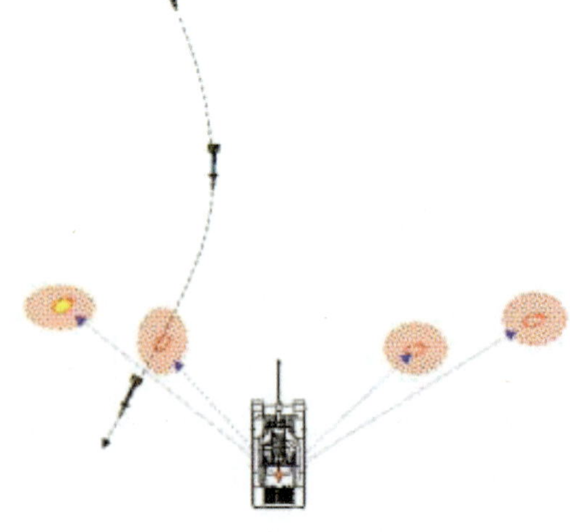

▶ 그림 3-26 기만체계 운용개념

전차의 방사신호를 감소시키는 방법으로는 구조적으로 레이더 반사 단면적(RCS)과 형상크기를 감소 설계할 수도 있고, 전차표면에 신호감소 페인트를 칠하는 방법을 고려해 볼 수 있다.

그러나 이보다 더 적극적인 방법은 위장망을 씌우는 것이다. 위장망이 가시광선은 물론 적외선과 MMW까지 신호들을 복합적으로 차폐하거나 방사신호를 최소화 할 수 있을 때, 효과적인 피탐지 성능을 가지게 된다.

3.6 생존성 향상을 위한 방호수단에는 어떤 것들이 추진되고 있는가?

대전차 미사일, 로켓, 포 등 대전차무기의 발전으로 장갑에 대한 관통력이 크게 증가되고 있으며, 미사일 유도방식의 경우 종전의 유선유도 방식에서 자체유도(Fire & Forget) 방식으로 바뀌고 있다. 또한, 탐색기의 형태는 능동형에서 수동형으로 바뀌는 등 은밀성과 명중률이 크게 향상되고 있으며 사거리도 증대되고 있다. 따라서 기존의 수동형 장갑으로 전차를 방호하기 위해서는 장갑두께가 크게 증가하게 되며, 이는 전차의 무게증가로 이어지기 때문에 기동성에 심각한 문제를 초래하게 된다.

그러므로 미래전차의 생존성 향상을 위한 세계적인 발전추세는, 다영역 차장 연막탄의 사용 등으로 미사일의 조준기능 및 탐색기능을 마비시키고 전차는 회피기동하는 Soft Kill 방법과 위협 미사일, 로켓, 포 등을 탐지하여 대응 파괴탄으로 무력화시키는 Hard Kill 방법의 연구를 수행하고 있다.

Soft Kill 방법을 적용하기 위해서는 다양한 종류의 미사일 접근을 탐지하여야 하며, 이를 위해 레이더를 이용하는 방법과 미사일 화염을 탐지하는 방법이 적용되고 있다. 이러한 방법의 기술적 문제로는 미사일 주변의 클러터 신호와 미사일 실제신호를 분리해 내는 신호처리 기술이 뒷받침되어야 한다.

그림 3-27의 좌측은 정면 및 측면공격 미사일을 탐지하였을 경우이며, 우측은 상부공격 미사일을 탐지하였을 경우의 다영역 차장 운용개념을 나타낸다. 이와 같이 전차로부터 미사일의 이격거리를 고려하여 적절한 시간에 다영역 차장 연막탄을 발사함으로써 미사일의 눈을 멀게 한(관측, 조준 및 자체유도 불가) 후, 전차는 급속 기동함으로써 적 미사일의 공격으로부터 회피할 수 있다.

다영역 차장 연막탄은 1～2초 이내에 연막의 분산이 가능하기 때문에, 상부공격으로부터 Soft Kill 방법을 효과적으로 적용하기 위해서는, EFP가 분리되기 전인 250～300 m 상

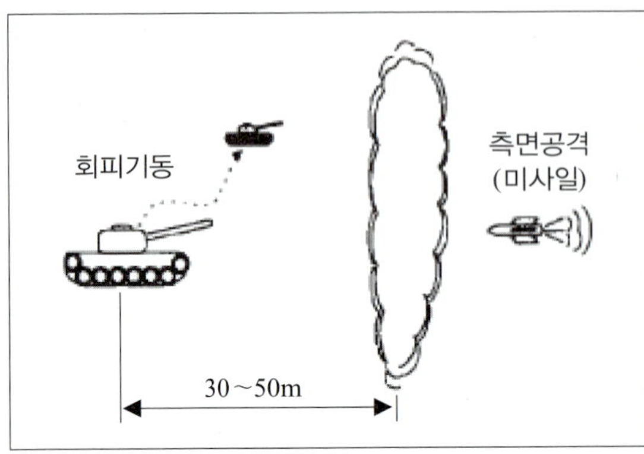

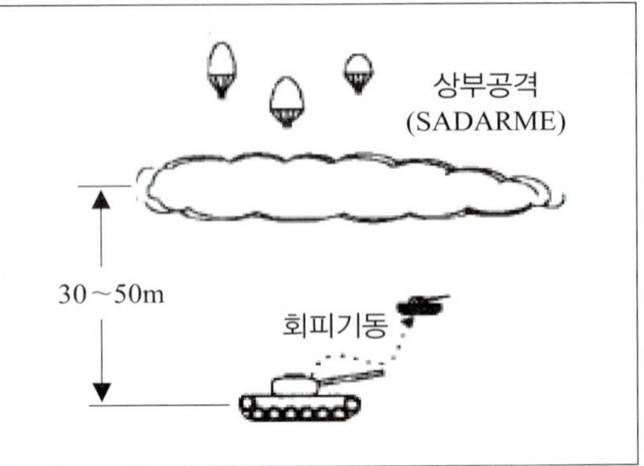

▶ 그림 3-27 다영역 차장 연막탄 운용개념

공에서 미사일을 탐지하고 다영역 차장 연막탄을 발사하여야 한다, 즉, 30~50 m 상공에서 IR 혹은 MMW 탐색기를 차장함으로써 EFP 공격으로부터 전차를 보호할 수 있다.

Hard Kill 방법을 적용하기 위해서는 우선 접근하는 대전차무기를 비교적 근거리에서 탐지하고, 방위각과 고각 등의 정보를 정확하게 측정하여야 하며, 대응 파괴탄의 속도와 방향도 정밀하여야 한다.

Soft Kill이 대전차 미사일을 대상으로 하는 방어수단인 반면, Hard Kill은 미사일뿐 만 아니라 로켓과 포까지 포함한 모든 대전차무기에 대한 방어수단의 능력을 보유하고 있다.

Soft Kill에서 언급한 바와 같이 Hard Kill에서도 대전차 무기를 탐지하는 방법으로는 레이더를 이용하는 방법과 대전차무기의 화염을 탐지하는 방법이 고려되고 있으나, 현재 개발이 완료된 시스템으로는 레이더를 이용한 방법으로서 러시아의 ARENA 시스템과 이스라엘의 Trophy 시스템이 있다.

▶ 그림 3-28 T-80U의 ARENA 시스템

▶ 그림 3-29 Trophy 시스템을 장착한 Merkava Mk4 전차 개략도

전차의 정면 및 측면 공격의 경우 미사일은 약 300 m 전방에서 레이더에 탐지되어 속도, 방위각, 고각 등을 측정하고, 전차에 근접시 대응 파괴탄(성형 장약탄으로 크레모아와 유사)의 파편으로 미사일을 맞춤으로서 미사일 본래의 파괴력을 상실케 하거나 폭발시킨다.

그러나 전차의 상부공격의 경우에는 EFP가 분리되기 전에 대응 파괴탄으로 맞추어야 효과가 있으나, 이는 현실적으로 매우 어렵다. 따라서 Hard Kill의 방법은 정면 및 측면 공격의 경우에는 효과가 있을 것으로 판단되나, 상부 공격에 대해서는 Soft Kill이 유일한 방법으로 고려되고 있다.

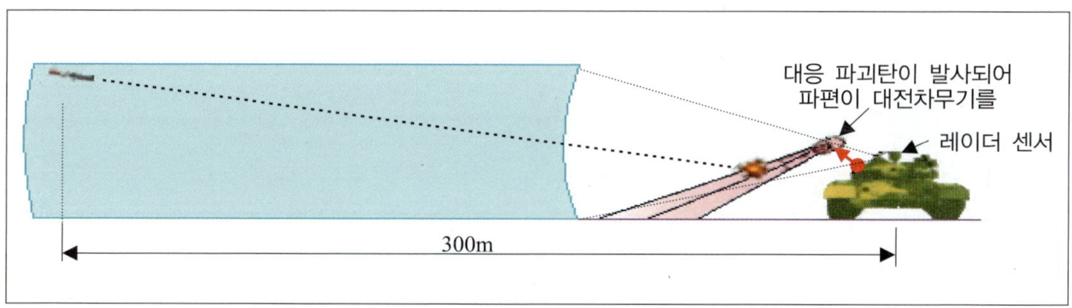

▶ **그림 3-30** Hard Kill의 ARENA 시스템 운용개념

Armored vehicle

2장 장갑차의 모든것

[제 1 절]

장갑차의 출현과 종류

1.1 장갑차의 기원은 무엇인가?

장갑차의 기원은 고대 전사의 기병에서부터 시작된다. 기병은 말을 타고 그 기동력을 이용하여 싸우는 병종의 하나로 BC 7세기경 등장하였는데, 사람이 짐승을 전투에 사용한 것은 훨씬 더 오래 전이었다. 그러나 짐승에 대한 통제도구나 수단이 미약하여 직접 타고 다니기보다는 군수지원품을 운반하는 도구나 전투용 마차 등을 이용하는 정도였다. 따라서 말의 기동력과 충격력을 최초로 전투에 이용한 형태는 마차였기 때문에 현대 전차의 기원을 고대전투용 마차에서 찾기도 한다. (전차1절 참조)

기병부대가 전사에 처음 등장한 것은 BC 525년 이집트와 페르시아 간의 전투였으며, 마케도니아의 필립 2세[1]는 BC 4세기에 중(重), 중(中), 경(輕)장비 3종의 기병부대란 특출한 기병전술로 전쟁에서 늘 승리하여 '상승왕'이란 칭호까지 받았다. 그러나 이 시대에는 말안장 아래 기수가 발을 디딜 수 있게 하는 발판인 등자(鐙子)와 안장이 개발되지 않았기 때문에 기수의 안정성이 부족하여 기동력을 이용한 충격전술보다는 기습, 경계위주의 전술이 대부분이었고 오랜 시간동안 기마

▶ 그림 1-1 고대 페르시아 기병 (등자, 안장 없음)

1) 필립 2세 : BC 413~399 마케도니아 왕. 알렉산더대왕의 아버지로 젊은 시절 테베에 인질로 잡혀 있으면서 문화와 전술을 습득하였으며 귀국 후 군대의 추천으로 왕으로 즉위하여 강한 군대를 양성하고 정복전쟁을 시작함. 마케도니아 국가를 비약적으로 발전시켰으나 신하에게 암살당함

▶ 그림 1-2 중세 기병

술을 연마하여 뛰어난 승마술을 가져야만 기병이 될 수 있었다.

그럼에도 불구하고 기병은 매우 두려운 존재였는데 파르티아제국[2]전사에는 기병이 돌격할 때 내지른 창 하나가 두 명의 병사를 관통했다는 기록도 있다.

등자와 안장은 서기 4세기경 동양에서부터 적용되었는데, 중국과 고구려 유물에서 등자가 많이 발견되었으며 고구려의 강력한 군사력의 핵심이 바로 등자가 적용된 중갑(重甲)기병이었다. 당시 우리나라(고구려)는 사람뿐 아니라 말까지 갑옷을 입혔으며 이는 주변국들에게 가장 큰 위협이었다. 이처럼 등자의 적용으로 기병은 높은 안정성과 충격력을 가지게 되었고 무장과 갑옷도 더욱 강력하게 할 수 있게 되어 충격전술을 구사하는 완전한 기병의 모습을 가지게 된다. 이후 8세기경 등자와 안장이 서유럽에 도입되면서 기병의 충격력과 방호력은 점점 극대화되어 15세기 무렵에는 중세 고딕기사까지 등장하게 된다.

이러한 기병의 발달과정 속에서 등자와 안장적용 이전의 기병을 경(輕)기병이라 한다면,

▶ 그림 1-3 장갑차의 기원

2) 파르티아 제국 : BC 247~AD 226의 고대 이란 왕국. 아르사크왕조라고도 하며 한때 로마와 경쟁할 정도의 대제국이었으나 226년 페르시아 사산왕조의 공격으로 멸망함.

등자적용 이후의 기병은 중(重)기병이라 할 수 있는데, 충격전술을 구사하는 중기병이 활약하던 시대에도 경기병은 가벼운 무장과 신속한 기동력을 바탕으로 정찰, 경계, 기습을 위해 존재하였으며 두 가지 형태의 기병을 전장상황에 따라 적절히 이용하며 다양한 전술을 발휘하였다.

그러나 20세기에 들어와서 기계화된 장비가 등장하면서 경기병은 장갑차로, 중기병은 전차로 대체되어 점차 사라져 제1차 세계대전이 기병의 마지막 무대가 되었으며, 제2차 세계대전에서 미국군 기병이 필리핀에서 일본군의 침공을 막아낸 것을 끝으로 전사에서 그 모습을 감추었다.

1.2 장갑차의 등장과 발전

세계에서 최초의 장갑차는 1898년 영국에서 만들어졌다. 영국인 자동차 사업가 프레드릭 리차드 심스(Frederick R. Simms)는 프랑스의 드 디옹 뷔통이 만든 4륜 자전거식 자동차앞에 미국제 맥심 기관총[3]을 설치하고 총 주위에 사방 50cm, 두께 1 cm의 장갑판을 장착하였는데 사격할 때는 몸을 동그랗게 구부려야 했으며 겨우 상반신만 보호할 정도의 원시적인 형태였다. 따라서 이 장비는 장갑차란 개념을 만들었다는데 의미는 있지만 전장에선 사용하기 어려운 형태였기 때문에, 진정한 의미의 장갑차는 1차세계대전간 궤도형 장비가 등장하면서 발전했다고 할 수 있다.

최초의 장갑차(영, 1898년)

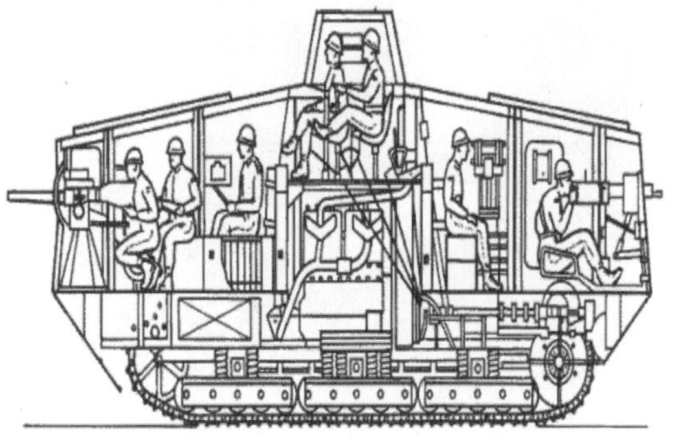

독일군 최초의 궤도차량(AV75전차)

▶ 그림 1-4 초기의 장갑차

3) 구경 7.7mm. 무게 60kg. 분당 약 600발을 발사할 수 있는 세계 최초의 완전자동식 기관총

영국은 1916년 MARK-1이란 최초의 궤도형 장비를 1차 세계대전간 사용하였는데 이 장비는 포탑이 없고 기관총만을 장착하고 있어 외형적으로 장갑차처럼 보이지만 만든 목적이 적 방어선을 뚫기 위한 것이었으므로 전차에 가깝다고 할 수 있다.

1차대전은 기병전술이 사용되던 시대였고 기계화된 장비는 장난감 수준으로 취급받다 보니 돌파작전을 위한 장비만을 시범적으로 개발하였던 것인데, MARK-1의 등장은 상대국에 유사한 무기체계의 개발을 유도하였고 이에 독일은 AV75전차를 개발하게 된다. AV75전차는 내부에 18명의 보병탑승이 가능한 장비로서 '보병탑승'이라는 장갑차의 개념은 독일에서 처음 나왔다고 할 수 있는데 이처럼 전차와 장갑차의 개념이 모호한 상태에서 차륜형 장비에 강철판을 보강하고 기관총을 장착한 형태의 차륜형 장갑차형태도 등장하였다.

역사상 제대로 된 장갑차개념이 등장한 것은 2차 세계대전이었는데 2차대전 이전까지 대부분의 국가들은 전차를 '움직이는 벙커' 정도로밖에 고려하지 않았으며, 전차는 보병과 같이 움직이는 무기로 판단하여 보병 속도 정도로만 개발하였다.

그러나 독일에서는 기갑군의 아버지라고 불리는 구데리안에 의해 '전격론'[4]이 받아들여지며 전차를 후속하여 탈취한 목표를 확보할 보병수송개념의 장비가 필요하게 되었다. 구데리안은 전차를 지상전의 주역으로 생각했지만 전차가 제힘을 발휘하려면 차량화된 보병이나 포병부대가 추가로 편성되어야 한다고 생각했고 이러한 발상은 독일의 또 다른 명장인 에리히 폰 만슈타인에 의해서도 제기되었다. 만슈타인은 전차의 전과 확대를 위해 기계화지원부대가 필요하다는 생각에 경사단, 자동차화 보병사단, 전차사단으로 구성된 기동군단 편성안을 제시하였고 이를 위해 포나 보병들을 기동시킬 차량을 검토하였다. 그러나 기존의 트럭은 야지 주행능력이 떨어지고 내구성도 낮으며 특히, 전차와 함께 작전하기에 방어력이 너무 약하다는 단점이 있어 등장하게 된 것이 보병수송용 장갑차인 APC (Armored Personnel Carrier)형태이다. APC가 전차와 함께 작전을 수행하기 위해서는 적어도 기관총탄에 견딜 수 있는 장갑을 갖추고 야지에서 주행성능을 보장하기 위해

▶ 그림 1-5 하인츠 구데리안 (1888~1954)

4) 전격론 : 영국의 군사 분석가 리델하트에 의해 제시된 전술로 전차가 적 제1선을 급속돌파 후 후방 깊숙이 진격하여 포위하고, 포위된 적 부대를 아군 보병부대로 하여금 섬멸하게 하는 전법

서는 궤도가 필수적이라고 판단되었으나 새로운 차량을 개발할 시간적, 경제적 여유가 없었기 때문에 기존차량 중 어느 정도 야지 주행 능력을 갖춘 반궤도(half-track) 차량을 이용하기로 결정하여 등장하게 된 장비가 Sd.Kfz 251 반궤도형 장갑차(일명 하노마그 장갑차)이다.

▶ 그림 1-6 독일군 반궤도장갑차 Sd.Kfz 251

반궤도 차량은 앞에는 일반 차량 바퀴를 사용하고, 뒤에는 무한궤도를 장착한 차량을 의미하는데 Sd.Kfz 251은 1935년에 개발이 시작되어 1939년 6월부터 양산되었으며 전면 14.5 mm, 측/후면 각 6~8 mm의 장갑을 용접한 차체를 가졌다. 인원은 2명의 승무원과 보병 10명을 실을 수 있고 경우에 따라 포를 견인할 수도 있으며, 100마력 출력의 마이바흐 6기통 가솔린 엔진을 장착하여 도로상 최고속도 53 km/h, 주행거리는 300 km였다. 이는 전차 부대와 거의 비슷한 기동력을 말하는 것이며 무장은 각 형식에 따라 다르지만 일반적으로 보병들을 지원하기 위해 MG34/MG42(7.92 mm) 기관총 2정을 장착했다.

Sd.Kfz. 251 반궤도 장갑차량은 원래 보병 수송을 주목적으로 개발됐지만 실제로 사용해 본 결과 높은 범용성을 보여, 보병 수송은 물론 부대 지휘와 지원, 각종 물자 수송, 포병 관측, 정찰/수색 외에 공병/통신부대용으로도 사용되었으며 각종 포를 장착하고 직접 보병들을 지원하는 형태로도 쓰였다. 따라서 2차 세계대전 당시 독일 전격전의 성공적인 전과는 사실상 주역인 전차와 조연인 Sd.Kfz. 251의 합작품이라 해도 과언이 아니다.

이에 미군에서도 M2와 M3라는 반궤도 장갑차를 1941년에 개발 완료하였는데, M2장갑차는 10명이 탑승가능하고 M3장갑차는 차체 길이가 M2에 비해 10인치 정도 더 길어 13명이 탑승 가능하였다. M2/M3 반궤도 장갑차는 전쟁 중 지속적으로 개량되어 M2A1/M3A1/M3A2 등 여러 가지 개량형이 나왔는데 이 중에서 제2차 세계대전 당시 가장 많이 사용된 것은 M3A2다.

▶ 그림 1-7 미군 M3 반궤도 장갑차

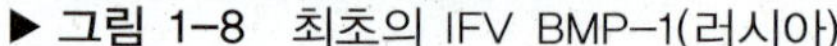

▶ 그림 1-8 최초의 IFV BMP-1(러시아)

▶ 그림 1-9 서방측 최초의 IFV Marder(독일)

이 장갑차는 화력으로 Cal 50 (12.7 mm)기관총만 탑재되어 보병의 화력 지원용으로 적합하지 않았기 때문에 주로 병력 수송용으로 사용됐다.

그러나 APC는 탑승보병들이 전투지점에서 하차 산개할 때까지 좁은 보병실에서 소음과 진동 그리고 적탄의 명중에 대한 공포를 견디어야 하기 때문에 '전장의 택시'라 불리기도 하였으며, 대부분이 외부관측 장치를 가지고 있지 않으므로 탑승보병이 전투상황을 파악할 수 없어 하차시 즉각적인 전투태세에 들어갈 수 없었다.

따라서 APC의 문제점인 화력, 방호력이 개선되고 탑승전투개념이 도입된 새로운 형태의 보병전투장갑차(IFV : Infantry Fighting Vehicle)가 구상되는데 1967년 구 소련에서 BMP-1이라는 최초의 IFV를 선보였다. BMP-1은 73 mm주포와 7.62 mm기관총 및 대전차 미사일을 장착하였으며, 2년 뒤인 1969년에는 서방측 최초의 IFV인 독일의 Marder 장갑차가 등장하면서 장갑차는 단순 수송용이 아닌 공격형 무기체계로도 발전하였다.

1.3 최근 전사를 통해서 본 장갑차

1.3.1 장갑차와 전차의 정면승부 (한국전쟁)

2차 세계대전이 끝나고 발생했던 대규모의 전쟁은 바로 한국전쟁이었다. 한국전쟁 발발 당시 우리 군에 전차는 없었지만 다행스럽게도 장갑차는 보유하고 있었다.

바로 M8 그레이하운드라는 장갑차인데 이 장비는 1942년 2차 세계대전시 미국에서 만든 장비로서 7.8톤의 중량에 4명의 승무원이 탑승가능하고 무장으로는 M6 37 mm 전차포

1, M2 12.7 mm 기관총 1, M1919A4 7.62 mm 기관총 1정을 장착하였다.

허큐리스 6기통 110마력 가솔린엔진을 장착하고 6륜의 차륜이 적용되어 야지 주행성능이 뛰어나 주로 정찰이나 전선경비, 연락 등의 임무를 수행하였는데 최고속도는 90 km/h, 항속거리 640 km이었다.

▶ 그림 1-10 M8 그레이하운드 장갑차

우리 군에는 1948년 12월에 27대가 도입되어 한국전쟁을 수행하였는데 이는 개전초기 북한군의 T-34전차에 대항할 수 있는 유일한 무기였다.

1950년 6월 말 육군 7사단을 지원하기 위해 최초로 출동한 M8 장갑차들은 "T-34 전차를 막으라!"는 지시를 받고 경기도 의정부 축석령에 투입되었는데, 사실 M8 장갑차는 말 그대로 장갑차여서 장갑이 얇고 주포의 화력이 약한 탓에 전차를 상대하는 것은 무모한 행동이었으며 M8 장갑차의 37 mm 주포로 철갑탄을 아무리 쏘아대도 T-34 전차의 장갑에 맞아 튕겨 버려졌다.

그러나 M8 장갑차가 전투에서 무용지물만은 아니었다. 전차를 상대하기는 힘들었지만 탑재한 37 mm 기관포는 보병 지원용으로 강력한 화기였으며, 특히 우리 군이 1950년 7월 초 경기도 김포와 영등포 일대에서 북한군 6사단을 상대로 지연전을 펼칠 때 M8 장갑차는 큰 활약을 했다. 또한 진천전투에서는 M8 장갑차의 37 mm 주포로 T-34 전차의 무한궤도를 명중시켜 기동 불능 상태에 빠뜨리는 전과를 거두기도 하였다.

이렇게 개전 초 전차 한 대 없는 상황에서 성능 이상의 대활약을 펼친 M8 장갑차는 여러 전투에서 차례로 파괴되어 1950년 말에는 전량 소모돼 버렸으며, 현재 국내에는 전시용을 포함해 단 한 대의 M8 장갑차도 남아 있지 않다.

1.3.2 장갑차의 베스트셀러, M113 (월남전)

M113 장갑차는 1956년 미국에서 개발되어 1960년 1월부터 생산된 장비로 서방국가에서 가장 널리 사용된 대표적인 보병수송 장갑차(APC)다.

이 장비는 알루미늄 합금으로 차체를 제작한 최초의 장갑차량으로 소총·기관총탄과 포탄 파편방호가 가능하며 차체에는 무장병력 11명이 탑승하는 병력실이 있다. 동력장치는

▶ 그림 1-11 M113 APC

215마력의 크라이슬러 8기통 가솔린기관과 앨리슨의 전진 6단 후진 1단 TX-200-2 자동변속기 등으로 구성되어 최대속도는 약 64 km/h이며, 조종석은 M19 적외선 잠망경 장착이 가능하여 야간 운행이 가능할 뿐만 아니라, 도하작전을 할 때는 너비 381 mm의 무한궤도가 물갈퀴 역할을 하도록 설계했기 때문에 다른 장비 없이 최대 5.6 km/h 속도로 수상주행이 가능하다. 이 정도면 1960년대로서는 보기 드물게 전천후 기동력을 보유한 최고성능의 장비였으나 인원수송을 주목적으로 하다 보니 무장은 12.7 mm 중기관총 1정만을 장착하였고, 베트남 전쟁에서 화력 부족을 경험한 뒤 7.62 mm 기관총을 더 장착하였다.

M113이 최초로 대규모 전쟁에 투입된 것은 베트남전인데, 원래 M113 장갑차는 전차의 보호를 받으며 단순히 병력을 수송하는 개념으로 개발됐지만 베트남에서는 전차 없이 단독으로 작전하는 경우도 많았다. 이는 정글이라는 특성상 게릴라식으로 공격하는 베트콩의 대전차 화기에 전차의 피해가 많았기 때문이며 기동로가 발달하지 않았던 베트남의 지형에서 적에게 공격받은 전차는 아군에서 커다란 장애물이 되기도 하였다.

따라서 11명의 보병이 탑승하는 장갑차는 이동간 병력에서 방호력을 제공하고 적과 조우시 신속한 하차로 분대전투를 수행하며, 장착된 기관총은 보병을 지원하는 화력으로 이용되었다. 게다가 M113의 우수한 기동력 및 뛰어난 도강/도하 능력은 정글이란 베트남 지형에서 매우 유용하였다.

▶ 그림 1-12 베트남전에서 기동중인 M113

베트남 전쟁에서 미군, 남베트남군, 한국군, 호주군 등은 약 5,000여 대의 M113을 사용하였는데, 이 장비의 여러 가지 우수한 성능에도 불구하고 베트남전을 통해 약점이 드러나기도 했다. 먼저 주무장으로 사용되는 M2 중기관총(12.7mm)은 채용 당시 충분한 화력이라 판단되었으나 전투에서 효과적인 탄막 형성에 실패하였으며, 사수를 보호할 수 있는 수단이 전혀 없어 베트콩의 손쉬운 저격목표가 되었다. 이런 문제로 인해 12.7 mm 중기관총 주위에 장갑판을 두르고 차체상부에 장갑판이 부착되어 M60기관총 두 정을 탑재한 일종의 화력강화형인 ACAV가 출현하게 된다.

▶ 그림 1-13 상부에 인원이 탑승한 M13

또 M113의 지뢰에 대한 내탄능력 부족으로 일선 부대에서 차체하부에 모래포대를 까는 등의 조치를 취하기도 했지만, 대개 차내보다는 차체 상부에 보병이 탑승하는 경우가 많았다. 그뿐만 아니라 M113에 사용된 알루미늄 장갑은 용융점과 기화점이 낮아 일반 아크용접을 할 경우 용착금속과의 접촉부위가 심하게 용융되거나 기화되어 버리는 문제점이 있었다. 이 때문에 일선에서의 수리가 쉽지 않아 간단한 장갑보수작업도 후방으로 옮겨 수리해야 하는 등 운용상 애로사항이 많았다.

한 가지 재미있는 것은 베트남 전쟁이 종전된 후 통일 베트남군도 노획한 M113을 1,100여 대 가량 운용하며 베트남이 캄보디아를 공격할 때도 이 장갑차가 동원되었다는 것이다.

아무튼 M113이 당시 APC 중에서는 최고의 모델로 인정을 받았음에는 사실이고 이후 81 mm 또는 107 mm 박격포 탑재차, 토우(TOW) 대전차미사일 발사기 탑재차 등 많은 계열장비가 개발되어 1964년 9월 최초 양산이 시작된 이래 20여 년간 총 7만 2000대(계열차량 포함)가 생산되었으며 이 중 2만 7,000대가 미국의 동맹국에 제공되었다.

미국은 1980년대 이후 신형 장갑차인 M2/M3 보병 전투차(IFV)를 개발하였으나 M113을 완전 퇴역시키지 않고 이미 생산된 M113 장갑차를 1980년대 중엽부터 개량하여 M113A2 · A3 장갑차들을 걸프전등의 현대전장에서 아직도 운용하고 있다.

1.3.3 장갑차의 새로운 조명, 보병전투장갑차와 차륜형 장갑차 (걸프전)

걸프전을 크게 1, 2차로 구분한다면 1990년 8월 2일, 이라크군대의 쿠웨이트 침공에 따른 미국 중심의 다국적군이 이라크를 쿠웨이트 영토로부터 축출하고자 1991년 1월 16일부터 2월 28일까지 44일간 진행된 전쟁을 제1차 걸프전, 그리고 1998년 12월 16일의 이라크 대공습을 제2차 걸프전이라고 부른다.

걸프전을 통해 장갑차는 예전과 다른 인식으로서 주목받게 되는데 그것은 바로 보병전투장갑차 IFV(Infantry Fighting Vehicle)와 차륜형 장갑차의 활약 때문이었다.

▶ 그림 1-14 M2/M3 브래들리 장갑차

미국은 M113 APC가 전투능력이 부족하여 월남전에서 임무를 수행하는 데 어려움이 많았던 점을 보완하고자 1960년대 인원수송능력은 유지하면서 화력과 방호력을 보강하고 상황에 따라 적 장갑차나 전차를 직접 공격할 수 있는 IFV를 개발하였는데, 이 장비가 대 규모전투에 직접 사용된 것은 바로 걸프전이었다.

걸프전에서 다국적군의 핵심이었던 미국은 M2A3, M3A3 브래들리 장갑차를 약 200대, 영국은 FV-510 (MCV80) 워리어 장갑차를 약 100대 정도 운용하였는데, 미국의 M2A3, M3A3 브래들리 장갑차는 25 mm M242 부시매스터 기관포를 장착하고 부무장으로 7.62 mm 기관총 및 TOW 대전차 미사일을 가지고 있으며, 6명의 보병이 탑승가능하다. M3모델은 M2모델에다 TOW 미사일을 예비로 10발 적재하는 대신 탑승보병수를 4명으로 줄인 모델이다.

기관포는 최대고각이 +60도로 대공사격도 가능하며 사용탄약 중 M791 APDS[5)]탄은 초속 1,345 m/s로 2,500m에서 BMP 장갑차의 장갑을 관통할 수 있다. 게다가 M919탄은 관통체가 열화 우라늄으로 걸프전에서 소량이 사용되었는데 이라크군의 T-54/62 전차의 측면장갑을 관통하여 파괴하는 뛰어난 성능을 입증하였으며, 열영상 사격통제장치 적용으로 야간전투능력까지 보유하였다.

▶ 그림 1-15 워리어 장갑차

영국의 FV-510 (MCV80) 워리어 장갑차는 1970년대에 개발된 장비로 주무장은 30 mm RARDEN 기관포를 장착하였으며 7.62 mm L94A1체인건을 부무장으로 장착하고 있다. 보병은 총 7명이 탑승하고 브래들리와 동일하게 야간전투능력을 가지고 있는데 걸프전에서는 차체에 증가장갑을 장착함으로써 높은 방호력을 기반으

5) APDS : Armor-Piercing Discarding Sabot 철갑축사탄

로 우수한 능력을 입증시켰다.

이처럼 강력한 화력과 방호력은 전차와 비교될 정도로 높은 전투력을 발휘하여 걸프전에서는 당당히 주력전차와 함께 전장임무를 수행하였으며 전차의 보조 및 후속부대로만 인식되던 과거와는 달리 시가전이나 민사작전 경호, 정찰 등 다양한 임무를 수행함으로써 어떤 부문에서는 전차보다 더욱 중요한 무기체계로서의 확고한 입지를 차지하게 된다.

그러나 걸프전 종결 후 미 육군은 향후 대규모 전쟁의 가능성이 줄어드는 대신 분쟁 및 소규모 테러전쟁이 증가하는 세계정세에 맞추어 4일 이내 세계 어느 곳이라도 투입이 가능한 차세대 여단 전투단의 필요성을 느끼고 이에 적합한 무기체계를 고려하여 2000년에 잠정 여단 전투단(IBCT : Interim Brigade Combat Team)을 편성하였는데, 이 부대에서 사용되는 장비가 스트라이커 차륜형 장갑차이고 이 장비의 모델이 되었던 것이 이라크전에서 미 해병이 사용했던 LAV-25 장륜장갑차이다.

이 장비는 브래들리와 동일하게 25 mm 기관포와 7.62 mm 기관총을 장착하고 있으며 M790 APDS탄을 사용할 경우 800m에서 러시아의 BMP 보병전투장갑차의 장갑을 관통할 수 있다. 그리고 M910 APFSDS[6]탄을 사용할 경우 현존하는 대부분의 IFV와 2세대 전차의 측면 장갑을 관통할 수 있다.

그러나 방어력이 부족하여 이라크 공격시 핵심전력으로는 운용하지 못하고 지원임무만 수행하였는데, 기동력이 우수하여 신속한 전개가 가능하며 C-130수송기에 의한 공중수송도 가능할 정도로 경량화되어 있는 것이 고유의 장점이었다. 따라서 이러한 특징들이 IBCT 여단에 적합하다고 판단되었을 뿐 아니라, 차륜형 장갑차 특성상 가격과 운영유지비가 저렴하여 첨단 야시장비나 통신장비를 장착하여도 궤도형 IFV보다 경제성에서 우수하기 때문에 점점 디지털화되어 가는 전장에서 새로운 주력 장갑차로 주목받고 있는 것이다.

▶ **그림 1-16** LAV-25 장륜장갑차

6) APFSDS : Armor-Piercing Fin-Stabilized Discarding Sabot 날개안정식 철갑축사탄

1.4 이라크전을 통해 본 현대전의 기계화 보병전술

IFV(Infantry Fighting Vehicle)는 APC(Armored Personnel Carrier)의 단점인 화력과 방호력을 증강하고자 개발한 장비이다. 그러나 일부에서는 IFV를 단순한 장갑차가 아닌 '보병전투차'란 새로운 범주로 분류하는 것이 옳다고 주장하기도 하는데, 이는 IFV 운용상 드러난 특징들이 기존 장갑차(APC 형태)와는 많은 차이점을 보이기 때문이다.

걸프전 이전까지의 전쟁사를 통해 장갑차 부대[7]의 운용을 살펴보면 수색, 정찰 등의 특수임무를 제외하고 대부분은 전차의 후속증원부대로 운용되었는데 통상적인 장갑차의 운용은 1개의 보병분대를 탑승시키고 전차에 의해 어느 정도 확보된 지형에서 보병을 하차시킨 후, 움직이는 기관총의 진지 정도로 사용되는 것이었다.

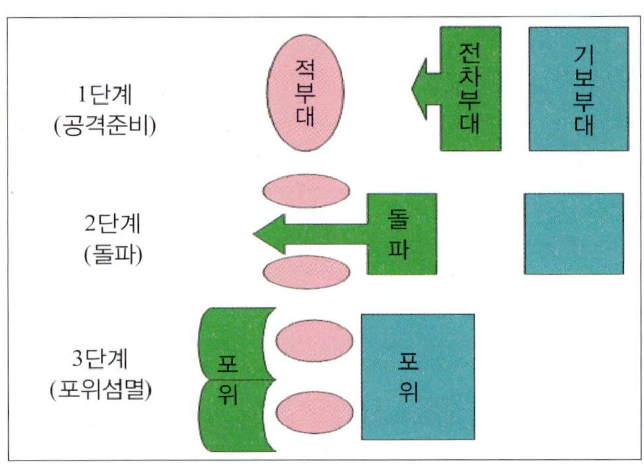

▶ 그림 1-17 2차대전시 전격전 개념

▶ 그림 1-18 이라크 시내를 정찰중인 브래들리

그러나 IFV가 대량으로 투입되었던 이라크전(2차 걸프전)에서는 예전과는 다른 기보전술이 사용되었는데, 그 중심에는 M2/M3 브래들리 장갑차가 있었다. 제2차 대전의 명장이었던 '오마 브래들리' 장군의 이름을 딴 M2/M3의 이라크전에서 임무는 먼저 보병부대를 최전선까지 안전하게 수송하며, 하차한 보병에게 지상작전간 화력지원 및 위협이 되는 적군의 전차나 장갑차량을 파괴하는 것이었다.

이러한 임무를 비교적 훌륭히

7) 정식 명칭은 기계화 보병부대, 이하 기보부대.

1호차 2호차 3호차 4호차

탑승조

전투 병력

병력하차시 전투편성
강습분대 1 : 9명, 재블린 2, 5.56 mm 경기관총 2 보유
강습분대 2 : 9명, 재블린 1, 5.56 mm 경기관총 2, 7.62 mm 기관총 1 보유
지원분대 : 9명, 재블린 1, 7.62 mm 기관총 3정 보유

소대장

▶ **그림 1-19** 이라크전시 브래들리 기보소대 전투편성(예)

수행한 기보소대의 편성을 보면, <그림 1-19>와 같이 총 4대의 장갑차를 보유하고 있으며 장갑차 1대에는 10명이 탑승한다. 탑승병력 10명 중 3명은 탑승조 인원으로 장갑차장, 사수, 운전병인데 이들은 전투 중 장갑차에 계속 탑승하여 하차전투원에 대한 화력지원 임무를 수행한다.

나머지 7명은 실 전투병력으로, 장갑차 4대에 28명이 분산 탑승되어 하차 후 3개의 분대를 편성하는데 2개의 분대는 강습분대로 직접 전투를 수행하며, 나머지 1개의 분대는 지원분대로 장갑차에 대한 경계 및 강습분대의 엄호를 담당한다.

하차전투 임무를 수행하는 3개의 분대는 개인화기 외에 대전차 무기인 재블린 4기와 5.56 mm 경기관총 4정, 7.62 mm 다용도 기관총 4정을 작전형태에 따라 매우 유연하게 운용하는데, 이는 보병화력으로서 매우 강력한 편이며 하차병력에 대해 25 mm 기관포와 대전차 미사일을 장착하고 있는 4대의 장갑차가 전투내내 근접지원함으로서 보병들의 적극적인 임무수행을 도왔다.

▶ **그림 1-20** 25 mm 주포 사격 모습(예광탄)

이러한 기보소대는 많은 전투에서 활약하였는데 그중 가장 진가를 발휘한 것은 시가전이었다. 미 육군은 이라

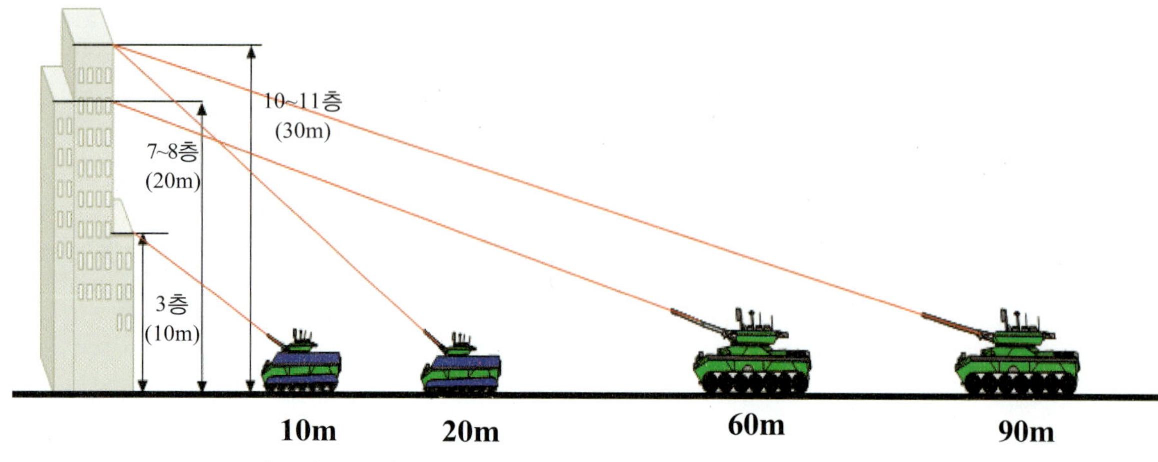

▶ **그림 1-21** 전차와 장갑차의 시가전하 교전능력 차이

크의 시가전에서 앞서 언급한 기보소대 전투편성을 사용하여 빌딩을 하나씩 제압하는 방식의 시가전을 수행하였다. 벽을 따라 조심스럽게 이동하는 기보소대 하차병력 뒤에는 어김없이 브래들리 장갑차가 함께 이동하며 엄호하였고, 빌딩 벽 뒤의 적이 발견되면 25 mm 주포가 최고 분당 200발의 탄약을 쏟아 부었다.

그러나 장갑차의 방어력은 전차에 비해 많이 떨어지므로 적군의 RPG-7 로켓포에 의한 피해도 많이 발생하여 M1전차와 혼성팀을 이루기도 했는데, M1전차의 강력한 화력지원은 매우 효과적이었지만 시가전의 특성상 전차의 큰 덩치는 오히려 적군의 좋은 표적이 되었다. 따라서 하차보병들은 자신이 타고 온 장갑차뿐만 아니라 전차에 대한 경계도 해야 했으므로 부담이 가중되어 혼성팀은 필요시에만 편성하였다.

시가전의 가장 큰 위협은 높은 빌딩 꼭대기에서 발사되어 전차, 장갑차의 가장 약한 부위인 상부를 공격하는 로켓탄이나 미사일인데, 이에 대해서도 전차보다는 상삽차가 훨씬 효과적이었다. M1 전차는 주포의 고각이 20도밖에 안 되므로 4층 정도의 빌딩 상부를 공격하려면 최소 23m가 이격되어야 하나, 브래들리 장갑차는 주포고각이 60도까지 올라가므로 20m만 이격되면 10층 높이 빌딩의 상부도 공격이 가능하였다. 따라서 사격거리가 좁은 빌딩 숲 속에서는 장갑차의 운용이 훨씬 효과적인 것이다.

브레들리가 1983년 첫선을 보인 이래 꾸준히 발전했던 내부 시스템의 변화도 성공적 임무수행 요인으로 큰 역할을 담당하였는데, 이라크전에서 주로 운용되었던 M2/M3모델은 전장정보체계[8])를 구축했던 최초의 장비였다.

8) 전장정보체계란 전술인터넷을 기반으로 감시정찰 장비에 의해 파악된 적군의 위치, 전력 및 항법장치에 의

게다가 다양한 전장정보들이 탑승보병실에 설치되어 있는 영상전시기를 통해 탑승보병에게 전달되어 현재의 상황 및 향후 수행해야 할 임무 등이 정확히 인지되기 때문에, 기존의 장갑차에서 하차 전까지 막연한 두려움에서 떨어야 하는 보병들은 지속적으로 전달되는 정보들을 통해 신속한 현장적응이 가능해졌다.

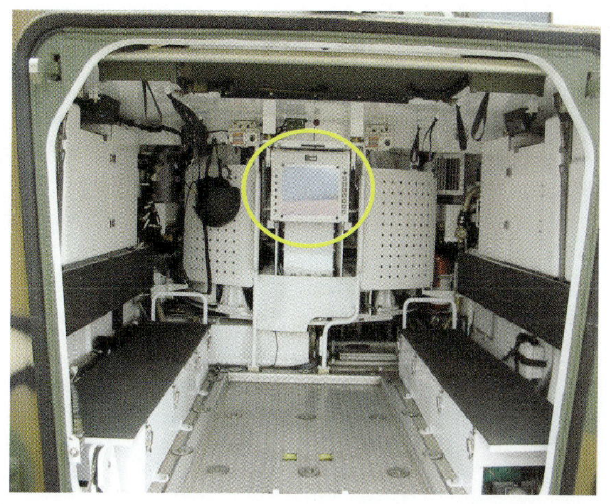

▶ 그림 1-22 보병실에 장착된 전시기

이러한 시스템들은 이후 개발되어지는 장갑차에 큰 영향을 주어 최근 개발되는 대부분의 장갑차는 네트워크 기반의 전장정보체계와 보병 영상전시기를 필수로 적용하는 추세이며, 이를 통해 기보전술은 네트워크 기반의 다중 임무 수행(Networked System of Systems)의 개념으로 발전하고 있다.

1.5 우리나라 장갑차 개발사

국내 장갑차 개발은 1977년 이탈리아 피아트(Fiat)사와 오토브레다(Oto Melara)사가 공동으로 개발한 CM6614 (KM900) 장갑차를 아시아자동차(현 기아자동차)에서 면허생산한 것이 최초이다. CM6614는 4×4 차륜형 장갑차로 북한군 특수부대 투입시 신속한 기동력을 이용하여 도시 대게릴라 작전에 사용하고자 개발하였는데, 당시 육군은 후방지역에 침투하는 적 특수부대 경우 주로 경무장 상태이기 때문에 차륜형 장갑차로 충분히 대처가 가능할 것으로 판단하였다. 그러나 실 운용상 방어력이 약하고 야지 기동능력이 떨어져 우리나라 같은 산악지역에서 부적합하다고 판단하여 약 400여 대만 생산하고 중단하였다.

KM900을 생산하기 전인 1970년대 초, 우리 군은 미국으로부터 M113 및 M계열 장갑차를 군사원조로 지원받아 사용하고 있었지만 장비 노후화와 소요 부속들에 대한 군수지원 애로가 계속적으로 발생하였으며, KM900 배치 후에도 기갑전력이 북한에 비해 질적으로나 양적으로 열세하다고 판단됨에 따라 1979년 말 한국형 장갑차개발을 착수하게 된다.

한 정확한 아군위치 등의 전장정보를 디지털화하여 공유하는 것을 말하며, 상급부대의 작전명령을 실시간으로 각 단차에 부여하기도 한다. 따라서 정확한 전장상황이 파악되고 여기에 대응하는 전략들이 실시간으로 전달되어 기존보다 2~5배의 전투 효율이 증가한다.

전투중량	8.5톤	전장/전폭/전고	5.86/2.5/2.18m	엔진출력	160마력
탑승인원	11명	항속거리	700 km	최대속도	100 km/h
무장	7.62m 기관총 1정 / 12.7m 기관총 1정			수상주행	가능

▶ 그림 1-23 CM6614 (국내모델명 KM900)

장갑차 국내개발이 결정된 이후에도 "정말 우리 손으로 장갑차를 만들 수 있을까?"하는 의구심은 한동안 계속되었다. 그러나 1980년 9월 대우중공업(현 두산인프라코어)이 미군 M113 장갑차 개조 및 창 정비사업에 참여하게 되면서 장갑차개발은 더욱 현실로 다가오게 되는데, 이 사업을 통해 대우중공업은 M113의 기술자료를 미군으로부터 전달받고 텍사스의 미군정비창에 기술요원을 파견하여 알루미늄 용접기술 및 장갑차 분해 조립과정 등의 주요기술을 익히게 된다. 그리고 이러한 기술력은 이후 K200 개발시 그대로 적용이 됨으로써 국내장갑차 개발 성공의 밑거름이 된 것이다.

이 부분에서 어떤 사람들은 K200이 M113을 모방하였다고 하지만, 1984년 K200이 완성된 후 M113 생산업체인 FMC사가 본인들의 지적소유권을 주장하기 위해 조사단을 파견한 결과 독자개발이 맞다고 인정하고 귀국한 사건을 통해 K200개발에 M113이 참고는 되었지만 개발은 순수 독자적으로 이루어졌음이 명백해진다.

▶ 그림 1-24 K200 APC

1980년 개발이 시작되어 만 4년만에 개발을 마치고 1985년부터 전력화 된 K200 장갑차는 보병수송용

장갑차로 12명이 탑승할 수 있으며, 동체는 알루미늄 용접구조로 측면에 유격 부가장갑이 장착되어 12.7 mm 총탄 및 포탄파편으로부터 방호가 가능하다.

동력장치는 대우중공업에서 면허 생산한 독일 MAN사의 D2848M 280마력급 엔진과 T-300 반자동변속기가 탑재되었으며, 조종수는 차체 선방 좌측에 탑승하고 M17 잠망경과 KAN/VVS-2 광증폭식 야시경이 장착되어 야간주행도 가능하다. 후방문은 유압 구동식 램프를 적용하였으며 2개의 총안구가 설치되어 있고, 현수장치는 토션바식이며, 자체부양이 가능하여 수상운행 능력을 확보하고 있다. 수상운행시 추진력은 궤도로 발생하며, 물이 차체상부로 유입되는 것을 막기 위하여 전방에 파도막이가 설치되어 있다.

무장은 소총탄 방호가 가능한 보호막에 12.7 mm 기관총이 탑재되어 있으며 6발의 연막탄 발사기가 탑재되어 있고, 계열장비로는 화생방 정찰차(K216), 박격포 탑재장갑차(K281/K242), 발칸 탑재장갑차(K230) 및 구난장갑차(K288) 등이 있다.

K200 장갑차는 개발 당시 성능면에서 선진국 APC와 비교시 손색이 없는 장비였지만 육군 운용간 반자동변속기 사용의 불편함과 전차와 협동작전시 출력저하의 개선사항이 도출되어, 1984년 엔진출력이 350마력으로 증대되고 자동변속기를 장착한 개량형인 K200A1이 개발되어 야전에 배치되었으며 이 때 지휘용장갑차(K277)도 함께 개발되었다.

이후 1990년 초, 주변국 IFV 발전추세에 부응하고 21세기 전장 환경하에서 강력한 기계화 보병 임무수행을 위한 차기보병전투장갑차 개발이 요구되어, 한국형 IFV에 대한 개발을 1999년 말 에 착수하였고 2007년에 개발을 완료하여 K21이라 명명하였다. K21은 조종수, 차장 및 사수를 포함 12명이 탑승할 수 있으며, 암내장형 유기압 현수장치와 750마력급 소형 고출력 동력장치가 장착되어 야지기동성이 증대되었고, 전투중량이 25톤으로 자체부양이 불가능하지만 에어백식 수상부양장치의 적용으로 수상운행능력까지 보유하고 있다.

포탑에는 40 mm 주무장과 자동송탄장치, 7.62 mm 공축 기관총, 대전차 미사일발사대가 장착되며, 전기식 포/포탑 구동시스템과 안정화 장치 등이 탑재되어 이동간 사격이 가능하다. 40 mm 날개안정철갑탄은 우수한 관통력으로 현존하는 거의 모든 IFV를 제압할 수 있으며, 복합기능탄은 사거리 4 km 범위 내의 지상 경표적, 경장갑 표적과 공격헬기에 대한 대응능력을 보유하고 있다. 특히, 복합기능탄의 시한신관 기능은 은폐・엄폐된 적 보병상부에서 폭발토록 하여 살상효과를 극대화시켰으며 공중표적에 대해서는 근접신관 기능으로 공격능력을 향상시켰다.

또한 피아식별기를 장착하여 아군간의 오인사격을 방지하고, 종합항법장치와 각종 컴퓨터 및 C4I와 연동가능한 무전기 내장으로 전장정보체계의 구현이 가능하여 아군 부대간

▶ 그림 1-25 우리 군 IFV K21

다차원적인 통합전투가 가능하며, 3차원 영상 처리와 음향효과 발생 등 최신 컴퓨터 신호처리 기술을 적용한 내장형 훈련용 시뮬레이터를 체계에 내장함으로써 실제 장비를 움직이지 않고 승무원 훈련이 가능하다.

이상과 같은 제원은 세계 어느 나라의 IFV와 비교 시에도 손색이 없는 것으로 수송인원을 9명으로 채택함으로써 IFV의 장점을 지니면서 APC의 임무도 충분히 소화할 수 있는 최상의 장비라고 할 수 있으는데 실제 BMP-Ⅲ 대상 War-game 결과 전투효과가 약 35% 이상 우수한 것으로 판단되었다.

현재 우리 군은 성공적인 IFV 개발에 힘입어 전 세계적인 장갑차 추세인 차륜형 장갑차에 대한 계발도 계획중에 있으며 조만간 구체적인 형태가 밝혀질 것으로 예상된다.

표 1-1 K200A1(K200)과 K21 제원비교

<table>
<tr><th colspan="3">구 분</th><th>K200A1(K200)</th><th>K21</th></tr>
<tr><td colspan="3">개발기간(연월)</td><td>1993. 12~1994. 12.
(1980. 1~1984. 12)</td><td>1999. 12~2006. 12.</td></tr>
<tr><td colspan="3">전력화 연도</td><td>1995 (1985)</td><td>2008</td></tr>
<tr><td rowspan="11">주요 특성 및 성능</td><td rowspan="3">제원</td><td>전투중량(톤)</td><td>13.2</td><td>25</td></tr>
<tr><td>장×폭×고(m)</td><td>5.49×2.85×1.93</td><td>6.9×3.6×2.6</td></tr>
<tr><td>탑승인원(명)</td><td>12(3+9)</td><td>12(3+9)</td></tr>
<tr><td rowspan="4">화력</td><td>주무장</td><td>12.7 mm 기관포</td><td>40 mm 자동포</td></tr>
<tr><td>부무장</td><td>7.62 mm</td><td>7.62 mm</td></tr>
<tr><td>대전차유도무기</td><td>-</td><td>발사후 망각방식</td></tr>
<tr><td>사격통제</td><td>-</td><td>디지털 탄도계산</td></tr>
<tr><td rowspan="4">기동</td><td>최고속도(km/h)</td><td>70</td><td>70</td></tr>
<tr><td>야지속도(km/h)</td><td>24</td><td>40</td></tr>
<tr><td>수상속도(km/h)</td><td>6</td><td>6</td></tr>
<tr><td>항속거리(km)</td><td>480</td><td>450</td></tr>
</table>

표 1-1 K200(A1)과 K21 제원비교 (계속)

구 분			K200A1(K200)	K21
주요 특성 및 성능	생존성	위협경고/피아식별	-	LWR/UV 센서 피아식별기
		화생방방호	개인방호	집단방호(양압장치)
		화재방호	수동소화장치	자동소화장치
	정보통신	통신	음성통신	음성/데이터 통신
		전장관리체계	-	대대 이하 지휘통신체계 구축 및 C4I 연동

1.6 K200 장갑차는 APC인가? IFV인가?

K200 장갑차는 우리나라에서 주력으로 사용하고 있는 APC 형태의 장갑차이다. 그런데 간혹 <그림 1-26>처럼 인터넷이나 장갑차를 소개하는 해외 잡지에서 K200을 KIFV(한국형 보병전투장갑차)로 소개하곤 한다. 왜 한국에서 APC로 사용되고 있는 장비가 IFV로 소개되는 것일까? 여기에 대한 해답은 K200 장갑차의 개발과정에 숨어 있다.

1969년 미국의 닉슨 대통령은 "방위의 1차적 책임은 자국이 져야 한다."는 일명 '닉슨 독트린'을 선포하였는데, 이를 계기로 우리나라도 자주국방을 위한 율곡사업을 1974년부터 시작하게 된다.

| 한국형 장갑차 K200A1

K200 보병전투장갑차는 1985년 국내 독자 개발되어 운용되는 한국군 보병 주력 장갑차로, 1993년에 국내 최초로 해외에 수출하여 UN의 보스니아 평화유지활동에서 뛰어난 성능이 입증된 장비이다. 육군의 제안에 따라 1980년부터 한국형전투장갑차의 개발이 시작되어 1984년에 개발완료와 동시에 K200으로 명명된 K200전투장갑차는 기존의 미군원장비인 M113장갑차를 대치하여 현재 군에서 주력장갑차로 운용 중에 있다.

K200A1은 1994년에 엔진출력증대, 변속기 자동화 등의 성능개량을 통해 기동성과 운용편의성이 대폭 향상되었다. 1993년 말부터는 K200전투장갑차를 포함, 구난차, 박격포차, 지휘차 및 구급차가 국산 기동장비로써는 최초로 말레이시아에 수출되어 현재 말레이시아 군이 운용 중에 있으며 특히 말레이시아 대대병력의 UN 보스니아 평화유지활동에서 그 뛰어난 성능이 입증되었다.

▶ **그림 1-26** K200을 보병전투장갑차로 소개하고 있는 인터넷 사이트 (예)

K200 장갑차는 1979년 개발이 시작되어 1984년 10월 1일 국군의 날을 통해 민간에 공개되었는데, 최초 개발개념은 단순한 보병수송용이 아닌 보병 탑승전투 및 보/전/포 협동작전 수행이 가능한 독자모델의 한국형 보병전투장갑차였다고 한다. 따라서 K200을 기본모델로 하여 현재 운용중인 박격포 탑재형이나 구난장갑차와 같은 화력 및 전투지원장갑차 외에도 40 mm 유탄 탑재형이나 30 mm/90 mm 포탑 탑재형과 같은 IFV 형태도 고려하였다.

그러나 동 시기에 최초의 국산전차인 K-1 전차가 개발 중에 있어서 장갑차는 전투용보다 전투지원 측면에서 고려되었으며, 게다가 당시 율곡사업은 우리 군이 사용 중인 미국장비에 대한 대체장비 개발을 주 목적으로 하고 있었기 때문에 K200 장갑차는 미 군사원조에 의해 도입된 M113을 대체하는 개념으로 개발이 진행된 것이다.

하지만 K200의 구조를 보면 전투용의 개념이 고려된 흔적을 볼 수가 있는데 '총안구'의 적용이 바로 그것이다. 총안구는 장갑차 내부에 탑승한 보병이 바깥으로 개인화기 사격을 할 수 있도록 만든 구멍으로 양 측면에 2개씩 4개, 뒷면에 2개, 총 6개가 장착되어 있다. 이것이 제한적이지만 탑승전투를 할 수 있도록 설계한 것이다.

그러나 최근 총안구의 무용론이 대두되면서 더 이상 총안구는 설계에 반영되지 않고 있는데, 장비기동 중에 내부에서 사격을 한다는 것은 명중률이 매우 낮아 큰 의미가 없으며, 정차되어 있는 장갑차 내부에서 사격은 탑승병력에게 방호력을 제공할 수 있으나 정지되어 있는 장갑차 자체가 매우 좋은 표적이 될 수 있기 때문에 무용론이 대두된 것이다. 게다가 총안구라는 구멍은 장비 도하시 내부로 물이 유입될 수 있는 원인이 될 수도 있기 때문에 더욱이 불필요하다고 생각되는 것이다.

20 mm 유탄 탑재형

90 mm 포탑 탑재형

▶ **그림 1-27** IFV형 K200 모델–실 개발은 안 됨

지금까지 설명한 바와 같이 최초개발 당시의 개념과 일부 고려된 전투용 설계요소들이 K200을 IFV로 소개하게 만든 것이다. 지금 우리 군은 차기 한국형 IFV를 개발완료하여 야전배치를 눈앞에 두고 있다. 아마도 K200이 IFV로 소개되는 것은 IFV가 되지 못한 원한(?) 때문이 아닌가 싶으며, 한국형 IFV에 대한 야전배치가 완료되는 날 K200의 원한도 풀리지 않을까 생각해 본다.

▶ **그림 1-28** K200장갑차에 장착되어 있는 총안구

[제 2 절]

장갑차의 구조와 원리

2.1 장갑차는 어떻게 분류되는가?

장갑차는 현재 가장 광범위하게 보급되어 있는 지상전투 및 전투지원 플랫폼 중의 하나로 초기의 장갑차는 보병수송개념(APC : Armored Personnel Carrier)으로 개발되었으나, 탑승보병이 적의 강력한 저항을 제압하려면 탑승한 상태에서 전투를 수행할 수 있어야 유리하다는 점이 강조되어 '탑승전투'의 새로운 전술개념을 도입한 보병전투장갑차(IFV : Infantry Fighting Vehicle, ICV : Infantry Combat Vehicle)가 개발되었다.

그리고 오늘날에 이르러서 세계 각국은 APC나 IFV를 기본모델로 하여 사용군의 운용목적 및 용도에 따라 다양한 계열화를 함으로써 다른 지상 전투체계보다 매우 다양한 형태를 나타내고 있다. 여기서 계열화란 장갑차란 무기체계의 특징이 되기도 하는데 기본모델의 주요 차체는 그대로 사용하면서 특수임무 수행을 위한 장치를 추가하여 완전 다른 용도의 장갑차를 만드는 것을 말한다. 예를 들어 기본차체 상부에 구난장치를 추가면 구난장갑차가 되는 것이고, 보병들이 타는 공간에 박격포를 탑재하면 화력지원장갑차가 되는 것이다.

이러한 장갑차를 분류하고자 할 때는 임무와 형태에 따라 분류할 수 있는데 먼저 임무에 따라 분류하면 기본장갑차로는 보병수송장갑차, 보병전투장갑차가 있으며 계열장갑차로는 정찰용장갑차, 구축전차, 화력지원장갑차, 전투지원장갑차, 군수지원장갑차 등이 있다.

보병수송장갑차(APC)는 보병의 기계화수단으로 주력전차와 협동작전을 하며 전장에서 하차전투지점까지 보병분대를 신속하게 수송하는 경장갑차량이며, 보병전투장갑차(IFV)는 주력전차와 협동작전하며 APC보다 우수한 화력으로 보병수송, 하차한 보병부대의 화력지원 및 독립작전능력과 대공방어능력을 보유한 장갑차량이다.

표 2-1 임무에 따른 장갑차의 분류

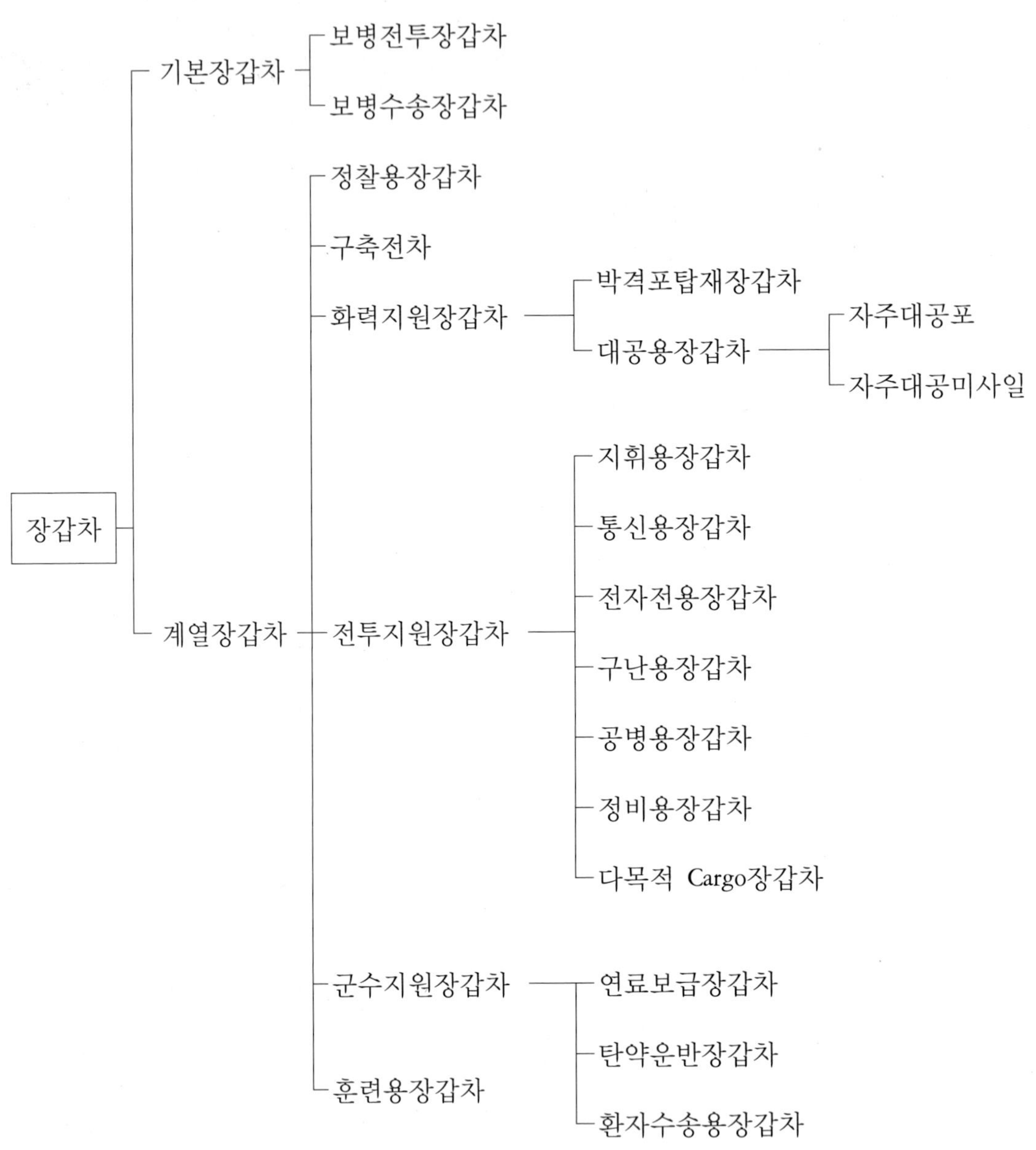

정찰장갑차(Reconnaissance Vehicle)는 정찰부대의 주된 전력으로 수색, 경계, 정찰전투에 사용되는데 정숙성, 소형경량, 높은 야지 주행능력과 민첩성 등이 요구되며, 구축전차(Tank Destroyer)는 대전차화기를 차체에 탑재한 대전차 장갑차로서 방어용 무기체계이며 적전차를 방어진지에서 격파하고 주력전차를 직접 지원한다.

보병수송장갑차

보병전투장갑차

정찰용 장갑차

구축전차

화력지원장갑차(박격포 탑재)

화력지원장갑차(대공)

전투지원장갑차(지휘용)

전투지원장갑차(구난용)

▶ **그림 2-1** 임무에 따른 장갑차의 분류

화력지원장갑차(Fire Support Vehicle)는 전장에서 화력지원을 위해 화포 또는 미사일을 탑재한 장갑차로 직사포, 곡사포, 박격포, 다련장로켓포 등을 탑재한 보병지원용과 대공기관포 및 미사일을 탑재한 대공용으로 구분된다.

전투지원장갑차(Armored Combat Support Vehicle)는 제1선 부대의 전투를 용이하게 지원하는 장갑차로 지휘용장갑차, 통신용장갑차, 구난용장갑차, 전자전장갑차, 정비용장갑차 등이 있으며, 전장에 있어서 각종 공병임무를 위한 교량용장갑차, 공병작업장갑차, 지뢰제거 및 가설장갑차 등이 있다.

마지막으로 군수지원장갑차(Armored Support Vehicle)는 전장에 있어서 군수지원을 위해 연료, 탄약의 보급, 군수품수송, 환자수송 등에 사용되는 장갑차다.

그리고 형태에 따른 분류로는 궤도형과 차륜형 장갑차로 구분되는데 궤도형 장갑차는 전장상황하 전차와의 협동작전수행을 위해 차체 하부를 전차와 동일한 무한궤도방식으로 설계하여 야지 주행능력을 높인 것이며, 차륜형 장갑차는 일반차량과 동일하게 타이어방식의 바퀴를 장착한 것이다.

차륜형 장갑차는 한때 궤도형 장갑차에 비해 야지기동성이나 방호력이 약하여 특수한 목적(대테러, 경호, 폭동진압 등)을 위해서 주로 사용되었으나, 장갑기술의 발달과 야지기동성 개선 등을 통해 전투장비로서 재조명되고 있다. 차륜형 장갑차의 가장 큰 장점은 우수한 기동력과 경량화인데 궤도형 장갑차는 무거운 중량 때문에 수송시 기차나 배를 이용하지만, 차륜형의 경우 수송기에 의한 수송이 가능할 뿐 아니라 유사시 자체 기동력을 이용한 자가수송도 가능하다. 따라서 경량화 부대를 추구하고 있는 미군은 차륜형 장갑차를 보병수송용 외에도 전투용을 포함하여 다양한 계열화 형태로 발전시키고 있다.

궤도형 장갑차 : 러시아, BMP-III

차륜형 장갑차 : 미군, Stryker

▶ 그림 2-2 형태에 의한 장갑차 분류

2.2 인원수송장갑차(APC)는 어떠한 구조를 가지는가?

APC는 보병을 수송하기 위한 장비이다. 따라서 구조는 차체로만 구성되어 있고, 화력은 전투병을 엄호하거나 유사시 적 인원을 공격하기 위한 기관총 수준의 화기가 장착되어 있다. 그리고 방호력 면에서도 소화기탄이나 포탄파편 정도의 방호력을 제공하기 때문에 경장갑을 사용하여 전차나 자주포 같은 궤도장비들 중 가장 가벼운 장비에 속한다. 그리고 내부에는 보병 8~10명 정도가 탑승하는 공간을 가지고 있으며 신속한 인원 승/하차를 위해 램프(RAMP)라 불리는 별도의 뒷문이 있다.

장갑차는 전장에서 전천후 기동을 제공해야 하기 때문에 강이나 호수를 건널 수 있는 수상운행능력을 가지기도 하는데, 수상주행은 기본적으로 물에 떠서 가는 방식(도섭)을 사용하며 수중 추진력을 위해 별도의 장치를 사용하기도 하지만 기본적으로는 궤도회전에 의해 추진력을 사용한다. 그리고 수상에서 균형 있는 부양을 위해 보조기구들이 장착이 되기도 한다.

그럼 APC의 주요 형태에 대해 좀더 자세히 알아보자.

1) 화기 : APC는 기본적으로 인원수송을 주목적으로 하는 장비로 무장은 인원수송간 자체방어나 필요시 대공사격, 그리고 탑승보병의 하차전투시 지원을 위해 기관총 수준(12.7 m/7.62 m)의 화기를 장착하고 있다.

▶ 그림 2-3 APC의 구조, 전면부

▶ **그림 2-4** APC의 구조, 후면부

2) 사수석 : 장갑차에 부착되는 화기 중 가장 화력이 좋은 것을 운용하는 병사를 사수라고 하며 사수석은 보호판으로 방호되어 있다.
3) 해치(승무원 탑승구) : 장갑차의 승무원은 사수를 포함하여 조종수, 차장 등 2~3명으로 구성되는데 모든 탑승구는 해치 형식으로 여닫게 되어 있어 전시에 외부인원이 밖에서 열지 못하도록 되어 있다.
4) 배기구 : 엔진에서 나온 배기가스를 배출하는 곳으로 수상주행을 위해 통상 위쪽을 향하도록 한다.
5) 연막탄발사기 : 전투상황시 적으로부터 장갑차를 은폐시키는 데 사용한다.
6) 파도막이 : 장갑차의 수상운행시 부력을 상승시켜 장갑차의 무게중심을 잡아 주며, 운행을 순조롭게 하고 도하시 파도를 막아 준다.
8) 현수장치 : 장갑차의 하중을 분산시키고 주행시 접지력을 유지하며, 주행간 노면으로부터 전달되는 진동 및 충격을 흡수하는 장치로 주요 구성품으로는 궤도, 기동륜, 보기륜, 유동륜, 장도조절기, 완충장치 등이 있다.
9) 방호장갑 : 장갑차는 수상주행을 하기 때문에 부력을 높이기 위해 차체가 물에 잠기는 부분의 부피를 크게 하거나, 재료를 강철보다 약 30~40% 가벼운 알루미늄 합금을 사용하여 장갑차의 무게를 줄이는 방법을 사용한다. 따라서 전차에 비해 비교적 약한 방호력을 가지지만 최근 방호장갑에 대한 기술의 발전으로 가벼우면서도 높은 방호력을 가지는 장갑차들이 등장하고 있다.
10) 램프 : 탑승보병을 신속히 승·하차시키고 화물적재시 사용되며 완전히 내릴 수 있다.

11) 뒷문 : 램프를 내리지 않고도 인원을 승/하차시키기 위해서 설치되기도 한다.

12) 보병탑승공간(탑승의사) : 보병들이 탑승하는 공간으로 내부에 앉을 수 있도록 의자가 설치되어 있다. 보병 1명이 완전군장과 총기, 탄약을 휴대하면 생각보다 많은 공간을 차지한다. 따라서 내부 탑승공간 설계시는 최대한 틈새를 이용하여 총기와 탄약적재가 가능하도록 하며 군장을 장비밖에 묶는 경우도 있다.

▶ 그림 2-5 개인군장을 밖에 묶은 장갑차-미, Stryker

참고로 장갑차에 탑승하는 인원을 표시할 때 통상 3+7명, 2+8명 등의 표현을 사용한다. 여기에서 처음에 제시되는 숫자는 장갑차 운용에 필요한 인원수를 뜻하고 뒤에 제시되는 숫자는 수송 가능한 병력숫자를 말한다. 예를 들어 3+7명이라고 하면 총 10명이 탑승가능하나 3명은 장갑차 운용을 위한 조종수, 사수, 장갑차장을 의미하며 7명이 수송가능하다는 의미이다. 장갑차 운용을 위한 인원들은 탑승보병들이 하차한 이후 보병에 대한 화력지원이나 경계를 위해 장갑차를 이탈하지 않는다.

2.3 차체의 체계구성은 어떻게 되어 있는가?

장갑차의 차체는 크게 동력을 발생하는 동력발생장치(주로 엔진부분)와 발생된 동력을 적정 속도로 변화시켜 기동륜에 전달하는 동력전달장치(주로 변속기부분), 그리고 실제 장비를 주행시키고 완충작용을 담당하는 현수장치, 차체에 포함되어 있는 특정 부분들을 작동시키기 위한 전기장치와 유압장치로 구분할 수 있다.

동력발생장치는 말 그대로 차체에 필요한 동력을 발생시키는 장치로, 필요한 동력이란 장비를 움직이게 하는 기동력뿐 아니라 차체에 포함된 전기장치나 유압장치를 작동시키는 전력/유압도 의미한다. 통상 동력발생장치라고 하면 엔진을 의미하지만 정확한 의미에서 엔진은 기동력만을 발생시키며, 유압이나 전력은 별도의 유압모터나 발전기에서 생성된다.

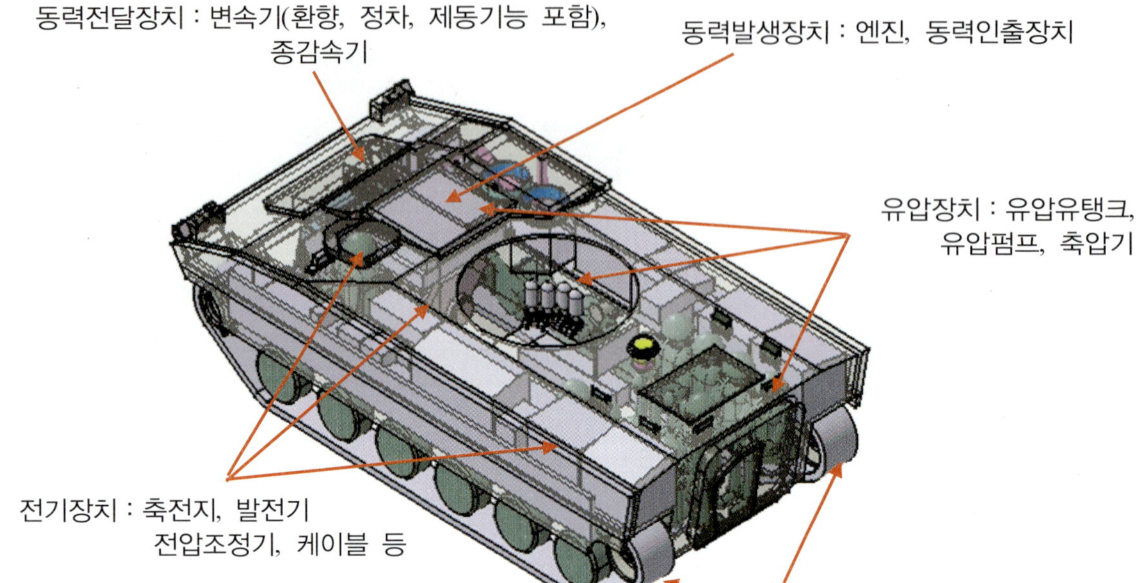

▶ 그림 2-6 차체의 체계 구성도

하지만 유압모터나 발전기 작동도 엔진회전력을 이용하기 때문에 모든 동력발생의 근본은 엔진이라 할 수 있다.

동력전달장치는 엔진에서 발생된 동력을 받아 조종수의 기어 단수 선택시 변속기 내부의 기어조합에 의해 주행간 필요한 적정 동력으로 변화시키며, 출력축을 통해 종감속기로 보내는 과정에서 환향 및 제동과 주차기능을 수행한다. 출력축을 통해 전달된 동력은 종감속기에서 내부 기어(gear)비에 의해 회전력이 증가되어 무거운 궤도를 돌리는 기동륜을 회전시킨다.

▶ 그림 2-7 동력전달장치(변속기)

현수장치는 사람의 발에 해당되는 장치로서 장비의 하중을 분산시키며 주행간 지면으로부터 오는 진동과 충격을 완화시켜 주는데, 구성은 궤도와 궤도를 회전시키는 기동륜, 보기륜, 유동륜 및 완충장치 등으로 구성된다.

전기장치는 최초 전원을 저장하고 있는 축전지와 장비주행간 소모전원 충전을 위해 전력을 발생시키는 발전기, 전압조정기, 그리고 전원을 필요로 하는 여러 장치에 전기를 공급하는 케이블로 구성된다. 이 중 전압조정기는 발전기에서 발생된 전기를 일정전압으로 조정하는 구성품으로 발전기에서 생성된 전기는 엔진회전수 변화에 따라 불안정하게 생성되므로 전압조정기를 통해 항상 일정한 전압으로 조정이 되어 축전지를 충전하게 된다.

▶ 그림 2-8 동력발생장치(엔진)

유압장치는 유압유를 이용하여 펌프에서 압력(힘)을 생성하고, 그 힘을 이용하여 기계장치를 작동시키는 것으로 램프개폐나 주차/제동, 포탑회전 등의 기능을 수행한다. 구성은 유압유 저장탱크, 유압펌프, 유압모터, 연결호스 등으로 이루어지며, 유압펌프에서 생성된 유압을 저장하거나 압력을 더욱 상승시킬 필요가 있을 때는 축압기가 사용된다.

전기장치와 유압장치는 별개의 장치로 각각 구분되어 작동되기도 하지만, 유압에 대한 통제를 전기밸브나 스위치로 할 경우 전기/유압장치는 하나의 장치처럼 기능을 수행한다. 그리고 포탑구동과 같이 큰 힘을 요구하는 장치는 대부분 유압을 사용하였으나 최근에는 전기모터를 이용하기도 하는데, 이는 유압장치의 특성상 작은 힘으로 큰 동력을 얻을 수 있는 일 효율은 좋지만 배관설계, 누유 및 온도에 따른 유압유의 상태변화 등의 부담감과 구동부 회전을 위한 압력생성을 위해 구동부가 회전하지 않아도 펌프는 계속 작동되어야 한다는 에너지 손실 등의 이유로 전기식 구동장치로 대체가능한 부분은 점차 대체하는 추세에 있다.

2.4 엔진과 변속기의 연결, 파워팩(power package)

동력을 발생시키는 엔진, 발생된 동력을 적절하게 변환시켜 현수장치에 전달하는 변속기 그리고 엔진과 변속기를 연결해 주는 다양한 형태의 클러치, 이 세 부분은 대부분의 군용 기동장비에서 한 덩어리로 조합되어 있다. 이는 정비의 신속성을 위해 고장시 엔진·변속기의 교환을 쉽게 하기 위해서인데, 엔진이나 변속기를 정비하기 위해서는 이 덩어리를 먼저 차체에서 분리하여야 하며 이것을 파워팩(Power Package)[1] 이라고 한다.

▶ 그림 2-9 'T'형 파워팩

▶ 그림 2-10 'U'형 파워팩

그런데 장비마다 파워팩의 엔진, 변속기 연결방식은 조금씩 차이가 있는데, 예를 들어 전차, 장갑차 경우 엔진과 변속기의 연결이 'T'자 형태이나, 자주포경우는 'U'자 형태를 취하고 있다. 엔진, 변속기의 'T'자형 배열은 <그림 2-9>와 같이 엔진과 변속기가 일직선 상에 놓이기 때문에 길이는 좀 길어지나 폭은 좁은 형상이 되며 'U'자형 배열은 <그림 2-10>와 같이 엔진과 변속기가 나란히 배열되어 정사각형에 가까운 모양을 가진다.

이것은 무기체계 특성을 반영한 것으로 전장에서 직접전투를 수행하는 전차, 장갑차의 경우는 'T'자형 파워팩을 통해 적 공격을 가장 많이 받게 되는 전면은 좁게, 길이는 길게 만들어 생존성을 향상시키고자 하는 의도이다. 그러나 자주포의 경우는 적 공격을 직접적으로 받는 경우가 적은 대신, 포 발사간 발생하는 반동력을 차체에 골고루 분산시킬 필요가 있어 'U'자 형태를 가지게 된 것이다.

체계 구조면에서 두 가지 타입을 비교한다면 'T'형 구조보다 'U'형 구조가 공간활용 면에서 우수하다. 파워팩만 설지한다는 가성 하에 엔진실의 빈 공간을 비교하면 <그림 2-11>과 같이 'U'형 구조보다 'T'형 구조가 빈 공간이 더 많이 발생하므로 설계 측면에서 비효율적이라 할 수 있다[2] 그러나 앞서 설명한 것처럼 무기특성을 고려하여 임무와 특성에 맞게 파워팩 구조가 결정되기 때문에 이러한 차이가 발생하는 것이다.

하지만 최근에는 디젤엔진공학의 발전으로 전투장비인 장갑차나 전차에도 'U'형 구조의 파워팩이 적용되고 있다. 이는 커먼레일 연료분사방식이나 인터쿨러 등의 기술로 인해 엔진 크기[3]는 작아지거나 또는 현 크기로 유지되어도 출력의 증가가 가능해졌기 때문이다.

1) 정확하게 말하면 '파워패키지'가 맞으나 통상 '파워팩'으로 부른다.
2) 엔진실의 빈 공간은 다른 부수장치로 채워지기 때문에 실제로 남는 공간은 없으나 'U'형 파워팩의 엔진실 크기는 'T'형보다 작다

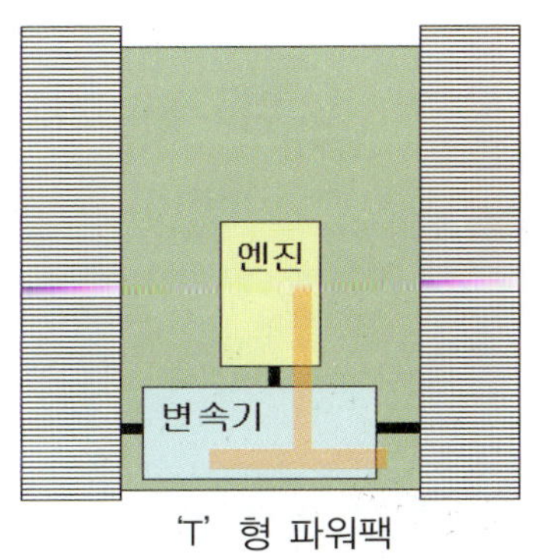

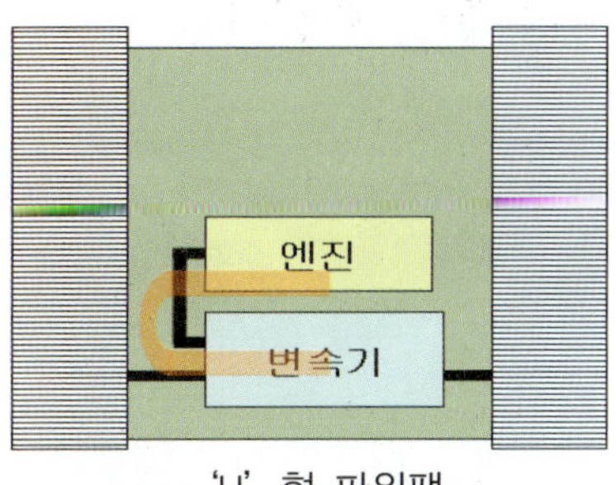

▶ 그림 2-10 파워팩 연결 구조

이러한 기술발전은 엔진 크기가 변속기와 비교시 상대적으로 작아지는 효과를 가져왔고, 이에 변속기와 나란히 배열되는 'U'형의 구조가 가능해진 것이다.(실례로 최근 개발된 엔진 중 출력은 20% 증가되었지만, 크기는 반대로 20% 줄어든 사례도 있다.)

결국 최근 적용되는 전차, 장갑차의 'U'형 파워팩은 고출력 소형엔진 기술의 발전에 의해 가능해진 것이고, 고출력 소형엔진은 장갑차의 기동력과 방호력 그리고 무장의 증가까지 가능해지는 파급효과를 가져오고 있다.

2.5 동력발생장치 각 계통별 구성 및 작동원리는?

동력발생장치는 차체에 필요한 동력을 발생시키는 장치로서, 필요한 동력이란 장비를

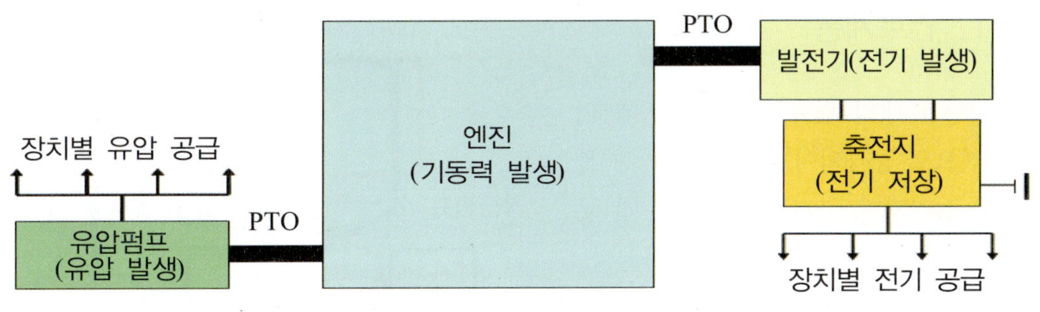

▶ 그림 2-11 동력발생장치의 구성

3) 정확히 말하면 엔진 실린더의 크기

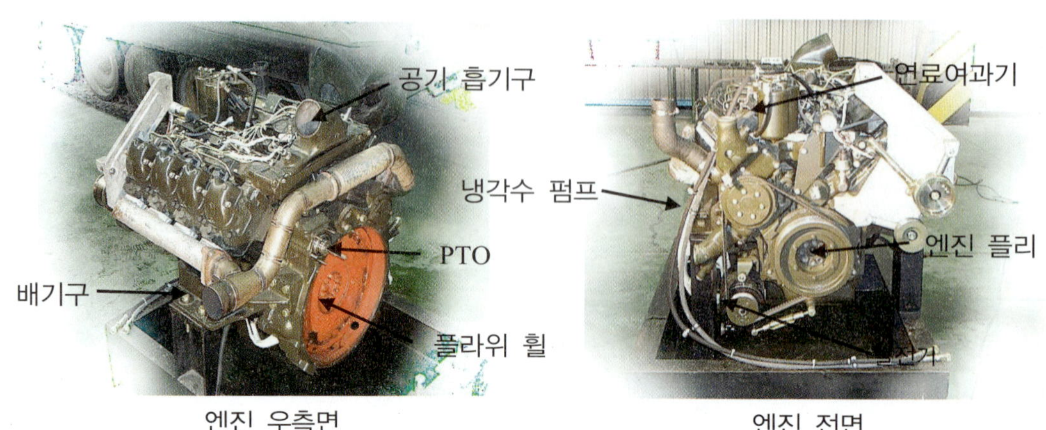

엔진 우측면　　　　　　　　　　엔진 전면

▶ 그림 2-12　엔진 주요 구조

움직이게 하는 기동력뿐 아니라 차체에 포함된 전기장치나 유압장치를 작동시키는 전력/유압도 의미한다. 하지만 전력·유압 발생장치도 기동력을 생성하는 엔진회전력에 의해 작동되기 때문에 동력발생장치는 기동력을 발생시키는 엔진과 전력 및 유압을 발생시키는 장치(발전기나 유압모터) 및 각종 동력인출장치(PTO : Power Take Off)로 구성된다.

엔진에 있어서 피스톤, 실린더, 크랭크축, 캠축과 같은 기계적인 구조물은 일반 내연기관 공학에 기초를 둔 것으로 2행정, 4행정, 디젤기관 등에 대한 이론들이 동일하게 적용되는데, 주요 구성으로는 에너지원을 제공하는 연료계통, 엔진 내부의 기계적 마찰 및 회전을 원활하게 하는 오일계통, 실린더 내의 연료폭발과 기계적인 마찰에 의한 열을 식혀 주는 냉각계통, 실린더내 연료 폭발에 필요한 공기를 제공하고 연소가스를 장비 밖으로 배출하는 공기계통으로 구성되어 있다.

2.5.1 연료계통

연료탱크 내의 연료는 공급펌프에 의해 엔진으로 공급되어 여과기에 의해 불순물이 걸러지며, 분사펌프에 의해 각 분사노즐로 공급되어 실린더로 분사된다.

분사된 연료는 공기와 혼합되어 폭발하면서 소모되지만 분사펌프와 분사노즐에서 분사되고 남은 량이 <그림 2-13>과

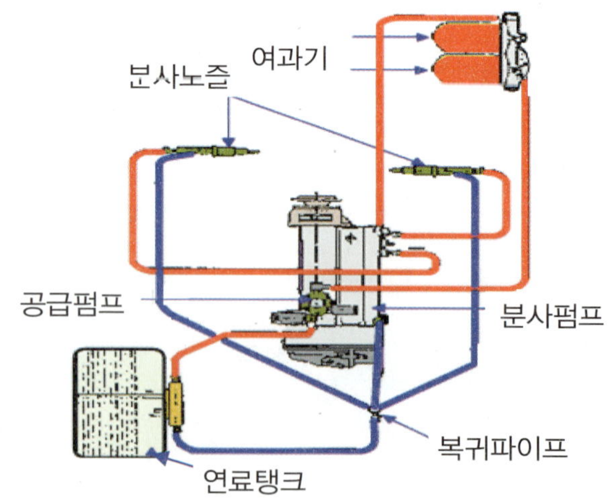

▶ 그림 2-13　연료 공급 계통도

같이 복귀파이프에 의해 다시 연료탱크로 복귀한다. 결국 공급된 연료의 일부만 소모되고 나머지량은 탱크로 복귀하며 다시 펌프에 의해 공급되는 순환구조를 가지는 것이다.

연료는 소모성이란 측면에서 복귀라인이 필요 없는 것처럼 인식될 수 있으나, 엔진이 가속되는 정도에 따라 연료요구량은 달라지기 때문에 공급된 연료가 100% 소모되지 않고 남는 연료가 생긴다. 따라서 남는 연료는 탱크로 복귀되는 것이며 이러한 이유로 소모성이지만 순환구조를 가지는 것이다.

2.5.2 오일계통

오일은 사람 몸속에 흐르는 혈액과 같아서 해당 부위에 제대로 공급되지 않으면 심각한 고장이 발생되는데, 주 기능은 엔진내부 각 기계적 마찰부위에 공급되어 유막을 형성시킴으로써 부품의 마찰손실이나 마멸을 감소시키는 윤활작용, 내부에 공기 유입을 차단하여 기계적인 작동을 원활하게 해주는 기밀작용, 녹이 생기는 것을 방지하는 방청작용, 기계적 마찰열을 식혀 주는 냉각작용 등이다.

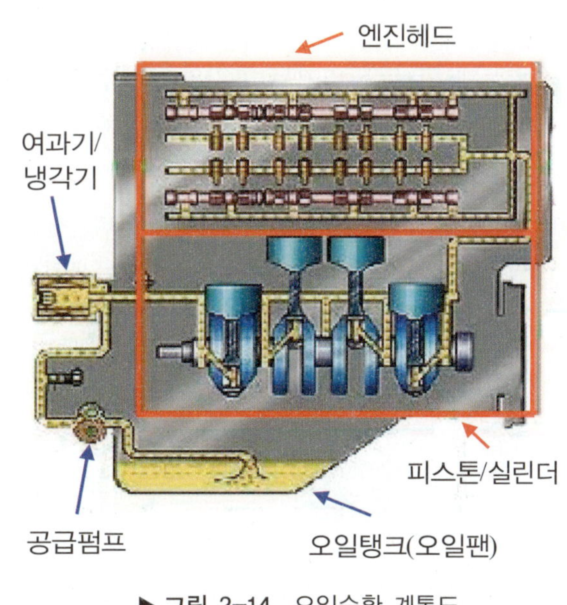

▶ 그림 2-14 오일순환 계통도

따라서 엔진내부를 순환하는 오일은 윤활작용간 금속 찌꺼기가 포함되며 온도가 점점 올라가기 때문에 여과기와 냉각기는 반드시 필요한데, 오일의 냉각은 별도의 냉매를 사용하지 않고 엔진을 냉각시키는 냉각수를 이용하여 냉각수 순환시 오일냉각기를 거치게 하고 가열된 오일이 냉각기를 거쳐 순환하면서 냉각되는 것이다.

2.5.3 냉각계통

장갑차 엔진은 대형 디젤엔진이므로 수냉식 냉각방식을 사용한다. 냉각장치는 크게 펌프, 수온조절기, 방열기, 냉각팬으로 구분되며 펌프압력에 의해 냉각수는 엔진 내부를 강제

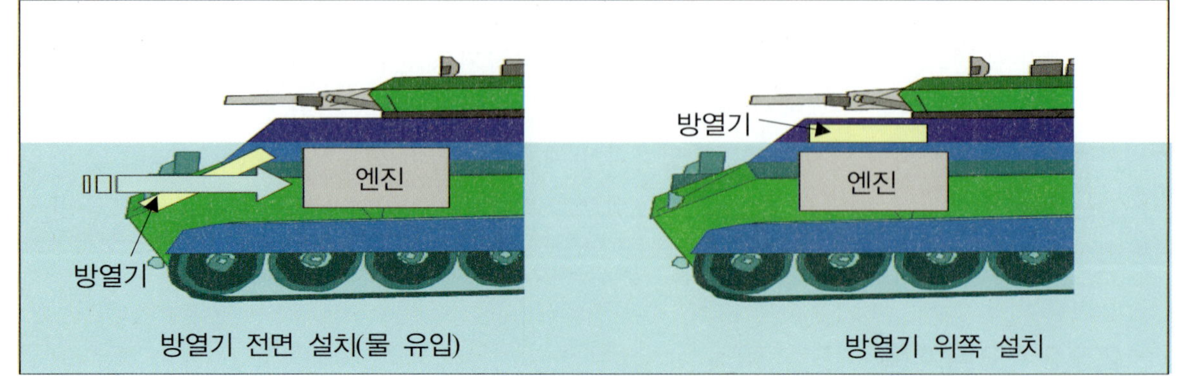

▶ **그림 2-14** 수상주행과 방열기의 위치

순환하게 된다. 방열기는 공기와 접촉을 통해 가열된 냉각수를 냉각시키는 구성품으로 입구는 수온조절기(Thermostat) 라는 일종의 온도스위치가 막고 있어 냉각수가 일정 온도 이상(약 80℃) 가열되면 수온조절기는 개방되어 냉각수를 방열기로 보내지만, 그렇지 않을 경우는 계속 엔진내부를 순환하게 된다. 장갑차의 냉각계통 구조상 한 가지 특이한 것은 방열기가와 냉각팬이 엔진실 위쪽으로 설치되어 있다는 것이다. 이는 수상운행을 위한 것으로 방열기와 냉각팬이 일반 차량처럼 엔진실 전면에 설치될 경우 수상운행시 <그림 2-14>와 같이 방열기를 통해 물이 유입되기 때문에 방열기를 엔진 위쪽에 설치함으로써 수상운행시 엔진실로 물이 유입되지 않는다.

2.5.4 공기계통

공기계통은 실린더 내의 연료연소에 필요한 공기의 흡입과 연소 후 발생하는 배기가스를 배출하는 것으로 공급-연소-배출이라는 단순한 구조를 가지고 있지만, 다른 계통과 동일하게 여과기(공기청정기)를 가지고 있어 연소실 내로 공기가 공급되기 전 이물질이 제거된다. 공기계통에 있어서 외부공기를 엔진으로 공급하는 흡입력은 피스톤의 왕복운동간 발생하는 압력에 의해 발생되는데, 최근 디젤엔진에는 출력을 높이기 위한 방법으로 연소용 공기의 양을 늘리기 위해 일종의 펌프인 과급기가 사용되기도 한다. 따라서 공기계통에도 펌프가 사용된다 할 수 있는데 이 부분에 대한 자세한 내용은 과급기와 인터쿨러 부분을 참조하기 바란다.

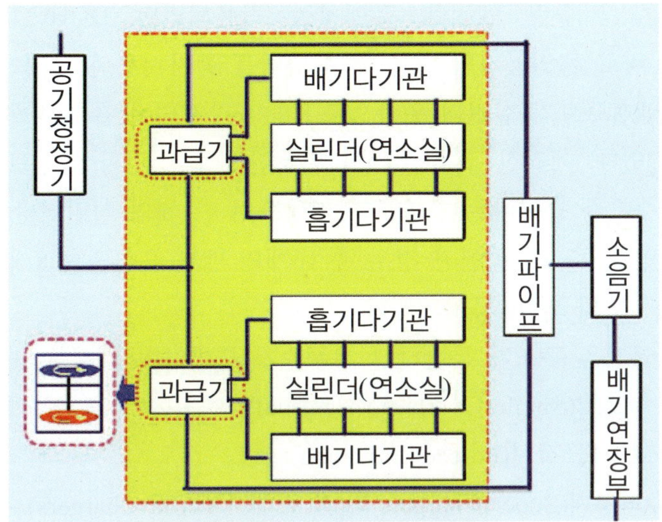

▶ 그림 2-15 공기 계통도

2.6 과급기와 인터쿨러는 왜 필요한가?

엔진에 있어서 끊임없이 제기되는 화두 중 하나는 '출력을 향상시키기 위한 가장 효율적인 방법은 무엇인가?' 하는 것이다. 단순하게 엔진 실린더의 크기나 연료 분사량을 높인다면 출력은 향상되겠지만 이는 엔진 크기와 무게의 증가, 연비 저하 등의 문제를 발생시킨다. 따라서 엔진크기나 연료량을 변화시키지 않고 출력을 향상시키는 방법으로 연소용 흡입공기량을 늘리는 방법이 사용되기도 한다.

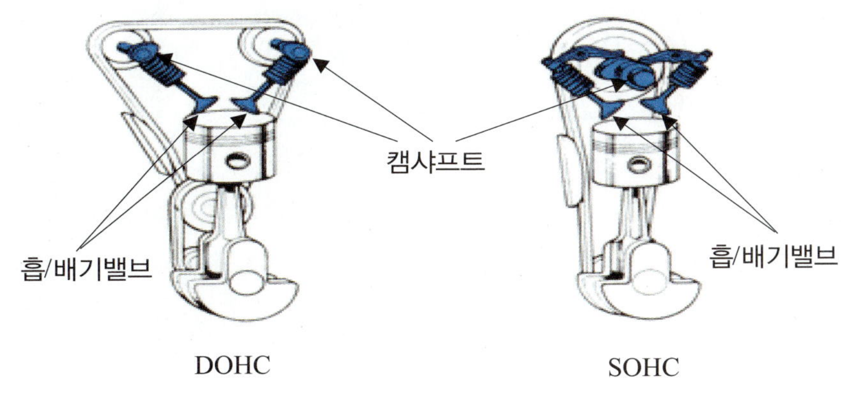

▶ 그림 2-16 DOHC와 SOHC의 구조

한때 민간승용차 가솔린 엔진에 유행처럼 적용되었던 DOHC(Double OverHead Camshaft) 엔진이 바로 흡입공기의 량을 늘려 출력을 증가시켰던 사례인데, 이 엔진은 밸브를 작동시키는 캠샤프트가 실린더 위쪽으로 2개가 장착되어 흡/배기밸브를 각각 작동시키는 구조로 되어 있다. 이러한 구조는 밸브 위치선정이나, 정확한 밸브 개폐시기를 맞추기 용이하여 밸브숫자가 늘어나는 결과를 가져왔으며 한 개의 실린더당 2개의 흡/배기 밸브를 장착하게 되었다. 즉 4기통엔진 경우 총 16개의 밸브(흡기밸브 8개, 배기밸브 8개)를 가지게 되어 흡입공기의 양이 증가되었다.

그러나 DOHC 엔진은 구조가 복잡하고 부품수가 늘어나며 가격도 높아지는 단점이 있어 궤도차량 디젤 SOHC(Single OverHead Camshaft) 엔진에서 흡기공기의 양을 늘리고자 사용하는 것이 바로 과급장치(Forced Induction)이다.

과급장치에는 슈퍼차저(Super Chargers)와 터보차저(Turbd Chargers) 두 가지 형태가 있는데 슈퍼차저는 기계적으로 엔진 캠축에서 벨트 또는 체인에 의해 작동되는 반면, 터보차저는 배기가스에 의하여 작동된다. 따라서 슈퍼차저는 기계적인 결합에 의한 작동으로 소음과 연비를 악화시키기 때문에 대부분의 엔진들은 터보차저를 적용하고 있다.

터보차저의 구조는 <그림 2-17>과 같이 컴프레셔(Compressor)부와 터빈(Turbine)부로 구분되며 컴프레셔하우징에는 흡입공기가, 터빈하우징에는 배기가스가 통과한다. 각각의 하우징 내부에는 휠이 설치되어 있는데, 두 개의 휠은 한축으로 연결되어 있어 한쪽 휠이 회전하면 같이 회전하지만 날개 방향은 반대이다. 따라서 배기가스가 터빈하우징을 통과할 때 배기가스의 고압이 휠을 고속으로 회전시키면 반대편 컴프레셔 하우징 휠도 고속회전하면서 흡입공기를 압축하여 실린더에 공급하게 된다.

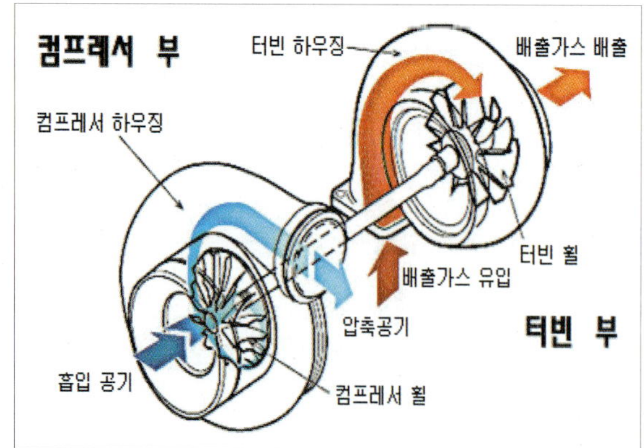

▶ 그림 2-17 과급기의 구조

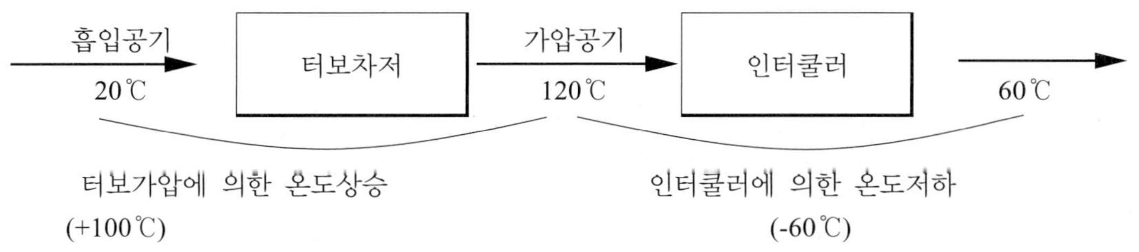

▶ **그림 2-18** 흡입 공기 경로 및 터보차저와 인터쿨러의 효과

이러한 과급기의 적용은 실린더에 충분한 공기를 공급함으로써 엔진 출력이 30~50% 증가하고, 경제적인 연료 소모가 가능하며, 완전 연소로 유해가스 배출량도 감소된다. 그러나 과급(압축)된 공기는 압력이 높기 때문에 온도가 상승하고, 이에 따라 팽창하므로 일정 체적 내에서의 공기밀도가 낮아져 실린더로 흡입되는 공기의 절대량이 감소된다. 따라서 이를 방지하기 위해 과급기에서 압축된 고온의 공기를 냉각시켜 실린더에 공급되는 절대량을 증가시키기 위한 장치가 인터쿨러(Intercooler)이다. 인터쿨러는 공기 또는 냉각수에 의해 압축공기의 온도를 낮추는데 대부분 구조가 간단하면서 냉각효과 좋고 고장요소가 적은 공냉식을 사용한다.

결론적으로 흡입공기의 경로는 공기청정기-터보차저-인터쿨러-실린더로 구성되며 터보차저에 의해 가압/가열된 후 인터쿨러에 의해 다시 냉각된 후 가압된 상태로만 실린더에 공급되는 것이다.

2.7 최신 궤도차량에 적용되는 커먼레일 엔진이란?

대부분의 궤도차량은 디젤 엔진을 사용하는데, 이는 디젤 엔진이 저속차량에 적합한 고출력 엔진이기 때문이다.

가솔린 엔진은 연료의 점화가 점화플러그에 의해 이루어지기 때문에 1회 만의 급격한 폭발로 기관을 순간 고속회전시킬 수는 있지만, 열에너지의 일부만이 피스톤에 전달된다. 그러나 디젤 엔진은 공기가 압축된 후 디젤연료를 분사함에 따라 가솔린보다 폭발시간이 길어지게 되며, 이 때 발생한 열에너지는 피스톤에 완만하게 전달이 되기 때문에 저속 및 고출력이 가능해 지는 것이다.(그림 2-19 참고) 또한 디젤 엔진의 압축점화방식은 높은 압축비와 연소압력을 발생시키므로 그 구조가 견고해야만 하는데 이로 인해 상대적으로 내구성이 좋은 엔진이 되기도 한다.

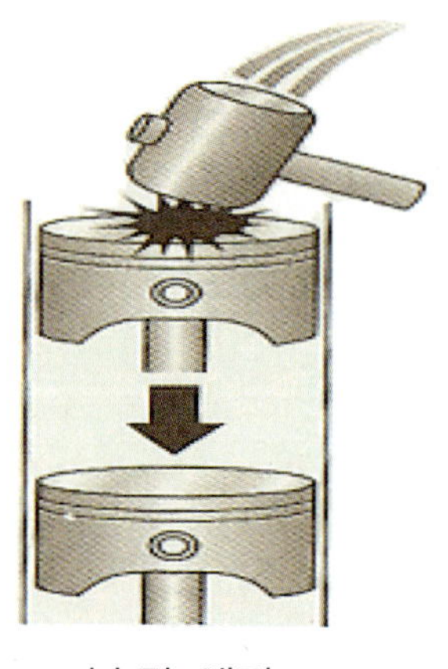

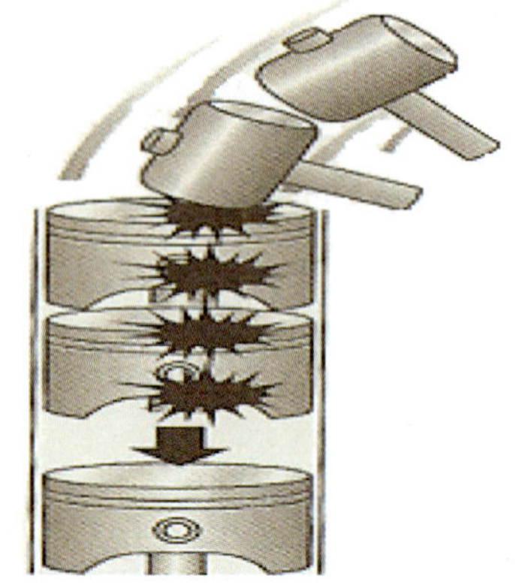

▶ **그림 2-19** 엔진의 폭발 특성 비교

미국 M1 전차, 러시아의 T-80 전차처럼 궤도차량 중에도 간혹 가스터빈 엔진을 사용하는 사례가 있는데, 가스터빈 엔진은 디젤 엔진에 비해 경량이면서 진동이 적고 출력이 높으며 구조가 간단하여 정비보수가 유리하다는 장점이 있으나, 생산비가 높고 소음이 크다는 단점이 있다. 게다가 연비 측면에서는 디젤 엔진이 훨씬 유리하기 때문에 세계적으로 궤도차량은 디젤 엔진을 주로 사용하는 것이다.4)

이러한 추세 속에서 디젤 엔진에 대한 연구는 자동차공학과 더불어 활발히 진행되고 있는데, 최근 궤도차량에 커먼레일(Common Rail) 방식의 엔진이 적용되고 있다.

커먼레일은 연료분사의 한 방식으로 이를 이해하기 위해서는 먼저 일반 디젤 엔진의 연료공급메커니즘을 이해하여야 한다. 일반 디젤 엔진은 연료탱크 내의 연료를 엔진으로 공급하는 공급펌프와 공급된 연료를 각각의 실린디로 분사히는 분사펌프가 따로 있으며 분사펌프의 압력에 의해 분사노즐이 여닫히며 실린더 내로 연료를 분사한다.

이러한 계통 속에서 연료분사펌프가 작동하는 원리를 살펴보면, <그림 2-19>와 같이 피스톤의 왕복운동에 의해 회전하는 크랭크축 기어(①)가 밸브개폐를 담당하는 캠축 구동기어(②)와 연결되고, 캠축 구동기어(②)는 연료분사펌프 구동기어(③)와 다시 연결되어 있어 결국 크랭크축의 회전이 분사펌프를 구동시킨다.

이는 일반디젤 엔진 경우 연료분사펌프가 엔진회전에 의해 작동됨을 나타내고 있으나, 커먼레일 엔진의 연료분사계통은 엔진과 별도로 설치되어 있다.

---

4) 실제로 100 km당 연료소비율은 가스터빈 엔진인 M1 전차가 920 ℓ로 디젤 엔진인 레오파드 전차의 500 ℓ에 비해 2배 가량 높다

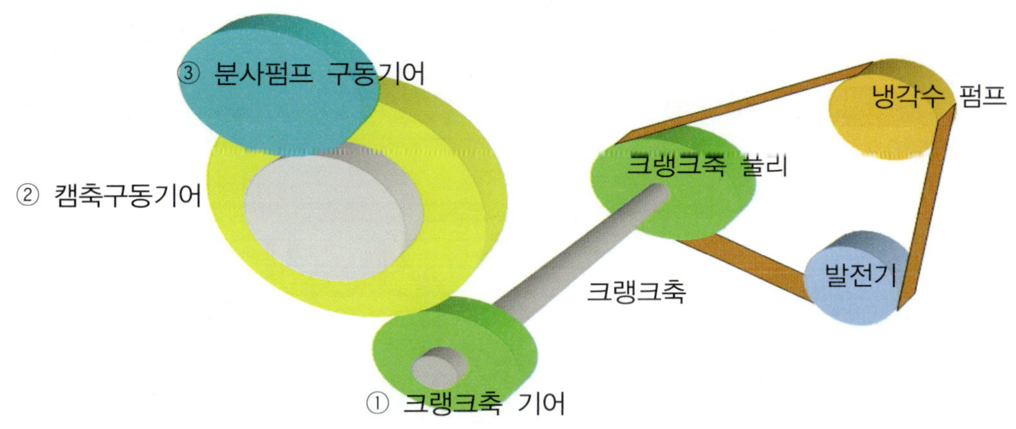

▶ **그림 2-19** 일반디젤 엔진 기어 연결도

커먼레일 엔진은 <그림 2-20>과 같이 고압펌프, 커먼레일, 압력센서, 인젝터, 전자제어 유닛(ECU, EDU), 기타 센서로 구성되어 있으며 연료펌프로부터 공급받은 연료는 고압펌프에서 일정 압력이 생성된 후, 길다란 쇠파이프형의 통(커먼레일)에 저장된다.

커먼레일에 저장된 연료는 각 기통의 인젝터로 공급되어 대기하다가 전자제어 유닛에 의해 인젝터의 분사개시시간, 압력, 분사시간 등이 조절되어 점화시기를 맞추게 된다. 이 커먼레일 엔진 개념은 1960년대에 최초 등장하였으나 기존 기계식 제어에서는 적용이 불가능하여 적용되지 못하다가, 엔진 제어기술의 발달로 인한 전자식 제어의 등장으로 사용이 가능해졌다.

결론적으로 일반 디젤 엔진은 분사펌프에 의해 매번 그리고 모든 분사 사이클마다 분사압력을 다시 발생시켜야 하는 반면, 커먼레일 엔진은 분사순서에 관계없이 항상 일정한 압력이 연료라인 내에 유지되며 전자제어유닛이 캠 및 크랭크 센서로 부터 얻어진 데이터를 근거로 분사압력 및 시기를 필요에 따라 정밀하게 조정하여 실린더압축과 연료분사가 각각 독립적으로 작동되게 한다.

이 시스템은 보쉬(BOSCH)사가 벤츠와 공동으로 최초 개발한 것으로 장점은 엔진상태에 따라 최적의 분사시기, 분사량의 조절이 가능하여 연비, 출력이 향상되며 분사연료를 완전연소에 가깝게 소모시켜 각종 유해 배출가스를 억제할 수 있을 뿐 아니라, 진동소음도 줄어 들게 되며, 소형 인젝터의 사용으로 엔진 전체 크기도 줄어들게 되었다.

따라서 우리나라를 비롯해 전 세계적으로 디젤 자동차에 많이 적용되고 있을 뿐 아니라 최근 개발되는 궤도장비에도 적용되고 있다. 그러나 커먼레일 연료분사 시스템은 아직 국내에서 생산할 수 없어 엔진을 자체 개발하더라도 이 부분만은 수입하여 장착할 수밖에

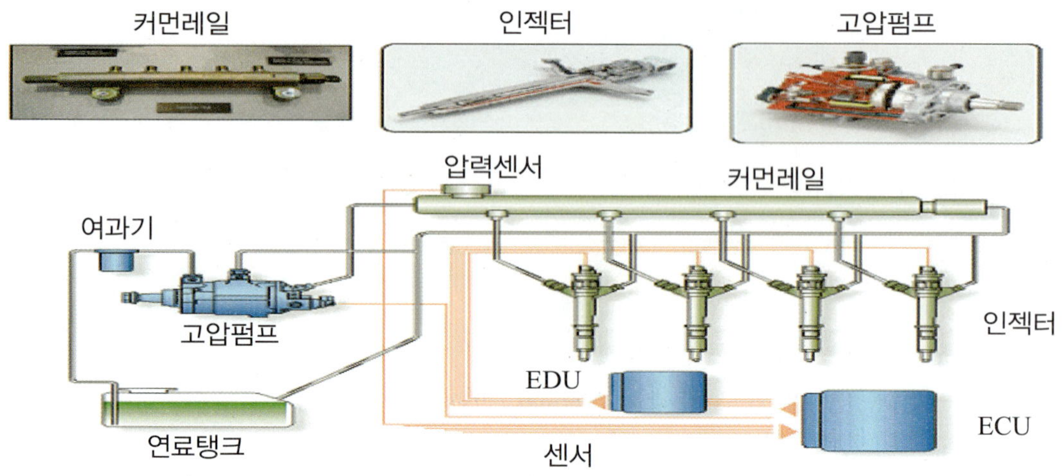

EDU : Electrical Driver Unit
ECU : Electrical Control Unit

▶ 그림 2-20 커먼레일 엔진 연료공급 시스템

없는 실정이며, 연료를 실린더 내로 직접분사하기 때문에 연료의 관리가 매우 중요하나 연료보관환경이 열악한 군에서 적용시 부가적인 연료여과나 물 분리장치의 적용은 고려되어야 한다.

2.8 장갑차에 적용되어 있는 변속기의 주요 작동원리는?

변속기는 엔진에서 발생한 동력을 종감속기를 통해 기동륜으로 전달하는 장치로 동력전달장치의 핵심인 동시에, 발생동력과 주행동력 사이에서 폭넓게 변하는 주행조건에 따라 구동력과 주행속도를 변화시키는 장치이기도 하다.

장갑차에 적용되고 있는 변속기는 엔진과 다름없이 일반 상용변속기 원리에 의해 제작되고 있는데 이러한 변속기 작동원리를 간단히 설명한다는 것은 대단히 어려운 일이다. 따라서 이 장에서는 변속기 구성품 중 가장 핵심이라고 할 수 있는 클러치와 유성기어식 변속기어 원리에 대해서만 설명하기로 한다.

변속기에 있어서 클러치는 엔진의 동력을 변속기로 전달하거나 차단하는 기능을 하는데 일반적으로 수동변속기는 마찰클러치, 자동변속기는 유체클러치의 기능을 가지는 토크변환기(Torque Converter)를 사용한다. 클러치의 동력차단 및 전달기능은 차량 시동 및 변속

원심클러치의 구조

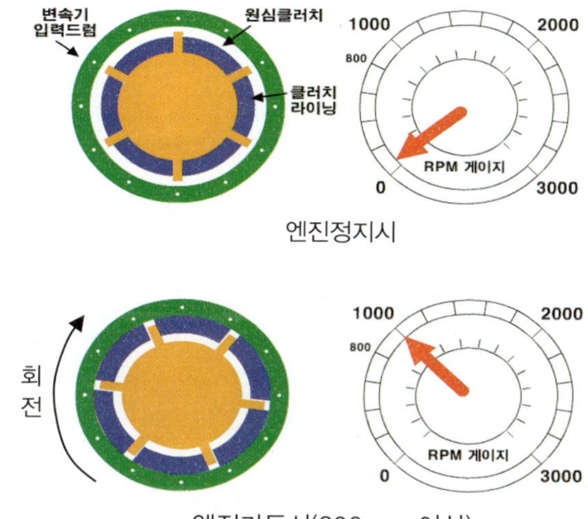

엔진정지시

엔진가동시(800rpm 이상)

▶ 그림 2-21 원심클러치 작동원리

시 매우 중요하여, 만약 클러치의 기능이 없다면 엔진과 변속기는 항상 기계적으로 결합되어 같이 움직여야 한다. 그렇다면 최초 시동시 시동전동기는 엔진과 함께 변속기도 구동시켜야 하므로 많은 동력이 필요해지고, 변속을 위한 기어조작 시에는 고속의 엔진회전력이 그대로 변속기에 전달되고 있기 때문에 변속기어의 분리 및 연결시 기어의 마모 및 파손이 발생할 것이다.

따라서 클러치는 반드시 있어야 하며, 수동변속기는 클러치(페달)의 조작에 따라 동력차단 및 전달기능이 수행되는 것이다. 하지만 반자동변속기[5]에 적용되고 있는 원심클러치는 조금 다른 작동원리를 가지고 있다.

이 클러치는 원심력에 의해서 자동으로 기능을 발휘하기 때문에 별도의 조작이 불필요해지는데 <그림 2-21>을 보면 원형(원심) 클러치 자체는 엔진과 연결되어 있고 클러치와 밀착되어야 하는 드럼(변속기 입력드럼)은 변속기에 연결되어 있으며, 평상시(엔진정지시)는 클러치와 드럼이 분리되어 있다. 그리고 클러치 주변은 스프링(카터 스링)이 감싸고 있는데, 엔진시동 후 일정 rpm(약 800rpm)이 되면 스프링이 원심력을 이기지 못하고 늘어나면서 클러치와 드럼이 밀착되어 동력을 전달하는 구조로 되어 있다.

따라서 저속(공회전)에서는 동력이 전달되지 않고, 일정속도 이상(800rpm)에서만 동력

5) 기어조작은 일반 수동변속기와 동일하나, 클러치 페달이 없어 규정 rpm에 따라 기어조작만 하는 변속기. 우리나라에서 운용하는 K200 장갑차에 적용되었는데 자동변속기에 비해 가격이 저렴하고 정비 및 유지성이 우수하다.

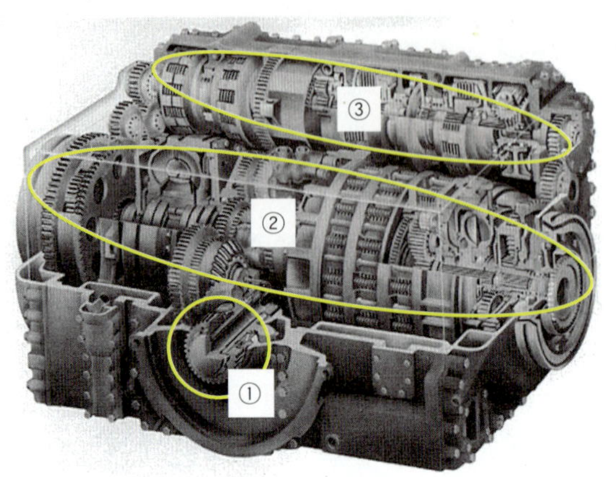

▶ 그림 2-22 자동변속기의 구조

전달이 자동적으로 되기 때문에 최초 시동시 클러치 조작(페달)이 불필요해진다.

그리고 기어 조작시 클러치 조작이 불필요한 이유로는 유성기어식 변속기어조합을 말할 수 있는데 이는 반자동변속기와 자동변속기에 동일하게 적용되는 원리이기도 하다.

자동변속기의 구조를 간단히 설명하면 먼저 엔진과 동력전달 장치를 단속하는 토크변환기 연결부(①), 변속을 담당하는 유성기어 장치(②), 감속 및 후진을 위한 다판클러치(③) 그리고 유압에 의해 변속 유성기어를 자동으로 작동시키는 각종 밸브류로 나눌 수 있다.

일반적인 개념에서 자동변속기에서 사용하는 토크변환기를 유체클러치와 동일한 개념으로 이해하는데, 둘 다 유체를 동력전달매체로 사용한다는 점에선 동일하지만 그렇다고 동일한 것은 아니다.

유체클러치는 클러치의 한 종류로서 동력전달의 매개를 유체에 의해 하는 것을 의미한다. 이를 쉽게 표현하면 유체클러치 속에는 두 개의 프로펠러가 마주보고 있으며 그 중 하나는 엔진플라이휠에, 다른 하나는 변속기 입력축에 연결되어 있다. 엔진 플라이휠의 회전에 의해 같이 연결된 프로펠러(펌프)가 클러치 내 유체를 회전시키면 유체회전력에 의해

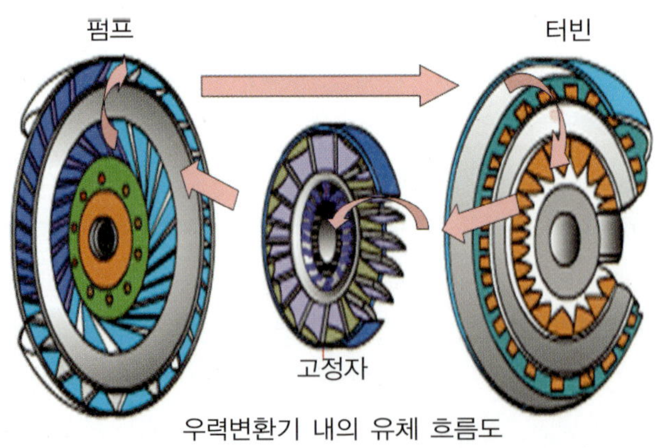

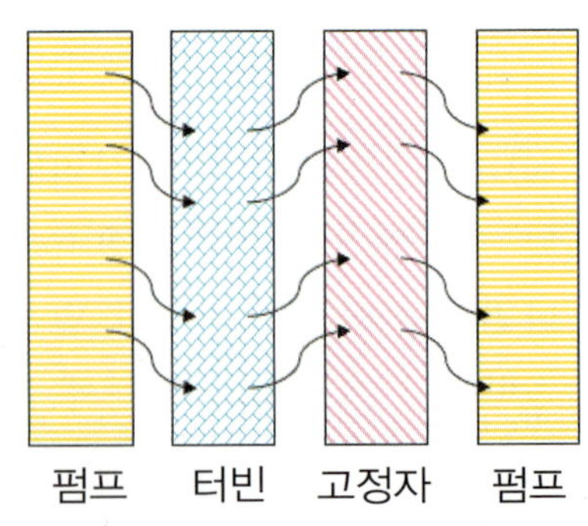

▶ 그림 2-23 자동변속기의 구조

마주보고 있는 변속기 입력축의 프로펠러(터빈)도 회전하는데, 터빈부 프로펠러는 회전하면서 유체를 다시 펌프 프로펠러로 보내어 계속 순환하게 만든다. 이렇게 유체는 클러치 내부에서 계속 순환하면서 동력을 전달하는데 이러한 순환운동 속에서 동력은 1:1의 비율로만 전달된다.

그러나 토크변환기는 마주보고 있는 두 개의 프로펠러 중간에 터빈프로펠러 회전방향과 반대방향의 날개를 가진 고정자(stator)를 삽입하여, 최초 펌프에서 터빈쪽으로 전달된 유체가 터빈 프로펠러에 의해 회전방향이 바뀌어[6] 순환하는 과정에서 고정자를 통과하면서 다시 방향이 바뀌도록 하고[7], 이는 펌프를 회전시키는 에너지로 작용하기 때문에 펌프는 최초 생성토크보다 2~3배 높은 토크를 만들어 낸다. 이렇게 토크의 방향과 힘이 변환(Converter)하여 동력전달 효율을 높여 주는 것이 토크변환기이다. 하지만 어느 정도 가속이 붙으면 엔진 쪽 프로펠러와 변속기 쪽 프러펠러와 결합되어 1:1 회전이 되기 때문에 토크변환기가 유체클러치의 역할을 하기도 하는 것이다.

그리고 자동 및 반자동변속기의 핵심인 유성기어식 변속기어는 <표 2-2>처럼 중앙부에 태양기어인(sun gear) A가 있고, 바깥쪽에 링기어(ring gear) B가 설치되며, 링기어와 태양기어 사이에는 이들과 동일한 축에서 유성기어 캐리어(planetary gear carrir) C가 유성기어인 D를 지지하고 있다.

표 2-2 유성기어의 작동원리 및 변속비
(숫자는 A, B의 잇수가 각각 20, 80인 경우의 변속비)

작 동	태양기어(A)	링기어(B)	캐리어(C)	변속비
B A C D	고정	증속	구동	$\frac{B}{A+B}$ $\frac{80}{20+80}=0.8$

6) 최초 회전방향과 역방향
7) 최초 회전방향과 동일한 방향

작 동	태양기어(A)	링기어(B)	캐리어(C)	변속비
	고정	구동	감속	$\frac{A+B}{B}$ $\frac{20+80}{80}=1.25$
	구동	고정	감속	$\frac{A+B}{A}$ $\frac{20+80}{20}=5$
	증속	고정	구동	$\frac{A}{A+B}$ $\frac{20}{20+80}=0.2$
	구동	역전감속	고정	$\frac{-B}{A}$ $\frac{-80}{20}=-4$
	역전증속	구동	고정	$\frac{A}{-B}$ $\frac{20}{-80}=-0.25$
	2요소를 상호 고정			1 (직결)
	3요소 자유			0 (중립)

따라서 태양기어, 링기어, 캐리어 중 어느 하나를 고정 또는 구동시키면 다음와 같이 6가지의 변속이 가능하며, 3개 중 2개를 고정하고 나머지 하나를 회전시키면 어느 기어에 구동력을 주더라도 유성기어 전체가 일체되어 회전하기 때문에 직결상태가 된다. 그리고 3개 중 어느 것도 고정시키지 않으면 그 중 어느 하나의 기어에 구동력을 주더라도 나머지 기어 모두 회전하기 때문에 출력을 얻을 수 없는 중립상태가 된다. 즉 기어변속시 어떤 기어를 선택해도 나머지 기어들은 계속 회전하면서 기어비와 방향이 바뀌게 되는 것이며, 이 원리를 이용하여 동력이 계속 전달되는 상황에서도 기어 결합의 방법만 바꾸어 변속이 되기 때문에 클러치가 필요 없게 되는 것이다.

2.9 무거운 램프를 개폐시키는 원리는? (유압의 원리)

장갑차의 램프(Ramp)는 탑승보병을 신속히 승/하차시키고 화물적재시 사용되기 위해 설치되어 있으며 그 무게는 약 425 kg 정도이다. 이 무거운 램프를 조종수의 레버 조작으로 쉽게 움직일 수 있는 것은 유압장치 때문인데, 유압장치는 기름이라는 매체를 사용하여 힘을 전달하고 작은 동력으로 큰 힘을 발휘할 수 있어 전차, 장갑차, 자주포와 같은 궤도차량은 물론 민간 중장비에도 많이 적용되고 있다.

이러한 유압장치는 파스칼의 원리에 기초를 둔 것으로 파스칼의 원리란 “밀폐되고 정지한 액체의 일부에 가해진 압력은 액체의 모든 부분에 그대로 전달된다.”는 것이다. 그리고 힘(F)은 압력(P)×면적(A)이므로 액체에 의해 전달된 압력은 이에 대응하는 면적에 의해 증가되거나 감소되기도 하는데, 쉽게 말해서 우리가 어렸을 적에 주사기에 물을 넣고 피스톤을 밀면 주사기의 구멍의 크기에 따라 물줄기의 힘이 달라지는 것을 생각하면 된다.

▶ 그림 2-24 장갑차 램프 열림 상태

유압장치의 구성은 유압유를 저장하는 탱크와 압력을 발생시키는 펌프, 압력의 크기/속도/방향을 결정하는 밸브, 그리고 실제 유압을 가지고 여러 가지 동력을 발생시키는 실린더나 모터 형태의 액추에이터(Actuater)로 구성된다. 그리고 부수장치로는 유체의

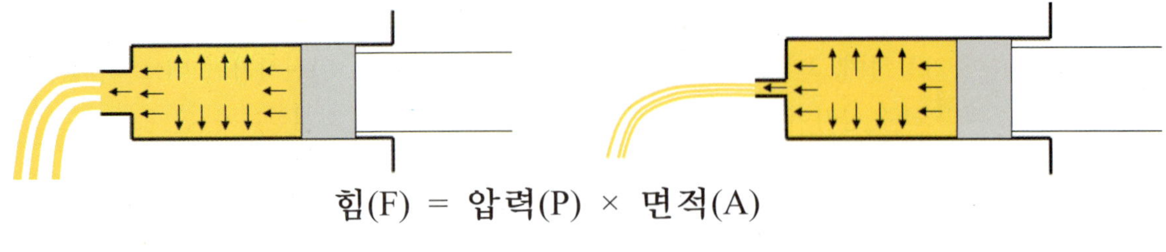

▶ 그림 2-25 압력/면적/힘의 상관관계

물이나 불순물을 제거하는 필터류, 유온을 관리하는 쿨러(Cooler)나 히터, 유압에너지를 저장하는 축압기(Accumulator), 각종 계기 및 패킹 등이 있으며 사용되는 유압유는 적정 점도와 비중, 높은 인화점과 발화점, 높은 유동성 및 청정력, 소포성 등의 특성을 가져야 한다.

대부분의 유압펌프는 엔진 동력의 일부를 이용하여 구동하는데, 발생압력은 여러장치에서 동시에 사용되기 때문에 펌프는 일정압력만을 생성하고 이 압력을 각종 밸브나 축압기를 통해 해당 엑추에이터에 맞도록 변환시킨다.

장갑차의 램프개폐 유압회로 <그림 2-26>을 보면 최초 유압탱크(①) 내의 유체는 여과기(②)를 거쳐 불순물이나 수분이 제거된 후 유압펌프(③)로 공급된다. 유압펌프는 약 210 kg/cm^2 정도의 압력을 발생시키며 이 압력은 램프개폐 외에도 각종 제동장치나 냉각팬 구동에도 사용되는데, 각종 장치로 전달되기 전 안전밸브(④)를 거치면서 적정압력을 초과하는 경우 유압라인 보호를 위해 다시 펌프로 순환된다. 안전밸브를 통과한 유압은 램프조정밸브(⑤)에서 대기하다가 램프조정밸브를 '램프닫힘'으로 조작시 램프실린더(⑥)로 전달되며 램프실린더에 전달된 압력은 램프실린더 내부의 피스톤을 움직이게 된다. 이 때 피스톤과 연결된 케이블이 당겨지면서 램프가 닫히게 되는 것이고 램프가 완전히 닫히면 램프고정쇠를 작동하여 램프를 고정함으로써 더 이상 유압공급은 필요 없게 되기 때문에 조정밸브를 '열림'에서 '중립'으로 조정한다.

램프가 열리는 원리는 조정밸브(⑤)를 '램프개방'으로 조작하면 램프실린더(⑥)와 조정밸브라인이 유압탱크 복귀라인과 연결되며, 이 때 램프고정쇠를 풀면 램프의 무게에 의해 램프가 열리게 된다. 그런데 램프가 열리면서 연결된 케이블이 실린더 내의 피스톤을 닫힐 때와 반대방향으로 움직이면서 유압을 탱크로 복귀시키는데, 유압은 좁은 라인을 통해 천천히 복귀됨에 따라 램프가 순간적으로 떨어지는 것이 방지되어 천천히 열리게 된다.

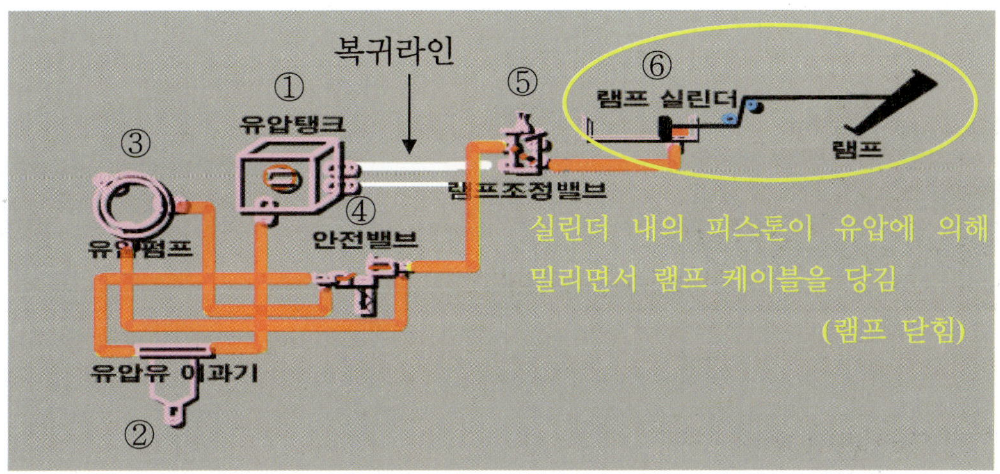

▶ 그림 2-26 램프 유압 회로도

2.10 장갑차의 발 - 현수장치

현수장치의 기능은 차량의 하중을 분산하여 지지하고, 주행 중 노면으로부터 오는 진동 및 충격을 적절히 흡수하며, 동력장치에서 생성된 구동력과 제동력을 노면에 전달하는 것이다.

궤도차량은 일반 차량과는 달리 양측에 무한궤도를 장착하여 기동하는데, 무한궤도란 여러 개의 강판조각을 벨트처럼 연결하고 이것을 차량의 앞·뒤바퀴에 걸어 주행하게 하는 장치를 말한다. 그러면 궤도차량에 무거운 무한궤도를 채택한 이유는 무엇일까?

장갑으로 무장된 궤도차량의 전투중량은 APC 경우 20톤 내외이며 IFV 경우는 30톤이 넘는다. 이런 차량이 지상에서 자유롭게 기동하기 위해서는 중량을 지면에 분산시켜 차체가 지면으로 파고들지 않도록 해야 한다. 따라서 접지면적을 넓게 하여 장비중량을 접지부 전체에 골고루 분산시킴으로써 접지압력을 감소시키고자 무한궤도가 사용되는 것이다.

궤도차량의 연약지반 통과능력을 나타내는 접지압력(P)은 차량의 중량을 지면에 닿는 궤도부분의 면적으로 나눈 값으로, 접지압이 작을수록 연질의 토양에서도 주행이 가능하다. 따라서 일반차량에 비해 수십 배의 중량을 가진 장갑차의 접지압력은 0.8~1.2kg/cm^{2}로서 승용차의 1.5~2.5kg/cm^{2}에 비해 50% 수준이기 때문에 연약한 지반이나 야지에서도 기동이 가능한 것이다.

기동간 발생하는 진동과 충격력을 흡수하는 완충장치는 최초 야지 기동성이나 주행 중

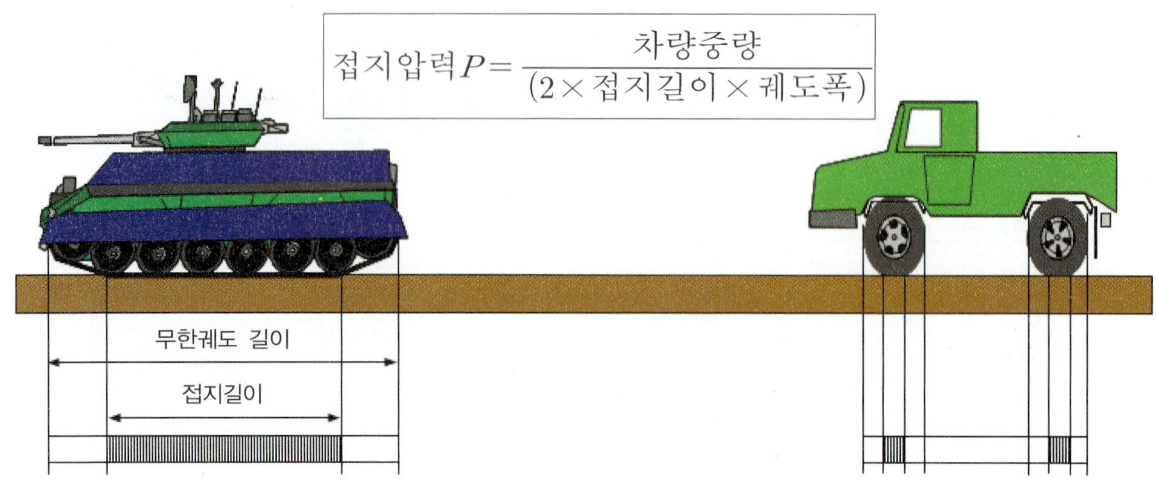

▶ 그림 2-27 궤도차량과 일반차량의 접지압력 차이

승차감 향상이 핵심기능이었다. 그러나 포탑이 장착되고 장비가 점점 첨단화되면서 주행 중 차체 안정화[8]를 통한 사격 정확도 향상과 내부에 탑재된 정밀 전자장비의 보호는 새로운 핵심기능이 되었으며, 이에 주행간 진동 및 충격흡수는 전보다 훨씬 높은 수준을 요구하게 되었다.

완충장치의 발전을 형태별로 구별하면 수동형, 반능동형, 능동형으로 구분되는데 수동형은 미리 선정한 스프링 특성과 감쇠 특성에 따라 제한적인 성능을 발휘하는 것으로 토션바(Torsion- Bar)와 스프링 특성을 이용한 완충기가 있다.

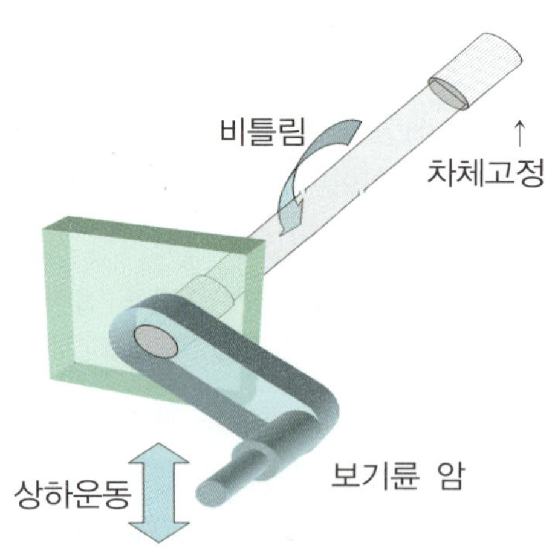

▶ 그림 2-27 토션바의 작동원리

토션바는 가장 기계적인 완충장치로 하나의 막대기라고 이해하면 되는데 <그림 2-27>와 같이 한쪽 끝은 보기륜암에 고정되어 있고 다른 쪽은 차체에 고정되어 있어, 보기륜암이 지면의 굴곡 때문에 상하운동을 하면 토션바는 비틀리게 되지만 토션바 자체의 탄성에 의해 비틀림이 다시 펴지는 원리에 의해 완충작용이 이루어지는 것이다.

토션바는 1930년대 초 독일의 포르쉐가 최초

8) 안정화 : 자이로 원리를 이용하여 주행 중 차체는 진동에 의해 움직이더라도 포신은 움직이지 않고 동일한 표적을 지향하도록 하는 장치

개발한 뒤로 매우 저렴한 경제성과 간단한 구조에 따른 정비 용이성 때문에 많이 사용하고 있는데 구조적으로 차체 바닥을 관통하여 차체 높이가 높아지는 단점도 있다.

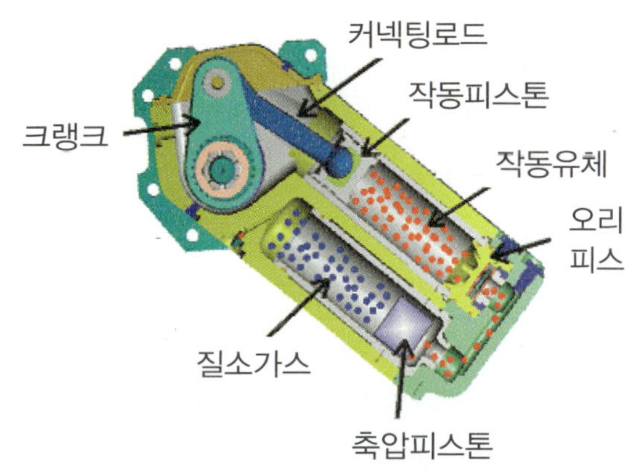

▶ 그림 2-28 유기압 현수장치(ISU)의 구조

반능동형 완충장치는 내부 동력을 사용하여 감쇠력을 제어함으로써 지면에서 전달되는 진동을 효과적으로 완화할 수 있는데 가장 대표적인 것이 유기압 현수장치(Suspension Unit)이다.

유기압 현수장치는 질소가스로 충전된 상부 실린더와 유체로 충전된 하부 실린더로 구성되어 있는데, 상부 실린더는 질소기체의 압축성에 의해 스프링작용을 하여 주행간 충격을 완화하며, 하부 실린더는 내부 오리피스(Orifice)[9]를 통과하는 유체의 작용으로 상하진동을 흡수함으로써 결과적으로 가스와 유체의 이중완충효과가 발생하여 승차감 및 차체 안정화가 향상된다.

유기압 현수장치의 형태는 로드암형 유기압 현수장치(HSU : Hydro-pneumatic Suspension Unit)와 암내장형 유기압 현수장치(ISU : In-Arm Suspension Unit)가 주종으로 이루고 있는데 <그림 2-29>와 같이 HSU는 기존의 완충기가 유기압 현수장치로 대체된 것으로 이해

토션바식 완충장치

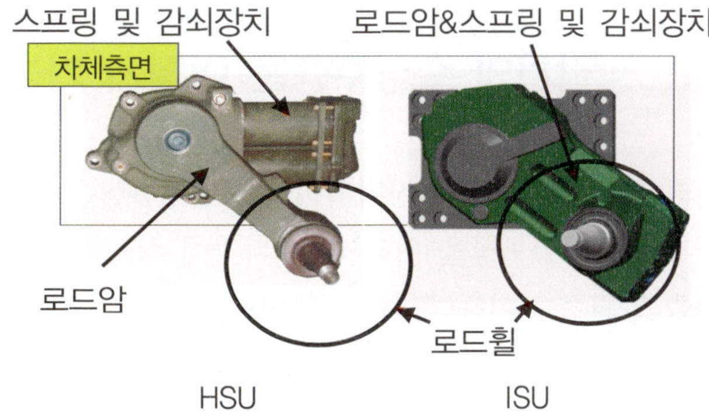

HSU　　ISU

▶ 그림 2-29 완충장치의 종류

9) 오리피스 : 유체가 흐르는 관로 속에 설치된 조리개 기구로 유량의 조절, 측정 등에 사용된다. 지름이 D인 유관 중간에 구멍이 뚫려 있는(구멍지름<D) 마개를 삽입하면, 마개 직후에서 유속이 변화하여 압력이 떨어진다.

하면 되겠으며, ISU는 말 그대로 보기륜 암 속에 유기압 현수장치가 있는 것이다. ISU는 HSU에 비해 중량이 가볍고 장착 공이 작다는 점에서 장점이 있으나, 보기륜 암이라는 좁은 공간 내에 모든 부품이 내장되어야 하는 개발의 어려움으로 실용화가 되지 못하다가 최근에 적용되기 시작하였다.

그러나 유기압 현수장치는 기존 토션바와 완충기에 비해 고가이고 신뢰성이 낮기 때문에 독일군은 아직도 매우 많은 장비에 토션바를 적용하고 있지만, 실제로 수동형장치와 반능동형 장치의 안정화 기능에 대한 비교시험을 한 결과 ISU를 적용한 장비는 수동형 장비에 비해 야지 기동속도에서는 25%, 차체진동에서는 20% 이상 우수한 것이 입증되었다.

능동형 현수장치는 감지센서에 의해 지면에서 발생되는 충격을 미리 인지하고 충격이 전달되기 전에 적정 스프링 및 감쇠력을 제어하는 방식인데, 진동을 획기적으로 줄여 줄 수 있지만 많은 동력이 소요된다는 문제가 있다. 따라서 이에 대한 연구를 계속 진행하고 있어 기술완성시 궤도형도 차륜형에 못지 않게 승차감이 향상될 전망이다.

반능동형과 능동형 완충장치는 수동형에 비해 많은 장점을 가지고 있으나 각각의 완충장치들이 독자적으로 작동되기 때문에 주행간 궤도가 이탈되는 현상이 종종 발생한다. 따라서 이러한 현상을 방지하고자 장착되는 것이 동적 궤도장력조절기인데 이는 기동시 궤도에 필요한 장력을 전자제어를 이용하여 적절히 제공함으로써 항시 최적의 궤도장력을 제공하여 주지만, 능동형 현수장치와 동일하게 별도의 동력이 필요하기 때문에 기존장비에 추가장착시는 변경되는 부분이 많아져 새로 개발되는 장비 위주로 적용되고 있다.

2.11 장갑차의 수상주행은 어떻게 가능한가?

우리나라 지형 특성상 장갑차의 수상주행능력은 반드시 필요한 기능인 동시에 장갑차의 전천후 기동성능보장을 위해 많은 나라에서도 고려하는 기능이기도 하다. 과거 장갑차가 단순한 인원수송 기능만을 수행하였던 APC 형태에서는 별도의 장치 없이 수상주행을 하였는데, 이는 '부력의 원리'를 이용한 것으로 APC는 설계시 물의 밀도보다 가볍게 설계가 가능했기 때문이다. 즉, 물의 밀도 1보다 물체의 밀도가 작으면 물에 뜨는 원리를 이용하여, 「밀도=질량/부피」이므로 질량을 줄이거나 부피를 크게 하여 자체 부력을 높일 수 있는 것이다.

APC는 강한 방호력을 요구하지 않는 장비이므로 밀도가 낮고 가벼운 알루미늄 합금으로 차체 설계가 가능하며, 내부에 보병탑승공간이 있어서 무게에 비해 부피가 커지므로 자

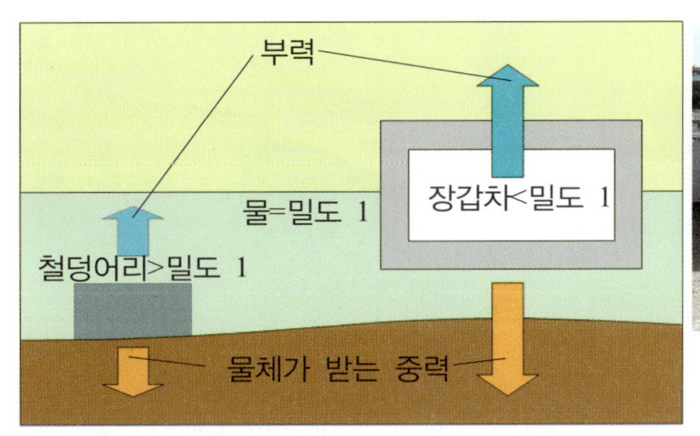

$$밀도 = \frac{질량}{부피}$$

▶ **그림 2-30** 부력의 원리

체 부양이 가능했던 것이다. 또한 차체구조 중 상대적으로 무거운 엔진실 쪽에 부력을 높여 주기 위해 <그림 2-30>처럼 파도막이라는 보조부양장치를 적용하는 것도 자체부력을 높이기 위한 방법 중 하나였다.

그러나 IFV 경우 화력과 방호력 증대를 통해 중량이 늘어남에 따라 APC와 같은 자체 부양이 불가능해졌는데[10] 대부분의 IFV 중량이 30톤 내외인 점에서 자체 부양은 불가능하며 전 세계적으로 자체 부양이 가능한 IFV는 BMP-Ⅲ(중량 18톤)이 유일하다.

따라서 IFV는 보조부양장치를 장착해야만 부양이 가능해지는데, 초기에 적용되던 방식은 부피를 증대시키기 위해 부양스크린(Water Barrier)을 장착하는 것이었다. 부양스크린은 <그림 2-31>과 같이 차체 전체를 얇은 복합재 스크린으로 감싸 부력을 증가시키는 방

▶ **그림 2-31** 부양스크린을 장착하고 수상주행중인 브레들리 장갑차

10) 장갑차의 임무수행 측면에서 적정부피에 대해 물리학적으로 자체 부양력을 가질 수 있는 최대중량은 약 18~19톤이다.

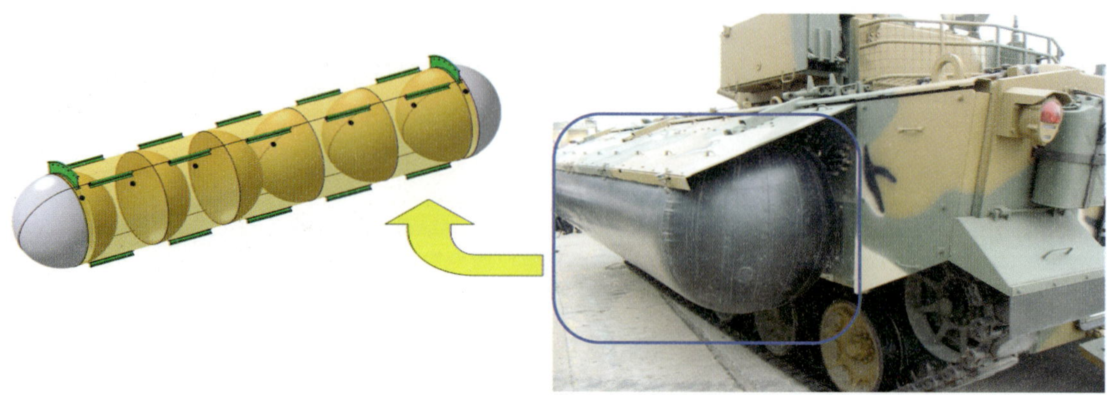

▶ 그림 2-32 에어백식 수상부양장치

식이나, 이는 부피를 지나치게 키워 피탄 노출이 높아지며 둔중해져 유속이 빠른 하천에선 운용상 불리한 점이 많아 실용화되지는 않았다.

IFV의 또 다른 보조부양방식으로 사용되는 것은 에어백(Air bag)식 보조부양장치인데 이는 <그림 2-32>과 같이 차체의 양 측면에 에어백을 장착하여 수면 아래까지 잠기게 하여 체적을 더 크게 함으로써 추가 부력을 제공하는 것으로 평상시 에어백은 양측면 스커트 부가장갑 사이에 장착되어 있어 적화기로부터 방호받으며 공기펌프에 의해 부풀어 오른다.

에어백 방식의 장점은 항시 장비에 탑재되어 수상주행을 위한 별도의 준비가 필요 없으며, 도하시 물 위로 노출되는 에어백 상부부분이 스커드장갑으로 보호되어 수상주행간에도 적공격에 비교적 안전하다는 것이다. 만약 적 기관총이나 파편에 의해 구멍이 뚫리더라도 내부는 각각 7개의 격실로 구분되어 있고 경계벽의 형상이 반구(半球) 형태로 되어 있어, 격실 하나가 파손되면 양측에 인접한 반구형태의 경계벽이 파손된 격실방향으로 부풀어 올라 파손부위의 부력을 보충하게 됨으로써 지속적인 부양력을 제공한다.

이렇게 보조장치에 의해 부양력을 가지게 된 장갑차가 수중주행력을 얻는 방식으로는 전통적인 궤도추진방식과 보조추진장치를 사용하는 방식으로 구분되는데, 보조추진장치는 일반 선박에서와 같이 프로펠러를 돌려 추진하는 스크류 방식과 물을 후방으로 분사하여 추진력을 얻는 워터제트(Water Jet) 방식으로 구분된다.

궤도추진방식은 <그림 2-33>와 같이 궤도에 물갈퀴형상의 홈을 만들어 궤도가 회전하면서 추진력을 얻는데, 차량에 별도의 추진장치를 장착하지 않기 때문에 차량 설계시 공간활용 측면에서 많은 장점이 있으나 물의 저항과 궤도의 회전속도를 고려했을 때 효율이 떨어져 수상속도의 한계는 약 7 km/h 미만이다.

보조추진장치 중 가장 많이 적용되고 있는 워터제트는 작용·반작용의 원리에 의해서

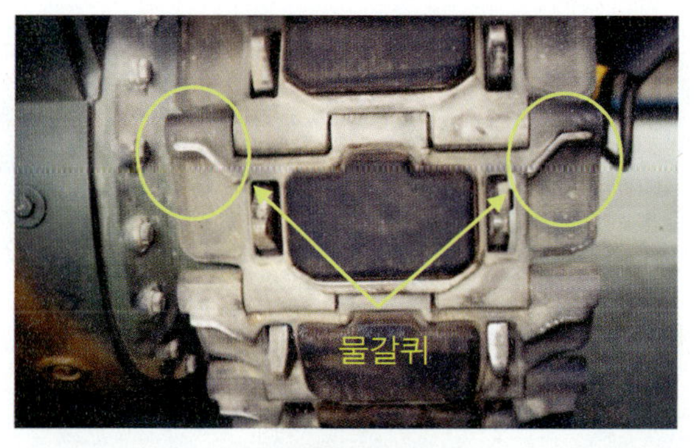

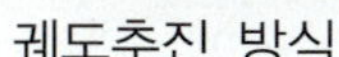
궤도추진 방식

워터제트 추진방식

▶ 그림 2-33 수상주행 장치

작동이 되는 것으로 워터제트 내로 흡입되는 물이 임펠러의 고속 회전에 의해 고속·고압으로 분사되는 힘(작용력)에 대한 반대방향으로의 같은 힘(반작용력)이 작용함으로써 추진이 가능한 것이다. 워터제트를 장착한 경우에는 장갑차의 무게와 가용 공급동력 등을 고려하여 최대 10 km/h의 속도로 운행할 수 있어 높은 추진효율을 내지만, 장착비용이나 중량의 증가, 차량 내부장착으로 인한 공간 활용성 측면에서 궤도추진 방식에 비해 다소 불리하다고 할 수 있다.

2.12 자동소화장치의 작동원리는?

장갑차나 전차에 장착되는 소화장치는 휴대형 소화기와 장비에 설치되어 있는 장치형 소화기로 구분된다. 휴대형 소화기는 일반소화기와 유사한 형상이지만 소화약제는 일반소화기에서 사용되는 분말형태가 아닌 CO_2나 Halon 같은 가스계 소화약제를 사용하는데 분말형 소화기는 방출시 잔존물이 남지만 가스계 약제는 그렇지 않기 때문이다.

장비에 설치되는 장치형 소화기는 화재발생시, 이를 감지한 승무원이 소화기 작동레버를 작동하여야만 소화액이 분출되는 수동형과 화재발생 여부를 자동으로 감지하여 화재를 진압하는 자동형으로 구분된다. 과거에는 대부분의 장비들이 수동형을 많이 적용했지만 이는 화재가 어느 정도 발생된 다음 인지가 된다는 치명적인 한계가 있기 때문에 최근에는 자동형 소화장치(자동소화장치)의 선택을 기본적으로 하고 있다.

자동소화장치는 <그림 2-34>와 같이 화재발생 여부를 감지하는 감지기와 화재신호를

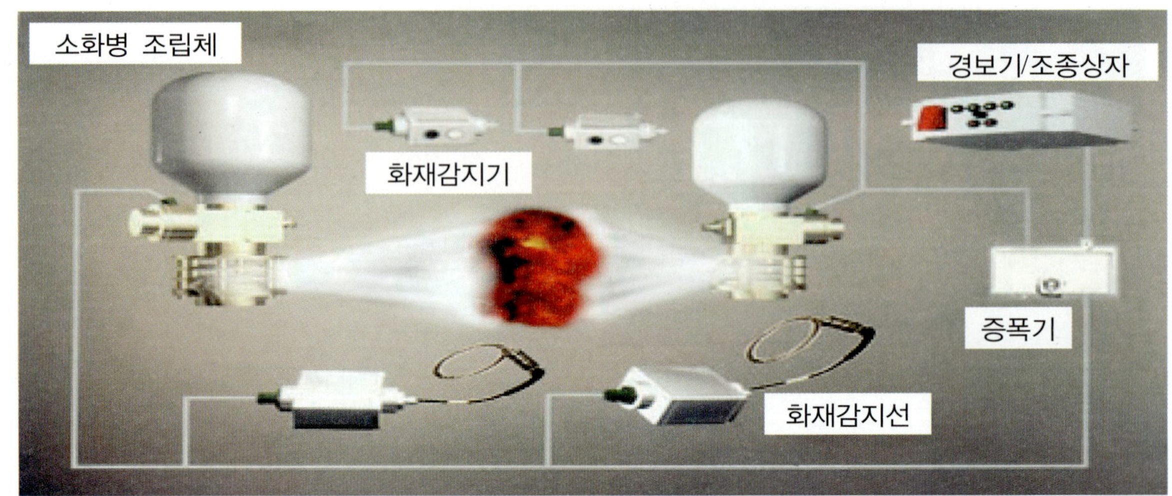

▶ 그림 2-34 자동소화장치의 구성

증폭하는 증폭기, 소화액을 저장하고 있는 용기 및 노즐(소화병 조립체) 그리고 경보기/조종상자 등으로 구성되어 있다.

감지기는 광학식 감지기와 화재감지선으로 구분되는데 광학식 감지기는 승무원실과 같이 적정공간이 확보되는 곳에 설치되어 화재 발생시 방사온도인 약 1,000 K의 온도곡선에서 복사량이 가장 많은 파장(2~5μm)의 적외선을 감지하는 동시에 감지기의 1 m 범위에서 성냥불이 내는 정도의 빛(파장)을 감지하는 복합센서이다.

화재감지선은 공간여건상 광학식 감지기의 장착이 어려운 엔진실 등에 설치되는데 온도만을 감지하기 때문에 화재감지능력은 광학식 감지기에 비해 떨어지지만 좁은 공간에도 설치가 용이하다는 장점이 있다. 화재감지선의 감지방식은 감지선 내부물질의 열팽창에 의해 화재가 감지되는 방식(Fire wire)과 열전도율이 다른 두 개의 열선을 내부에 삽입하여 온도상승에 따라 발생하는 전선의 기전력[11)]을 감지하여 화재를 감지하는 (TC wire)[12)]방식으로 구분된다. 이 두 가지 방식 중 Fire wire는 전체길이의 평균온도를 감지하기 때문에 감지선의 길이에 따라 감지속도가 달라지며[13)] 감지선 일부가 절단되면 내부물질이 누출되어 화재 감지가 안 된다는 단점이 있어 최근에는 TC wire를 많이 적용한다.

화재감지기나 화재감지선에 의해 감지된 화재신호는 증폭기에 의해 전자적으로 증폭되고 경보기를 작동시켜 화재발생 여부를 알려 줌과 동시에 소화병에 저장중인 가스를 방출

11) 기전력 : 두 지점 사이에 전위차가 생겨서 전류를 흐르게 하는 힘
12) TC wire : Thermo Couple wire
13) 감지선 전체의 평균온도에 의해 내부물질이 열팽창을 하므로 선이 길수록 반응시간이 늦어진다.

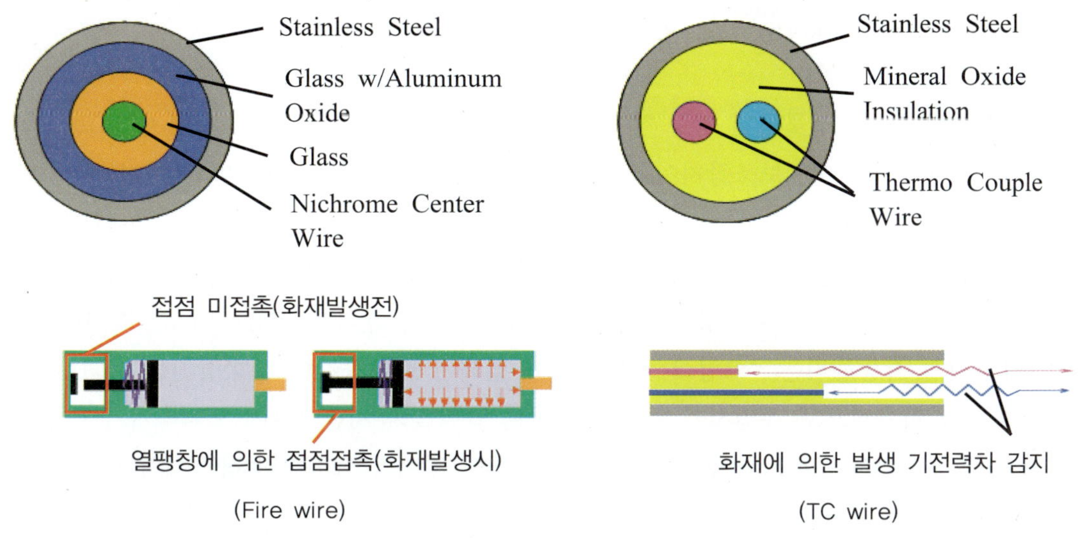

▶ **그림 2-35** 화재감지선 작동원리

시키게 되는데 이렇게 자동으로 소화가스가 방출되기까지 걸리는 시간은 3~5초이며, 소화약제로 Halon가스 사용시 방출 후 0.25초 만에 화재를 진압하게 된다. 방출된 가스가 0.25초 만에 불을 끌 수 있는 것은 Halon가스가 현존하는 소화약재 중 가장 우수한 소화능력을 가지고 있기 때문이기도 하지만, 거의 폭발수준에 가까운 순간 방출을 위해 질소가스를 이용해 압축저장하는 것도 원인이 된다.

그러나 가장 효과적인 소화가스로 사용되고 있는 Halon은 몬트리올 의정서[14]에 의거 프레온과 함께 오존파괴 물질로 규정됨에 따라 선진국은 1994년부터 생산을 금지하고 있으며, 우리나라를 포함한 개도국은 2009년까지 생산 감축 및 2010년 생산금지를 협의하였다. 따라서 선진국들은 Halon 대체물질에 대한 연구를 진행하여 몇몇 대체물질을 개발하였지만, 소화능력에서 Halon만큼의 효율이나 안전성을 가지는 물질은 개발되지 못하고 있기 때문에 대부분의 선진국들은 생산금지 전 일정량의 Halon을 비축하여 어느정도 기간동안은 Halon의 공급이 지속될 수 있도록 Halon은행제도를 만들어 관리하고 있다.

따라서 Halon은행제도에 의해 Halon가스의 사용은 상당기간 계속될 것을 예상되지만 궁극적으로 Halon은 사용이 금지되거나 폐기되어야 한다는 점에서 이에 대한 대비책은 준비되어야 할 것이다.

14) 1987년에 제정된 지구오존층 파괴 물질 감축협약

2.13 화생방방호장치인 양압장치의 작동원리는?

양압장치란 화학 · 생물학전 상황 하에서도 내부 승무원이 방독면을 착용하지 않고 임무수행이 가능하도록 하는 보조장치이다. 기존의 장갑차나 전차들은 내부에 종합여과장치가 부착되어 오염공기를 정화시켜 공기호스를 통해 개인 방독면에 공급하는 방식(안면환기식)을 사용하였는데 이 때 차량의 내부는 오염된 상태가 된다. 따라서 개인이 착용한 방독면은 지휘 및 통신에 많은 지장을 초래하기 때문에 양압장치를 적용하게 된 것이다.

양압장치의 작동원리는 <그림 2-36>과 같이 밀폐된 내부공간에 정화장치를 통과한 깨끗한 공기만 지속적으로 유입시켜 외부보다 높은 압력을 유지함으로써 오염공기가 승무원실 내부로 유입되지 못하도록 한다. 따라서 올바른 양압이 작동되려면 장갑차의 모든 문은 폐쇄되어야 하며 문을 밀폐시키는 각종 패킹 및 씨일류는 평상시 파손되지 않도록 관리되어야 한다.

양압장치는 외부공기를 공급하는 주송풍기, 작용제를 여과하는 입자여과기와 가스여과기, 흡입먼지를 분리/배출하는 먼지분리기와 배기송풍기로 구성되어 있는데 <그림 2-37>와 같이 주송풍기에 의해 오염된 외부공기가 흡입되면서 먼지분리기의 원심력에 의해 굵은 먼지는 분리되고 배기송풍기에 의해 외부로 배출된다. 먼지가 분리된 공기는 입자 여과기에서 입자물질 및 에어로졸상의 작용제가 여과된 후 가스여과기의 활성탄층에서 물리 ·

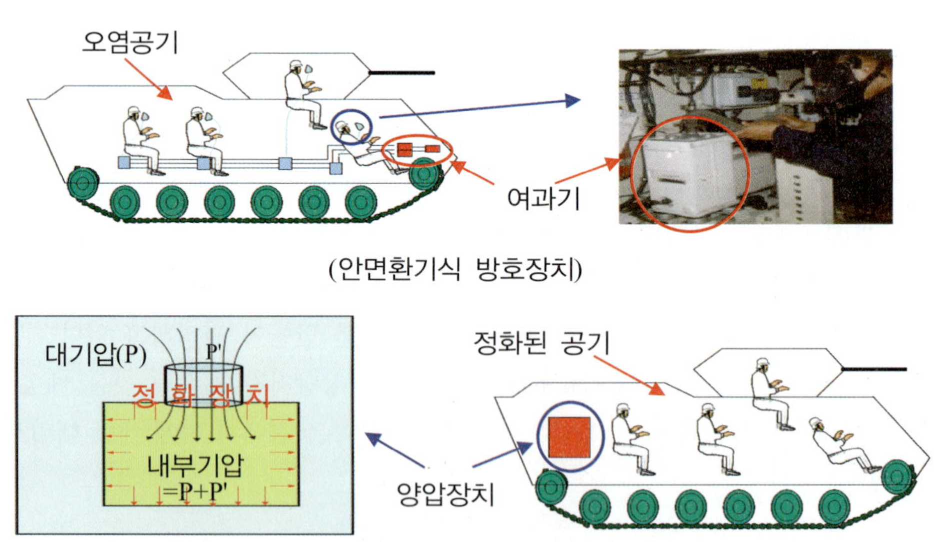

▶ 그림 2-36 화생방 방호장치의 종류

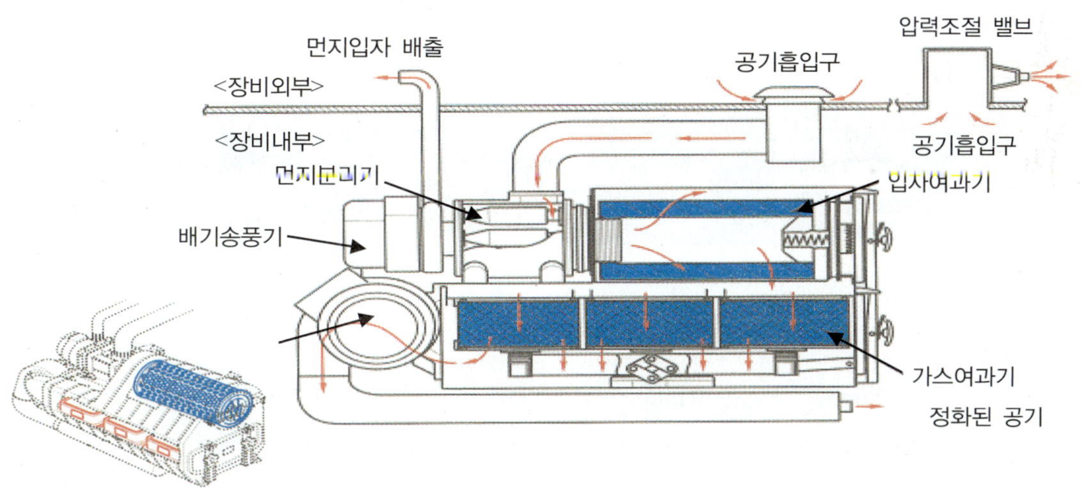

▶ 그림 2-37 양압장치 구성 및 공기흐름

화학흡착을 통해 완전히 정화되어 승무원실에 공급된다.

이렇게 완전여과된 공기를 내부에 계속적으로 공급하면서 내부 압력을 외부보다 높은 3.7 mbar로 유지하기 때문에 외부의 오염공기는 실내로 공급되지 않으며 내부 압력이 너무 높아지면 압력조절밸브가 내부 압력의 일부를 배출하여 일정압력을 유지하게 된다.

최근 기술추세는 차 내부로 공기를 공급하는 양압장치의 송풍기능을 활용하여 냉/난방장치와 연동된 환경조절장치 형태로 발전하고 있는데, 기존 궤도차량에는 동계작전을 위한 난방장치는 있으나 하절기를 위한 냉방장치는 없었다. 따라서 이러한 시스템은 과거부터 모든 궤도차량 승무원의 염원이기도 하였으며, 환경조절장치의 적용으로 화생방전하의 방호는 물론 하절기에도 내부 승무원은 열적 스트레스가 감소되어 보다 쾌적한 근무환경하에서 작전을 수행할 수 있게 되었다.

2.14 IFV체계는 APC와 어떻게 다른가?

IFV는 APC의 단점인 화력이 강화된 장갑차이다. 따라서 기본적인 구조는 포탑과 차제로 구분이 되는데, 차체는 앞서 설명한 APC와 유사하다. IFV의 차체가 APC와 유사하다는 것은 IFV도 보병수송능력을 가지고 있다는 것을 의미하는데 내부공간의 일부를 포탑이 차지하여 수송능력은 APC에 비해 떨어지지만[15] 보병을 수송하지 못한다면 그것은 장갑차로

표 2-3 주요 IFV의 화력 및 인원수송 능력

구분	M2A3 Bradley	BMP-3	Warrior	Maeder 1A3	CV-9040
사진					
제조국	미국	러시아	영국	독일	스웨덴
주무장	25 mm	100 mm	25 mm	20 mm	40 mm
부무장	7.62 mm	30 mm	7.62 mm	7.62 mm	7.62 mm
탑승인원	3+6명	3+7명	3+6명	3+6명	3+8명

서의 의미를 상실하게 되는 것이다. 따라서 보병의 신속한 승/하차를 위해 적용되는 램프나 수상주행을 위한 파도막이, 위쪽을 향하고 있는 배기구등의 차체구조가 APC와 동일한 것이다.

그러나 APC와 달리 포탑의 적용으로 중량이 증가하여 수상주행시 자체 부력의 한계가 발생하기 때문에 수상부양을 돕는 에어백식 보조장치나 워터제트(Water-Jet)와 같은 추진장치가 적용되기도 하며, 포탑 사격간 발생하는 충격력을 감소시키기 위해 APC의 기계식 현수장치보다 완충력이 높은 유기압현수장치 등을 사용한다.

IFV의 화력은 주무장과 부무장으로 구분되는데, 주무장 포의 구경은 나라마다 조금씩 상이하지만 대개 20~40 mm급 기관포를 탑재하고 있으나 특이한 경우 100 mm 주포를 장착하기도 하며, 부무장은 인원 및 밀집부대 격멸이 가능한 7.62 mm 내지는 12.7 mm의 기관총을 탑재한다.

포탑은 적 공격이나 충격으로부터 내부 승무원과 구성품을 보호하고, 탑재장치를 지지하기 위한 용접구조물로서 사격통제장치, 포탑구동장치, 자동송탄장치, 대전차무기등이 포함되는데 사격통제장치는 주/야간 동일한 전투능력 확보를 위한 야간 조준경과 조준경의 영상을 보여 주는 전시기 등을 포함하고 있으며, 최근에는 전차와 동일하게 기동간 사격이 가능하도록 포탑 안정화 장치를 거의 대부분 IFV에서 채택하고 있다.

포탑구동장치는 차체와 별도로 포탑을 고저 및 360° 선회시키기 위한 장치로 과거엔 유압을 주로 이용하였으나 최근에는 포탑작동간 소음감소 및 보다 정밀한 구동을 위해 전기

15) IFV의 보병수송능력은 4~7명 수준임

식 모터를 이용한다.

자동송탄장치는 포탑하부에 저장되어 있는 주무장 탄약을 기관포에 공급하는 장치로 신속한 교전을 가능하게 해주며 대전차무기는 전차와 조우시 최소한의 생존성을 보장하기 위해 장착되기도 한다.

그러나 어떤 측면에서는 장갑차에 대전차무기를 장착한다는 것이 아이러니할 수 있다. 대전차무기의 장착은 전차에 대한 공격력을 가지게 되는 것을 의미지만, 장갑차 입장에서는 공격보다 방어의 의미로 보는 것이 더 정확할 것이다. 만일 장갑차의 대전차무기를 공격용으로 본다면 장갑차는 전차를 대적할 수 있는 무기로서 판단될 수 있으나, 장갑차의 방호능력은 아무리 장갑기술이 발달하여도 전차와는 비교할 수 없는 한계를 갖는다. 따라서 장갑차의 대전차무기는 임무수행간 적 전차와의 조우시 적극적인 방어의 의미로 선 공격 후 도망치는 전술의 일부분으로 이해하여야 할 것이다.

결론적으로 IFV는 APC차체와 전차포탑이 결합된 것으로 이해하면 쉬울 것이다. 그러나 장갑차의 포탑이 아무리 전차와 유사하더라도 결국 장갑차는 장갑차일 뿐, 전차일수 없기에 화력이나 장갑구조 면에서 한계를 가지게 되는 것이며, 포탑의 장착으로 보병수송 능력을 잃어버린다면 그것은 제3의 무기체계로 봐야 할 것이다.

▶ 그림 2-38 IFV의 체계 구성

2.15 차체와 포탑의 전기적 연결 - 슬립링

차체에 포탑이 장착된 IFV 경우 자주포나 전차처럼 포탑은 차체와 별도로 회전하여야 한다. 최근 무기체계는 점점 디지털화, 자동화되면서 포탑에는 사통장치 외 많은 전기장치들이 장착되는데 이러한 장치들의 전원은 차체 배터리 및 발전기에서 공급받으며, 포탑에서 나오는 신호들은 차체에 보내어져 종합적인 체계 하에서 작동되고 있다. 따라서 전원의 공급이나 각종 신호들의 통신 차원에서 차체와 포탑은 전기 및 전자적으로 계속 연결되어 있어야 하나, 이러한 연결을 케이블 방식으로 할 경우 차체가 고정되어 있는 상태에서 포탑이 회전하면 연결케이블의 꼬임 현상이 발생한다.

따라서 이러한 점을 방지하고자 개발된 것이 슬립링이다.

슬립링의 주요 구성품은 크게 슬립링과 브러시로 구분되는데 슬립링은 발전기의 회전자와 같이 회전을 하고 브러시가 접촉을 유지하면서한 쌍의 회전자와 브러시는 1개의 전선과 같은 역할을게 된다. 장갑차에 사용되는 슬립링은 대개 원통형(드럼형)을 많이 쓰는데 슬립링의 링 하나하나가 전원공급이나 통신되어야 하는 신호 케이블들이어서 대개 수십개 이상의 링이 일렬로 구성된다.(슬립링에서는 하나의 링을 채널이라고 하여 링의 개수를 말할 때 "채널수가 몇 개냐?"로 표현한다.)

그리고 장비설계상 차체나 포탑 높이의 제한이 있는 경우는 각 링들을 일렬로 세우는 원통형 대신 동심원 모양으로 여러 개의 지름이 다른 원모양의 링을 사용하는데 이것을 동축형(Pancake)이라고 한다. 드럼형의 경우 브러시는 슬립링 축기준으로 수직접촉을 하지만 동축형 경우는 슬립링 축과 동일한 방향으로 위, 아래 다 설치할 수 있다.

슬립링과 접촉하는 브러시는 주로 스프링 장착형과 외팔보형(Cantilever type)을 사용한다. 스프링 장착형은 발전기용 브러시에도 많이 쓰는 형식으로 슬립링과 접촉면 유지를 위해 스프링이 사용되는데 이 형태는 다른 형의 브러시에 비하여 수명이 길고 유지성이 좋다. 그리고 외팔보형은 브러시 자체의 스프링 작용에 의해 슬립링과 접촉하는데 높은 기계적 안전성의 장점은 있으나 수명이 짧다.

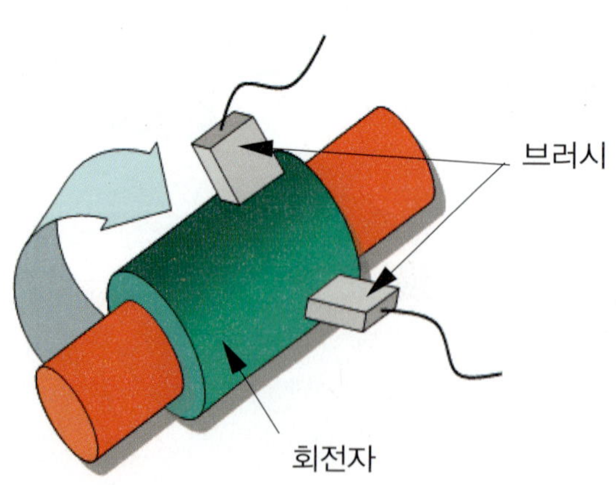

▶ 그림 2-39 슬립링 작동원리

결국 슬립링과 브러시의 접촉은 하나의 링에 하나의 브러시가 접촉하기 때문

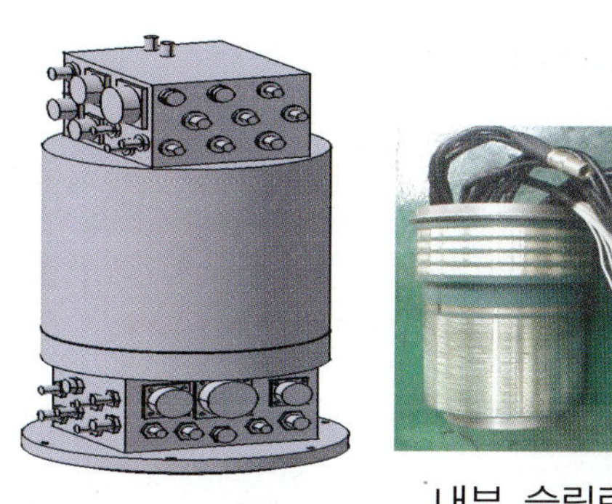

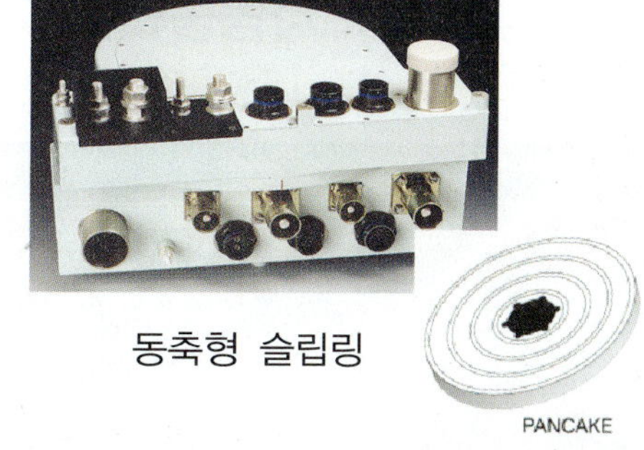

▶ 그림 2-40 슬립링 종류와 형상

에 앞서 설명한 슬립링의 형태와 동일하게 일렬형이나 Pancake형으로 구성되어 접촉된다.

과거에는 포탑을 유압으로 작동시켰기 때문에 슬립링을 통해 차체유압이 포탑에 전달되기도 하였으나, 최근에는 포탑선회를 전기모터에 의해 작동시킴으로 슬립링은 순수한 전기적 신호나 전원만을 공급하게 되었다. 결과적으로 과거의 슬립링보다 단순해지고 크기도 작아지는 결과를 나았지만, 그래도 전기적 잡음을 제거하는 것은 매우 어려운 문제로 여겨지고 있다.

전기적 잡음은 슬립링의 회전운동에 따른 브러시 접촉저항의 변동에서 생기는 것으로 자체 발생잡음과 인접 신호전압으로부터 받는 전기적 간섭(Cross-talk)이 있다. 이러한 잡음을 제거하기 위해 링 재질의 선택과 내부설계는 가장 핵심요소인데 재질의 경우는 도전율을 높이고 접촉저항을 낮추기 위해 슬립링은 순금, 은, 은합금, 백금 등을 사용하며 브러시는 흑연에 동이나 은을 혼합하여 사용한다.

그러나 내부설계는 장비별 특성에 따라 달라져야 하기 때문에 슬립링 설계 및 제작에 있어 가장 핵심적 고난이 기술이라 할 수 있다.

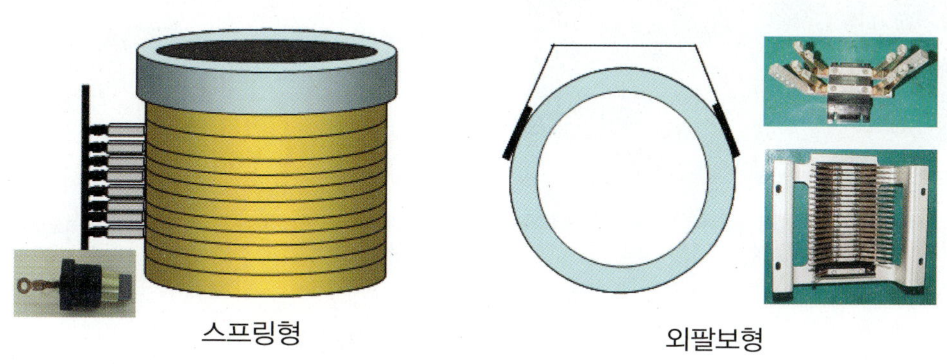

▶ 그림 2-41 브러시의 종류와 형상

2.16 장갑차의 자동송탄은 어떻게 되는가?

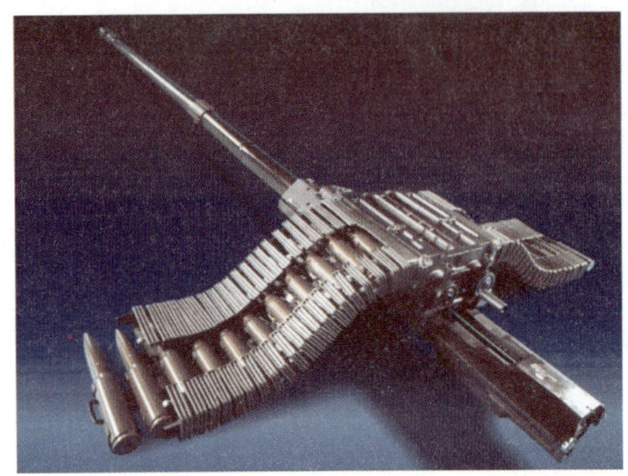

▶ 그림 2-42 30 mm 기관포의 링크식 자동장전장치

1960년대부터 구소련은 전차나 장갑차에 자동송탄장치를 적용하고자 연구를 시작하였다. 자동송탄장치는 기존의 전차나 장갑차 포탑인원 중 탄약장전을 담당하는 '탄약수'란 직책이 없어져 인원수가 감소함과 동시에 이동간 사격능력이 향상됨을 의미하는데 기존의 수동장전방식은 이동간 궤도차량 특유의 심한 진동으로 장전속도가 느려지며 심지어 매우 험난한 지형에선 탄약장전을 위해 자주 멈추어야만 하는 경우도 발생한다. 따라서 전투반응시간 단축과 화력집중, 지속성 보장을 위해 자동송탄장치의 적용은 이미 시대적 추세가 되었다.

장갑차는 전차에 비해 자동송탄장치의 적용이 보다 쉬웠는데 그 이유는 장갑차의 주무장은 전차포와는 달리 처음부터 연속사격의 개념이 적용된 기관포(砲)이며, 이는 기관총에 적용되는 링크식 장전장치의 적용이 가능했기 때문이다. 그러나 장갑차의 주무장 구경이 점점 커지면서 탄약도 커지게 되어 링크식 송탄장치의 적용은 점점 어려워졌는데, 실례로 30 mm탄은 링크식 송탄이 가능하지만 40 mm탄 경우는 30 mm탄에 비해 중량이 2배 정도이므로 링크식 송탄 적용시 링크간 결합부위에 무리가 발생하여 끊어지는 현상이 발생한다.

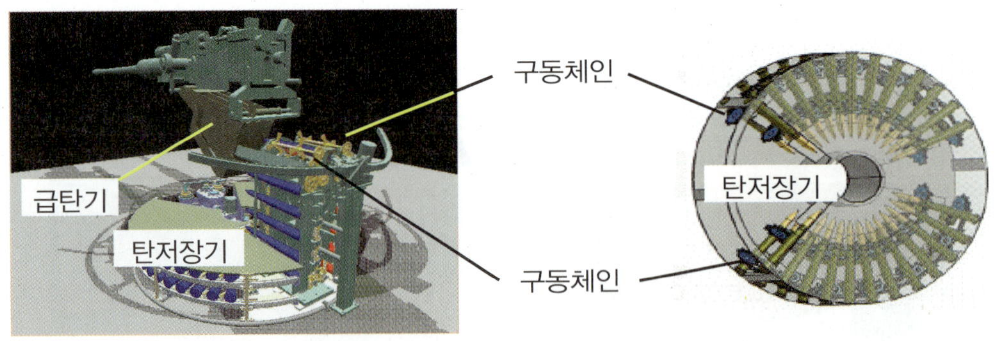

▶ 그림 2-43 30 mm 후방장전식 자동송탄장치

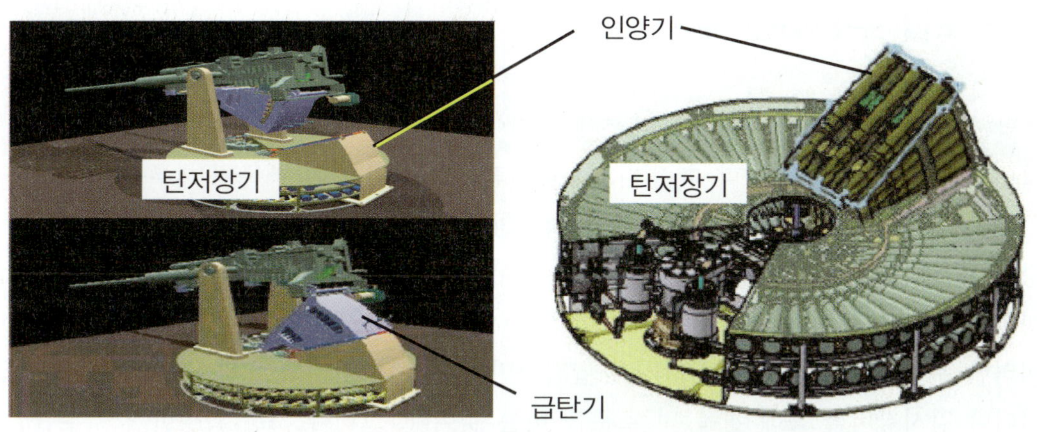

▶ **그림 2-44** 하강장전식 자동송탄장치

따라서 40 mm 이상의 무장인 경우 자동장전장치는 별도의 개념으로 설계되었는데 주로 '후방장전식'과 '하강장전식'이 적용되고 있다.

후방장전식은 <그림 2-43>처럼 탄저장기에 저장되어 있는 탄을 하나씩 후방에서 급탄기에 집어넣는 방식으로 탄은 링크로 연결되어 있지는 않지만 구동체인에 의해 이송되며 구동체인은 좌/우측이 각각 움직이기 때문에 2종류의 탄약을 좌/우측에 각각 저장시 사수의 선택에 따라 다른 탄종을 발사하는 이중송탄기능이 가능하다.

하강장전형은 급탄기와 탄약저장기 외에 인양기가 추가되는데 급탄기에 적재된 탄을 사용하면 <그림 2-44>와 같이 급탄기가 피벗을 중심으로 인양기 쪽으로 하강한다. 인양기에서는 미리 대기중인 탄은 유압장치에 의해서 급탄기 속으로 이송되고, 급탄기는 다시 포열 쪽으로 상승하여 탄을 장전시키는데 여기에서 급탄기는 마치 탄창과 같은 역할을 한다고 이해하면 될 것이다. 급탄기 내에서의 탄약송탄은 최초 압축되어 있던 급탄스프링의 장력에 의해 탄을 1발씩 위쪽으로 이송시켜 약실로 장전되며, 급탄기 및 인양기는 2~3개의 격실로 구분되어 있기 때문에 각기 다른 탄종 저장시 사수는 목적에 맞는 탄을 선택하여 사용할 수 있다.

후방장전식은 이미 BMP-Ⅲ에 사용되었으나 하강장전식에 비해 탄저장용량이 작으며 장전예상시간이 길고, 중량과 부피 면에서도 불리하여 최근 개발되는 장비에는 하강장전식을 채택하고 있다.

2.17 포탑 무인화란 무엇인가?

포탑 무인화란 포탑은 존재하되 내부에 사람이 없다는 것으로 무인포탑이 체계전체에 끼치는 영향은 대단히 크다 할 수 있다. 먼저 포탑에 사람이 없기 때문에 내부공간이 작아져 포탑 크기가 작아지고, 차체가 낮아져 생존성이 증가되며 방호력이 필요 없기 때문에 경량화 소재의 포탑 적용으로 결국 체계 전체 무게가 가벼워지며 이에 엔진 및 변속기도 소형화될 수 있다.

이러한 무인포탑은 감시, 영상장치가 발달하면서 가능해진 것으로 사수는 차체 내부의 모니터나 감시장비를 통해 관측 및 조준을 하는 것이다. 그러나 가장 확실한 감시수단인 육안관측이 장비로 대체된다는 것은 관측시계에 상당한 제한을 가져오게 되며 경량화된 포탑은 적 공격에 쉽게 파괴될 수 있는 단점도 있어서 무인포탑을 가장 효과적이라고 할 수는 없다. 단지 장비의 첨단화가 급속도로 진행되는 현대 무기체계에서 무인포탑은 로봇의 개념으로 발전할 수 있으며 인명에 대한 보호 면에서는 가장 효과적인 방법이기에 많은 나라에서 연구 및 적용을 추진하고 있다.

무인포탑과 유사한 개념으로 무포탑이란 것이 있는데 이는 포탑 자체가 없는 것으로 차체에 포를 설치한 형태로 이해하면 될 것이다. 무포탑 개념은 차 높이를 획기적으로 줄일 수 있는 장점이 있지만 포의 운용 측면에서 사용범위와 반응성이 낮아 주목을 받지 못하였다.

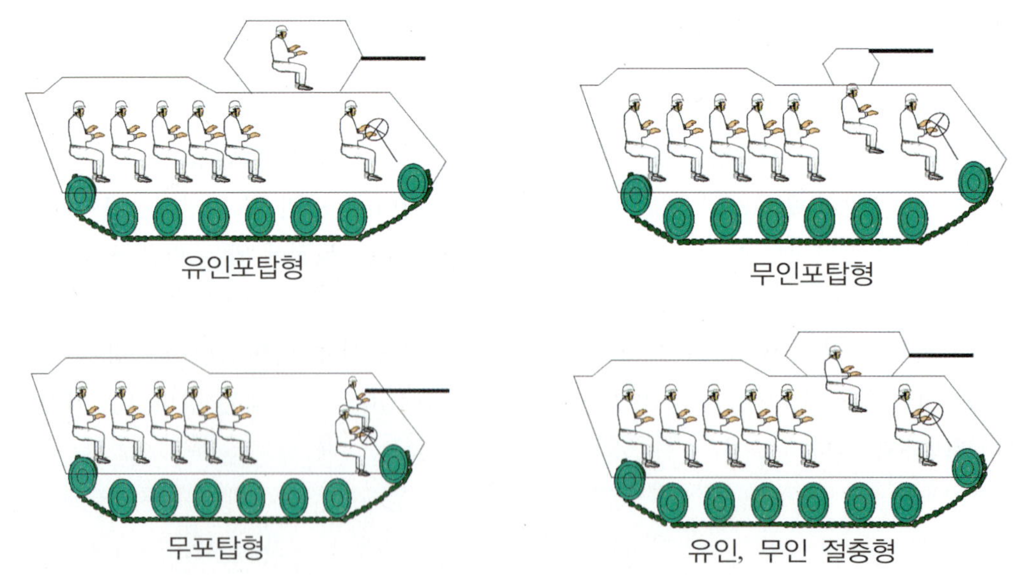

▶ 그림 2-45 포탑의 종류

독일 퓨마의 무인포탑

무인포탑 작동개념

▶ 그림 2-46 무인포탑 적용 사례

유인포탑과 무인포탑은 각각 고유의 장단점을 가지고 있어 어떤 형태가 가장 효율적이라고 정의하긴 어려우나 군사과학기술이 발달함에 따라 포탑은 점점 무인화가 되어 가는 추세에 있는데 현재 전 세계적으로 가장 많이 사용하는 방식은 유인형 포탑과 무인형 포탑의 형태가 절충된 형태를 많이 사용한다. 이 절충형이란 차체 공간의 일부를 포탑공간으로 이용하는 것으로 유인 포탑에 비해 차체는 낮아지면서 유인포탑의 장점인 시계확보는 그대로 유지되게 된다.

무인포탑에 대한 연구는 전차와 장갑차에서 동시에 진행이 되고 있지만 전차는 탄약의 크기 및 방호수단에서 실용화된 장비는 없으며 현재 개발중인 러시아의 T-95 전차에서 적용을 고려하고 있는 정도이다. 그러나 장갑차에서는 이미 적용중인 장비들이 있으며 최근 독일에서 개발한 신형 장갑차 퓨마(PUMA)에도 무인포탑은 적용되어 있다.

2.18 항법장치는 왜 필요하며, 어떻게 발전하고 있는가?

옛날 아주 오랜 옛날, 배를 조종하는 항해사들에게 '내 배의 위치가 어디에 있느냐?'는 매우 중요한 문제였다. 망망대해 한가운데서 내 위치를 모르면 내가 가고자 하는 방향으로 잘 가고 있는지, 어느 방향으로 가야 하는지 알 수 없기 때문이다. 따라서 하늘의 별자리와 해·달의 위치 등을 이용한 위치식별법을 알아야만 먼 바다 항해가 가능했다.(전설에 등장하는 유령선의 유래는 항해 중 위치계산의 오차로 길을 잃고 헤매던 배에서 유래되었다고

▶ 그림 2-47 장갑차 내부에 장착된 항법장치(전시기)

한다.)

이렇게 자신의 현재 위치와 나아갈 방향을 알려주는 것이 항법장치인데 자연지물을 이용한 항법술은 과학이 발전하면서 나침반, 각도기 등의 도구를 이용하게 되었고 최근에는 전술항법장치, 관성항법장치, 위성항법장치 등의 자동항법장치를 사용하고 있다. 이렇게 다양한 자동항법장치를 사용하는 현대에도 군 간부후보생들은 기초군사교육 때 나침반과 각도기 등을 이용한 위치식별과 지도판독을 배우는데, 이는 모든 항법장치가 고장났을 때 최후의 수단으로 사용하기 위해서이다.

자동항법장치의 종류 중 전술항법장치(TACAN : Tactical Air Navigation)는 비교적 구시대의 항공기용 항법장치로 각 주요 공항이나 도시, 산 등의 장소에 전파를 발사하는 기지국을 설치해 놓고, 항공기에서 이 기지국으로부터 수신되는 전파를 이용하여 그 기지국으로부터 내 항공기의 거리와 방향을 산출하는 방식이다. 즉 항공기가 이동을 하면서 전파를 수신받는 기지국도 바뀌게 되는데, 기지국의 위치는 이미 정해져 있기 때문에 어느 기지국을 기준으로 얼마만큼 떨어져 있는지를 상대적으로 알 수 있는 것이다. 과거에는 이 장비가 주요 항법장치였으나 최근에는 보조항법장치로 한 단계 내려가게 되었다.

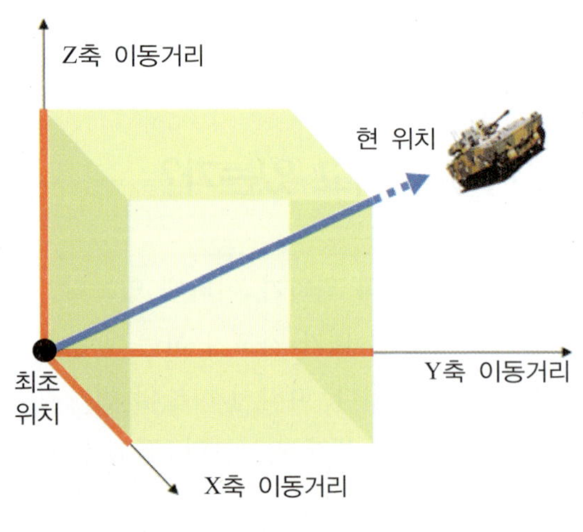

▶ 그림 2-48 INS의 위치 파악 원리

관성항법장치(INS : Inertial Navigation System)는 외부 도움 없이 운반체의 각속도와 가속도를 측정하여 시간에 대한 연속적인 적분을 수행함으로써 이미 알고 있는 출발점에 대한 동체의 위치와 속도, 진행방향을 결정하는 장치이다. 기본원리는 자이로를 3축으로 설치하여 관성공간에 대해 일정한 자세를 유지하는 기준 테이블을 만들고, 그 위에 정밀한 가속도계를 장치하여 출발시부터 임의의 시각까지 3축 방향의 가속도를 계속 적분함으로써 현재의 항속거리 및 위치 등을 알게 되는 것이다.

이 장치는 외부의 신호를 입력받지 않고 자체적으로 가속도와 속도, 위치를 구할 수 있기 때문에 전파방해(Jamming)로부터 자유롭다는 장점이 있지만, 자이로/가속도계 등 내부 구성장치가 많아 설치공간을 많이 차지하고, 처음 출발한 위치를 기준으로 현재 위치를 산출하기 때문에 출발할 때의 내 위치가 반드시 입력되어야 하며, 이동시간에 비례하여 오차가 계속 누적된다는 단점이 있다.

위성항법장치는 시간, 기상 상태에 관계없이 지구 전역에서 사용 가능한 가장 이상적인 항법시스템으로서 자동차용 네비게이션(Navigation)을 생각하면 되는데, 그 원리는 3개 이상의 인공위성으로부터 수신된 전파를 삼각함수법으로 계산하여 내 위치를 표시해 주는 장치이다.

현재 사용되고 있는 위성항법장치의 종류는 1970년대 후반 미국 국방부에서 군사 목적으로 개발하여 1995년부터 사용중인 GPS(Global Positioning System)와 러시아에서 운용되는 GLONASS가 있으며, Galileo는 유럽 ESA(European Space Agency)에서 주도적으로 추진하고 있는 개발 프로젝트로, 2001년에 위성 프로그램개발이 결정되었으며 2010년까지 총 30개의 위성을 쏘아 올려 2012년부터 실제 운용될 예정이다. 이중 가장 보편화된 것이 GPS이기 때문에 위성항법장치를 GPS라고 부르기도 한다.

GPS위성군은 실용위성 21개와 궤도상의 예비위성 3개 등 총 24개로 구성되어 있는데 위성궤도의 반경은 약 20,183 km의 원이고, 궤도 경사각은 적도를 기준으로 55°이며, 실용위성의 공전주기는 0.5일, 개별 수명은 7.5년으로 계획되어 있다. 각 위성궤도의 승교점[16)]

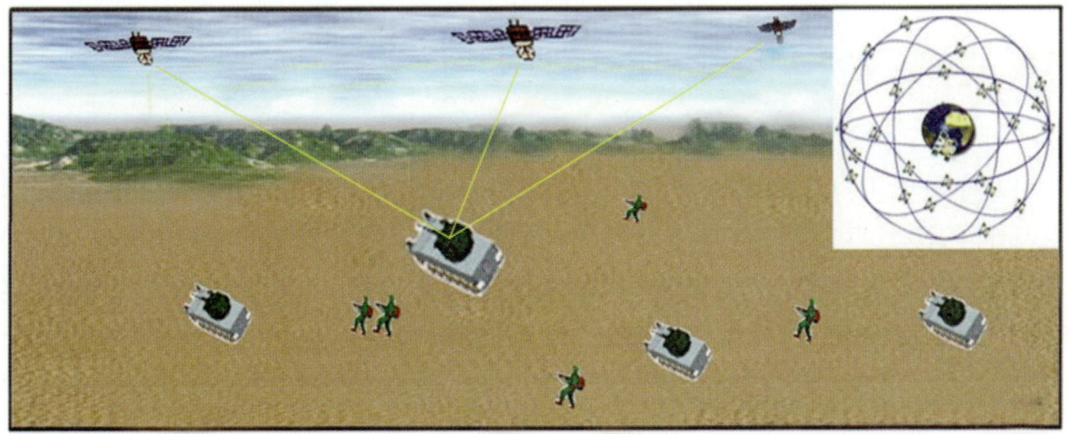

▶ 그림 2-49 GPS의 위치파악 원리와 위성군 개념도

16) 위성, 유성 따위가 남쪽에서 북쪽으로 운행할 때 황도를 통과하는 점. 정교점(正交點).

적정간격은 60°로 6개의 궤도면에 4개씩의 위성이 배치되어 있어 지구 어느 위치에서나 위성신호를 받을 수 있다.

따라서 이 위성으로부터 신호(동시에 최소한 3개 이상의 위성신호)를 받으면 그 3점이 만나는 곳의 위치를 알 수 있으므로 전 세계 어디에서나 시간, 기상에 관계없이 가장 정확한 위치식별이 가능하며[17] 구성품도 수신기만 있으면 되므로 간편하게 장착할 수 있다. 그러나 위성신호를 수신받기 위해서는 위성과 수신기 사이에 가시선이 확보되어야 하고, 터널 등과 같은 지형적 제한과 전투기 경우 거꾸로 회전할 때는 수신이 안 된다는 단점이 있으며, 무엇보다도 GPS 사용을 미국에 전적으로 의존할 수밖에 없다는 점에서 취약하다고 할 수 있다.

이렇듯 가장 많이 사용하는 관성항법장치와 위성항법장치는 고유의 장단점이 있어 최근에 개발되는 장갑차에는 각각의 단점을 보완하기 위해 관성항법장치를 위성항법장치와 같이 연동시켜서 각각의 신호값을 종합한 종합항법장치를 사용하는데 이 장치를 통해서 고도를 포함한 자신의 정확한 위치가 전시기의 전자지도상에 정확히 표시되는 것이다.

표 2-4 INS와 GPS의 기능과 특징

구 분	INS	GPS
기 능	3차원 위치, 자세정보	3차원 위치, 시간, 속도
특 징	외부신호값 불필요 (전파방해 불가능) 대형, 고가 운용거리에 따라 오차증가	위성과 가시선 확보 필요 소형, 저가 독자적인 위성군 확보 애로 (미국 의존)

이렇게 산출된 자신의 위치는 다른 전차나 장갑차에 송신되어 전시기의 전자지도상에 표시됨은 물론, 피아식별장치를 통해 식별된 적위치도 함께 공유되어 아군의 위치, 적군의 위치가 한눈에 파악되므로 이러한 정보를 통해 정확한 교전 및 지휘관의 전장통제능력은 획기적으로 발전하는 계기가 되었다.

17) 정확히 표현하면 위성신호는 3초 간격으로 송출되기 때문에 3초의 오차는 존재한다고 할 수 있으나, 이는 INS처럼 누적되는 오차가 아니기 때문에 큰 문제가 되지 않는다.

2.19 피아식별기는 무엇이며 어떻게 작동하는가?

1996년에 상영된 맥라이언, 덴젤워싱턴 주연의 영화 'Courage under fire'를 보면 도입부분에 아군탱크를 적군으로 오인하여 사격하는 상황이 나오고, 이 명령을 지시한 지휘관의 정신적 고뇌가 영화 전반의 중요한 요소로 작용한다.

모든 전사를 분석할 때, 사상자 중 아군이 적군으로 오인받아 사망한 인원의 비율이 일정 부분을 차지한다는 것은 참 많은 것을 생각하게 만든다[18]. 물론 서로가 가까이 근접해 있는 경우나 관측이 쉬운 주간이라면 오인사격할 이유가 없겠지만, 언제 공격당할지 모르는 극도의 공포환경인 전장에서 야간이나 악천후 기상시 그리고 상대방과 관측거리 이상으로 떨어져 있을 시는 아군을 적으로 오인하는 경우는 발생할 수 있다.

따라서 이러한 비전투손실을 줄이고자 개발된 것이 바로 피아식별기(IFF : Identification Friend or Foe)이다. 이 피아식별기는 공군에서 멀리 떨어져 있는 비행체에 대해 아군인지 적군인지를 구별하기 위해 먼저 사용되었는데 기본원리는 야간 경계시 사용하는 암/구어의 원리와 동일하다.

장비의 구성은 질문기, 응답기, 처리기로 구분되어 지향성 안테나인 질문기에서 응답모드를 지정해 주는 질문을 하면[19] 상대방 응답기에선 이를 받아 사전에 미리 정한 코드를 자동송신한다. 이렇게 응답기에서 송신된 신호는 다시 질문기의 처리기에서 미리 장입되어 있는 식별코드와 비교하여 피아 여부를 판단하는 것이며, 응답이 즉시 이루어지지 않거

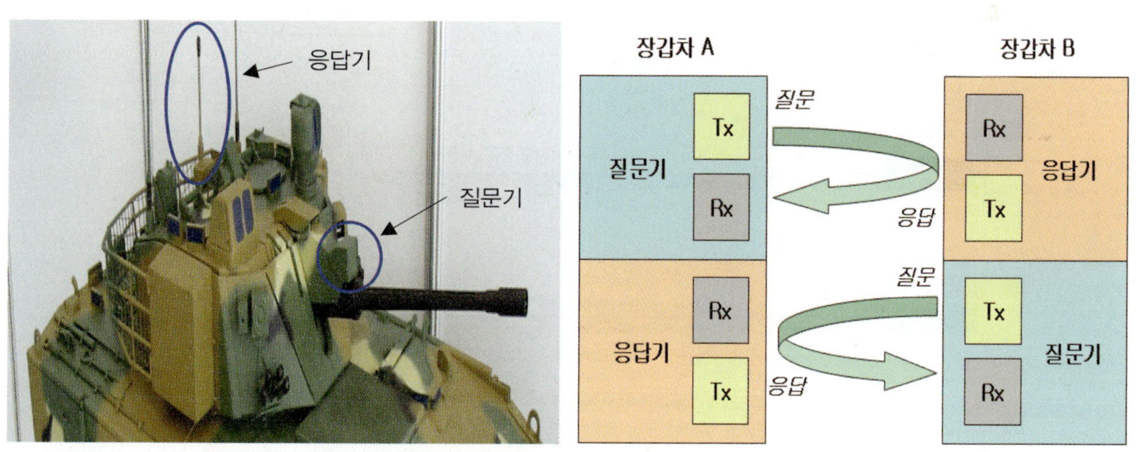

▶ 그림 2-50 피아식별기의 형상 및 개념도

18) 93년 미 의회보고서에 따르면 걸프전에서도 장비피해의 24%가 우군에 의해 발생하였다고 한다.
19) 질문시는 스위치를 조작하여 수동으로 한다.

나 약정된 코드 이외의 신호가 수신되면 이는 적으로 판단한다는 것이다.

그러나 적으로 판단되었다고 하여 바로 사격을 가하는 것은 아니다. 왜냐하면 아군 장비 중 구형 장비에 피아식별기가 달려 있지 않거나, 피아식별기가 고장난 경우도 있을 수 있기 때문에 피아식별기는 적과 아군을 구별하기 위한 하나의 수단이지 절대적일 순 없다. 간혹 SF영화를 보면 인공지능 전투로봇이 고장을 일으켜 무고한 사람이나 아군을 공격하는 경우를 볼 수 있는데, 이것이 바로 피아식별기만을 이용시 발생할 수 있는 사고라 할 수 있으며, 따라서 피아식별기 외에도 관측경이나 통신수단 등을 동시에 이용하여 정확한 피아를 구분하는 것이다.

질문기는 <그림 2-50>에 나와 있는 것과 같이 주포와 동일 방향으로 설치되어 있는 지향성 안테나로서 일정한 빔폭을 가지고 있기 때문에 거리가 멀수록 수신폭이 커지고, 때로는 동시에 2대이상이 수신범위 안에 들어올 수 있다. 이렇게 되면 응답신호가 들어와도 어떤 장비에서 응답한 것인지 알 수 없다. 따라서 이러한 것을 방지하고자 적용된 개념이 '거리불일치 응답'이다.

질문기에 의한 질문신호 송신은 별도의 스위치를 작동하는 것이 아니고 사수조종손잡이에 부착되어 있는 레이저 거리 측정기(LRF : Laser Range Finder) 작동시 동시에 발사된다. 그러면 표적이 아군일 경우 응답기에서 응답신호를 자동으로 보내주는데 레이저 거리 측정기에 의해 측정된 거리와 응답신호의 도착시간을 계산하여 일치하면 그 신호는 옳은 신호라 판단한다. 그러나 질문신호 빔폭에 의해 표적 외 다른 장비에서 응답신호를 보내면

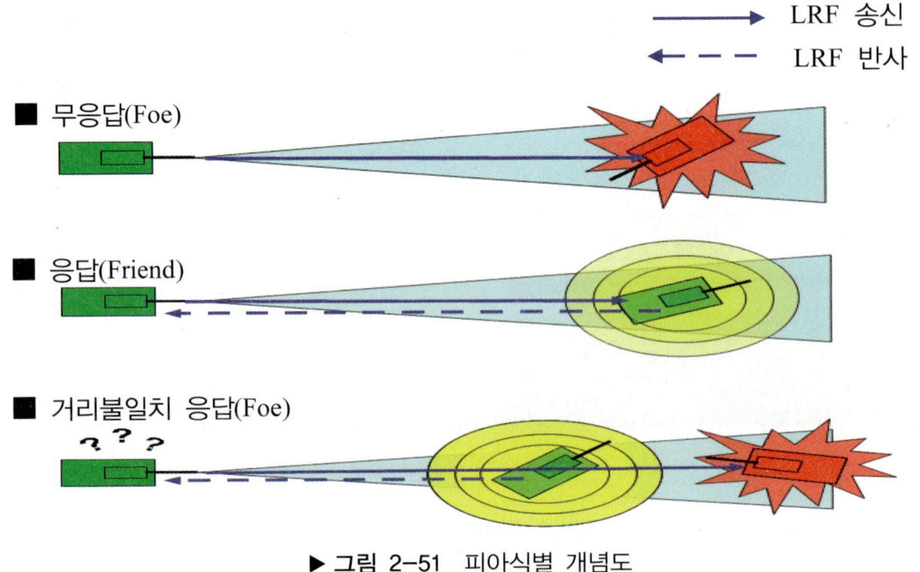

▶ 그림 2-51 피아식별 개념도

레이저 거리 측정기에 의해 산출된 응답시간과 실제 응답신호 도착시간이 달라지므로 적으로 판단할 수 있는 것이다.

그리고 질문신호는 한 방향으로만 가는 지향성 안테나인데 반해 응답신호는 전 방향으로 송신하는 전방위 안테나를 적용하는 것은 송신응답을 질문한 해당 장갑차뿐 아니라, 질문을 안한 인접 아군 장갑차에도 동시에 수신되게 하여 피아신호를 최대한 공유하게 하기 위해서이다. 따라서 주포를 가지고 있지 않는 지휘용 장갑차 등은 질문기가 필요없고 응답기만 있어도 피아식별이 가능해진다.

그러면 전 방향으로 송신되는 신호를 피아식별기가 장착된 적 장갑차가 수신하게 된다면 어떻게 될까? 아무리 적 장갑차에 피아식별기가 장착되어 있어도 적 장비와 우리장비가 동일하지 않다면 당연히 적 장갑차는 우리 장비의 신호를 인지하지 못한다. 그것은 수신된 신호에 맞는 송신신호를 보내기 위한 암호화 체계가 서로 다르기 때문이며, 송·수신 안테나에서 사용하는 주파수는 도약방식을 사용하여 일정시간마다 일정범위에서 계속 바뀌게 되므로 이러한 체계가 다르면 상호 송·수신이 안 되는 것이다.

2.20 화력 면에서 세계 최고의 장갑차는?

장갑차의 성능 중 단순히 화력만을 비교한다는 것은 큰 의미는 없다. 이는 장갑차라는 장비가 가지는 다양한 용도와 최근 무기체계 개발의 중요요소인 기동성, 생존성, 경제성 등의 종합적인 관점에서 볼 때, 장비에 대한 가치판단은 매우 다양한 요소가 고려되어야 하기 때문이다. 그러나 현재 장갑차의 추세가 포탑을 가지고 있는 IFV인 점에서 세계 최고 화력의 장갑차를 알아보는 것도 재미있을 것이다.

먼저 세계 각국의 장갑차 화력을 비교하면 <표 2-5>와 같다.

현재 세계적인 IFV의 주무장의 구경은 25 mm와 30 mm이 대부분이다. 25 mm의 경우는 미국의 M2, M2A1과 M2A2 IFV에 장착된 McDonnel Helicopter사의 25 mm M242 Chain Gun과 이탈리아의 OTO Melara와 lveco Fiat사에서 개발된 VCC-80 Dardo에 장착된 25 mm Oerlikon KBA로 대표된다. 30 mm의경우는 영국의 GKN사에서 개발된 Warrior와 오스트리아의 Stey-Daimler-Puch사에서 개발된 SP 30, 그리고 소련의 BMP-2에 장착된 30 mm 2A42화기를 들 수 있다.

그러나 최근에는 30 mm 화기 이상으로 무장된 IFV도 등장하였는데 그중 대표적인 것이 35 mm Oerlikon KDE를 장착한 일본의 89식 보병전투 장갑차와 미국의 ARES사에서 개

표 2-5 세계 주요 장갑차 화력

구 분	개발국가	주무장	부무장	대전차유도무기
Bradley(M2A3)	미국	25 mm 기관포	7.62 mm 기관총	TOW
BMP-3	러시아	100 mm 강선포	30 mm 기관포 7.62 mm 기관총	AT-10
Warrior	영국	30 mm 기관포	7.62 mm 기관총	-
CV90	스웨덴	40 mm 기관포	7.62 mm 기관총	-
Marder(A3)	독일	20 mm 기관포	7.62 mm 기관총	Milan
Type-89	일본	35 mm 기관포	7.62 mm 기관총	MAT
NIFV	한국	40 mm 기관포	7.62 mm 기관총	TOW

발된 35 mm Talon을 장착한 CVAST[20] 시제품, 그리고 스웨덴의 Bofors 40 mm 40/70B를 장착한 Hagglunds사의 CV-9030 장갑차가 있다.

이 무장들을 관통력 면에서 살펴보면 1,000m 사거리에서 APDS[21]탄 발사시 RHA[22] 등가 두께 수직경사각으로 25 mm탄의 관통력은 50 mm이고, 35 mm Oerlikon KDE탄은 90 mm를 관통할 수 있으며, 새로운 Oerlikon APFSDS[23]탄의 관통력은 120 mm로 더욱 증가되었다. 그러나 탄의 관통력 증가에도 불구하고 장갑차의 방호력이 점점 향상됨에 따라,

▶ 그림 2-52 VCC-80 Dardo(25 mm)

▶ 그림 2-53 BMP-2(30 mm)

20) CVAST : Combat Vehicle Armament System Technology
21) APDS : Armor Piercing Discarding Sabot 철갑축사탄
22) RHA : Rolled Homogeneous Armor 균질압연강판
23) APFSDS : Armor Piercing Fin Stabilized Discarding Sabot 날개안정식 철갑축사탄

▶ **그림 2-54** CV-9040(40 mm)

요구되는 주무장의 화력도 증가하여 최근에는 40 mm 이상 화력을 요구하고 있다.

이러한 추세 속에서 이탈리아의 OTO Melara사는 OTO C13 보병전투용 장갑차에 60 mm 고속포를 탑재하였으며, 이스라엘 방위산업체 IMI사는 M113장갑차에 60 mm포를 탑재하여 APFSDS탄으로 사거리 2,000 mm에서 240 mm 장갑을 관통하기도 하였다. 그러나 이렇게 강력한 포의 탑재때문에 차체 내부공간에서 포신관련 장치(포신, 주퇴/복좌장치 등)들이 차지하는 공간이 많아지므로 탑승 보병수를 감소시키고 있다. 그 예로 독일은 Marder장갑차를 개조하여 Bofors 57 mm 포를 탑재하기도 하였으나 보병 탑승수가 3명으로 줄어들어 장갑차로선 무의미하게 되었다.

따라서 IFV는 방호력이 더욱 증대될 미래의 장갑차에 대비하면 화력이 커져야 하지만 모든 IFV를 파괴할 수 있을 만큼 화력이 커진다는 것은 불가능하기 때문에, 보병수송이란 장갑차의 기본임무를 만족하는 수준의 유효한 최대화력은 40 mm로 판단되며 이러한 관점에서 세계 최고의 화력을 가진 장갑차는 40 mm 주무장의 스웨덴 CV-9040으로 보는 견해들이 많다.

이러한 논리에 "100 mm 주포를 가진 러시아의 BMP-Ⅲ가 최고의 화력이지 않는냐?"는 질문이 있을 수 있다. 사실 BMP-Ⅲ는 등장시부터 무기체계 분류의 논란이 많았던 장비인데 일부에서는 장갑차가 아닌 경전차로 보는 이들도 있기 때문에 자세히 살펴보고 이야기 해보자.

BMP-Ⅲ의 무장체계는 100 mm, 30 mm 및 7.62 mm 공축 기관총으로 구성되어 있는데 주무장인 100 mm 2A70 강선포는 고폭파편탄 전용으로 22발이 자동장전장치에 적재되며 발사속도는 분당 8～10발, 최대사거리는 4 km, 포구속도는 250 m/s이다. 부무장인 30 mm 2A72는 이중송탄이 가능하며 발사속도는 330발/분이고 탄은 HE-I 305발, AP-I 195발 총 500발이 적재된다. 한 가지 특이한 점으로 주무장인 100 mm 강선포는 3UBK-10-3 9M117(AT-10) 레이저 유도 대전차 미사일 발사도 가능하다는 것인데 이는 수동으로 폐쇄기에 장전되며 최대사거리는 5.5 km, 관통성능은 500 mm까지 개량되었다. 그런데 왜 주포에서 별도의 대전차미사일이 발사되는 것일까?

이 사실은 100 mm 주포의 위력에 대한 약점을 보여 주기도 하는데, 주포는 앞서 설명한

▶ 그림 2-55 APFSDS탄 비행 모습

바와 같이 고폭탄 전용으로 보통의 전차포구속도가 800~1200 m/s인 점과 비교해 볼 때 저압포(포구속도 250 m/s)로서 100 mm 박격포 정도로 이해하면 될 것이다. 정확히 말하면 이는 인마살상용이지 대장갑파괴용이 아니기에 별도의 대전차 미사일이 필요한 것이다. 어쩌면 분당 8~10발이 발사되는 100 mm 주포보다 분당 330발이 발사되는 30 mm 부무장이 상황에 따라서는 훨씬 위력적일 수 있다. 이러한 관점에서 BMP-3보다 40 mm 주포를 가진 CV-9040의 화력을 높이평가하는 것이다. 생각해 보라, CV-9040의 주무장인 기관포에서 최대 분당 300발의 APFSDS-T[24)]탄이 연속으로 발사될 때 그 위력이 어느 정도일지를!.

그렇다면 세계 최고 화력의 장갑차의 영광은 스웨덴 CV-9040이 차지할 것인가? 얼마 전까지는 맞는 이야기였다. 그러나 현재 우리나라의 차기 IFV인 K21의 개발이 완료된 시점에서 세계 최고 화력의 주인공은 우리나라의 K21이 될 것이다. 이는 앞서도 언급한 바와 같이 K21의 주무장이 40 mm란 점과 병행 개발된 각종 탄들의 증가된 위력, 분당 최고 300발의 발사속도 그리고 대전차 미사일의 탑재 등 가히 세계 최고의 화력이라고 자부할 수 있다. 게다가 기동력 및 생존성, 인원수송능력까지 고려해 볼 때 세계 최고수준의 장갑차임에는 틀림없을 것이다. 이는 이미 War-game을 통해 입증이 된 바 BMP-Ⅲ 대상 전투효과가 약 35% 이상 우수한 것으로 판단되기도 하였다. 어떤가, 이 정도면 자부심을 가질 만한 장비라고 할 수 있지 않겠는가?

▶ 그림 2-56 K21(40 mm)

▶ 그림 2-57 BMP-3(100 mm/30 mm)

24) APFSDS-T : Armor Piercing Fin Stabilized Discarding Sabot Tracer 날개안정식 철갑축사 예광탄

2.21 차륜형 장갑차의 구조 및 특징은?

차륜형 장갑차는 2-1 장갑차의 분류에서 언급한 바와 같이 차체 하부구조가 타이어 형식이란 의미이다. 이를 시스템 구성 면에서 보다 자세히 알아보면 <그림 2-58>과 같이 동력전달경로 면에서 궤도형은 엔진에서 발생된 동력이 변속기를 거쳐 변환되어 종감속기 및 기동륜으로 전달되고 최종적으로 기동륜이 궤도를 구동하여 차량이 주행하게 되지만, 차륜형은 엔진에서 발생된 동력이 변속기를 거쳐 동력전달축을 통해 차동장치까지 전달되며 차동장치는 좌/우 바퀴의 구동력 및 회전수에 따라 상이한 회전력을 차축을 통하여 바퀴에 전달함으로써 차량이 주행하게 된다.

결국 이러한 동력전달 경로의 차이가 궤도형과 차륜형 장갑차의 조향장치 및 현수장치 구조를 상이하게 만드는데, 차량의 조향(회전) 원리에서도 궤도형은 한쪽 궤도를 감속시켜 회전하는 반면, 차륜형은 핸들조작에 따라 바퀴의 주행각이 달라져 회전하게 되는 것이다.

또한 차륜형은 차동장치, 동력전달 축, 차축 등 여러 개의 하부 구성품 장착공간과 조향을 위한 바퀴의 선회유격이 필요함에 따라 궤도형에 비해 공간효율이 낮아지는데 <그림 2-59>는 차륜형과 궤도형의 체계단면과 평면형태를 도식한 것으로 차륜형의 경우 동력전달 시스템 및 조향장치 공간 확보를 위해 체계 높이가 높아지고 내부 활용 공간도 축소된다.

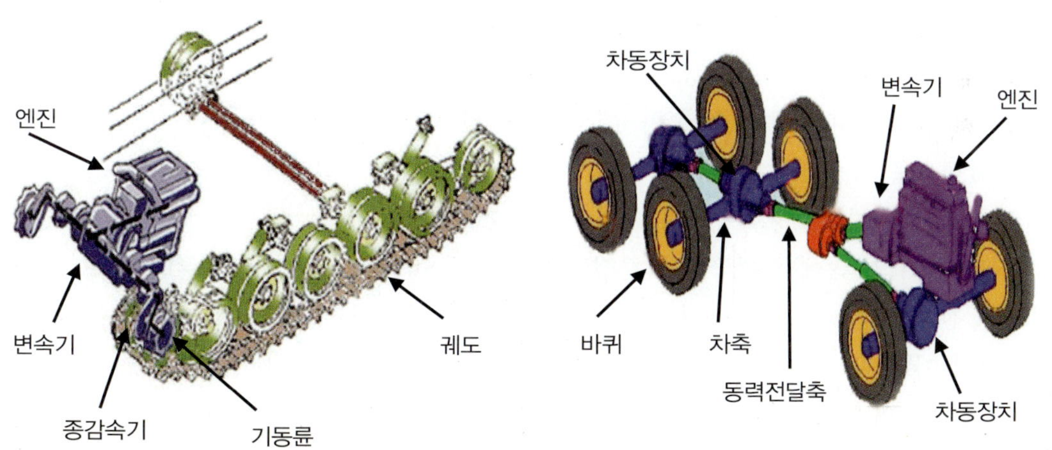

구 분	동 력 전 달 경 로
궤도형	엔진 - 변속기 - 종감속기 - 기동륜 - 궤도
차륜형	엔진 - 변속기 - 동력전달축 - 차동장치 - 차축 - 바퀴

▶ 그림 2-58 궤도형/차륜형의 동력전달 경로 및 구성

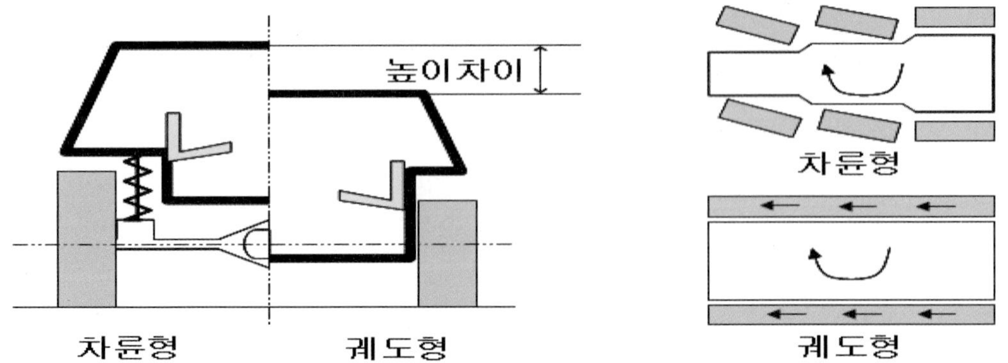

▶ 그림 2-59 궤도형/차륜형의 구조 및 형상 비교

이러한 동력전달경로와 형상의 차이 외에도 성능 측면에서 차륜형은 포장도로 주행성과 진동/소음, 수송성 면에서는 우수하나 야지주행성 및 장애물 통과능력, 방호력 면에서는 궤도형에 비해 떨어진다. 따라서 차륜형 장갑차는 장갑차란 무기체계 속에서 전투용보다는 테러, 시가전 등 특수 목적용 장비라는 인식이 강하였다. 하지만 장비의 신뢰도나 정비 유지성, 연료소비율, 장비가격 등 운용유지 측면에서 궤도형에 비해 약 25~33% 정도 저렴한 것으로 분석되고 있으며 앞서 지적한 성능상의 열세 또한 민간 자동차공학 및 무기체계공학의 발전과 더불어 점차 향상되는 추세에 있어 관심이 점점 높아지는 추세에 있다.

사실 차륜형 장비는 앞서 언급한 주행성과 수송성이란 두 가지의 장점만으로도 충분한 매력을 가지는데, 고도의 주행성은 적보다 먼저 움직일 수 있으며 수송성은 신속한 장비의 보급 면에서 적보다 높은 우위를 차지한다. 물론 수송성 향상을 위한 장비경량화는 방호력에서 약점으로 작용할 수 있지만 기보전술상 장갑차는 애초부터 전차와의 전투를 피하도록 되어 있기에 높은 방호력은 필요없다는 의견도 많다.

이러한 분위기 속에서 미국의 차륜형 경장갑차인 Stryker의 등장은 기존 차륜형 장비의 인식을 전환시키는 계기를 마련하였는데, 미 육군은 미소 냉전체제 이후 군 구조를 세계 분쟁지역 어디라도 필요시 전략적으로 신속히 대응, 대처할 수 있는 경량화되고 네트워크화되어 있는 미래 전투체계(FCS, Future Combat System)로 변화하고 있다.

따라서 경(經)장비 위주로 무장하여 기동력을 강화시키고, 화력은 현재 중(重)무장군이 보유한 것과 동일한 파괴력을 유지하면서 네트워크로 통합시켜 이를 통해 얻어진 방대한 정보를 활용하여 적을 압도한다는 전략 하에 군 구조를 탈바꿈시키고 있는데, 이 과정에서 현존전력과의 공백을 채우기 위해 중무장 여단 전투단(IBCT, Interim Brigade Combat Teams)을 구성하게 되었으며, IBCT용 장비로 기존 C4ISR(Command, Control, Computers,

▶ 그림 2-60 이라크로 공중수송된 Stryker 차륜형 장갑차

Communications, Intelligence, Surveillance and Reconnaissance) 체계와의 상호운용성, 항공 수송성을 포함한 기동력, 생존성, 화력 등의 요구조건 하에 탄생된 것이 바로 Stryker 장갑차인 것이다.

Stryker는 14.5 mm AP탄에 대한 전면 방호력을 가지고 있으며 내부를 최첨단 장비로 구성하여 열상 조준경, 무선데이터통신, 자동항법시스템 등을 보유하고 있지만 궤도형 IFV인 Bradly 장갑차와 비교시 25% 정도 가격이 저렴하다. 이처럼 장갑차의 운용목적인 인원수송외 다양한 임무수행이 가능하면서 가격도 저렴하다면 이는 사용군 입장에서 매우 효율적인 장비가 될 수 있는데 이러한 이유로 미국은 Stryker 장갑차의 기본형인 보병수송차량 외에도 계열차량으로서 이동포시스템, 대전차 유도미사일 탑재차량, 정찰차량, 화력지원차량, 공병지원차량, 120 mm 박격포 수송차량, 지휘/통제차량, 의료지원차량, 화생방정찰차량 등 총 10종을 운용중에 있다.

이러한 개념 하에서 현재 장갑차 발전추세는 궤도형은 전투장갑차로, 차륜형은 보병수송 및 수색, 정찰용의 전투지원용으로 발전하고 있다.

2.22 차륜형 장갑차의 야지주행성은 어떻게 높이는가?

차륜형 장갑차가 가지는 기동성, 운용유지성의 장점에도 불구하고, 방호력과 타이어 그

▶ 그림 2-61 차륜형 장갑차의 문제점

리고 야지주행성의 문제는 오래 전부터 차륜형 장갑차를 거부하는 사람들의 단골 메뉴였다. 특히 야지주행성 문제는 장갑차 운용시 양호한 도로 위주의 전술만 가능하기 때문에 전술기동로의 예측이 가능하여 심각한 문제가 될 것이라는 주장도 있다.

따라서 차륜형 장갑차 개발시는 이러한 문제해결은 가장 큰 관건이 되는데, 방호력의 문제는 중량장갑 채용에 따라 무게가 증가하는 문제가 발생하기 때문에 현재는 중 기관총(14.5 mm 탄) 정도의 방호력을 한계로 인정하고 있으나 이는 장갑기술의 발전과 함께 어느 정도는 해결될 것이다.

타이어 문제는 고무재질 사용에 따른 기동간 펑크(Puncture)나 화염에 의한 타이어 화재가 가장 큰 문제인데, 최근에는 펑크시 자동으로 구멍난 부위를 메워 주는 펑크방지액체의 주입(일명 전술타이어)이나 런 플랫(Run-flat) 타이어 적용 및 타이어 주변에 자동소화장치 장착으로 해결하고 있다.

런 플랫 타이어란 주행 도중 타이어가 펑크 나도 주행이 가능한 타이어로서 원리는 비교적 간단한데, 핵심은 타이어 펑크시 공기압이 누수되어도 타이어의 외형을 유지하여 주저앉는 것을 방지하는 것이다. 이를 위해 현재는 타이어 옆면 강화방식(Sidewall Reinforced)과 서포트 링(Support Ring) 삽입 방식이 주로 사용되고 있는데 먼저 옆면 강화방식은 타이어의 기본골격이 되는 옆면의 강도를 높여 공기압이 빠져나가도 타이어의 외형을 유지시키는 것이며, 서포트 링(Support Ring) 삽입 방식은 타이어 내부 즉 휠 위쪽에 지지링을 삽입하여 공기압이 빠져 나가더라도 타이어가 링의 지지를 받아 주행하도록 하는 것이다.

야지주행성 문제는 차륜형 장갑차의 최대 약점으로 우리나라에서 CM-6614라는 프랑스 차륜형 장갑차가 1970년대 도입된 이후 차륜형에 대한 개발이 시도되지 않았던 이유는 차

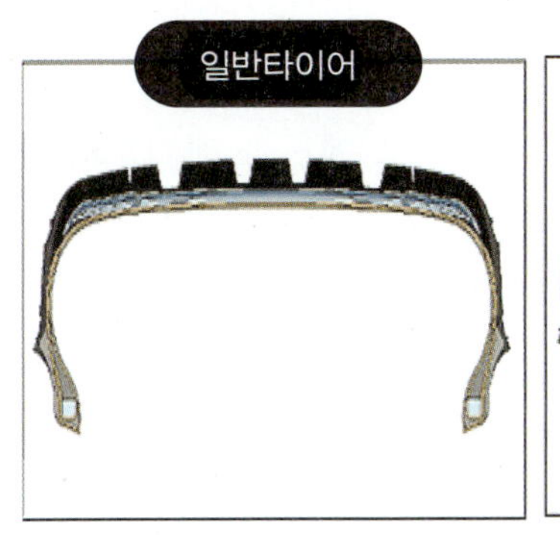

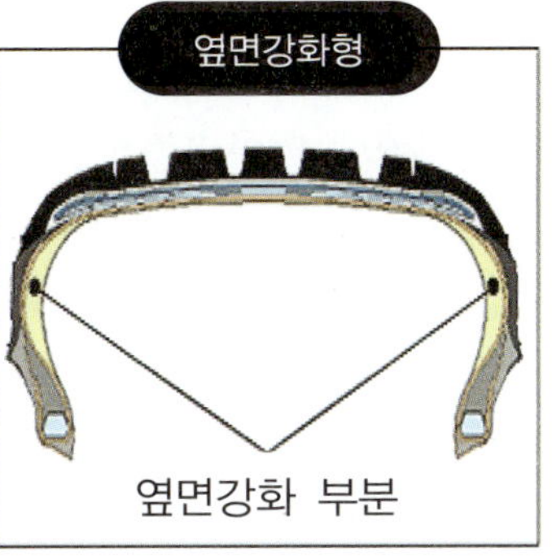

옆면강화 방식 서포트링 삽입 방식

▶ **그림 2-62** 런 플랫 타이어

륜형이란 방식이 우리나라와 같은 산악지형에는 부적합하다는 인식 때문이었다. 그러나 최근 들어 차륜형의 야지기동성 증가를 위한 노력은 매우 다양하게 시도되고 있는데 그중 가장 눈에 띄는 기술이 중앙타이어공기조절장치(CTIS : Central Tire Inflation System)와 하이브리드 동력장치이다.

중앙타이어공기조절장치는 지형에 따라 타이어 공기압을 운전석에서 자동 조절하는 장치를 말하는데, 차 내부에 공기공급장치(Compressor), 저장장치, 조절장치(Controller)를 장착하여 필요에 따라 타이어 공기를 저장장치에 저장 및 공급을 하면서 타이어 압력을 조절

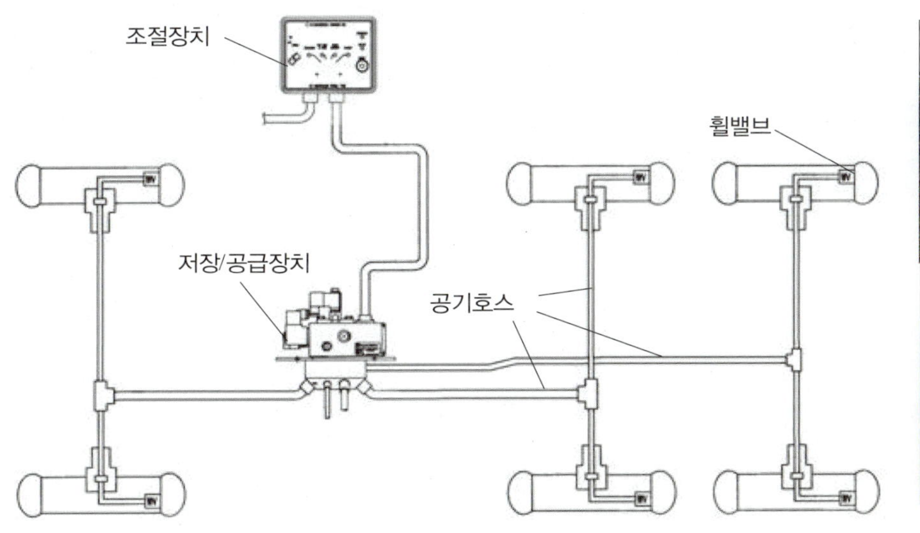

CTIS 작동 전

CTIS 작동 후

▶ **그림 2-63** CTIS 원리 및 효과

한다. 이는 연약지반이나 야지, 강우, 결빙시 타이어 압력을 낮추어 접지면적을 증대시킴으로써 최대 마찰력을 이용하여 악조건 하에서도 기동을 가능하게 만들어 준다.

하이브리드 동력장치는 차체를 기동시킴에 있어 2종류의 에너지(주로 엔진과 전기모터)를 사용하는 것으로 기존 동력발생장치인 엔진 외에 전기모터나 유압모터 등의 추가 동력원을 장착하는 것을 말한다. 하이브리드 방식 적용시 엔진이 주동력발생장치로서 작동하는 것은 기존과 동일하지만, 최초 출발시와 같이 큰 동력이 필요 없을 때는 모터로만 주행하거나 경사면/언덕과 같이 많은 동력이 필요할 때는 모터가 엔진과 함께 동력을 공급하여 보다 높은 출력을 발생할 수 있다.

이 기술은 일반 승용차에서 먼저 적용된 기술로서 적용시 연료효율이 2배로 높아지며 오염 배출물도 획기적으로 감소한다. 따라서 장비 운용유지측면에서 궤도형보다 저렴하다는 차륜형의 장점은 하이브리드 기술을 적용하면서 더욱 주목받는 것이다. 또한 전기모터 사용시의 정숙성은 전술적 측면에서도 매우 큰 장점으로 작용할 수 있다.

이렇게 차륜장갑차의 성능향상을 위한 기술이 빠르게 발전할 수 있는 것은 인류가 18C 말 자동차라는 문명을 발명하고 난 이후, 지금까지 약 300년간의 기술축적이 있었기에 때문이고, 이것이 바로 차륜형 장갑차의 가장 큰 특징이자 매력이라고 할 수 있다.

[제 3 절]

장갑차의 발전추세

3.1 미래의 장갑차와 기술발전

21세기의 전쟁 양상은 다양한 형태로 예상되며, 복잡한 전장 환경하에 분산되고 비대칭적인 전력을 보유한 적에게 신속히 병력을 투입하여 정밀하게 타격을 가하려면 효과적인 군 구조와 적합한 장비를 보유해야 한다. 현재, 미 육군은 경장비 위주로 무장하여 기동력은 강화되고, 화력은 현재의 중무장군이 보유한 것과 동일한 파괴력을 유지하면서 네트워크로 통합시켜서, 이를 통해 얻어진 방대한 정보를 활용하여 적을 압도하는 전략 하에 군 구조를 변환시키고 있다. 이러한 미 육군의 주력장비는 미래전투체계(FCS)라 불리는 광범위한 시스템 중의 시스템(System of Systems)으로 통신과 전투기, 장갑차, 무장로봇 및 무인기들과 상호운용을 통해 완벽하게 통합시키는 것으로서 유무인 플랫폼과 센서 그리고 C4ISR의 결합체라고 말할 수 있다.

2013년 현재 미 육군은 이러한 변화의 시작으로 16.4t의 Stryker 장갑차를 주축으로 구성된 Stryker 전투여단(SBCT : Stryker Brigade Combat Team)을 7개(정규군 6개, 주 방위군 1개) 보유하고 있는데 대략적인 편제는 3개의 전투장갑차대대, 1개의 정찰장갑차 대대, 1개의 155 mm 포병대대로 구성되어 있다. 이 여단은 일명 신속배치여단으로 불리우며 전세계 어느곳에서 분쟁이 일어나더라도 가장 신속하게 제일 먼저 도착할 수 있는 전투부대이다.

이렇게 변화되는 추세속에서 기존의 Abrams 전차 및 Bradley IFV 같은 중(重)형 장비도 계속 유지되고 있으나 SBCT와 같은 중간단계의 부대구조를 거쳐, 최종 미 육군은 보다 가벼우면서도 시스템 기반의 매우 강력한 무장을 가진 부대로 점차 변화되고 있다.

영국은 신속한 전략적 전개와 전투력 유지를 충족시킬 수 있는 차세대 장갑 전투차량인

▶ 그림 3-1 FCS의 유인장갑차

▶ 그림 3-2 FRES 장갑차의 개념

▶ 그림 3-3 EBRC 장갑차의 개념

FRES(Future Rapid Effect System)을 2001년 이후 개발 추진중인 것으로 알려지고 있으며, 차량은 수송성을 고려하여 중량 20톤 이내로 계획하고 있다. <그림 3-2>는 Vickers Defence Systems사가 제시한 FRES의 플랫폼이다. 프랑스는 1990년 이후 자국의 장갑차량들이 Leclerc 전차와 협동작전을 수행하는 데 문제가 많다고 판단하여, 자국이 보유한 AMX 10RC를 포함한 전투차량을 대체할 계획을 본격적으로 검토하기 시작했으며, 2000년 Giat사와 EBRC(Engine Blinde a Roues de Contact) 개발에 착수하였고, 이는 프랑스의 미래장갑차가 될 것이며, 미국의 FCS 시스템과 유사하게 미래 프랑스 육군의 네트워크 중심전의 핵심이 될 것으로 예상됨. <그림 3-3>은 Giat사가 제시한 40 mm 원격제어포로 무장한 차륜형 장갑차(6×6)의 개념도다.

기술적 발전추세로는 원격제어무장 탑재 확대 및 하이브리드 구동방식 채택이 있다. 도심 및 근접전투 상황에서 차량 외부로 노출된 상태에서 무장을 운용하는 병사는 저격수 또는 폭발에 의한 파편 등에 취약할 수밖에 없어 임무수행 중 승무원을 보호할 수 있는 원격제어 무장의 필요성이 제기되었다. 원격제어무장은 승무원이 방호 가능한 차량 내부에서 원격무장에 장착된 영상센서로부터 전해지는 영상을 확인하고, 내부 조종기를 사용하여 무장 운용 및 사격임무를 수행하는 개념으로 초기에는 차량 주행간 사격 정확도 저하 및 운용 불편성 등의 문제점이 제기되었으나, 이를 보완하기 위하여 차량 기동 시에도 목표물을 지속 조준 가능한 사격 정확도가 향상된 안정화 제어를 접목하고 있으며, 또한 최근 급속히 발전한 영상처리기술을 바탕으로 목표물 포착 및 자동추적(Lock-On & Auto-Tracking) 기능을 구현하여 승무원의 운용 편리성이 증가되고 있는 추세다. <그림 3-4>는 이스라엘 Rafael사의 원격제어 기관총인 RCWS-30이고 <그림 3-5>는 Pandur-II 장갑차에 장착한 사진이다. <그림 3-6>은 노르웨이 Kongsburg사의 Protector 원격제어장치이고, <그림 3-7>은 이라크에서 Stryker장갑차에 장착한 사진이다.

▶ 그림 3-4 RCWS-30

▶ 그림 3-5 Pandur-II

▶ 그림 3-6 Protector

▶ 그림 3-7 Stryker

하이브리드 동력 및 전기구동장치는 각 바퀴의 토크를 제어하여 야지에서 고기동성을 발휘할 수 있고, 주행중 엔진을 최적 연비 조건으로 제어하여 감속시 에너지를 저장하는 등 연비 향상과 축전지만을 이용한 스텔스 주행이 가능하다는 점 등 미래무기체계에 적합한 동력구동장치로 주목을 받고 있다. 유럽 각국은 이 시스템에 대하여 많은 연구를 수행하면서 차량 제작 및 시험평가를 실시하고 있으며, 그간 기술적 장벽으로 인식되었던 구동장치 및 축전지의 신뢰도에 대해서도 충분한 입증을 거 쳐서 안정화 되었다고 판단하고

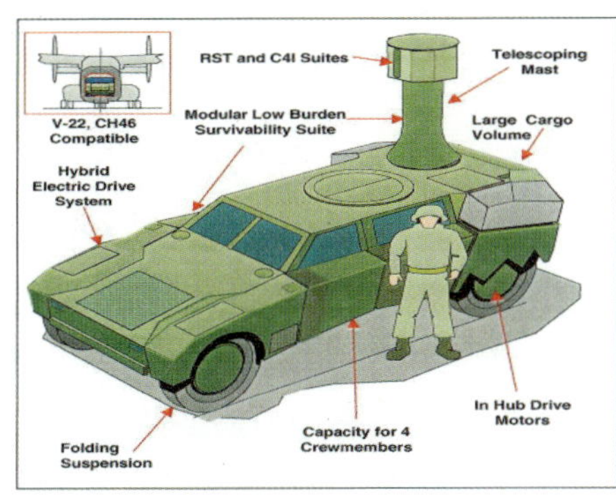

▶ 그림 3-8 RST-V

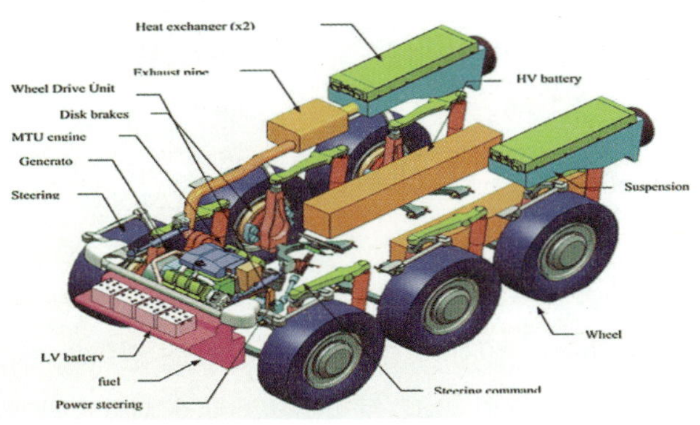

▶ 그림 3-9 DPE Hybrid 동력장치

있다. 미국은 FCS사업을 통하여 개발되는 모든 장비에 하이브리드 동력 및 전기구동장치를 탑재하여 시제제작 및 시험평가를 실시하였으나, 사업비용 절감을 위하여 전투차량의 개발은 제외된 상태다. 그러나 미래 전투차량이 요구하는 고기동성, 높은 전력을 요구하는 무장 및 탑재장비, 경량화 및 스텔스 주행 등을 고려한다면 하이브리드 동력 및 전기구동장치를 적용한 플랫폼의 연구는 계속될 것으로 보인다. <그림 3-8>은 GDLS사의 하이브리드 동력차량 RST-V의 개념도이며 <그림 3-9>는 프랑스 Giat사의 DPE이다.

3.2 선진국의 장갑차 개발현황

3.2.1 체계특성 및 운용개념

전장환경의 변화와 급속한 기술발전은 보병에게 기동력과 방호력을 제공하는 인원수송용 장갑차에서, 전차와 장갑차의 협동작전에 의한 적의 강력한 저항을 제압하기 위해 탑승상태에서 전투를 수행할 수 있는 전투장갑차로의 운용개념 변경을 촉진하고 있다. 이에 따라 장갑차에 탑재되는 주무장이 소구경에서 중구경으로 발전하는 추세를 보이고 있으며, 최근에는 대전차 유도무기를 탑재함으로써 대전차전을 수행할 수 있는 능력을 요구하고 있다. 주무장의 개선에 따라 방호력도 소구경탄 방호에서 중구경탄 방호개념으로 발전되었고, 최근에는 능동방호체계를 적용한 장갑차도 출현하고 있다. 이러한 무장과 방호력의 증가는 전투중량의 증가를 초래하고 있으며, 이로 인해 엔진의 출력증가 등 성능개량을 통한 기동력 향상을 추구하고 있다.

전천후 임무수행을 위한 사격통제장치는 주야간 및 기동간 사격이 가능토록 열상장비와 안정화 장치를 탑재하고 있으며, 무선 데이터 통신 및 전장정보 공유가 가능한 지휘통제장치가 탑재되고 있다.

3.2.2 선진국 개발현황

3.2.2.1 미 국

미 육군은 1981년 Bradley 장갑차를 전력화하여 현재까지 주력 전투장갑차로 운용하고 있으며, 종류에는 M2 보병전투차량과 M3 정찰전투차량이 있다. M2 보병전투차량은 3명의 승무원과 6명의 보병이 탑승하여 수송 및 하차보병지원, 적 전차 및 경장갑차량 파괴

표 3-1 주요 선진국 장갑차의 발전전망

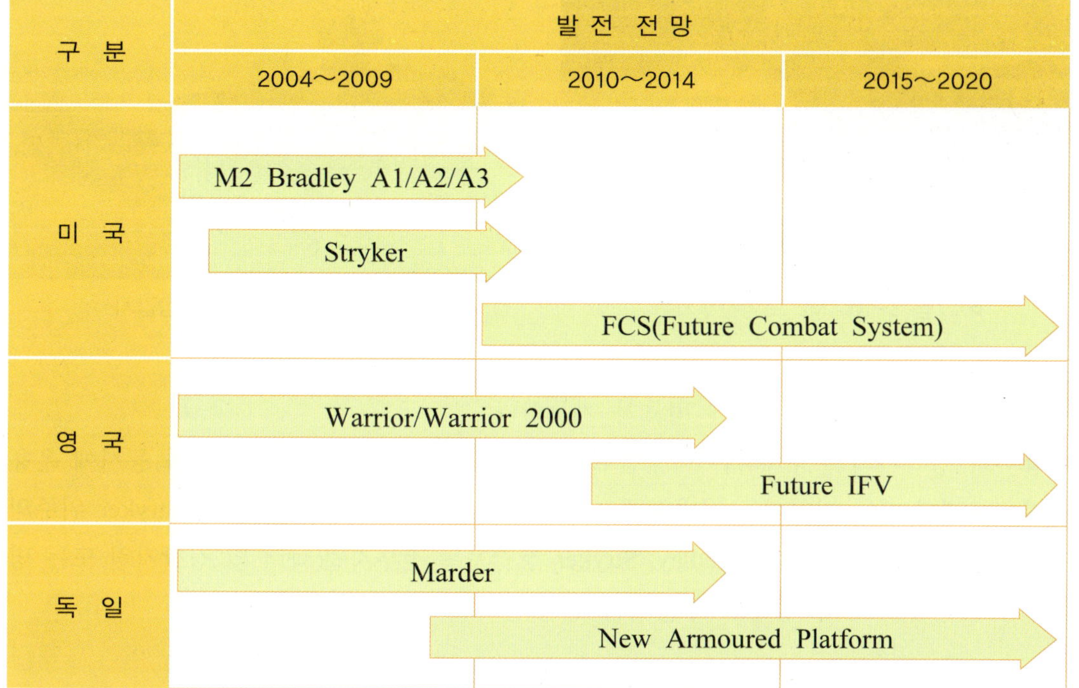

등의 전투장갑차 임무를 수행하며, M3 정찰전투차량은 3명의 승무원과 2명의 정찰병이 탑승하여 정찰임무를 수행한다.

미 육군은 냉전체제 해체 이후 전 세계의 모든 전장 상황에 전략적으로 신속히 대응할 수 있는 미래전투체계(FCS, Future Combat System)를 개발하는 과정에서, 현존 전력과의 공백을 메우기 위해 중무장 여단전투단(IBCT, Interim Brigade Combat Teams)을 구성하고, Stryker 장갑전투차량을 개발하여 배치 · 운용에 착수하고 있다.

미 육군 전차사령부는 IBCT 편성을 위해 필요한 장갑차량의 요구조건으로 기존 C4ISR 체계와의 상호운용성, 항공 수송성(C-130)을 포함한 기동력, 생존성, 화력 등을 제시하였으며, 2000년 말부터 캐나다 육군용으로 생산중인 General Motors Defense사의 8×8 LAV(Light Armoured Vehicle)-Ⅲ를 선정하였고, 2002년 최초 인도시 명예훈장을 수여받은 2명의 미 육군 병사 이름을 따서 'Stryker'로 명명하였다.

Stryker 차량은 내부 공간을 크게 하기 위하여 조종석 후방까지 약간 높은 Roof-line을 가지고 있으며, 2명의 승무원과 9명의 보병 분대원을 수송할 수 있다. 수동장갑은 14.5 mm AP탄을 방호할 수 있으며, 상부 방호력은 152 mm 공중폭발탄의 방호가 가능하고, 부가장

▶ 그림 3-10 M2 보병전투차량

▶ 그림 3-11 Stryker 장갑차

갑 장착시 RPG-7 대전차 로켓 방호가 가능하다.

Stryker 장갑차의 운용개념은 미래전투체계(FCS) 구축 이전에 기존 전력과 동시에 운용하며, 전 세계 어느 지역이든 선발부대로 신속하게 배치되는데 운용형태는 Stryker 위주의 전투편성과 전투임무는 M2 Bradley, Stryker 장갑차는 전투지원(화력 및 정찰지원 또는 병력수송 등) 임무 수행 형태로 구분되어 진다.

3.2.2.2 영 국

1990년대 초반 독일과 프랑스는 다기능 장갑차량(MRAV, Multi-Role Armoured Vehicle)으로 불리우는 신형 장갑차 개발사업을 시작하였는데 1995년에 영국이 추가로 참여하였으며 1997년에는 네델란드가 참관국자격으로 합류하였다. 하지만 프랑스가 1999년 이 사업에서 탈퇴한 후 2001년 에는 네델란드가 정식으로 참여하였으나 2003년에는 영국이 탈퇴하여 독자적으로 FRES(Future Rapid Effect System)를 개발하게 되었다. FRES는 하나의 차대로 보병전투차, 전차, 자주포, 공병장갑차, 구급장갑차, 지휘장갑차, 정찰장갑차 등을 만들려는 것으로 MRAV 개념과 유사하지만 중량에서 FRES는 최대 42톤까지 허용되다는 점에서 규모가 크다고 할 수 있다.

2007년 9월 영국은 FRES계획의 산물로 General Dynamics UK(GDLS와 Mowag사)를 통해 Piranha 차세대형인 Piranha Evolution 8x8에 대한 시험평가를 완료하였으며 2012년부터 약 2,000대의 Piranha Evolution 도입을 통해 기존 정찰장갑차를 교체해갈 예정이다. Piranha Evolution은 최대 중량 26t에 12.77 mm 무인포탑과 조종수용 열상사이트및 다른 승무원용 전기광학식 사이트를 장착하고 있으며 운용개념은 미국의 Stryker 장갑차와 유사할 것이다.

또한 영국은 FRES계획에 의해 2010년 3월 궤도형 정찰장갑차인 ASCOD SV에 대한

▶ 그림 3-12 Piranha Evolution 장갑차

▶ 그림 3-13 ASCOD SV 장갑차

공급계약을 General Dynamics UK 체결한 바 있는데 이 장갑차는 중량을 최대 45톤(전차 버전, IFV버전은 42톤)까지 늘릴 수 있으며, 이를 견딜 수 있게 강화된 토션바 서스펜션, 800마력 MTU엔진, 신형 변속기를 장착하고 있으며 무장은 40 mm CT포를 가지고 있다.

이 차량은 장갑 전투부대 내에서 다양한 역할 수행이 가능하지만, C-130 수송기로는 항공수송이 불가능하여 해상 수송에 의한 전력배치에 의존할 것으로 예상된다. 2012년 현재 영국 육군은 ASCOD 무장 정찰형(IFV버전)을 시작으로 이걸로 워리어, AS90, 챌린저2까지 전부 대체할 예정이지만 영국 국방성의 예산문제로 진행이 다소 지연되고 있다.

3.2.2.3 독 일

독일은 새로운 장갑 플랫폼 개발계획(NGP, New Armoured Platforms programme)을 연구개발 중에 있다. NGP는 미래 전차, 미래 보병전투차량 및 미래 대공방어체계로 이루어진 3가지 다른 플랫폼을 겨냥하고 있다. 현재의 Marder 장갑차를 대체하는 PUMA 보병전투장갑차가 크라우스-마베치 비그만과 라인메타의 합작회사인 PSM(Project System &

▶그림 3-14 PUMA 장갑차

▶ 그림 3-15 BOXER 장갑차

Management GmbH)을 통해 2005년 개발이 완료되어 2009년 405대가 전력화 되었으며, Leopard 전차를 대체하는 미래 전차는 2013년을 목표로, Gepard 자주대공포 및 Roland 지대공 미사일 체계를 대체하는 플랫폼은 2016년을 목표로 개발 중에 있다. 새로운 개념의 플랫폼은 수동 및 능동방호체계, 능동형 현수장치, MTU 엔진과 결합된 하이브리드 동력장치, 궤도 소음감소 장치 등을 포함하고 있으며, 전장 생존성 향상을 위해 노력하고 있다. 특히 PUMA 장갑차는 30 mm 무인 기관포를 주무장으로 하고 있으며 기본중량은 31.5톤, 부가장갑 장착시 최대 43톤으로 T-72 전차에 맞먹는 전차급 중량이다. 원래 독일 육군은 PUMA 장갑차 기본형의 중량을 31.5톤으로 억제하고 당시 개발중이던 유럽연합의 A400M 수송기로 공수할 계획이었으나 A400M의 자중이 12톤이 늘어나면서 최대허용 적재량이 29톤으로 감소되어 PUMA의 공수가 불가능해지면서 차제에 병사들을 보호하기위한 장갑을 강화하였다.

1990년대 초반 독일과 프랑스(후에 네덜란드 참여)가 합작했던 다기능 장갑차량(MRAV, Multi-Role Armoured Vehicle)개발사업은 차륜형 기반의 장갑차로서 2002년 공식명칭을 'BOXER'로 하였으며 2009년 전력화되었다. 이 차량의 가장 큰 장점은 차량 모

표 3-2 선진 주요국 장갑차의 개발현황 및 특성 비교

구 분		미 국	영 국	독 일
모 델		M2A3	ASCOD SV	PUMA
생산연도		2000	2010	2005
탑승인원		3+7	3+7	3+6
기동력	전투중량(톤)	30.4	42	31.5(최대 43)
	최고속도(KPH)	61	70	70
	항속거리(km)	400	600	600
화 력	주무장(구경, mm)	25	40	30
	부무장(mm)	540	7.62	5.56
	대전차유도무기	TOW	미장착	Spike LR
생존성	방호력(RHA, mm)	30	30	20
	화생방방호	가스입자여과기	양압장치	양압장치
전 장 정 보	항법장비	GPS/INS	GPS/INS	GPS/INS
	차량전자	전자제어	전자제어	전자제어
	조준경(차장/사수)	열상/열상	열상/열상	열상/열상

듈 Box를 교체하는 방식으로 한 시간내에 구급, 물류, 장갑 지휘차량으로 용도변경이 가능하며, 8기통의 디젤엔진 장착으로 103KM/H 최고속도에 1,000km까지 주행가능하며, 중량은 약 30톤이며 내부에 화장실과 조리설비가 설치되어 있어 전투중에도 탑승자의 생리현상및 식사를 내부에서 해결할수 있다는 것이다. 무장은 40 mm 유탄발사기와 7.62 mm 기관총을 장착하여 전투용보다 전투지원 및 전투근무지원용으로 개발되었으며 탑승인원은 3+8명이다. 현재 유럽의 국가들은 전투용은 궤도형, 전투지원 및 전투근무지원은 차륜형이라는 전형적인 장갑차 운용방식을 유지하고 있는데 특히 전투용 궤도형 장갑차 중량에 대해 미국보다 관대한 이유는 세계 경찰국가로서 임무를 수행하는 미국보다 상대적으로 유럽대륙에서의 활동에 더 많은 비중을 두고 있는 것으로 보인다.

3.2.3 체계 발전추세

향후 전투장갑차 체계의 발전추세를 정리해 보면 첫째, 장갑차의 운용개념은 보병 수송용 장갑차에서서 탑승상태에서 전투를 수행할 수 있는 전투장갑차의 개념으로 발전하였으며, 최근에 개발되는 장갑차는 전차와 대등한 전투 능력을 보유하고 있다. 둘째, 장갑차의 형태 측면에서 궤도형은 전차와의 협동작전 수행 및 탑승전투 임무 수행을 위한 전투장갑차로 운용하고 있으며, 병력수송, 수색/정찰용으로는 차륜형 장갑차 위주로 편성 운용하고 있다. 선진국의 장갑차 개발현황을 볼 때 장비 운용개념 및 환경을 고려하여 궤도형과 차륜형을 병행하여 개발하고 있으며 차량 특성별 단점을 보완하는 연구가 추진되고 있다. 셋째, 장갑차의 성능 면에서는 탑재되는 주무장이 소구경에서 중구경으로 증가하는 추세를 보이고 최근에는 대전차 유도무기를 탑재함으로써 대전차전을 수행할 수 있는 능력을 확보하는 추세이다. 이와 함께 탄약의 관통력과 사거리 증대로 동시에 추진되는 추세이며, 점차 기능이 복합화되고 있다. 탑승전투 개념의 도입에 따라 사격통제장치는 주야간, 기동간 임무 수행이 가능토록 열상장비 및 안정화 장치를 탑재하고 최근에는 무선 데이터통신 및 전장정보 공유가 가능한 지휘통제장치의 탑재가 활발히 진행되고 있다. 방호력은 소구경탄 방호에서 중구경탄 방호개념으로 발전되었으며, 최근에는 능동방호체계를 적용한 장갑차도 출연하였다. 기동력은 전투중량의 증가에 따라 엔진의 성능개량 등을 통하여 출력이 증가하고 있는 추세이며, 현수장치 성능개량을 통하여 야지 기동성능을 지속적으로 증대하고 있다. 미래 전투체계에는 전투중량 한계의 극복, 보병 생존성 보장, 막강한 치명성 확보, 운용성 향상을 통한 전투임무의 효율적 수행 등의 요구를 충족하기 위해 무인화, 능동화, 지능화 및 자율화 기술적용이 활발히 진행될 것으로 예상된다.

3.3 미래 전투체계(FCS)와 장갑차

美 육군이 미래 전장환경 변화에 대응하기 위해 1999년부터 시작한 미래군(Future Force)은 컴퓨터 네트워크로 연결된 무인정찰기, 무인전차 및 장갑차, 로봇군인 등이 삼위일체가 되어 전투를 수행하는 미래 전투체계(FCS : Future Combat Systems)로 무장한 후 속도와 정보우위를 통하여 절대우위의 전투력을 확보하는 데 목적이 있다. 2015년 초기버전의 FCS BCT(Brigade Combat Team)를 창설하는 것을 목표로 하고 있으며 <그림 3-16>과 같이 '14+1+1'(14개 체계+Network+Soldier) 시스템으로 구성된다.

FCS의 플랫폼에 해당하는 장갑차 분야는 UDLP(United Defense Limited Partnership)와 GDLS (General Dynamics Land Systems) 두 개 업체가 참여하여 개발하고 있는데 2003년 궤도형과 차량형이 모두 포함된 8종의 차량형태를 제시하였다. 상호 65%~75%의 부품 호환성을 목표로 개발중에 있으며, FCS 플랫폼은 차륜형과 궤도형이 작전개념 및 전장환경에 적합하게 혼용되어 운용될 것으로 예상된다.

3.3.1 MCS(Mounted Combat System)

MCS는 BCT가 적과 근접해서 격멸할 수 있도록 공격적인 화력능력을 제공한다. 원거리

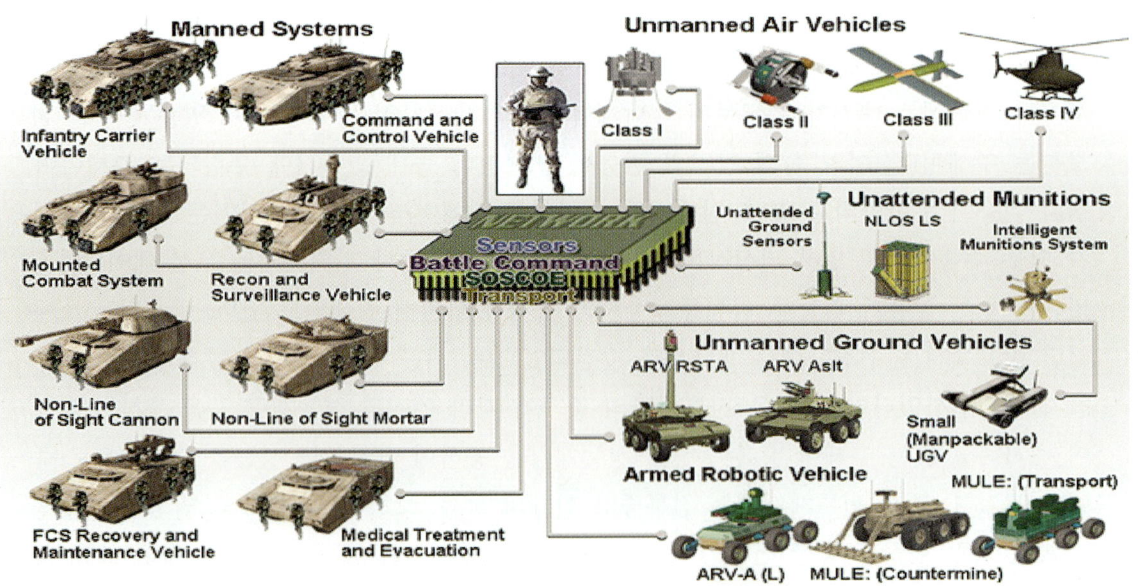

▶ 그림 3-16 FCS : the system-of-systems

에 있는 다중표적을 신속하게 격파하기 위해 빠른 속도로 정밀사격을 실시하며 하차보병의 접근전 직접지원, 적 벙커 파괴, 공격시 전술적으로 돌파구를 형성할 수 있는 능력을 갖는다. MCS는 다른 장갑차들과 같은 차체를 사용하며 120 mm 포와 탄약처리체계를 갖추고 있다.

3.3.2 ICV(Infantry Carrier Vehicle)

ICV는 네 개의 플랫폼(중대장, 소대장, 소총분대, 화기분대) 형태로 구성되며 외관은 지휘장갑차가 표적화되는 것을 막기 위해 동일하게 설계된다. 보병소대는 소대장형 ICV 1대, 보병분대형 ICV 3대, 화기분대형 ICV 1대로 이루어지게 된다. 효과적으로 무기체계를 활용하여 혹독한 기후나 시계가 제한될 때 무조명 하에서도 신속하게 기동할 수 있다. 기본화기로 MK-44 30 mm 주포와 7.62 mm 기관총을 장착하게 된다.

3.3.3 NLOS-C(Non-Line Of Sight Cannon)

NLOS-C는 FCS의 간접화력지원을 담당한다. XM982 Excalibur와 같은 정밀유도무기를 포함하여 요구되는 다양한 효과를 제공하는 특수목적탄들을 발사할 수 있다. 두명의 승무원이 운용하며 완전자동 탄약체계를 갖춘 155 mm 자주곡사포가 될 것이다. 또한 다른 장갑차들과 높은 수준의 상호운용성을 갖추게 되고 승무원과 차량의 생존성 향상을 위한 방호수단들을 갖추게 될 것이다.

3.3.4 NLOS-M(Non-Line Of Sight Mortar)

NLOS-M은 120 mm 탄을 사격하는 FCS의 중 · 단거리 간접화력 지원체계다. 지휘자와 조종수가 장갑차의 운용공간을 활용하고 나머지 승무원은 후방에 앉는다. 장갑차가 이동할 때

승무원은 전방을 향하고 사격준비할 때는 반대방향으로 좌석을 돌리도록 설계된다. 후방 승무원의 임무는 재무장시 탄약을 적재하고, 사격을 위해서 불필요한 장약을 제거하고 신관을 준비하는 등 박격포탄을 준비하는 것이다. 또한 세계 어느 지역에도 배치가능하고 다양한 온도 환경에서 운용될 수 있다.

3.3.5 RSV(Reconnaissance and Surveillance Vehicle)

RSV

감시정찰장갑차는 주·야 모든 온도환경에서 원거리의 적을 찾고, 추적하고 자동으로 식별하는 향상된 센서들을 갖췄다. 장거리 전자광학 적외선 센서, 감청 및 방탐장비, 원격 화생방 탐지센서 등을 장착하고 있으며 센서간의 융합으로 자동으로 표적을 탐지하고 인식할 수 있는 능력을 갖춘다. 더 나은 정찰성능을 위해 무인지상센서(UGS : Unattended Ground Sensors), 소형무인차량(SUGV : Small Unmanned Ground Vehicle), 무인항공기(UAV : Unmanned Arial Vehicle) 체계도 갖추게 된다.

3.3.6 C2V, MV, RMV

지휘통제장갑차(C2V : Command and Control Vehicle)는 전장에서 지휘와 통제의 중심 역할을 한다. C2V에서 지휘자와 참모는 통합된 C4ISR체계를 운용하여 상·하급부대와 전장정보를 송수신하고 분석하며 상황파악, 임무분석, 작전계획 준비 및 실시 등을 할 수 있다. 의료장갑차(MV : Medical Vehicle)는 전투부대와 같이 기동하며 전장쇼크나 심각한 부상을 당한 병사를 1시간 내에 응급치료하고 후송할 수 있는 체계이며 정비장갑차(RMV : Recovery and Maintenance Vehicle)는 BCT내 장비의 복구와 정비지원을 제공한다.

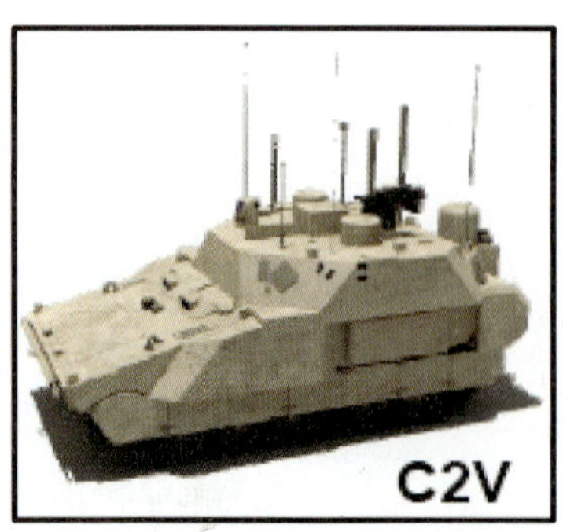
C2V

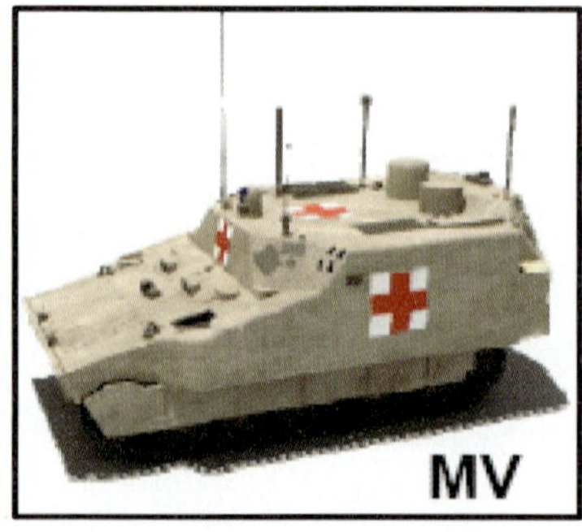
MV

FRMV

3.3.7 장갑차 중량 관련 문제

FCS 개발에서 장갑차 관련 주요 이슈는 지상장비들의 중량을 줄이는 것이다. 2003년 이라크전쟁에서 미 4사단은 원하는 곳으로 무거운 장갑차를 공중수송할 수 없어서 많은 어려움을 겪었다. 따라서 FCS 사업에서 모든 차량들을 C-130 Hercules 수송기로 공수하여 이동시킬 수 있는 능력을 요구하고 있는데, 원래 MGV(Manned Ground Vehicle) 중량에 대한 요구조건은 20톤 이하로 C-130 수송기로 공수가 가능해야 하고, 하차 후 30분 내에 전투형태로 전환이 가능해야 한다는 것이다.

이러한 FCS가 개발되기 전까지 미 육군은 운용중인 장갑차인 M2 Bradley 및 M113 Family에 대한 현대화 작업이 진행중에 있으며, 미래군과 현재의 중간단계 기계화여단(Interim armoured brigade)에 Stryker 경장갑 차량(17.2톤)을 개발하여 배치, 운용하고 있다. Stryker 장갑차의 운용개념은 FCS 구축 이전에 기존 전력과 동시에 운용하며, 전 세계 어느 지역이든 선발부대로 신속하게 배치하여 임무를 수행하는 것으로, 전투임무는 주로 M2 Bradley가 수행하고 Stryker 장갑차는 병력수송 및 화력지원 임무를 수행하게 된다.

3.4 차륜형 장갑차 시장의 성장

최근 장갑차에 대한 무기시장의 추세는 많이 배치된 궤도형 장갑차를 보완 또는 대체하기 위해 차륜형 장갑차(Wheeled Armoured Personnel Carriers)의 획득을 추진하고 있다. 차륜형 장갑차는 궤도화되고 무거운 장갑차보다 사용자에게 더 많은 장점을 제공한다. 그 중 하나는 낮은 수명주기비용(Life-cycle cost)이다. 수명주기비용은 장갑차와 부수지원품목의 초기획득비뿐만 아니라 20~25년간의 운용 및 정비비를 포함한다.

세계 각국의 육군들은 점점 평화유지 작전에 중점을 두고 있으며, 이러한 작전형태를 위해서는 궤도형 장갑차가 부피가 크고 무거울 뿐만 아니라 소음이 심하고 도로에 피해를 주기 때문에 불필요한 위협요소로 간주된다. 또한 전장에서 도로와 교량이 25톤 넘는 차량은 통행하지 못하게 설계되어 있는 경우가 많으므로 배치되기가 어렵다.

세계적으로 많이 사용하고 있는 C-130 Hercules 수송기로 공수하기도 어렵다. 평화유지 작전을 위해서는 수송기를 이용해 거리가 먼 곳까지도 신속하게 이동할 수 있어야 하므로 차륜형 APC는 효과적인 해답이 될 수 있다. 반면에 대부분의 차륜형 장갑차는 화력과 방호 면에서 최근에 개발된 CV9030, Warrior ICV, Bradley, ASCOD 같은 궤도형 장갑차보

▶ 그림 3-17 교량을 통과하는 궤도형 장갑차

▶ 그림 3-18 C-130에서 하역되는 Stryker

다 성능이 떨어진다. 이러한 보병전투장갑차(ICV : Infantry Combat Vehicle)들은 안정화된 포탑과 우수한 사격통제체계와 결합된 25～40 mm 포로 무장되고 우수한 야지 기동성으로 전차와 합동으로 작전할 수 있도록 설계되어 있다.

많은 국가들은 궤도형과 차륜형 장갑차를 균형 있게 편성하여 운용하려 하고 있다. 스위스 육군의 경우 미군 M113계열 장갑차를 대체하기 위해 186대의 최신 CV9030CH를 주문하여 515대의 MOWAG Piranha(8×8)와 같이 운용하고 있다. 프랑스 육군은 최근 궤도형 AMX-10P 장갑차와 차륜형 VAB(4×4) 장갑차를 같이 운용하고 있다. 러시아 육군도 탱크사단에는 BMP-1/BMP-2/BMP-3, 보병사단에는 차륜형(8×8) APC인 BTR계열 장갑차를 운용하고 있다. 몇 년 동안 차륜형 장갑차 시장은 스위스 MOWAG Piranha계열 차량이 주도하였고 최근에는 8×8형태가 많이 거래되고 있다.

Piranha계열 장갑차는 1970년대 초반부터 스위스에서 개발되어 지금까지 5,000대 이상 생산되었고 캐나다, 칠레, 영국, 미국에서도 기술도입으로 생산하였다. Piranha 8×8 형태의 성공으로 MOWAG는 10×10 버전도 개발하여 1995년에 처음으로 생산하였고 스웨덴의 레이더체계 차량으로 배치되었다. 2001년 Piranha Ⅳ가 스위스에서 개발되었고 영국의 BAE Systems Land Systems사가 생산과 일부 국가에 수출할 수 있는 라이센스를 가지고 있다. 이전 버전의 장갑차와 비교할 때 Piranha Ⅳ 8×8은 다양한 분야와 임무에 활용될 수 있도록 내부공간이 넓고 많이 적재할 수 있으며 C-130 수송기로 공수도 가능하다.

2차 세계대전 이후로 미 육군은 M113계열이나 Bradley M2 IFV와 같은 궤도형 장갑차만 운용해 왔다. 1983년 처음으로 LAV(Light Armoured Vehicle, 8×8) 772대가 시범적으로 해병대에 배치된 후 현재 수명연장을 위한 성능개량을 하고 있다. 미 육군은 신속 배치가 가능한 BCT(Brigade Combat Team)를 위해 LAV-Ⅲ를 선택하여 총 2,131대를 획득할

▶ 그림 3-19 프랑스 VAB

▶ 그림 3-20 BTR-80A

▶ 그림 3-21 Piranha Ⅳ

예정이며 이미 'Stryker'라는 이름으로 200대 이상이 배치되었다. 초기 Stryker는 12.7 mm 기관총과 40 mm 유탄발사기로 무장되었지만 이후에 105 mm 무반동총, 120 mm 박격포, 대전차 TOW 미사일, 정찰, 화력지원, 지휘통제 등 특성화된 형태로 사용되었다.

과거에는 4×4 형태를 많이 사용하였지만 최근에는 보다 많은 기능을 가지는 6×6이나 8×8 형태를 선호하는 추세다. 최신 8×8 형태는 타이어 중앙부 팽창 시스템, 미끄럼 방지 브레이크 장치, 수소압축 완충장치 등 새로운 기능들을 많이 포함하게 되었다. 이러한 차륜형 장갑차는 최근 어렵고 험한 조건의 군 요구사항을 만족시키기 위해 하부체계는 COTS(Commercial Off The Shelf)를 활용하는 경향이 증가하고 있다.

3.5 진화하는 장갑차 방호체계

최근 장갑차가 직면한 위협들에 대한 변화로서 방호(Protection) 부분으로 관심이 옮겨지고 있다. 냉전(Cold War) 시기에는 전차에서 발사되는 운동에너지탄과 대전차 유도미사일에 대응하는 방호에 중점을 두었기 때문에 1980년대부터 성형폭약(Shaped charge)에 대응하는 두꺼운 강철장갑이 사용되었는데, 미국이나 영국에서는 초밤(Chobham)장갑과 공간장갑(Spaced armour)을, 구소련에서는 폭발반응장갑을 사용하였다. 이러한 방호체계를 가진 전차는 필연적으로 무거울 수밖에 없고 전면장갑은 단위 제곱미터당 3.5톤이 넘었다.

1991년 1차 걸프전쟁에서는 지상작전이 100시간 동안만 지속되었기 때문에 변화가 없었지만 1990년대 중반부터 소말리아와 보스니아에서의 평화유지 작전의 결과로 중전차에서 경장갑차로의 전환이 시작되었다. 이러한 장갑차들의 주요 위협은 소총이나 기관총에서 발사되는 철갑탄이었다. 러시아 14.5 mm KPV 중기관총(그림 3-22)은 500m 거리에서

▶ 그림 3-22 KPV 중기관총

▶ 그림 3-23 부가장갑 장착 ACV

균질압연장갑(RHA : Rolled Homogeneous Armour) 28 mm를 관통할 수 있었다. 이러한 사실은 도요다(Toyota) 트럭에 KPV 중기관총을 올린 소말리아인과 같은 비정규군에 의해 받을 수 있는 가장 심각한 위협을 나타낸다. 그래서 14.5 mm B32 철갑탄에 대응하는 방호력이 경·중장갑 차량의 표준이 되었고 이는 7.62 mm 탄을 방호할 수 있는 기본장갑을 가진 대다수 경장갑차량의 방호수준보다 높은 것이다.

방호력에 있어서 단일 강철이나 알루미늄 장갑판의 두께에만 의존하는 기존 방법보다는 기존 장갑판에 다른 재질의 장갑을 추가함으로써 무게에 비해 더 효과적인 방호력을 가질 수 있었다. 부가(Add-on)장갑의 개발은 미국 M113 APC가 시범 보인 1970년대부터 시작되었으며 이로부터 파생된 많은 탑승전투차량이 생산되었다. 최근 터키의 FNSS Defense Systems에서 부가장갑 ACV(그림 3-23)를 생산하였고 비슷한 형태의 장갑이 미국의 M2와 M2A1 Bradley IFV에도 적용되었다.

3.5.1 고강도 강철(High-hardness steel)

또 다른 형태의 부가장갑은 이스라엘 Rafael사에서 개발되었다. 이 장갑은 작은 구멍들이 있는 고강도(Brinell 강도지수 600) 강철판들로 구성된다. 이러한 부가장갑이 M113 같은 차량의 5083 알루미늄 장갑과 결합되면 균질압연강의 1/2 무게로 같은 효과를 낼 수 있어 철갑탄을 방호할 수 있다. 고강도 강철 부가장갑은 1980년대 이스라엘 방호군의 M113 장갑차에 개당 800 kg 무게로 처음 사용되었다. 이탈리아 Centauro 차륜형 장갑차뿐만 아니라 2003년 이라크 침공시 영국 정찰장갑차에도 사용되었으며 최근까지도 14.5 mm 철갑탄까지 방호하는 효과적인 부가장갑으로 알려져 있다.

보스니아 작전에서의 필요에 부응해서 경장갑차의 방호력을 증가시키기 위해 세라믹과 결합된 고강도 강철 패널들로 구성된 부가장갑이 1990년대 중반에 소개되었다. 독일에서 개발되어 보스니아전 때 캐나다 M113과 스웨덴 Pbv 302에 사용되었으며, 스위스 MOWAG사의 Piranha Ⅲ와 이라크전에 사용된 미군 Stryker 장갑차의 원조격인 캐나다 LAV-Ⅲ에도 사용되었다. 이러한 부가장갑은 현재 RHA보다 두 배 이상 효과도가 좋고 경장갑차량에 광범위하게 사용된다.

3.5.2 침투 지뢰(Penetrator mines)

피탄방호에 더해서 보스니아와 코소보 작전에서는 지뢰에 대응하는 방호력을 필요로 한다는 것을 알게 되었다. 지뢰는 베트남전에서 미군 장갑차 파괴의 69%를 담당했고 1980년대 아프가니스탄과 남아프리카 교전에서 주요한 위협이 되었지만 1990년대까지 지뢰에 더 강력한 경장갑차량을 만들기 위한 특별한 노력은 없었다. Piranha Ⅳ와 Dingo와 같이 최근에 개발된 장갑차는 발칸에서 나타난 지뢰의 위협에 대한 인식으로 보다 더 지뢰 방호능력이 우수하도록 제작되었다.

폭파지뢰와는 별도로 보스니아 작전에서는 특별히 TMRP-6와 같은 침투지뢰가 사용되었다. <그림 3-24, 25, 26>의 대전차지뢰는 각각 110, 90, 40 mm의 RHA를 관통할 수 있어 전차 하부장갑보다 두꺼운 장갑을 관통할 수 있다. 이러한 위협에 대응하여 하부에 강철과 세라믹 복합재로 만든 장갑이 남아프리카에서 일부 생산되고 시험되었으나 다른 위협들에 가려서 추가적이 개발은 없었다.

3.5.3 폭발반응장갑(ERA : Explosive-Reactive Armour)

2003년 이라크전에서는 RPG-7 대전차로켓탄에 의한 위협에 관심을 집중하게 되었다.

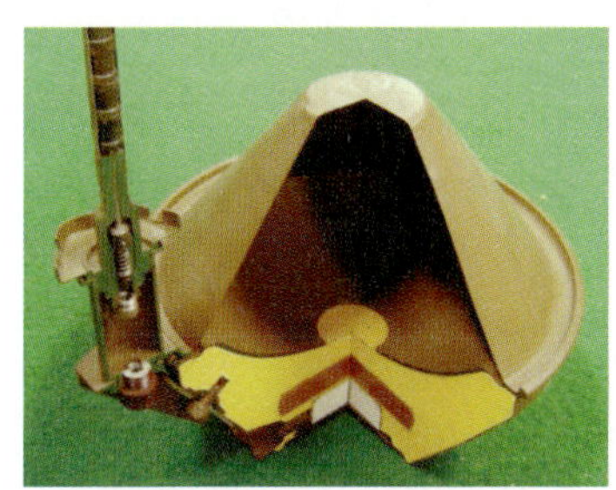

▶ 그림 3-24 러시아 TMK-2

▶ 그림 3-25 러시아 TM-72

▶ 그림 3-26 러시아 TM-72

▶ 그림 3-27 반응장갑 적용 M113

▶ 그림 3-28 Wildcat 4×4 AFV

▶ 그림 3-29 Wildcat 4×4 AFV

RPG-7은 1960년대 초 구소련군에서 개발하여 10개국 이상에서 약 900만정 이상 생산되어서 새로운 것이 아니지만 아랍의 게릴라 부대와 폭도들이 사용하기 전까지 이것에 대해 경장갑차를 방호하기 위한 노력은 없었다. RPG-7 위협에 대한 주요 대응은 조각 또는 막대장갑(slat or bar armour)으로 미국, 영국, 호주 장갑차들에서 나타나기 시작했다. 주장갑으로부터 떨어진 곳에서 RPG-7 탄을 폭발시키는 공간장갑의 형태로 잘못 인식되는 경우가 많았다. 하지만 RPG-7 탄은 폭발되었어도 800 mm 거리에 있는 160 mm의 RHA를 여전히 뚫을 수 있기 때문에 막을 수 없었다.

RPG-7과 성형폭약에 대한 보다 효과적인 방호형태는 1980년대 초반 이스라엘과 구소련 전차에 사용된 폭발반응장갑이다. ERA의 초기형태는 얇은 장갑을 사용하는 경장갑차에 사용하기는 적합하지 않았고 오히려 부가적 피해를 입을 우려도 있었다. 이러한 부가적 피해 위험을 줄일 수 있는 폭발층과 방호층과 중간층을 가진 하이브리드 형태의 ERA가 이스라엘의 Rafael사에서 개발되었다. 이 장갑은 Stryker에 적용된 조각장갑과 같은 무게인 약 2톤의 추가 무게로 M113과 같은 장갑차에게 RPG-7뿐만 아니라 14.5 mm 철갑탄을 방호할 수 있는 능력을 제공할 수 있었다. 미군 M2A2 Bradley IFV와 Stryker에 적용되었고 최근에는 15톤 4×4 Wildcat과 같은 경차에도 적용되었다.

ERA의 사용은 점점 증가될 것으로 보이지만 2006년 레바논 전투에서 나온 텐덤(tandem) 성형폭탄과 같은 더 강력한 무기의 출현으로 전형적인 형태로는 효과가 떨어지게 되었다. 러시아에서 전차를 위한 제안된 텐덤 ERA가 대응책이 될 수 있지만 물리적으로 경장갑차에는 적용될 수 없었다.

ERA의 대안으로는 미국에서 'Waker'판이라고 불리는 전자기(Electromagnetic) 장갑이 있다. 이는 대전차탄이 자체의 탐지장치에 의해 탐지되면 컴퓨터에 의해 팬케이크 코일식 감응형태의 판재 발사장치에 전류를 보내어 전자기력을 발생시켜 판재를 탄 방향으로 추진시켜 관통자나 미사일과 충돌하여 파괴하거나 방향을 바꾸어 주장갑을 보호하며 영국에서 수년 전 Warrior IFV를 이용하여 RPG-7에 대한 전자기 장갑의 효과를 시범 보였다. 그러나 전자기 장갑은 기본적으로 메탈제트를 사용하는 HEAT 계열의 병기에 대응하기 위한 것이고 기타 운동에너지탄에 대한 연구는 진행중에 있다.

3.5.4 능동방호(Active protection)

미국의 FCS 프로그램을 포함한 경장갑차 방호 문제는 위협을 파괴하고 무력화시키는 능동방호체계에 관심을 증가시키고 있으며 2006년 8월 레바논에서 최고의 장갑방호를 갖춘 4대의 Merkava 전차가 대전차 유도미사일에 의해 파괴됨으로써 더욱 급하게 개발되고 있다. 개발중인 능동방호체계 중 가장 전력화가 가까워진 체계는 1990년대 초부터 개발되어 2007년부터 배치되는 이스라엘의 'Tropy'체계다. 위협을 탐지하고 추적할 때 레이더를 사용하며, 접근하는 RPG-7 탄과 대전차 미사일을 파괴하기 위해 대응 미사일을 발사하고, 부가적 피해위험을 최소화하면서 위협탄의 성형폭약을 파괴하기 위한 에너지 빔을 발사한다. Trophy를 따르는 다음 체계는 이스라엘의 'Iron Fist'이며 미국의 Raytheon사에서도 'Quick Kill'을 2012년 전력화 목표로 개발하고 있다.

3.5.5 급조폭파장치(IED : Improvised Explosive Device)

능동방호체계가 장갑차를 방호하는 문제에 대한 장기적인 해답을 제공하지만 2003년부터 이라크에서 나타난 급조폭파장치의 위협 때문에 당장 필요한 해답이 필요하게 되었다. IED는 몇 가지 다른 형태를 가지고 있는데 그중 주요 형태는 155 mm 포탄을 이용한 것과 Misznay-Schardin 지뢰와 같은 종류인 판장약으로 구성된 것이 있었다.

▶ 그림 3-30 Trophy를 갖춘 Stryker

▶ 그림 3-31 RPG-7을 파괴하는 Trophy

▶ **그림 3-32** IED에 대응하는 Cheetah

1980년대와 1990년대에 Centurion 전차의 차체를 기반으로 한 Nagmachon과 Nakpadon을 제외하고 IED에 대응한 장갑차량을 개발하는 것은 현재 시작단계에 불과하다. 초창기에 나온 South Carolina에서 생산된 4×4 Cheetah(그림 3-32)는 차량 바닥의 V형태가 땅과의 간격을 최대화하기 위해 비교적 평평하여 결과적으로 표면 가까이서 폭발하는 IED 화염의 많은 부분을 차량 밑으로 통과시키게 한다. 그래서 Cheetah는 전체 중량이 7.3톤이 넘지 않음에도 불구하고 2 m 떨어진 곳에서 23 kg의 TNT가 폭발하는 것을 견뎌낼 수 있다. Cheetah와 미 해병대가 이라크에서 사용한 4×4 Cougar, 영국 육군이 최근 획득한 6×6버전과 같이 Force Protection사에서 생산한 다른 차량은 남아프리카에서의 경험을 회사로 가져온 Vernon Joynt 박사로부터 개발되었다. 남아프리카에서의 경험은 독일에서 개발된 Cheetah와 같이 700 mm 지상이격도를 가진 4×4 Gefas의 설계에도 영향을 미쳤다.

Appendix

부록

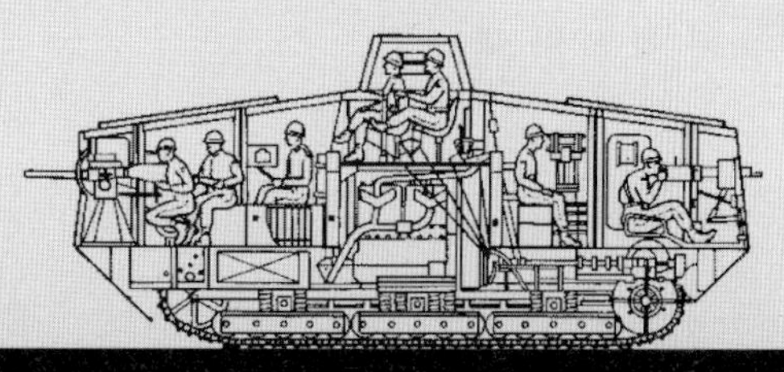

부록

I. 2차대전(1945년) 이전 전차

A7V Tank

개발국	독일
개발완료	1918년
제작사	Joseph Vollmer
승무원	18명
최대속도	10km/h
항속거리	35km
전투중량	30톤

구분	내용	구분	내용	구분	내용
무장	주 포 : 1 × 57mm 기관총 : 5 × 7.92mm	크기	전장 : 7.34m 전고 : 3.3m 전폭 : 3.1m	장애물 극복	수직 : 0.8m 수평 : 2.7m 도섭 : 1.4m
탄약	37mm : 500발 7.92mm : -	엔진	모델 : 2×Daimler V4 마력 : 200hp	연료	종류 : 가솔린 용량 : -

Panzerkampfwagen I Ausf. A

개발국	독일
개발완료	1934년
제작사	Daimler 벤츠
승무원	2명
최대속도	46km/h
항속거리	145km
전투중량	5.4톤

구분	내용	구분	내용	구분	내용
무장	주 포 : 2 × 7.92mm	크기	전장 : 4.02m 전고 : 1.72m 전폭 : 2.06m	장애물 극복	수직 : 0.36m 수평 : 1.4m 도섭 : 0.58m
탄약	7.92mm : 2,225발	엔진	모델 : Krupp M305 마력 : 57hp	연료	종류 : 가솔린 용량 : 145 ℓ

Kleiner Panzerbefehlswagen I

개발국	독일
개발완료	1935년
제작사	Daimler 벤츠
승무원	3명
최대속도	40km/h
항속거리	170km
전투중량	5.9톤

무장	주 포 : 1 × 7.92mm	크기	전장 : 4.42m 전고 : 1.99m 전폭 : 2.06m	장애물 극복	수직 : 0.36m 수평 : 1.4m 도섭 : 0.58m
탄약	7.92mm : 900발	엔진	모델 : Maybach NL38 TR 마력 : 100hp	연료	종류 : 가솔린 용량 : 145 ℓ

Panzerkampfwagen II Ausf. A / B / C

개발국	독일
개발완료	1937년
제작사	Daimler 벤츠
승무원	3명
최대속도	42km/h
항속거리	200km
전투중량	7.3톤

무장	주 포 : 1 × 20mm 기관총 : 1 × 7.92mm	크기	전장 : 4.8m 전고 : 1.91m 전폭 : 2.1m	장애물 극복	수직 : 0.42m 수평 : 1.71m 도섭 : 0.85m
탄약	20mm : 180발 7.92mm : 2,250발	엔진	모델 : Maybach HL62 TRM 마력 : 140hp	연료	종류 : 가솔린 용량 : 175 ℓ

Panzerkampfwagen II Ausf. D / E

개발국	독일
개발완료	1939년
제작사	Daimler 벤츠
승무원	3명
최대속도	55km/h
항속거리	182km
전투중량	10.1톤

무장	주 포 : 1 × 20mm 기관총 : 1 × 7.92mm	크기	전장 : 4.64m 전고 : 2.02m 전폭 : 2.3m	장애물 극복	수직 : 0.42m 수평 : 1.71m 도섭 : 0.85m
탄약	20mm : 180발 7.92mm : 1,425발	엔진	모델 : Maybach HL62 TRM 마력 : 140hp	연료	종류 : 가솔린 용량 : 200 ℓ

Panzerkampfwagen II Ausf. F

개발국	독일
개발완료	1941년
제작사	Daimler 벤츠
승무원	3명
최대속도	40km/h
항속거리	200km
전투중량	9.7톤

무장	주 포 : 1 × 20mm 기관총 : 1 × 7.92mm	크기	전장 : 4.81m 전고 : 2.15m 전폭 : 2.28m	장애물 극복	수직 : 0.42m 수평 : 1.7m 도섭 : 0.92m
탄약	20mm : 180발 7.92mm : 2,700발	엔진	모델 : Maybach HL62 TR 마력 : 140hp	연료	종류 : 가솔린 용량 : 170 ℓ

Panzerkampfwagen II Ausf. L

개발국	독일
개발완료	1943년
제작사	Henschel
승무원	4명
최대속도	60km/h
항속거리	250km
전투중량	7.3톤

무장	주 포 : 1 × 20mm 기관총 : 1 × 7.92mm	크기	전장 : 4.63m 전고 : 2.13m 전폭 : 2.49m	장애물 극복	수직 : 0.41m 수평 : 1.66m 도섭 : 1.32m
탄약	20mm : 330발 7.92mm : 2,250발	엔진	모델 : Maybach HL66P 마력 : 180hp	연료	종류 : 가솔린 용량 : 236 ℓ

Panzerkampfwagen III Ausf. A

개발국	독일
개발완료	1937년
제작사	Daimler 벤츠
승무원	5명
최대속도	35km/h
항속거리	188km
전투중량	15.3톤

무장	주 포 : 1 × 37mm 기관총 : 3 × 7.92mm	크기	전장 : 5.69m 전고 : 2.34m 전폭 : 2.81m	장애물 극복	수직 : 0.6m 수평 : 2.6m 도섭 : 0.8m
탄약	37mm : 121발 7.92mm : 4,500발	엔진	모델 : Maybach HL108 TR 마력 : 250hp	연료	종류 : 가솔린 용량 : 300 ℓ

Panzerkampfwagen III Ausf. D

개발국	독일
개발완료	1938년
제작사	Daimler 벤츠
승무원	5명
최대속도	40km/h
항속거리	188km
전투중량	19.4톤

무장	주 포 : 1 × 37mm 기관총 : 3 × 7.92mm	크기	전장 : 5.92m 전고 : 2.42m 전폭 : 2.81m	장애물 극복	수직 : 0.6m 수평 : 2.3m 도섭 : 0.8m
탄약	37mm : 121발 7.92mm : 4,500발	엔진	모델 : Maybach HL108 TR 마력 : 250hp	연료	종류 : 가솔린 용량 : 300 ℓ

Panzerkampfwagen III Ausf. H

개발국	독일
개발완료	1940년
제작사	Wegmann
승무원	5명
최대속도	40km/h
항속거리	165km
전투중량	21.6톤

무장	주 포 : 1 × 50mm 기관총 : 2 × 7.92mm	크기	전장 : 5.52m 전고 : 2.5m 전폭 : 2.95m	장애물 극복	수직 : 0.6 수평 : 2.6m 도섭 : 0.8m
탄약	50mm : 99발 7.92mm : 3,700발	엔진	모델 : Maybach HL120 TRM 마력 : 300hp	연료	종류 : 가솔린 용량 : 320 ℓ

Panzerkampfwagen III Ausf. N

개발국	독일
개발완료	1942년
제작사	Wegmann
승무원	5명
최대속도	40km/h
항속거리	155km
전투중량	23톤

무장	주　포 : 1 × 75mm 기관총 : 2 × 7.92mm	크기	전장 : 5.65m 전고 : 2.5m 전폭 : 2.95m	장애물 극복	수직 : 0.6m 수평 : 2m 도섭 : 1.3m
탄약	75mm : 64발 7.92mm : 3,750발	엔진	모델 : Maybach HL120 TRM 마력 : 300hp	연료	종류 : 가솔린 용량 : 320 ℓ

Panzerkampfwagen IV Ausf. A

개발국	독일
개발완료	1937년
제작사	Krupp-Gruson
승무원	5명
최대속도	31km/h
항속거리	261km
전투중량	18.4톤

무장	주　포 : 1 × 75mm 기관총 : 2 × 7.92mm	크기	전장 : 5.6m 전고 : 2.65m 전폭 : 2.9m	장애물 극복	수직 : 0.6m 수평 : 2.3m 도섭 : 0.8m
탄약	75mm : 122발 7.92mm : 3,000발	엔진	모델 : Maybach HL108 TR 마력 : 250hp	연료	종류 : 가솔린 용량 : 470 ℓ

Panzerkampfwagen IV Ausf. C

개발국	독일
개발완료	1938년
제작사	Krupp-Gruson
승무원	5명
최대속도	42km/h
항속거리	235km
전투중량	19톤

무장	주 포 : 1 × 75mm 기관총 : 2 × 7.92mm	크기	전장 : 5.92m 전고 : 2.68m 전폭 : 2.83m	장애물 극복	수직 : 0.6m 수평 : 2.3m 도섭 : 0.8m
탄약	75mm : 122발 7.92mm : 2,300발	엔진	모델 : Maybach HL120 TR 마력 : 300hp	연료	종류 : 가솔린 용량 : 470 ℓ

Panzerkampfwagen IV Ausf. D

개발국	독일
개발완료	1939년
제작사	Krupp-Gruson
승무원	5명
최대속도	42km/h
항속거리	200km
전투중량	20톤

무장	주 포 : 1 × 75mm 기관총 : 2 × 7.92mm	크기	전장 : 5.92m 전고 : 2.68m 전폭 : 2.84m	장애물 극복	수직 : 0.6m 수평 : 2.3m 도섭 : 1.0m
탄약	75mm : 80발 7.92mm : 2,700발	엔진	모델 : Maybach HL120 TRM 마력 : 300hp	연료	종류 : 가솔린 용량 : 470 ℓ

Panzerkampfwagen IV Ausf. E

개발국	독일
개발완료	1940년
제작사	Krupp-Gruson
승무원	5명
최대속도	42km/h
항속거리	224km
전투중량	21톤

무장	주 포 : 1 × 75mm 기관총 : 2 × 7.92mm	크기	전장 : 5.92m 전고 : 2.68m 전폭 : 2.84m	장애물 극복	수직 : 0.6m 수평 : 2.3m 도섭 : 0.8m
탄약	75mm : 80발 7.92mm : 2,700발	엔진	모델 : Maybach HL120 TRM 마력 : 300hp	연료	종류 : 가솔린 용량 : 470 ℓ

Panzerkampfwagen IV Ausf. F

개발국	독일
개발완료	1941년
제작사	Krupp-Gruson
승무원	5명
최대속도	42km/h
항속거리	204km
전투중량	22.3톤

무장	주 포 : 1 × 75mm 기관총 : 2 × 7.92mm	크기	전장 : 5.92m 전고 : 2.68m 전폭 : 2.88m	장애물 극복	수직 : 0.6m 수평 : 2.3m 도섭 : 1.0m
탄약	75mm : 80발 7.92mm : 3,100발	엔진	모델 : Maybach HL120 TRM 마력 : 300hp	연료	종류 : 가솔린 용량 : 470 ℓ

Panzerkampfwagen IV Ausf. F / 2

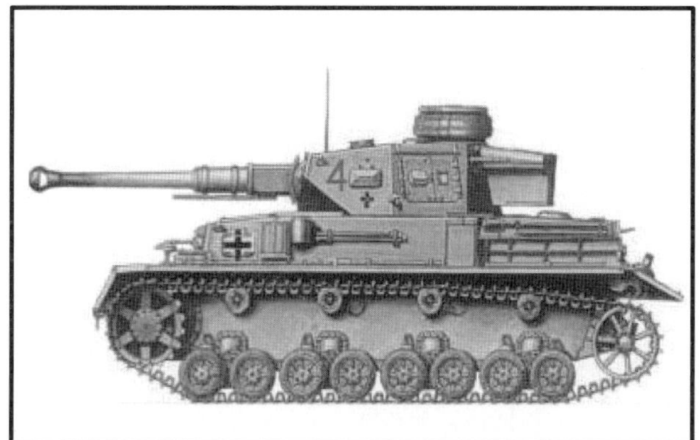

개발국	독일
개발완료	1941년
제작사	Krupp-Gruson
승무원	5명
최대속도	40km/h
항속거리	196km
전투중량	22.4톤

무장	주 포 : 1 × 75mm 기관총 : 2 × 7.92mm	크기	전장 : 6.63m 전고 : 2.68m 전폭 : 2.88m	장애물 극복	수직 : 0.6m 수평 : 2.2m 도섭 : 1.0m
탄약	75mm : 87발 7.92mm : 3,100발	엔진	모델 : Maybach HL120 TRM 마력 : 300hp	연료	종류 : 가솔린 용량 : 470 ℓ

Panzerkampfwagen IV Ausf. G

개발국	독일
개발완료	1942년
제작사	Krupp-Gruson
승무원	5명
최대속도	40km/h
항속거리	210km
전투중량	23.5톤

무장	주 포 : 1 × 75mm 기관총 : 2 × 7.92mm	크기	전장 : 7.32m 전고 : 2.68m 전폭 : 2.88m	장애물 극복	수직 : 0.6m 수평 : 2.2m 도섭 : 1.0m
탄약	75mm : 87발 7.92mm : 2,250발	엔진	모델 : Maybach HL120 TRM 마력 : 300hp	연료	종류 : 가솔린 용량 : 470 ℓ

Panzerkampfwagen IV Ausf. H

개발국	독일
개발완료	1943년
제작사	Krupp-Gruson
승무원	5명
최대속도	38km/h
항속거리	210km
전투중량	26톤

무장	주 포 : 1 × 75mm 기관총 : 2 × 7.92mm	크기	전장 : 8.15m 전고 : 2.68m 전폭 : 3.33m	장애물 극복	수직 : 0.6m 수평 : 2.2m 도섭 : 1.2m
탄약	75mm : 87발 7.92mm : 3,150발	엔진	모델 : Maybach HL120 TRM 마력 : 300hp	연료	종류 : 가솔린 용량 : 470 ℓ

Panzerkampfwagen V Ausf. G "Panther"

개발국	독일
개발완료	1944년
제작사	Daimler 벤츠
승무원	5명
최대속도	46 km/h
항속거리	250 km
전투중량	45.5톤

무장	주 포 : 1 × 75 mm 기관총 : 1 × 7.92 mm	크기	전장 : 8.65 m 전고 : 2.97 m 전폭 : 3.43 m	장애물 극복	수직 : 0.91 m 수평 : 1.91 m 도섭 : 1.9 m
탄약	75 mm : 79발 7.92 mm : 6,900발	엔진	모델 : Maybach HL230 P30 마력 : 700 hp	연료	종류 : 가솔린 용량 : 720 ℓ

Panzerkampfwagen VI Ausf. E "Tiger"

개발국	독일
개발완료	1942년
제작사	Henschel & Sohn
승무원	5명
최대속도	38 km/h
항속거리	125 km
전투중량	57톤

무장	주 포 : 1 × 88 mm 기관총 : 3 × 7.92 mm	크기	전장 : 8.45 m 전고 : 2.93 m 전폭 : 3.7 m	장애물 극복	수직 : 0.79 m 수평 : 2.49 m 도섭 : 1.56 m
탄약	88 mm : 92발 7.92 mm : 4,800발	엔진	모델 : Maybach HL210 P45 마력 : 690hp	연료	종류 : 가솔린 용량 : 569 ℓ

Panzerkampfwagen 38(t) Ausf. A / B / C / D

개발국	독일
개발완료	1939년
제작사	BMM Skoda
승무원	4명
최대속도	42km/h
항속거리	230km
전투중량	9.4톤

무장	주 포 : 1 × 37mm 기관총 : 2 × 7.92mm	크기	전장 : 4.6m 전고 : 2.37m 전폭 : 2.12m	장애물 극복	수직 : 0.8m 수평 : 1.86m 도섭 : 0.94m
탄약	37mm : 72발 7.92mm : 2,400발	엔진	모델 : Praga EPA 마력 : 125hp	연료	종류 : 가솔린 용량 : 218 ℓ

Panzerkampfwagen 38(t) Ausf. E / F

개발국	독일
개발완료	1940년
제작사	BMM Skoda
승무원	4명
최대속도	42km/h
항속거리	230km
전투중량	9.9톤

무장	주 포 : 1 × 37mm 기관총 : 2 × 7.92mm	크기	전장 : 4.61m 전고 : 2.4m 전폭 : 2.14m	장애물 극복	수직 : 0.8m 수평 : 1.86m 도섭 : 0.9m
탄약	37mm : 42발 7.92mm : 2,400발	엔진	모델 : Praga EPA 마력 : 125hp	연료	종류 : 가솔린 용량 : 218 ℓ

Marder I

개발국	독일
개발완료	1942년
제작사	Krefeld
승무원	4명
최대속도	34km/h
항속거리	150km
전투중량	8.2톤

무장	주 포 : 1 × 75mm 기관총 : 1 × 7.92mm	크기	전장 : 5.38m 전고 : 2.0m 전폭 : 1.88m	장애물 극복	수직 : 0.33m 수평 : 1.1m 도섭 : 0.71m
탄약	75mm : 30발 7.92mm : 600발	엔진	모델 : De La Haye 103TT 마력 : hp	연료	종류 : 가솔린 용량 : 111 ℓ

Marder II Ausf. D / E

개발국	독일
개발완료	1942년
제작사	Alkett
승무원	4명
최대속도	55km/h
항속거리	200km
전투중량	11.5톤

무장	주 포 : 1 × 76.2mm 기관총 : 1 × 7.92mm	크기	전장 : 5.65m 전고 : 2.6m 전폭 : 2.3m	장애물 극복	수직 : 0.42m 수평 : 1.75m 도섭 : 0.85m
탄약	76.2mm : 30발 7.92mm : 900발	엔진	모델 : Maybach HL62 TRM 마력 : 140hp	연료	종류 : 가솔린 용량 : 200 ℓ

Marder III

개발국	독일
개발완료	1942년
제작사	BMM Skoda
승무원	4명
최대속도	42km/h
항속거리	185km
전투중량	10.7톤

무장	주 포 : 1 × 76.2mm 기관총 : 1 × 7.92mm	크기	전장 : 4.95m 전고 : 2.48m 전폭 : 2.16m	장애물 극복	수직 : 0.85m 수평 : 1.8m 도섭 : 0.9m
탄약	76.2mm : 36발 7.92mm : 1,200발	엔진	모델 : Praga EPA 마력 : 125hp	연료	종류 : 가솔린 용량 : 218 ℓ

Panzerselbstfahrlafette V

개발국	독일
개발완료	1942년
제작사	Henschel
승무원	3명
최대속도	25km/h
항속거리	200km
전투중량	35톤

무장	주 포 : 1 × 128mm 기관총 : 1 × 7.92mm	크기	전장 : 9.7m 전고 : 2.7m 전폭 : 3.16m	장애물 극복	수직 : - 수평 : - 도섭 : -
탄약	128mm : 18발 7.92mm : 600발	엔진	모델 : Maybach HL116 마력 : 300hp	연료	종류 : 가솔린 용량 : 416 ℓ

Nashorn

개발국	독일
개발완료	1943년
제작사	Deutsche-Eisenwerke
승무원	4명
최대속도	40km/h
항속거리	2000km
전투중량	24톤

무장	주 포 : 1 × 88mm 기관총 : 1 × 7.92mm	크기	전장 : 8.44m 전고 : 2.65m 전폭 : 2.86m	장애물 극복	수직 : 0.6m 수평 : 2.3m 도섭 : 1.0m
탄약	88mm : 40발 7.92mm : 600발	엔진	모델 : Maybach HL120 TRM 마력 : 300hp	연료	종류 : 가솔린 용량 : 470 ℓ

Sturmhaubitze 42

개발국	독일
개발완료	1943년
제작사	Alkett
승무원	4명
최대속도	40km/h
항속거리	155km
전투중량	23.9톤

무장	주 포 : 1 × 105mm 기관총 : 1 × 7.92mm	크기	전장 : 6.14m 전고 : 2.16m 전폭 : 2.96m	장애물 극복	수직 : 0.6m 수평 : 2.6m 도섭 : 0.8m
탄약	105mm : 36발 7.92mm : 600발	엔진	모델 : Maybach HL120 TRM 마력 : 300hp	연료	종류 : 가솔린 용량 : 310 ℓ

Jagdtiger Ausf. H

개발국	독일
개발완료	1944년
제작사	Nibelungenwerke
승무원	6명
최대속도	35km/h
항속거리	100km
전투중량	71.7톤

무장	주 포 : 1 × 128mm 기관총 : 2 × 7.92mm	크기	전장 : 10.5m 전고 : 2.95m 전폭 : 3.77m	장애물 극복	수직 : 0.85m 수평 : 2.49m 도섭 : 1.8m
탄약	128mm : 40발 7.92mm : 3,300발	엔진	모델 : Maybach HL220 P30 마력 : 700hp	연료	종류 : 가솔린 용량 : 860 ℓ

Jagdpanzer IV / 70(V)

개발국	독일
개발완료	1944년
제작사	Vomag
승무원	4명
최대속도	35km/h
항속거리	210km
전투중량	25.8톤

무장	주 포 : 1 × 75mm 기관총 : 1 × 7.92mm	크기	전장 : 8.5m 전고 : 1.85m 전폭 : 3.17m	장애물 극복	수직 : 0.6m 수평 : 2.2m 도섭 : 1.0m
탄약	75mm : 55발 7.92mm : 600발	엔진	모델 : Maybach HL120 TRM 마력 : 300hp	연료	종류 : 가솔린 용량 : 470 ℓ

Jagdpanzer IV / 48

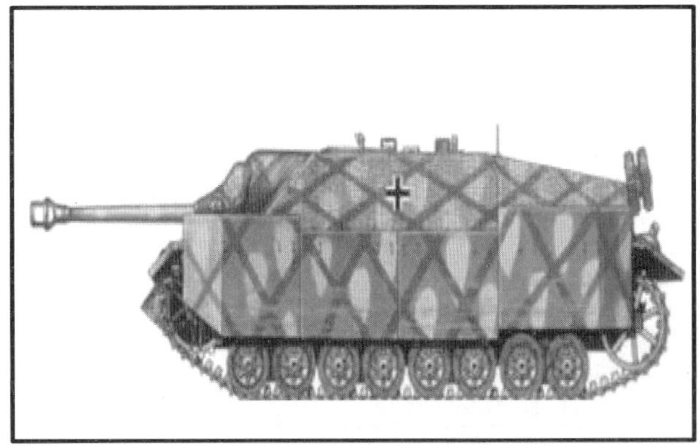

개발국	독일
개발완료	1944년
제작사	Vomag
승무원	4명
최대속도	40km/h
항속거리	210km
전투중량	24톤

무장	주 포 : 1 × 75mm 기관총 : 1 × 7.92mm	크기	전장 : 6.85m 전고 : 1.85m 전폭 : 3.17m	장애물 극복	수직 : 0.6m 수평 : 2.2m 도섭 : 1.0m
탄약	75mm : 79발 7.92mm : 600발	엔진	모델 : Maybach HL120 TRM 마력 : 300hp	연료	종류 : 가솔린 용량 : 470 ℓ

Jagdpanzer IV / 70(A)

개발국	독일
개발완료	1944년
제작사	Nibelungenwerke
승무원	4명
최대속도	38km/h
항속거리	320km
전투중량	28톤

무장	주 포 : 1 × 75mm 기관총 : 1 × 7.92mm	크기	전장 : 8.44 전고 : 2.35 전폭 : 2.88	장애물 극복	수직 : 0.6 수평 : 2.2 도섭 : 1.0m
탄약	75mm : 90발 7.92mm : 600발	엔진	모델 : Maybach HL120 TRM 마력 : 300	연료	종류 : 가솔린 용량 : 680 ℓ

T-37

개발국	러시아
개발완료	1933년
제작사	Factory No.37
승무원	2명
최대속도	35km/h
항속거리	200km
전투중량	3.2톤

무장	주 포 : 1 × 7.62mm	크기	전장 : 3.75m 전고 : 1.82m 전폭 : 2.1m	장애물 극복	수직 : 0.5m 수평 : 1.6m 도섭 : 1.6m
탄약	7.62mm : 585발	엔진	모델 : GAZ - AA 마력 : 40hp	연료	종류 : 가솔린 용량 : 100 ℓ

T-40

개발국	러시아
개발완료	1938년
제작사	Factory No.37
승무원	2명
최대속도	45km/h
항속거리	360km
전투중량	5.9톤

무장	주 포 : 1 × 12.7mm 기관총 : 1 × 7.62mm	크기	전장 : 4.11m 전고 : 1.95m 전폭 : 2.33m	장애물 극복	수직 : 0.5m 수평 : 1.6m 도섭 : 1.6m
탄약	12.7mm : 550발 7.62mm : 2,600발	엔진	모델 : GAZ - 202 마력 : 70hp	연료	종류: 가솔린 용량 : 207 ℓ

KV-1 Model 1939

개발국	러시아
개발완료	1940년
제작사	Factory No.100
승무원	5명
최대속도	35km/h
항속거리	335km
전투중량	43.5톤

무장	주 포 : 1 × 76.2mm 기관총 : 3 × 7.62mm	크기	전장 : 6.75m 전고 : 2.71m 전폭 : 3.32m	장애물 극복	수직 : 1.2m 수평 : 2.8m 도섭 : 1.6m
탄약	76.2mm : 111발 7.62mm : 2,150발	엔진	모델 : V - 2 - K 마력 : 600hp	연료	종류 : 디젤 용량 : 600 ℓ

KV-2 Model 1940

개발국	러시아
개발완료	1940년
제작사	Factory No.100
승무원	6명
최대속도	26km/h
항속거리	220km
전투중량	52톤

무장	주 포 : 1 × 152.4mm 기관총 : 2 × 7.62mm	크기	전장 : 6.8m 전고 : 3.3m 전폭 : 3.25m	장애물 극복	수직 : 1.2m 수평 : 2.7m 도섭 : 1.6m
탄약	152.4mm : 36발 7.62mm : 1,600발	엔진	모델 : V-2-K 마력 : 600hp	연료	종류 : 디젤 용량 : 600 ℓ

T-34 / 76B Model 1943

개발국	러시아
개발완료	1942년
제작사	Factory No.183
승무원	4명
최대속도	55km/h
항속거리	350km
전투중량	30.9톤

무장	주 포 : 1 × 76.2mm 기관총 : 2 × 7.62mm	크기	전장 : 6.75m 전고 : 2.45m 전폭 : 3.0m	장애물 극복	수직 : 0.8m 수평 : 2.5m 도섭 : 1.3m
탄약	76.2mm : 100발 7.62mm : 2,400발	엔진	모델 : V-2-34 마력 : 500hp	연료	종류 : 디젤 용량 : 540 ℓ

T-34 / 85 Model 1944

개발국	러시아
개발완료	1944년
제작사	Factory No.183
승무원	4명
최대속도	55km/h
항속거리	300km
전투중량	32톤

무장	주 포 : 1 × 85mm 기관총 : 2 × 7.62mm	크기	전장 : 8.15m 전고 : 2.72m 전폭 : 3.0m	장애물 극복	수직 : 0.8m 수평 : 2.5m 도섭 : 1.3m
탄약	85mm : 56발 7.62mm : 1,880발	엔진	모델 : V-2-34M 마력 : 500hp	연료	종류 : 디젤 용량 : 540 ℓ

IS-2 Model 1944

개발국	러시아
개발완료	1944년
제작사	Factory No.100
승무원	4명
최대속도	37km/h
항속거리	230km
전투중량	46톤

무장	주 포 : 1 × 122mm 기관총 : 1 × 12.7mm 기관총 : 2 × 7.62mm	크기	전장 : 9.8m 전고 : 2.7m 전폭 : 3.1m	장애물 극복	수직 : 1.0m 수평 : 2.5m 도섭 : 1.3m
탄약	122mm : 28발 12.7mm : 945발 7.62mm : 3,300발	엔진	모델 : V-2-IS 마력 : 600hp	연료	종류 : 디젤 용량 : 800 ℓ

SU-85

개발국	러시아
개발완료	1943년
제작사	Factory No.9
승무원	4명
최대속도	55km/h
항속거리	280km
전투중량	29.6톤

무장	주 포 : 1 × 85mm	크기	전장 : 8.15m 전고 : 2.45m 전폭 : 3.0m	장애물 극복	수직 : 0.8m 수평 : 2.5m 도섭 : 1.3m
탄약	85mm : 48발	엔진	모델 : V-2-34 마력 : 500hp	연료	종류 : 디젤 용량 : -

SU-100

개발국	러시아
개발완료	1944년
제작사	Factory No.9
승무원	4명
최대속도	50km/h
항속거리	280km
전투중량	31.6톤

무장	주 포 : 1 × 100mm	크기	전장 : 9.45m 전고 : 2.25m 전폭 : 3.0m	장애물 극복	수직 : 0.8m 수평 : 2.5m 도섭 : 1.3m
탄약	100mm : 34발	엔진	모델 : V-2-34M 마력 : 500hp	연료	종류 : 디젤 용량 : -

SU-122

개발국	러시아
개발완료	1942년
제작사	Factory No.9
승무원	5명
최대속도	55km/h
항속거리	270km
전투중량	30.9톤

무장	주 포 : 1 × 122mm	크기	전장 : 6.95m 전고 : 2.32m 전폭 : 3.0m	장애물 극복	수직 : 0.8m 수평 : 2.5m 도섭 : 1.3m
탄약	122mm : 40발	엔진	모델 : V - 2 - 34 마력 : 500hp	연료	종류 : 디젤 용량 : 810 ℓ

ISU-152 Model 1944

개발국	러시아
개발완료	1943년
제작사	Factory No.100
승무원	5명
최대속도	37km/h
항속거리	220km
전투중량	41.8톤

무장	주 포 : 1 × 152mm 기관총 : 1 × 12.7mm	크기	전장 : 9m 전고 : 2.5m 전폭 : 3.1m	장애물 극복	수직 : 1.0m 수평 : 2.5m 도섭 : 1.3m
탄약	152mm : 20발 12.7mm : 250발	엔진	모델 : V - 2 - IS 마력 : 600hp	연료	종류 : 디젤 용량 : 860 ℓ

M1917

개발국	미국
개발완료	1917년
제작사	Maxwell Motor Co
승무원	2명
최대속도	8.9km/h
항속거리	48km
전투중량	6.6톤

무장	주 포 : 1 × 37mm 기관총 : 1 × 7.62mm	크기	전장 : 5m 전고 : 1.8m 전폭 : 1.8m	장애물 극복	수직 : 0.91m 수평 : 0.84m 도섭 : 0.61m
탄약	37mm : 238발 7.62mm : 4,200발	엔진	모델 : Buda Hu 마력 : 42hp	연료	종류 : 가솔린 용량 : 113 ℓ

M2A1

개발국	미국
개발완료	1935년
제작사	Rock Island Arsenal
승무원	4명
최대속도	72km/h
항속거리	190km
전투중량	18.8톤

무장	주 포 : 1 × 12.7mm 기관총 : 1 × 7.62mm	크기	전장 : ,4.14m 전고 : 1.8m 전폭 : 2.4m	장애물 극복	수직 : 0.61m 수평 : 1.2m 도섭 : 1.1m
탄약	37mm : 1,800발 7.62mm : 4,700발	엔진	모델 : R - 670 - 3 마력 : 262hp	연료	종류 : 가솔린 용량 : 190 ℓ

M3 Lee

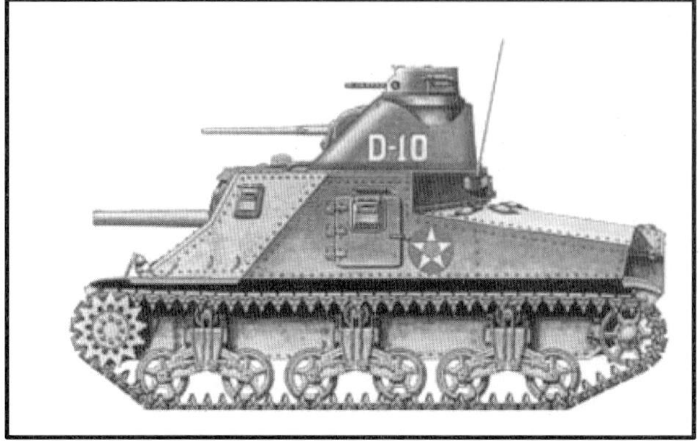

개발국	미국
개발완료	1941년
제작사	Detroit Tank Arsenal
승무원	7명
최대속도	40km/h
항속거리	193km
전투중량	28톤

구분	내용	구분	내용	구분	내용
무장	주 포 : 1 × 75mm 보조포 : 1 × 37mm 기관총 : 4 × 7.62mm	크기	전장 : 6.12m 전고 : 3.12m 전폭 : 2.72m	장애물 극복	수직 : 0.61m 수평 : 2.3m 도섭 : 1.0m
탄약	75mm : 50발 37mm : 178발 7.62mm : 9,200발	엔진	모델 : Continental R-975 EC2 마력 : 400hp	연료	종류 : 가솔린 용량 : 662 ℓ

M3 Stuart Light Tank

개발국	미국
개발완료	1941년
제작사	American Car Co.
승무원	4명
최대속도	50km/h
항속거리	133km
전투중량	13톤

구분	내용	구분	내용	구분	내용
무장	주 포 : 1 × 37mm 기관총 : 4 × 7.62mm	크기	전장 : 4.53m 전고 : 2.64m 전폭 : 2.24m	장애물 극복	수직 : 0.8m 수평 : 2.7m 도섭 : 1.4m
탄약	37mm : 103발 7.62mm : 8,270발	엔진	모델 : Continental W-670-9A 마력 : 262hp	연료	종류 : 가솔린 용량 : 204 ℓ

M3A3 Lee

개발국	미국
개발완료	1942년
제작사	Baldwin
승무원	7명
최대속도	40km/h
항속거리	240km
전투중량	28.6톤

무장	주 포 :	1 × 75mm	크기	전장 :	6.12m	장애물 극복	수직 :	0.61m
	보조포 :	1 × 37mm		전고 :	3.12m		수평 :	2.3m
	기관총 :	4 × 7.62mm		전폭 :	2.72m		도섭 :	0.91m
탄약	75mm :	50발	엔진	모델 :	General Motors 6046	연료	종류 :	디젤
	37mm :	178발						
	7.62mm :	9,200발		마력 :	410hp		용량 :	560 ℓ

M3A3 Stuart Light Tank

개발국	미국
개발완료	1942년
제작사	American Car Co.
승무원	4명
최대속도	50km/h
항속거리	217km
전투중량	14.7톤

무장	주 포 :	1 × 37mm	크기	전장 :	4.53m	장애물 극복	수직 :	0.61m
				전고 :	2.57m		수평 :	1.83m
	기관총 :	3 × 7.62mm		전폭 :	2.52m		도섭 :	0.91m
탄약	37mm :	174발	엔진	모델 :	Continental W-670-9A	연료	종류 :	가솔린
	7.62mm :	7,500발		마력 :	262hp		용량 :	416 ℓ

M4 Sherman

개발국	미국
개발완료	1942년
제작사	Baldwin
승무원	5명
최대속도	38.4km/h
항속거리	160km
전투중량	30톤

구분	내용	구분	내용	구분	내용
무장	주 포 : 1 × 75mm 기관총 : 1 × 12.7mm 기관총 : 2 × 7.62mm	크기	전장 : 5.89m 전고 : 2.24m 전폭 : 2.62m	장애물 극복	수직 : 0.61m 수평 : 2.3m 도섭 : 1.0m
탄약	75mm : 97발 12.7mm : 300발 7.62mm : 4,750발	엔진	모델 : Continental R-975 C1 마력 : 400hp	연료	종류 : 가솔린 용량 : 662 ℓ

M4(105) Sherman

개발국	미국
개발완료	1944년
제작사	Detroit Tank Arsenal
승무원	5명
최대속도	34km/h
항속거리	161km
전투중량	31.5톤

구분	내용	구분	내용	구분	내용
무장	주 포 : 1 × 105mm 기관총 : 1 × 12.7mm 기관총 : 2 × 7.62mm	크기	전장 : 5.89m 전고 : 2.24m 전폭 : 2.62m	장애물 극복	수직 : 0.61m 수평 : 2.3m 도섭 : 1.0m
탄약	105mm : 66발 12.7mm : 600발 7.62mm : 4,000발	엔진	모델 : Continental R-975 C4 마력 : 460hp	연료	종류 : 가솔린 용량 : 662 ℓ

M4A1 Sherman

개발국	미국
개발완료	1942년
제작사	Lima Locomotive
승무원	5명
최대속도	38km/h
항속거리	161km
전투중량	30.3톤

무장		크기		장애물 극복	
무장	주 포 : 1 × 75mm 기관총 : 1 × 12.7mm 기관총 : 2 × 7.62mm	크기	전장 : 5.84m 전고 : 2.74m 전폭 : 2.62m	장애물 극복	수직 : 0.61m 수평 : 2.3m 도섭 : 1.0m
탄약	75mm : 90발 12.7mm : 300발 7.62mm : 4,750발	엔진	모델 : Continental R-975 C1 마력 : 400hp	연료	종류 : 가솔린 용량 : 662ℓ

M4A1(76)W Sherman

개발국	미국
개발완료	1944년
제작사	Pressed Steel Car Co.
승무원	5명
최대속도	34km/h
항속거리	161km
전투중량	32톤

무장		크기		장애물 극복	
무장	주 포 : 1 × 76mm 기관총 : 1 × 12.7mm 기관총 : 2 × 7.62mm	크기	전장 : 7.47m 전고 : 2.97m 전폭 : 2.67m	장애물 극복	수직 : 0.61m 수평 : 2.3m 도섭 : 1.0m
탄약	76mm : 71발 12.7mm : 600발 7.62mm : 6,250발	엔진	모델 : Continental R-975 C1 마력 : 400hp	연료	종류 : 가솔린 용량 : 662ℓ

M4A2(76)W Sherman

개발국	미국
개발완료	1944년
제작사	Fisher Tank Arsenal
승무원	5명
최대속도	38km/h
항속거리	161km
전투중량	33.3톤

무장	주 포 :	1 × 76mm	크기	전장 :	7.57m	장애물 극복	수직 :	0.61m
	기관총 :	1 × 12.7mm		전고 :	2.97m		수평 :	2.3m
	기관총 :	2 × 7.62mm		전폭 :	2.67m		도섭 :	1.0m
탄약	120mm :	71발	엔진	모델 :	General Motors 6046	연료	종류 :	디젤
	12.7mm :	600발						
	7.62mm :	6,250발		마력 :	410hp		용량 :	560 ℓ

M4A3(76)W Sherman

개발국	미국
개발완료	1944년
제작사	Fisher Tank Arsenal
승무원	5명
최대속도	42km/h
항속거리	209km
전투중량	32.3톤

무장	주 포 :	1 × 76mm	크기	전장 :	7.6m	장애물 극복	수직 :	0.61m
	기관총 :	1 × 12.7mm		전고 :	2.97m		수평 :	2.3m
	기관총 :	2 × 7.62mm		전폭 :	2.67m		도섭 :	0.91m
탄약	120mm :	71발	엔진	모델 :	Ford GAA	연료	종류 :	가솔린
	12.7mm :	600발						
	7.62mm :	6,250발		마력 :	450hp		용량 :	636 ℓ

M4A3(105) Sherman

개발국	미국
개발완료	1944년
제작사	Detroit Tank Arsenal
승무원	5명
최대속도	42km/h
항속거리	161km
전투중량	31.7톤

무장	주 포 : 1 × 105mm 기관총 : 1 × 12.7mm 기관총 : 2 × 7.62mm	크기	전장 : 5.9m 전고 : 2.24m 전폭 : 2.62m	장애물 극복	수직 : 0.61m 수평 : 2.3m 도섭 : 0.91m
탄약	105mm : 66발 12.7mm : 600발 7.62mm : 4,000발	엔진	모델 : Ford GAA 마력 : 450hp	연료	종류 : 가솔린 용량 : 636 ℓ

M5 Light Tank

개발국	미국
개발완료	1942년
제작사	General Motors
승무원	4명
최대속도	58km/h
항속거리	161km
전투중량	15톤

무장	주 포 : 1 × 37mm 기관총 : 3 × 7.62mm	크기	전장 : 4.53m 전고 : 2.59m 전폭 : 2.24m	장애물 극복	수직 : 0.46m 수평 : 1.62m 도섭 : 0.91m
탄약	105mm : 123발 7.62mm : 6,250발	엔진	모델 : Twin Cadillac Series 42 마력 : 148hp	연료	종류 : 가솔린 용량 : 337 ℓ

M10 Wolverine

개발국	미국
개발완료	1942년
제작사	Fisher Tank Division
승무원	5명
최대속도	40km/h
항속거리	320km
전투중량	30톤

무장	주 포 : 1 × 76mm 기관총 : 1 × 12.7mm	크기	전장 : 8.56m 전고 : 2.11m 전폭 : 3.05m	장애물 극복	수직 : 0.61m 수평 : 2.3m 도섭 : 0.91m
탄약	76mm : 54발 12.7mm : 1,000발	엔진	모델 : General Motors 6046 마력 : 410hp	연료	종류 : 디젤 용량 : 625 ℓ

M18 Hellcat

개발국	미국
개발완료	1943년
제작사	Buick Motor Car Company of GM
승무원	5명
최대속도	80km/h
항속거리	161km
전투중량	17.7톤

무장	주 포 : 1 × 76mm 기관총 : 1 × 12.7mm	크기	전장 : 6.65m 전고 : 2.57m 전폭 : 2.87m	장애물 극복	수직 : 0.91m 수평 : 1.86m 도섭 : 1.22m
탄약	76mm : 45발 12.7mm : 800발	엔진	모델 : Continental R-975 C4 마력 : 460hp	연료	종류 : 가솔린 용량 : 750 ℓ

M22 Light Tank

개발국	미국
개발완료	1943년
제작사	Marmon-Herrington
승무원	3명
최대속도	58km/h
항속거리	177km
전투중량	7.4톤

무장	주 포 : 1 × 37mm 기관총 : 1 × 7.62mm	크기	전장 : 3.96m 전고 : 1.84m 전폭 : 2.25m	장애물 극복	수직 : 0.46m 수평 : 1.68m 도섭 : 0.91m
탄약	37mm : 50발 7.62mm : 2,500발	엔진	모델 : Lycoming O-435T 마력 : 192hp	연료	종류 : 가솔린 용량 : 215 ℓ

M24 Chaffee

개발국	미국
개발완료	1944년
제작사	American Car Co.
승무원	5명
최대속도	55km/h
항속거리	160km
전투중량	18톤

무장	주 포 : 1 × 75mm 기관총 : 1 × 12.7mm 기관총 : 2 × 7.62mm	크기	전장 : 5.56m 전고 : 2.77m 전폭 : 3.0m	장애물 극복	수직 : 0.91m 수평 : 2.44m 도섭 : 1.02m
탄약	75mm : 48발 12.7mm : 440발 7.62mm : 3,750발	엔진	모델 : Twin Cadillac Series 44T24 마력 : 296hp	연료	종류 : 가솔린 용량 : 500 ℓ

M26 Pershing

개발국	미국
개발완료	1944년
제작사	Fisher Tank Arsenal
승무원	5명
최대속도	40km/h
항속거리	161km
전투중량	41.9톤

무장	주 포 : 1 × 90mm 기관총 : 1 × 12.7mm 기관총 : 2 × 7.62mm	크기	전장 : 8.65m 전고 : 2.78m 전폭 : 3.51m	장애물 극복	수직 : 1.17m 수평 : 2.44m 도섭 : 1.22m
탄약	90mm : 70발 12.7mm : 550발 7.62mm : 5,000발	엔진	모델 : Ford GAF 마력 : 500hp	연료	종류 : 가솔린 용량 : 832 ℓ

Little Willy

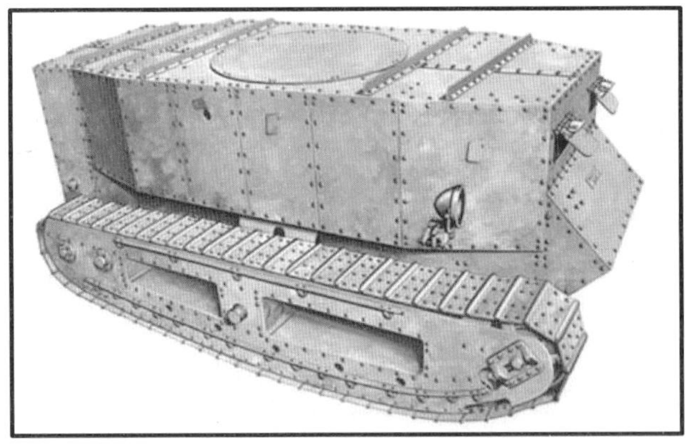

개발국	영국
개발완료	1915년
제작사	William Foster
승무원	6명
최대속도	5.6km/h
항속거리	-
전투중량	16.5톤

무장	주 포 : 1 × 7.62mm 기관총 : 2 × 7.92mm	크기	전장 : 8.03m 전고 : - 전폭 : -	장애물 극복	수직 : 1.36m 수평 : 1.51m 도섭 : -
탄약	7.62mm : 800발 7.92mm : -	엔진	모델 : Foster-Daimler 마력 : 105hp	연료	종류 : 가솔린 용량 : -

Big Willy

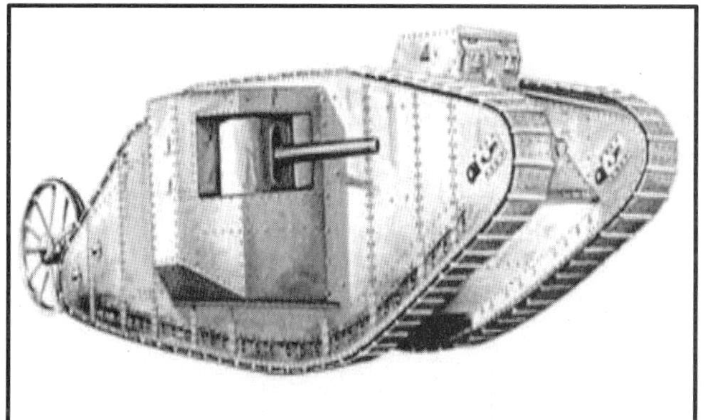

개발국	영국
개발완료	1916년
제작사	William Foster
승무원	8명
최대속도	6.0km/h
항속거리	-
전투중량	28톤

무장	주 포 : 2 × 7.62mm	크기	전장 : 9.85m 전고 : 2.42m 전폭 : 4.17m	장애물 극복	수직 : 1.36m 수평 : 1.51m 도섭 : -
탄약	Vickers : -	엔진	모델 : Foster-Daimler 마력 : 105hp	연료	종류 : 가솔린 용량 : -

Mark I Tank

개발국	영국
개발완료	1916년
제작사	William Foster
승무원	8명
최대속도	6km/h
항속거리	20km
전투중량	28톤

무장	주 포 : 2 × 57mm 기관총 : 4 × 7.62mm	크기	전장 : 9.85m 전고 : 2.42m 전폭 : 4.17m	장애물 극복	수직 : 1.36m 수평 : 1.51m 도섭 : -
탄약	57mm : - 7.62mm : -	엔진	모델 : Foster-Daimler 마력 : 105hp	연료	종류 : 가솔린 용량 : -

Light Tank Mk.Ⅵ Type B Vickers

개발국	영국
개발완료	1936년
제작사	Vickers
승무원	3명
최대속도	56km/h
항속거리	209km
전투중량	5.1톤

무장	주 포 : 1 × 12.7mm 기관총 : 1 × 7.62mm	크기	전장 : 4.01m 전고 : 2.26m 전폭 : 2.08m	장애물 극복	수직 : - 수평 : - 도섭 : 0.61m
탄약	12.7mm : 400발 7.62mm : 2,500발	엔진	모델 : Meadows ESTB Type B 마력 : 88hp	연료	종류 : 가솔린 용량 : 61.5 ℓ

Light Tank Mk.Ⅶ Tetrarch

개발국	영국
개발완료	1940년
제작사	Vickers Armstrong
승무원	3명
최대속도	64km/h
항속거리	225km
전투중량	7.6톤

무장	주 포 : 1 × 40mm 기관총 : 1 × 7.92mm	크기	전장 : 4.1m 전고 : 2.1m 전폭 : 2.3m	장애물 극복	수직 : 0.51m 수평 : 1.50m 도섭 : 0.91m
탄약	40mm : 50발 7.92mm : 2,025발	엔진	모델 : Meadows MAT 마력 : 165hp	연료	종류 : 가솔린 용량 : 205 ℓ

Infantry Tank Matilda Mk.IIA(A12)

개발국	영국
개발완료	1939년
제작사	Vulcan
승무원	4명
최대속도	24km/h
항속거리	257km
전투중량	26.5톤

무장	주 포 : 1 × 55.8mm 기관총 : 1 × 7.92mm	크기	전장 : 5.61m 전고 : 2.51m 전폭 : 2.59m	장애물 극복	수직 : 0.61m 수평 : 2.1m 도섭 : 0.91m
탄약	55.8mm : 93발 7.92mm : 2,925발	엔진	모델 : Twin Leyland E148 마력 : 190hp	연료	종류 : 디젤 용량 : 211 ℓ

Infantry Tank Churchill Mk.III(A22)

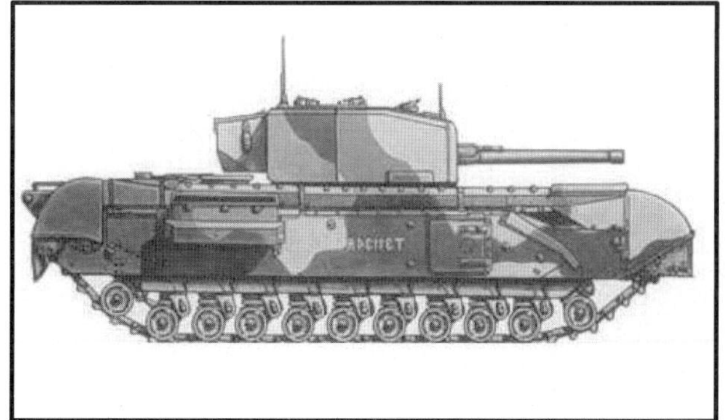

개발국	영국
개발완료	1942
제작사	Dennis Bros.
승무원	5명
최대속도	26km/h
항속거리	259km
전투중량	40.6톤

무장	주 포 : 1 × 57mm 기관총 : 2 × 7.92mm 기관총 : 1 × 7.62mm	크기	전장 : 7.35m 전고 : 2.78m 전폭 : 3.25m	장애물 극복	수직 : 1.13m 수평 : 2.80m 도섭 : 0.91m
탄약	57mm : 84발 7.92mm : 7,150발 7.62mm : 600발	엔진	모델 : Bedford Twin-Si× 마력 : 350hp	연료	종류 : 가솔린 용량 : 682 ℓ

Infantry Tank Churchill Mk.VII(A22)

개발국	영국
개발완료	1943년
제작사	Vau hall
승무원	5명
최대속도	20km/h
항속거리	145km
전투중량	40.6톤

무장	주 포 : 1 × 75mm 기관총 : 2 × 7.92mm 기관총 : 1 × 7.62mm	크기	전장 : 7.54m 전고 : 2.49m 전폭 : 3.25m	장애물 극복	수직 : 0.76m 수평 : 3.05m 도섭 : 1.02m
탄약	75mm : 84발 7.92mm : 7,150발 7.62mm : 600발	엔진	모델 : Bedford Twin-Six 마력 : 350hp	연료	종류 : 가솔린 용량 : 682 ℓ

Cruiser Tank Crusader Mk.II(A15)

개발국	영국
개발완료	1941년
제작사	Nuffields
승무원	4명
최대속도	43km/h
항속거리	322km
전투중량	19.3톤

무장	주 포 : 1 × 40mm 기관총 : 1 × 7.92mm	크기	전장 : 5.97m 전고 : 2.24m 전폭 : 2.77m	장애물 극복	수직 : 0.8m 수평 : 2.5m 도섭 : 1.0m
탄약	40mm : 130발 7.92mm : 4,500발	엔진	모델 : Nuffield Liberty Mk.III 마력 : 340hp	연료	종류 : 가솔린 용량 : 500 ℓ

Cruiser Tank Crusader Mk.III(A15)

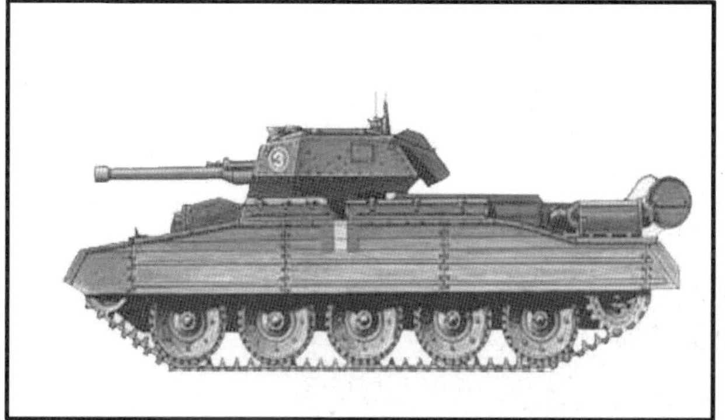

개발국	영국
개발완료	1942년
제작사	Nuffields
승무원	3명
최대속도	43km/h
항속거리	322km
전투중량	20.1톤

무장	주 포 : 1 × 57mm 기관총 : 1 × 7.92mm	크기	전장 : 6.31m 전고 : 2.24m 전폭 : 2.77m	장애물 극복	수직 : 0.67m 수평 : 2.59m 도섭 : 0.99m
탄약	57mm : 65발 7.92mm : 5,000발	엔진	모델 : Nuffield Liberty Mk.III 마력 : 340hp	연료	종류 : 가솔린 용량 : 500 ℓ

Cruiser Tank Grant Mk.I

개발국	영국
개발완료	1942년
제작사	Detroit Tank Arsenal
승무원	7명
최대속도	34km/h
항속거리	193km
전투중량	28.1톤

무장	주 포 : 1 × 75mm 보조포 : 1 × 37mm 기관총 : 4 × 7.62mm	크기	전장 : 5.64m 전고 : 3.02m 전폭 : 2.72m	장애물 극복	수직 : 0.6m 수평 : 2.3m 도섭 : 1.0m
탄약	75mm : - 37mm : - 7.62mm : 7,200발	엔진	모델 : Continental R-975 EC2 마력 : 400hp	연료	종류 : 가솔린 용량 : 796 ℓ

Cruiser Tank Cromwell Mk.IV(A27M)

개발국	영국
개발완료	1943년
제작사	Leyland
승무원	5명
최대속도	64km/h
항속거리	280km
전투중량	24.5톤

무장	주 포 : 1 × 75mm 보조포 : 2 × 7.92mm 기관총 : 2 × 7.62mm	크기	전장 : 6.35m 전고 : 2.49m 전폭 : 2.91m	장애물 극복	수직 : 0.91m 수평 : 2.29m 도섭 : 1.22m
탄약	75mm : 64발 7.92mm : 4,950발 7.62mm : 2,000발	엔진	모델 : Rolls-Royce Meteor 마력 : 600hp	연료	종류 : 가솔린 용량 : 527 ℓ

Archer Mk.I(A30)

개발국	영국
개발완료	1944년
제작사	Vickers
승무원	4명
최대속도	32km/h
항속거리	145km
전투중량	16.3톤

무장	주 포 : 1 × 76mm 기관총 : 1 × 7.62mm	크기	전장 : 6.68m 전고 : 2.25m 전폭 : 2.76m	장애물 극복	수직 : 0.84m 수평 : 2.36m 도섭 : 0.91m
탄약	76mm : 52발 7.62mm : 720발	엔진	모델 : GMC Type 6-71.0m 마력 : 192hp	연료	종류 : 디젤 용량 : 227 ℓ

Sherman Mk.I

개발국	영국
개발완료	1944년
제작사	Detroit Tank Arsenal
승무원	4명
최대속도	40km/h
항속거리	161km
전투중량	31.6톤

구분	내용	구분	내용	구분	내용
무장	주 포 : 1 × 76mm 기관총 : 1 × 12.7mm 기관총 : 2 × 7.62mm	크기	전장 : 7.85m 전고 : 2.74m 전폭 : 2.67m	장애물 극복	수직 : 0.61m 수평 : 2.4m 도섭 : 1.07m
탄약	76mm : 77발 12.7mm : 300발 7.62mm : 4,750발	엔진	모델 : Chrysler A57 마력 : 425hp	연료	종류 : 가솔린 용량 : 636 ℓ

Carro Veloce L3 / 35

개발국	이탈리아
개발완료	1935년
제작사	Fiat
승무원	2명
최대속도	42km/h
항속거리	150km
전투중량	3.5톤

구분	내용	구분	내용	구분	내용
무장	주 포 : 2 × 8mm	크기	전장 : 3.15m 전고 : 1.28m 전폭 : 1.5m	장애물 극복	수직 : 0.7m 수평 : 1.45m 도섭 : 0.77m
탄약	8mm : 3,200발	엔진	모델 : Fiat CV3 마력 : 43hp	연료	종류 : 가솔린 용량 : -

Carro Armato M11 / 39

개발국	이탈리아
개발완료	1937년
제작사	Fiat
승무원	3명
최대속도	33km/h
항속거리	200km
전투중량	11.2톤

구분	내용	구분	내용	구분	내용
무장	주 포 : 1 × 37mm 기관총 : 2 × 8mm	크기	전장 : 4.74m 전고 : 2.25m 전폭 : 2.17m	장애물 극복	수직 : 0.8m 수평 : 2.0m 도섭 : 1.0m
탄약	37mm : 84발 8mm : 2,808발	엔진	모델 : Fiat 8T 마력 : 105hp	연료	종류 : 디젤 용량 : 227 ℓ

Carro Armato M13 / 40

개발국	이탈리아
개발완료	1940년
제작사	Fiat
승무원	4명
최대속도	32km/h
항속거리	199km
전투중량	14톤

구분	내용	구분	내용	구분	내용
무장	주 포 : 1 × 47mm 기관총 : 4 × 8mm	크기	전장 : 4.94m 전고 : 2.38m 전폭 : 2.21m	장애물 극복	수직 : 0.8m 수평 : 2.1m 도섭 : 1.0m
탄약	47mm : 104발 8mm : 3,104발	엔진	모델 : Fiat 8TM-40 마력 : 125hp	연료	종류 : 디젤 용량 : 227 ℓ

Carro Armato L6 / 40

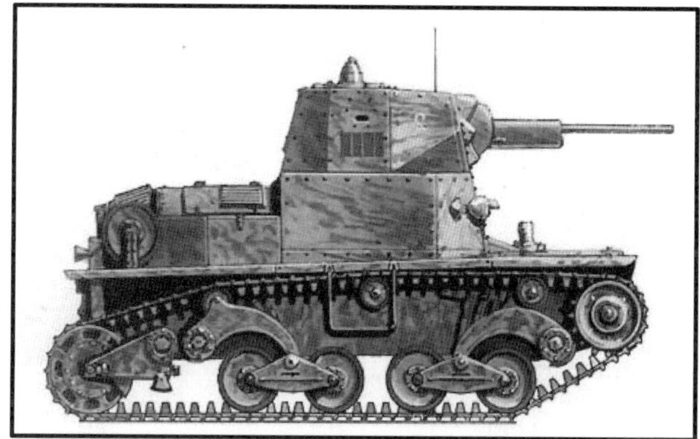

개발국	이탈리아
개발완료	1941년
제작사	Fiat
승무원	2명
최대속도	42km/h
항속거리	200km
전투중량	6.8톤

무장	주 포 : 1 × 20mm 기관총 : 1 × 8mm	크기	전장 : 3.78m 전고 : 2.03m 전폭 : 1.92m	장애물 극복	수직 : 0.7m 수평 : 1.7m 도섭 : 0.8m
탄약	20mm : 312발 8mm : 1,560발	엔진	모델 : Fiat SPD 18D 마력 : 68hp	연료	종류 : 가솔린 용량 : 200 ℓ

Semovente L40 da 47 / 32

개발국	이탈리아
개발완료	1942년
제작사	Fiat
승무원	3명
최대속도	42km/h
항속거리	200km
전투중량	6.8톤

무장	주 포 : 1 × 47mm 기관총 : 1 × 8mm	크기	전장 : 3.84m 전고 : 1.55m 전폭 : 1.86m	장애물 극복	수직 : 0.79m 수평 : 1.71m 도섭 : 0.8m
탄약	47mm : 70발 8mm : 762발	엔진	모델 : Fiat SPD 18D 마력 : 68hp	연료	종류 : 가솔린 용량 : 200 ℓ

Carro Armato Pesante P26 / 40

개발국	이탈리아
개발완료	1943년
제작사	Fiat
승무원	4명
최대속도	42km/h
항속거리	275km
전투중량	15.5톤

무장	주 포 : 1 × 75mm 기관총 : 2 × 8mm	크기	전장 : 5.8m 전고 : 2.5m 전폭 : 2.8m	장애물 극복	수직 : 0.8m 수평 : 2.1m 도섭 : 1.0m
탄약	75mm : 63발 8mm : 1,152발	엔진	모델 : Fiat 마력 : 330hp	연료	종류 : 디젤 용량 : 227 ℓ

Type 95 Ha-Go

개발국	일본
개발완료	1936년
제작사	Mitsubishi
승무원	3명
최대속도	45km/h
항속거리	250km
전투중량	7.4톤

무장	주 포 : 1 × 37mm 기관총 : 2 × 7.62mm	크기	전장 : 4.38m 전고 : 2.18m 전폭 : 2.06m	장애물 극복	수직 : 0.9m 수평 : 2.5m 도섭 : 1.0m
탄약	37mm : 119발 7.62mm : 2,960발	엔진	모델 : Mitsubishi MVD 6120 마력 : 120hp	연료	종류 : 디젤 용량 : 164 ℓ

Type 97 Chi-Ha

개발국	일본
개발완료	1937년
제작사	Mitsubishi
승무원	4 명
최대속도	38km/h
항속거리	210km
전투중량	15톤

무장	주 포 : 1 × 57m 기관총 : 2 × 7.62mm	크기	전장 : 5.52m 전고 : 2.23m 전폭 : 2.33m	장애물 극복	수직 : 0.9m 수평 : 2.5m 도섭 : 1.0m
탄약	57mm : 100발 7.62mm : 2,350발	엔진	모델 : Mitsubishi Type 97 마력 : 170hp	연료	종류 : 디젤 용량 : 235 ℓ

Type 2 Ka-Mi

개발국	일본
개발완료	1942년
제작사	Kure Naval Arsenal
승무원	5명
최대속도	37km/h
항속거리	200km
전투중량	12.3톤

무장	주 포 : 1 × 37mm 기관총 : 2 × 7.62mm	크기	전장 : 7.42m 전고 : 2.34m 전폭 : 2.79m	장애물 극복	수직 : 0.73m 수평 : 2.01m 도섭 : 1.03m
탄약	37mm : 132발 7.62mm : 3,500발	엔진	모델 : Mitsubishi Type 6 마력 : 110hp	연료	종류 : 디젤 용량 : 241 ℓ

LT vz. 35

개발국	체코슬로바키아
개발완료	1935년
제작사	Skoda
승무원	5명
최대속도	40 km/h
항속거리	193 km
전투중량	10.7톤

무장	주 포 : 1 × 37 mm 기관총 : 2 × 7.92 mm	크기	전장 : 4.9m 전고 : 2.2m 전폭 : 2.77m	장애물 극복	수직 : 0.6m 수평 : 1.98m 도섭 : 0.91m
탄약	37 mm : 72발 7.92 mm : 1,800발	엔진	모델 : Skoda T11 마력 : 120hp	연료	종류 : 가솔린 용량 : 153 ℓ

LT vz. 38

개발국	체코슬로바키아
개발완료	1939년
제작사	BMM Skoda
승무원	4명
최대속도	42km/h
항속거리	230km
전투중량	9.4톤

무장	주 포 : 1 × 37mm 기관총 : 2 × 7.92mm	크기	전장 : 4.6m 전고 : 2.37m 전폭 : 2.12m	장애물 극복	수직 : 0.8m 수평 : 1.86m 도섭 : 0.9m
탄약	37mm : 72발 7.92mm : 2,400발	엔진	모델 : Praga EPA 마력 : 125hp	연료	종류 : 가솔린 용량 : 218 ℓ

Cruiser Tank Ram Mk.II

개발국	캐나다
개발완료	1942년
제작사	Montreal Locomotive
승무원	5명
최대속도	40 km/h
항속거리	232 km
전투중량	29.5톤

무장	주 포 : 1 × 57 mm 기관총 : 1 × 12.7 mm 기관총 : 2 × 7.62 mm	크기	전장 : 5.79m 전고 : 2.67m 전폭 : 2.77m	장애물 극복	수직 : 0.61m 수평 : 2.26m 도섭 : 0.91m
탄약	57 mm : 92발 12.7 mm : 300발 7.62 mm : 4,440발	엔진	모델 : R-795 EC2 마력 : 400hp	연료	종류 : 가솔린 용량 : 673 ℓ

Renault FT-17

개발국	프랑스
개발완료	1916년
제작사	Renault
승무원	2명
최대속도	8km/h
항속거리	65km
전투중량	6.7톤

무장	주 포 : 1 × 37mm	크기	전장 : 4.95m 전고 : 2.14m 전폭 : 1.74m	장애물 극복	수직 : 0.6m 수평 : 1.35m 도섭 : 0.7m
탄약	37mm : 100발	엔진	모델 : Renault 마력 : 35hp	연료	종류 : 가솔린 용량 : 100 ℓ

Char 2C

개발국	프랑스
개발완료	1917년
제작사	FCM
승무원	12명
최대속도	15km/h
항속거리	150km
전투중량	69톤

무장	주 포 : 1 × 75mm 기관총 : 4 × 8mm	크기	전장 : 10.27m 전고 : 4.01m 전폭 : 2.95m	장애물 극복	수직 : - 수평 : - 도섭 : -
탄약	75mm : - 8mm : -	엔진	모델 : Mercedes 마력 : 180hp	연료	종류 : 가솔린 용량 : 1,260 ℓ

Renault AMR 33

개발국	프랑스
개발완료	1933년
제작사	Renault
승무원	2명
최대속도	54km/h
항속거리	200km
전투중량	5.5톤

무장	주 포 : 1 × 7.5mm	크기	전장 : 3.5m 전고 : 1.73m 전폭 : 1.64m	장애물 극복	수직 : 0.45m 수평 : 1.4m 도섭 : 0.6m
탄약	7.5mm : 2,250발	엔진	모델 : Renault Reinastella 마력 : 84hp	연료	종류 : 가솔린 용량 : 128 ℓ

Renault AMR 35

개발국	프랑스
개발완료	1935년
제작사	Renault
승무원	2명
최대속도	60km/h
항속거리	200km
전투중량	6.5톤

무장	주 포 : 1 × 25mm 기관총 : 1 × 7.5mm	크기	전장 : 4.25m 전고 : 1.88m 전폭 : 1.76m	장애물 극복	수직 : 0.5m 수평 : 1.5m 도섭 : 0.6m
탄약	25mm : 78발 7.5mm : 2,250발	엔진	모델 : Renault Reinastella 마력 : 84hp	연료	종류 : 가솔린 용량 : 130 ℓ

Somua S-35

개발국	프랑스
개발완료	1936년
제작사	SOMUA
승무원	3명
최대속도	37km/h
항속거리	230km
전투중량	19.5톤

무장	주 포 : 1 × 47mm 기관총 : 1 × 7.5mm	크기	전장 : 5.38m 전고 : 2.62m 전폭 : 2.12m	장애물 극복	수직 : 0.5m 수평 : 2.35m 도섭 : 1.0m
탄약	47mm : 118발 7.5mm : 1,250발	엔진	모델 : SOMUA 마력 : 190hp	연료	종류 : 가솔린 용량 : 410 ℓ

Hotchkiss H35

개발국	프랑스
개발완료	1935년
제작사	Hotchkiss
승무원	2명
최대속도	28km/h
항속거리	129km
전투중량	11톤

무장	주 포 : 1 × 37mm 기관총 : 1 × 7.5mm	크기	전장 : 4.22m 전고 : 2.15m 전폭 : 1.95m	장애물 극복	수직 : 0.51m 수평 : 1.79m 도섭 : 0.86m
탄약	37mm : 100발 7.5mm : 2,400발	엔진	모델 : Hotchkiss 마력 : 78hp	연료	종류 : 가솔린 용량 : 180 ℓ

Hotchkiss H39

개발국	프랑스
개발완료	1939년
제작사	Hotchkiss
승무원	2명
최대속도	37km/h
항속거리	120km
전투중량	12.1톤

무장	주 포 : 1 × 37mm 기관총 : 1 × 7.5mm	크기	전장 : 4.22m 전고 : 2.15m 전폭 : 1.95m	장애물 극복	수직 : 0.5m 수평 : 1.8m 도섭 : 0.85m
탄약	37mm : 100발 7.5mm : 2,400발	엔진	모델 : Hotchkiss 마력 : 120hp	연료	종류 : 가솔린 용량 : 210 ℓ

Charron B1 bis

개발국	프랑스
개발완료	1937년
제작사	Renault
승무원	4명
최대속도	25km/h
항속거리	140km
전투중량	31.5톤

무장	주 포 :	1 × 75mm	크기	전장 :	6.37m	장애물 극복	수직 :	1.18m
	보조포 :	1 × 47mm		전고 :	2.79m		수평 :	2.75m
	기관총 :	2 × 7.5mm		전폭 :	2.5m		도섭 :	0.27m
탄약	75mm :	74발	엔진	모델 :	Renault	연료	종류 :	가솔린
	47mm :	50발		마력 :	307hp		용량 :	16.5 ℓ
	7.5mm :	5,100발						

II. 2차대전(1946년) 이후 전차

Leopard 1

개발국	독일
개발완료	1965년
제작사	Krauss-Maffei Wegmann
승무원	4명
최대속도	65km/h
항속거리	600km
전투중량	42.4톤

무장	주 포 : 1 × 105mm 기관총 : 2 × 7.62mm	크기	전장 : 9.54m 전고 : 2.76m 전폭 : 3.25m	장애물 극복	수직 : 1.15m 수평 : 3.0m 도섭 : 2.25m
탄약	105mm : 60발 7.62mm : 5,500발	엔진	모델 : MTU 838 마력 : 830hp	연료	종류 : 디젤 용량 : 985 ℓ

Leopard 2

개발국	독일
개발완료	1974년
제작사	Krauss-Maffei Wegmann
승무원	4명
최대속도	72km/h
항속거리	550km
전투중량	55.2톤

무장	주 포 : 1 × 120mm 기관총 : 2 × 7.62mm	크기	전장 : 9.67m 전고 : 2.48m 전폭 : 3.7m	장애물 극복	수직 : 1.1m 수평 : 3.0m 도섭 : 1.0m
탄약	120mm : 42발 7.62mm : 4,750발	엔진	모델 : MTU 873 Ka-5014 마력 : 1,500hp	연료	종류 : 디젤 용량 : 1,200 ℓ

Leopard 2A6

개발국	독일
개발완료	2001년
제작사	Krauss-Maffei Wegmann
승무원	4명
최대속도	72km/h
항속거리	500km
전투중량	62.4톤

무장	주 포 : 1 × 120mm 기관총 : 2 × 7.62mm	크기	전장 : 10.97m 전고 : 2.64m 전폭 : 3.74m	장애물 극복	수직 : 1.1m 수평 : 3.0m 도섭 : 1.0m
탄약	120mm : 42발 7.62mm : 4,750발	엔진	모델 : MTU 873 Ka-5014 마력 : 1,500hp	연료	종류 : 디젤 용량 : 1,200 ℓ

T-54

개발국	러시아
개발완료	1947년
제작사	Uralvagonzavod
승무원	4명
최대속도	50km/h
항속거리	510km
전투중량	36톤

무장	주 포 : 1 × 100mm 기관총 : 1 × 12.7mm 기관총 : 2 × 7.62mm	크기	전장 : 9.0m 전고 : 2.4m 전폭 : 3.27m	장애물 극복	수직 : 0.8m 수평 : 2.7m 도섭 : 1.4m
탄약	100mm : 34발 12.7mm : 500발 7.62mm : 3,000발	엔진	모델 : V-12 수냉 마력 : 520hp	연료	종류 : 디젤 용량 : 812 ℓ

T-55

개발국	러시아
개발완료	1958년
제작사	Uralvagonzavod
승무원	4명
최대속도	50km/h
항속거리	460km
전투중량	36톤

무장	주 포 : 1 × 100mm 기관총 : 1 × 7.62mm	크기	전장 : 9.0m 전고 : 2.35m 전폭 : 3.27m	장애물 극복	수직 : 0.8m 수평 : 2.7m 도섭 : 1.4m
탄약	100mm : 43발 7.62mm : 3,500	엔진	모델 : V - 12 수냉 마력 : 580hp	연료	종류 : 디젤 용량 : 874 ℓ

T-62

개발국	러시아
개발완료	1961년
제작사	Uralvagonzavod
승무원	4명
최대속도	50km/h
항속거리	450km
전투중량	37톤

무장	주 포 : 1 × 115mm 기관총 : 1 × 12.7mm 기관총 : 1 × 7.62mm	크기	전장 : 9.34m 전고 : 2..40m 전폭 : 3.30m	장애물 극복	수직 : 0.8m 수평 : 2.85m 도섭 : 1.4m
탄약	115mm : 40발 12.7mm : 300발 7.62mm : 2,500발	엔진	모델 : V - 54 마력 : 580hp	연료	종류 : 디젤 용량 : 675 ℓ

T-64

개발국	러시아
개발완료	1966년
제작사	Uralvagonzavod
승무원	3명
최대속도	60km/h
항속거리	500km
전투중량	39톤

무장	주 포 : 1 × 125mm 기관총 : 1 × 12.7mm 기관총 : 1 × 7.62mm	크기	전장 : 9.23m 전고 : 2.15m 전폭 : 3.42m	장애물 극복	수직 : 0.8m 수평 : 2.85m 도섭 : 1.0m
탄약	125mm : 36발 12.7mm : 300발 7.62mm : 1,250발	엔진	모델 : 5DTF 마력 : 700hp	연료	종류 : 디젤 용량 : 1,300

T-72

개발국	러시아
개발완료	1971년
제작사	Chelybinsk
승무원	3명
최대속도	80km/h
항속거리	445km
전투중량	48.9톤

무장	주 포 : 1 × 125mm 기관총 : 1 × 12.7mm 기관총 : 1 × 7.62mm	크기	전장 : 9.53m 전고 : 2.23m 전폭 : 3.59m	장애물 극복	수직 : 0.85m 수평 : 2.8m 도섭 : 1.8m
탄약	125mm : 45발 12.7mm : 300발 7.62mm : 2,000발	엔진	모델 : V - 84 마력 : 840hp	연료	종류 : 디젤 용량 : 1,000

T-80U

개발국	러시아
개발완료	1983년
제작사	Kharkiv Morozov
승무원	3명
최대속도	70km/h
항속거리	600km
전투중량	46톤

무장	주 포 : 1 × 125mm 기관총 : 1 × 12.7mm 기관총 : 1 × 7.62mm	크기	전장 : 7.01m 전고 : 2.20m 전폭 : 3.60m	장애물 극복	수직 : 1.0m 수평 : 2.85m 도섭 : 1.8m
탄약	125mm : 45발 12.7mm : 500발 7.62mm : 1,250발	엔진	모델 : SG1000 가스터빈 마력 : 1,250hp	연료	종류 : 디젤 용량 : 1,100 ℓ

T-90

개발국	러시아
개발완료	1993년
제작사	Nizhny Tagil
승무원	3명
최대속도	60km/h
항속거리	550km
전투중량	46.5톤

무장	주 포 : 1 × 125mm 기관총 : 1 × 12.7mm 기관총 : 1 × 7.62mm	크기	전장 : 9.53m 전고 : 2.23m 전폭 : 3.78m	장애물 극복	수직 : 0.85m 수평 : 2.8m 도섭 : 1.8m
탄약	125mm : 43발 12.7mm : 300발 7.62mm : 2,000발	엔진	모델 : V-84MS 마력 : 840hp	연료	종류 : 디젤 용량 : 1,200 ℓ

TM-800

개발국	루마니아
개발완료	1994년
제작사	State Factories
승무원	4명
최대속도	64km/h
항속거리	500km
전투중량	45톤

구분	내용	구분	내용	구분	내용
무장	주 포 : 1 × 100mm 기관총 : 1 × 12.7mm 기관총 : 1 × 7.62mm	크기	전장 : 9.0m 전고 : 2.35m 전폭 : 3.3m	장애물 극복	수직 : 0.9m 수평 : 2.8m 도섭 : 1.4m
탄약	100mm : 43발 12.7mm : 500발 7.62mm : 3,000발	엔진	모델 : - 마력 : 830hp	연료	종류 : 디젤 용량 : 1,100 ℓ

M41 Walker Bulldog

개발국	미국
개발완료	1951년
제작사	Cadillac Motor
승무원	4명
최대속도	72km/h
항속거리	161km
전투중량	23.5톤

구분	내용	구분	내용	구분	내용
무장	주 포 : 1 × 76mm 기관총 : 1 × 12.7mm 기관총 : 1 × 7.62mm	크기	전장 : 8.21m 전고 : 3.08m 전폭 : 3.2m	장애물 극복	수직 : 0.71m 수평 : 1.83m 도섭 : 1.02m
탄약	76mm : 57발 12.7mm : 600발 7.62mm : 5,225발	엔진	모델 : continental AOS-895-3 마력 : 500bhp	연료	종류 : 가솔린 용량 : 530 ℓ

M46 Patton

개발국	미국
개발완료	1949년
제작사	Detroit Tank Arsenal
승무원	5명
최대속도	48km/h
항속거리	130km
전투중량	44톤

구분	내용	구분	내용	구분	내용
무장	주 포 : 1 × 90mm 기관총 : 1 × 12.7mm 기관총 : 2 × 7.62mm	크기	전장 : 8.48m 전고 : 3.18m 전폭 : 3.51m	장애물 극복	수직 : 0.11m 수평 : 1.83m 도섭 : 1.0m
탄약	90mm : 70발 12.7mm : 550발 7.62mm : 5,500발	엔진	모델 : AVDS-1790-1 마력 : 740hp	연료	종류 : 가솔린 용량 : 878 ℓ

M47 Patton

개발국	미국
개발완료	1951년
제작사	Detroit Tank Arsenal
승무원	5명
최대속도	48km/h
항속거리	130km
전투중량	46톤

구분	내용	구분	내용	구분	내용
무장	주 포 : 1 × 90mm 기관총 : 1 × 12.7mm 기관총 : 1 × 7.62mm	크기	전장 : 8.51m 전고 : 3.35m 전폭 : 3.51m	장애물 극복	수직 : 0.91m 수평 : 2.59m 도섭 : 1.22m
탄약	90mm : 71발 12.7mm : 440발 7.62mm : 4,125발	엔진	모델 : AVDS-1790-5B 마력 : 810hp	연료	종류 : 가솔린 용량 : 878 ℓ

M48 Patton

개발국	미국
개발완료	1952년
제작사	Chrysler
승무원	4명
최대속도	48km/h
항속거리	128km
전투중량	48톤

무장		크기		장애물 극복	
무장	주　포 : 1 × 90mm 기관총 : 1 × 12.7mm 기관총 : 1 × 7.62mm	크기	전장 : 9.31m 전고 : 3.09m 전폭 : 3.63m	장애물 극복	수직 : 0.91m 수평 : 2.59m 도섭 : 1.22m
탄약	90mm : 60발 12.7mm : 500발 7.62mm : 5,900발	엔진	모델 : AVDS-1790-2D 마력 : 810hp	연료	종류 : 가솔린 용량 : 757 ℓ

M48A2C Patton

개발국	미국
개발완료	1956년
제작사	Chrysler
승무원	4명
최대속도	48km/h
항속거리	260km
전투중량	54톤

무장		크기		장애물 극복	
무장	주　포 : 1 × 90mm 기관총 : 1 × 12.7mm 기관총 : 1 × 7.62mm	크기	전장 : 9.31m 전고 : 3.09m 전폭 : 3.63m	장애물 극복	수직 : 0.91m 수평 : 2.59m 도섭 : 1.22m
탄약	90mm : 64발 12.7mm : 1,360발 7.62mm : 5,950발	엔진	모델 : AVM790-8 마력 : 825hp	연료	종류 : 가솔린 용량 : 1,270 ℓ

M48A3 Patton

개발국	미국
개발완료	1963년
제작사	Chrysler
승무원	4명
최대속도	km/h
항속거리	km
전투중량	52톤

무장	주 포 : 1 × 90mm 기관총 : 1 × 12.7mm 기관총 : 1 × 7.62mm	크기	전장 : 9.31m 전고 : 3.09m 전폭 : 3.63m	장애물 극복	수직 : 0.91m 수평 : 2.59m 도섭 : 1.22m
탄약	90mm : 62발 12.7mm : 600발 7.62mm : 5,900발	엔진	모델 : AVDS - 1790-2A 마력 : 750hp	연료	종류 : 디젤 용량 : 1,460 ℓ

M48A5 Patton

개발국	미국
개발완료	1975년
제작사	Chrysler
승무원	4명
최대속도	48.2km/h
항속거리	499km
전투중량	49톤

무장	주 포 : 1 × 105mm 기관총 : 3 × 7.62mm	크기	전장 : 9.31m 전고 : 3.09m 전폭 : 3.63m	장애물 극복	수직 : 0.91m 수평 : 2.59m 도섭 : 1.22m
탄약	105mm : 54발 7.62mm : 10,000발	엔진	모델 : AVDS-1790-2D 마력 : 750hp	연료	종류 : 디젤 용량 : 1,460 ℓ

M60 MBT

개발국	미국
개발완료	1960년
제작사	Chrysler
승무원	4명
최대속도	48km/h
항속거리	500km
전투중량	49.7톤

무장	주 포 : 1 × 105mm 기관총 : 1 × 12.7mm 기관총 : 1 × 7.62mm	크기	전장 : 9.31m 전고 : 3.27m 전폭 : 3.21m	장애물 극복	수직 : 0.91m 수평 : 2.59m 도섭 : 1.22m
탄약	105mm : 57발 12.7mm : 900발 7.62mm : 6,000발	엔진	모델 : AVDS-1790 마력 : 750hp	연료	종류 : 디젤 용량 : 1,457 ℓ

M60A1 MBT

개발국	미국
개발완료	1961년
제작사	Chrysler
승무원	4명
최대속도	48km/h
항속거리	500km
전투중량	52.6톤

무장	주 포 : 1 × 105mm 기관총 : 1 × 12.7mm 기관총 : 1 × 7.62mm	크기	전장 : 9.44m 전고 : 3.27m 전폭 : 3.63m	장애물 극복	수직 : 0.91m 수평 : 2.59m 도섭 : 1.22m
탄약	105mm : 63발 12.7mm : 900발 7.62mm : 6,000발	엔진	모델 : AVDS-1790 마력 : 750hp	연료	종류 : 디젤 용량 : 1,420 ℓ

M60A3 MBT

개발국	미국
개발완료	1978년
제작사	General Dynamics
승무원	4명
최대속도	48km/h
항속거리	480km
전투중량	52.6톤

무장	주 포 : 1 × 105mm 기관총 : 1 × 12.7mm 기관총 : 1 × 7.62mm	크기	전장 : 9.44m 전고 : 3.27m 전폭 : 3.63m	장애물 극복	수직 : 0.91m 수평 : 2.59m 도섭 : 1.22m
탄약	105mm : 63발 12.7mm : 900발 7.62mm : 6,000발	엔진	모델 : AVDS-1790-2C 마력 : 750bhp	연료	종류 : 디젤 용량 : 1,420 ℓ

M1 Abrams

개발국	미국
개발완료	1980년
제작사	General Dynamics
승무원	4명
최대속도	72Km/h
항속거리	443km
전투중량	60톤

무장	주 포 : 1 × 105mm 기관총 : 1 × 12.7mm 기관총 : 1 × 7.62mm	크기	전장 : 9.76m 전고 : 2.44m 전폭 : 3.66m	장애물 극복	수직 : 1.07m 수평 : 2.74m 도섭 : 1.22m
탄약	105mm : 55발 12.7mm : 900발 7.62mm : 10,000발	엔진	모델 : AGT-1500 가스터빈 마력 : 1.500 hp	연료	종류 : 디젤 용량 : 1,910 ℓ

M1A1 Abrams

개발국	미국
개발완료	1985년
제작사	General Dynamics Land Systems
승무원	4명
최대속도	69km/h
항속거리	443km
전투중량	67.6톤

무장	주 포 : 1 × 120mm 기관총 : 1 × 12.7mm 기관총 : 2 × 7.62mm	크기	전장 : 9.83m 전고 : 2.89m 전폭 : 3.66m	장애물 극복	수직 : 1.07m 수평 : 2.74m 도섭 : 1.22m
탄약	120mm : 40발 12.7mm : 900발 7.62mm : 10,000발	엔진	모델 : AGT-1500 가스터빈 마력 : 1,500hp	연료	종류 : 디젤 용량 : 1,910 ℓ

M1A2 Abrams

개발국	미국
개발완료	1992년
제작사	General Dynamics Land Systems
승무원	4명
최대속도	68km/h
항속거리	443km
전투중량	68.7톤

무장	주 포 : 1 × 120mm 기관총 : 1 × 12.7mm 기관총 : 2 × 7.62mm	크기	전장 : 9.83m 전고 : 2.89m 전폭 : 3.66m	장애물 극복	수직 : 1.07m 수평 : 2.74m 도섭 : 1.22m
탄약	120mm : 42발 12.7mm : 900발 7.62mm : 10,000발	엔진	모델 : AGT-1500 가스터빈 마력 : 1,500hp	연료	종류 : 디젤 용량 : 1,910 ℓ

M-84

개발국	세르비아 몬테네그로
개발완료	1984년
제작사	Duro Dakovic
승무원	3명
최대속도	65km/h
항속거리	700km
전투중량	44톤

구분	내용	구분	내용	구분	내용
무장	주 포 : 1 × 125mm 기관총 : 1 × 12.7mm 기관총 : 1 × 7.62mm	크기	전장 : 9.53m 전고 : 2.19m 전폭 : 3.57m	장애물 극복	수직 : 0.85m 수평 : 2.8m 도섭 : 1.2m
탄약	125mm : 42발 12.7mm : 300발 7.62mm : 2,000발	엔진	모델 : V-46TK 마력 : 780hp	연료	종류 : 디젤 용량 : 1,450 ℓ

S Tank (Strv 103)

개발국	스웨덴
개발완료	1971년
제작사	Deux Lance Tubes Lyran
승무원	3명
최대속도	50km/h
항속거리	390km
전투중량	42.5톤

구분	내용	구분	내용	구분	내용
무장	주 포 : 1 × 105mm 기관총 : 3 × 7.62mm	크기	전장 : 9.0m 전고 : 2.14m 전폭 : 3.80m	장애물 극복	수직 : 0.8m 수평 : 2.7m 도섭 : 1.4m
탄약	105mm : 50발 7.62mm : 2,750발	엔진	모델 : 6V - 53T 가스터빈 마력 : 791hp	연료	종류 : 디젤 용량 : -

Centurion Mk13

개발국	영국
개발완료	1946년
제작사	Leyland
승무원	4명
최대속도	35km/h
항속거리	190km
전투중량	57톤

무장	주 포 : 1 × 105mm 기관총 : 1 × 12.7mm 기관총 : 1 × 7.62mm	크기	전장 : 9.86m 전고 : 3.01m 전폭 : 3.39m	장애물 극복	수직 : 0.91m 수평 : 3.35m 도섭 : 1.45m
탄약	105mm : 64발 12.7mm : 600발 7.62mm : 4,750발	엔진	모델 : Rolls-Royce MK IVB 마력 : 650hp	연료	종류 : 가솔린 용량 : 1,037 ℓ

Vickers Mk3

개발국	영국
개발완료	1965년
제작사	BAE Systems
승무원	4명
최대속도	50km/h
항속거리	490km
전투중량	38.7톤

무장	주 포 : 1 × 105mm 기관총 : 1 × 12.7mm 기관총 : 1 × 7.62mm	크기	전장 : 9.79m 전고 : 3.10m 전폭 : 3.17m	장애물 극복	수직 : 0.91m 수평 : 2.4m 도섭 : 1.1m
탄약	105mm : 50발 12.7mm : 700발 7.62mm : 2,400발	엔진	모델 : Detroit 마력 : 720bhp	연료	종류 : 디젤 용량 : 1,000 ℓ

Chieftain Mk5

개발국	영국
개발완료	1970년
제작사	Royal Ordnance
승무원	4명
최대속도	48km/h
항속거리	500km
전투중량	55톤

무장	주 포 : 1 × 120mm 기관총 : 1 × 12.7mm 기관총 : 2 × 7.62mm	크기	전장 : 10.80m 전고 : 2.90m 전폭 : 3.50m	장애물 극복	수직 : 0.91m 수평 : 3.15m 도섭 : 1.07m
탄약	120mm : 64발 12.7mm : 300발 7.62mm : 6,000발	엔진	모델 : Leyland L60 마력 : 750bhp	연료	종류 : 디젤 용량 : 950 ℓ

Scorpion

개발국	영국
개발완료	1972년
제작사	Alvis Vehicles
승무원	3명
최대속도	81km/h
항속거리	644km
전투중량	8.1톤

무장	주 포 : 1 × 76mm 기관총 : 1 × 7.62mm	크기	전장 : 4.79m 전고 : 2.10m 전폭 : 2.24m	장애물 극복	수직 : 0.5m 수평 : 2.06m 도섭 : -
탄약	76mm : 40발 7.62mm : 3,000발	엔진	모델 : Jaguar J60 마력 : 190hp	연료	종류 : 가솔린 용량 : 423 ℓ

Challenger 1

개발국	영국
개빌완료	1983년
제작사	Vickers Defence Syetems
승무원	4명
최대속도	56km/h
항속거리	450km
전투중량	62톤

무장	주 포 : 1 × 120mm 기관총 : 2 × 7.62mm	크기	전장 : 11.56m 전고 : 2.95m 전폭 : 3.52m	장애물 극복	수직 : 0.9m 수평 : 2.8m 도섭 : 1.07m
탄약	120mm : 64발 7.62mm : 4,000발	엔진	모델 : Perkins Condor 마력 : 1,200bhp	연료	종류 : 디젤 용량 : 1,592 ℓ

Challenger 2

개발국	영국
개발완료	1991년
제작사	BAE Systems land Systems
승무원	4명
최대속도	56km/h
항속거리	450km
전투중량	62.5톤

무장	주 포 : 1 × 120mm 기관총 : 2 × 7.62mm	크기	전장 : 11.55m 전고 : 2.49m 전폭 : 3.52m	장애물 극복	수직 : 0.9m 수평 : 2.34m 도섭 : 1.07m
탄약	120mm : 50발 7.62mm : 4,000발	엔진	모델 : Perkins Engines 마력 : 1,200bhp	연료	종류 : 디젤 용량 : 1,592 ℓ

SK105

개발국	오스트리아
개발완료	1965년
제작사	Steyr-Daimler-Puch
승무원	3명
최대속도	70km/h
항속거리	500km
전투중량	17.7톤

무장	주 포 : 1 × 105mm 기관총 : 1 × 7.62mm	크기	전장 : 7.74m 전고 : 2.53m 전폭 : 2.5m	장애물 극복	수직 : 0.8m 수평 : 2.41m 도섭 : 1.0m
탄약	105mm : 42발 7.62mm : 2,000발	엔진	모델 : Steyr 7FA 마력 : 320hp	연료	종류 : 디젤 용량 : 420 ℓ

T-84

개발국	우크라이나
개발완료	1994년
제작사	Malyshev Plant
승무원	3명
최대속도	65km/h
항속거리	540km
전투중량	46톤

무장	주 포 : 1 × 125mm 기관총 : 1 × 12.7mm 기관총 : 1 × 7.62mm	크기	전장 : 9.72m 전고 : 2.74m 전폭 : 3.78m	장애물 극복	수직 : 1.0m 수평 : 2.85m 도섭 : 1.8m
탄약	125mm : 43발 12.7mm : 450발 7.62mm : 1,250발	엔진	모델 : 6TD-2 마력 : 1,200hp	연료	종류 : 디젤 용량 : 1,300 ℓ

Merkava Mk 1

개발국	이스라엘
개발완료	1974년
제작사	Ordnance Corps
승무원	4명
최대속도	46km/h
항속거리	400km
전투중량	60톤

무장	주 포 : 1 × 105mm 기관총 : 3 × 7.62mm	크기	전장 : 8.63m 전고 : 2.75m 전폭 : 3.70m	장애물 극복	수직 : 0.95m 수평 : 3.0m 도섭 : 1.38m
탄약	105mm : 62발 7.62mm : 10,000발	엔진	모델 : AVDS-1790-6A 마력 : 900hp	연료	종류 : 디젤 용량 : 1,250 ℓ

Merkava Mk 3

개발국	이스라엘
개발완료	1989년
제작사	Ordnance Corps
승무원	4명
최대속도	60km/h
항속거리	500km
전투중량	65톤

무장	주 포 : 1 × 120mm 기관총 : 3 × 7.62mm	크기	전장 : 9.04m 전고 : 2.80m 전폭 : 3.72m	장애물 극복	수직 : 1.05m 수평 : 3.55m 도섭 : 1.4m
탄약	105mm : 62발 7.62mm : 10,000발	엔진	모델 : AVDS-1790-9AR 마력 : 1,200hp	연료	종류 : 디젤 용량 : 1,400 ℓ

OF-40

개발국	이탈리아
개발완료	1980년
제작사	Oto Melara
승무원	4명
최대속도	60km/h
항속거리	600km
전투중량	45.5톤

무장	주 포 : 1 × 105mm 기관총 : 2 × 7.62mm	크기	전장 : 9.22m 전고 : 2.68m 전폭 : 3.51m	장애물 극복	수직 : 1.1m 수평 : 3.0m 도섭 : 1.2m
탄약	105mm : 57발 7.62mm : 5,700발	엔진	모델 : MTU 838 마력 : 830hp	연료	종류 : 디젤 용량 : 1,000 ℓ

Ariete

개발국	이탈리아
개발완료	1986년
제작사	Consorzio Iveco Oto
승무원	4명
최대속도	65km/h
항속거리	550km
전투중량	54톤

무장	주 포 : 1 × 120mm 기관총 : 2 × 7.62mm	크기	전장 : 9.67m 전고 : 2.5m 전폭 : 3.6m	장애물 극복	수직 : 1.0m 수평 : 3.0m 도섭 : 1.2m
탄약	120mm : 40발 7.62mm : 2,400발	엔진	모델 : IVECO V-12 마력 : 1,300hp	연료	종류 : 디젤 용량 : -

Arjun

개발국	인도
개발완료	1984년
제작사	Heavy Vehicles Factory
승무원	4명
최대속도	72km/h
항속거리	450km
전투중량	58.5톤

무장		크기		장애물 극복	
무장	주 포 : 1 × 120mm 기관총 : 1 × 12.7mm 기관총 : 1 × 7.62mm	크기	전장 : 10.19m 전고 : 2.32m 전폭 : 3.85m	장애물 극복	수직 : 0.9m 수평 : 2.43m 도섭 : 1.0m
탄약	120mm : 39발 12.7mm : 1,000발 7.62mm : 3,000발	엔진	모델 : MTU 838 마력 : 1,400hp	연료	종류 : 디젤 용량 : 1,610 ℓ

Type 74

개발국	일본
개발완료	1975년
제작사	Mitsubishi
승무원	4명
최대속도	60km/h
항속거리	400km
전투중량	38톤

무장		크기		장애물 극복	
무장	주 포 : 1 × 105mm 기관총 : 1 × 12.7mm 기관총 : 1 × 7.62mm	크기	전장 : 9.42m 전고 : 2.67m 전폭 : 3.18m	장애물 극복	수직 : 1.0m 수평 : 2.7m 도섭 : 1.0m
탄약	105mm : 55발 12.7mm : 660발 7.62mm : 4,500발	엔진	모델 : Mitsubishi 10ZF 마력 : 720hp	연료	종류 : 디젤 용량 : 950 ℓ

Type 90

개발국	일본
개발완료	1992년
제작사	Mitsubishi
승무원	3명
최대속도	72km/h
항속거리	400km
전투중량	50톤

무장	주 포 : 1 × 120mm 기관총 : 1 × 12.7mm 기관총 : 1 × 7.62mm	크기	전장 : 9.76m 전고 : 2.34m 전폭 : 3.43m	장애물 극복	수직 : 1.0m 수평 : 2.7m 도섭 : 2.0m
탄약	120mm : - 12.7mm : - 7.62mm : -	엔진	모델 : Mitsubishi 10ZG 마력 : 1,500hp	연료	종류 : 디젤 용량 : 1,100 ℓ

Type 59

개발국	중국
개발완료	1959년
제작사	NORINCO
승무원	4명
최대속도	50km/h
항속거리	440km
전투중량	36톤

무장	주 포 : 1 × 100mm 기관총 : 1 × 12.7mm 기관총 : 2 × 7.62mm	크기	전장 : 9.0m 전고 : 2.59m 전폭 : 3.27m	장애물 극복	수직 : 0.79m 수평 : 2.7m 도섭 : 1.4m
탄약	100mm : 34발 12.7mm : 200발 7.62mm : 3,500발	엔진	모델 : V-12 마력 : 520hp	연료	종류 : 디젤 용량 : 815 ℓ

Type 62

개발국	중국
개발완료	1962년
제작사	NORINCO
승무원	4명
최대속도	60km/h
항속거리	500km
전투중량	21톤

무장	주 포 : 1 × 85mm 기관총 : 1 × 12.7mm 기관총 : 2 × 7.62mm	크기	전장 : 7.9m 전고 : 2.25m 전폭 : 2.86m	장애물 극복	수직 : 0.7m 수평 : 2.55m 도섭 : 1.3m
탄약	85mm : 47발 12.7mm : 1,750발 7.62mm : 1,250발	엔진	모델 : - 마력 : 430hp	연료	종류 : 디젤 용량 : 760 ℓ

Type 63

개발국	중국
개발완료	1963년
제작사	NORINCO
승무원	4명
최대속도	64km/h
항속거리	370km
전투중량	18.4톤

무장	주 포 : 1 × 85mm 기관총 : 1 × 12.7mm 기관총 : 1 × 7.62mm	크기	전장 : 8.44m 전고 : 3.12m 전폭 : 3.2m	장애물 극복	수직 : 0.87m 수평 : 2.9m
탄약	85mm : 47발 12.7mm : 500발 7.62mm : 2,000발	엔진	모델 : 12150-L 마력 : 400hp	연료	종류 : 디젤 용량 : 403 ℓ

Type 69

개발국	중국
개발완료	1982년
제작사	NORINCO
승무원	4명
최대속도	50km/h
항속거리	440km
전투중량	36.7톤

무장	주 포 : 1 × 100mm 기관총 : 1 × 12.7mm 기관총 : 2 × 7.62mm	크기	전장 : 8.86m 전고 : 2.8m 전폭 : 3.27m	장애물 극복	수직 : 0.8m 수평 : 2.7m 도섭 : 1.4m
탄약	100mm : 44발 12.7mm : 500발 7.62mm : 4,000발	엔진	모델 : V-12디젤 마력 : 580hp	연료	종류 : 디젤 용량 : 935 ℓ

Type 80

개발국	중국
개발완료	1987년
제작사	NORINCO
승무원	4명
최대속도	65km/h
항속거리	430km
전투중량	38톤

무장	주 포 : 1 × 105mm 기관총 : 1 × 12.7mm 기관총 : 1 × 7.62mm	크기	전장 : 9.33m 전고 : 2.88m 전폭 : 3.38m	장애물 극복	수직 : 0.8m 수평 : 2.7m 도섭 : 1.4m
탄약	105mm : 44발 12.7mm : 500발 7.62mm : 2,250발	엔진	모델 : V-12디젤 마력 : 730hp	연료	종류 : 디젤 용량 : 1,400 ℓ

Type 85-II

개발국	중국
개발완료	1989년
제작사	NORINCO
승무원	3명
최대속도	57km/h
항속거리	500km
전투중량	41톤

구분	항목	구분	항목	구분	항목
무장	주 포 : 1 × 125mm 기관총 : 1 × 12.7mm 기관총 : 1 × 7.62mm	크기	전장 : 10.28m 전고 : 2.30m 전폭 : 3.45m	장애물 극복	수직 : 0.8m 수평 : 2.7m 도섭 : 1.4m
탄약	125mm : 40발 12.7mm : 500발 7.62mm : 2,000발	엔진	모델 : V - 12 마력 : 730hp	연료	종류 : 디젤 용량 : 1,000 ℓ

RH ALAN

개발국	크로아티아
개발완료	2003년
제작사	Duro Dakovic
승무원	3명
최대속도	70km/h
항속거리	700km
전투중량	44.5톤

구분	항목	구분	항목	구분	항목
무장	주 포 : 1 × 125mm 기관총 : 1 × 12.7mm 기관총 : 1 × 7.62mm	크기	전장 : 10.14m 전고 : 2.19m 전폭 : 3.59m	장애물 극복	수직 : 0.85m 수평 : 2.8m 도섭 : 1.2m
탄약	125mm : 42발 12.7mm : 360발 7.62mm : 2,000발	엔진	모델 : V - 12 마력 : 1,200hp	연료	종류 : 디젤 용량 : 1,450 ℓ

Al Khalid 2000

개발국	파키스탄
개발완료	1992년
제작사	Taxila
승무원	3명
최대속도	70km/h
항속거리	430km
전투중량	48톤

무장	주 포 : 1 × 125mm 기관총 : 1 × 12.7mm 기관총 : 1 × 7.62mm	크기	전장 : 10.07m 전고 : 2.3m 전폭 : 3.4m	장애물 극복	수직 : 0.85m 수평 : 3.0m 도섭 : 1.4m
탄약	125mm : 39발 12.7mm : 500발 7.62mm : 2,000발	엔진	모델 : Turbo charged 마력 : 1,200hp	연료	종류 : 디젤 용량 : -

PT-91

개발국	폴란드
개발완료	1992년
제작사	Bumar-Labedy
승무원	3명
최대속도	60km/h
항속거리	650km
전투중량	45.3톤

무장	주 포 : 1 × 125mm 기관총 : 1 × 12.7mm 기관총 : 1 × 7.62mm	크기	전장 : 9.67m 전고 : 2.19m 전폭 : 3.59m	장애물 극복	수직 : 0.85m 수평 : 2.8m 도섭 : 1.4m
탄약	125mm : 42발 12.7mm : 300발 7.62mm : 2,000발	엔진	모델 : Type S-12U 마력 : 850hp	연료	종류 : 디젤 용량 : 1,000 ℓ

AMX-13

개발국	프랑스
개발완료	1953년
제작사	GIAT
승무원	3명
최대속도	60km/h
항속거리	400km
전투중량	15톤

무장	주 포 : 1 × 90mm 기관총 : 2 × 7,62mm	크기	전장 : 6.36m 전고 : 2.35m 전폭 : 2.51m	장애물 극복	수직 : 0.65m 수평 : 1.6m 도섭 : 0.6m
탄약	90mm : 32발 7.62mm : 3,600발	엔진	모델 : SOFAM 마력 : 250hp	연료	종류 : 가솔린 용량 : 480 ℓ

AMX-30

개발국	프랑스
개발완료	1966년
제작사	GIAT
승무원	4명
최대속도	65km/h
항속거리	600km
전투중량	36톤

무장	주 포 : 1 × 105mm 기관총 : 1 × 20mm 기관총 : 1 × 7.62mm	크기	전장 : 9.48m 전고 : 2.86m 전폭 : 3.10m	장애물 극복	수직 : 0.93m 수평 : 2.9m 도섭 : 1.3m
탄약	105mm : 47발 20mm : 1,050발 7.62mm : 2,050발	엔진	모델 : HS 110 마력 : 720hp	연료	종류 : 디젤 용량 : 970 ℓ

Leclerc

개발국	프랑스
개발완료	1989년
제작사	GIAT
승무원	3명(자동장전)
최대속도	72km/h
항속거리	550km
전투중량	56.5톤

구분	내용	구분	내용	구분	내용
무장	주 포 : 1 × 120mm 기관총 : 1 × 12.7mm 기관총 : 1 × 7.62mm	크기	전장 : 9.87m 전고 : 2.53m 전폭 : 3.71m	장애물 극복	수직 : 1.25m 수평 : 3.0m 도섭 : 1.0m
탄약	120mm : 40발 12.7mm : 950발 7.62mm : -	엔진	모델 : SAM V8 마력 : 1500hp	연료	종류 : 디젤 용량 : 1,300 ℓ

K1

개발국	한국
개발완료	1985년
제작사	ROTEM
승무원	4명
최대속도	65km/h
항속거리	457km
전투중량	51톤

구분	내용	구분	내용	구분	내용
무장	주 포 : 1 × 105mm 기관총 : 1 × 12.7mm 기관총 : 1 × 7.62mm	크기	전장 : 9.67m 전고 : 2.25m 전폭 : 3.60m	장애물 극복	수직 : 1.0m 수평 : 2.74m 도섭 : 1.2m
탄약	105mm : 47발 12.7mm : 1,000발 7.62mm : 8,800발	엔진	모델 : MTU 871 마력 : 1,200hp	연료	종류 : 디젤 용량 : -

K1A1

개발국	한국
개발완료	2001
제작사	ROTEM
승무원	4명
최대속도	65km/h
항속거리	430km
전투중량	53.2톤

무장	주 포 : 1 × 120mm 기관총 : 1 × 12.7mm 기관총 : 2 × 7.62mm	크기	전장 : 9.67m 전고 : 2.25m 전폭 : 3.60m	장애물 극복	수직 : 1.0m 수평 : 2.74m 도섭 : 1.2m
탄약	105mm : 32발 12.7mm : 2,000발 7.62mm : 8,600발	엔진	모델 : MTU 871 마력 : 1,200hp	연료	종류 : 디젤 용량 : -

K2

개발국	한국
개발완료	2011년
제작사	ROTEM
승무원	3명
최대속도	70km/h
항속거리	-
전투중량	55톤

무장	주 포 : 1 × 120mm 기관총 : 1 × 12.7mm 기관총 : 2 × 7.62mm	크기	전장 : 10.0m 전고 : 2.5m 전폭 : 3.6m	장애물 극복	수직 : 1.0m 수평 : 2.74m 도섭 : 2.3m
탄약	105mm : 48발 7.62mm : 3,200발 12.7mm : 12,000발	엔진	모델 : MTU 883 마력 : 1500hp	연료	종류 : 디젤 용량 : -

Ⅲ. 2차대전(1945년) 이전 장갑차

1. 반궤도형

Half Track SdKfz 11

개발국	독일
개발완료	1939년
제작사	Hanomag
승무원	1 + 8명
최대속도	53km/h
항속거리	122km
전투중량	7.2톤

무장	주무장 : ×	크기	전장 : 5.55m 전고 : 2.15m 전폭 : 2m	장애물 극복	수직 : 0.4m 수평 : 1.98m 도섭 : 0.6m
탄약	-	엔진	모델 : Maybach HL 38 마력 : 100hp	장갑	강철 (12.5mm)

Half Track SdKfz 251

개발국	독일
개발완료	1939년
제작사	Hanomag
승무원	2 + 10명
최대속도	53km/h
항속거리	300km
전투중량	7.81톤

무장	주무장 : 2 x 7.92mm	크기	전장 : 5.80m 전고 : 1.75m 전폭 : 2.10m	장애물 극복	수직 : 0.69m 수평 : 1.49m 도섭 : 0.7m
탄약	7.92mm : 1,110발	엔진	모델 : Maybach HL 42 마력 : 100hp	장갑	강철 (12.5mm)

M3 Scout Car

개발국	미국
개발완료	1941년
제작사	Diamond T Motor
승무원	1 + 8명
최대속도	81km/h
항속거리	403km
전투중량	5.67톤

무장	주무장 : 1 x 12.7mm 기관총 : 1 x 7.62mm	크기	전장 : 5.63m 전고 : 2m 전폭 : 2.1m	장애물 극복	수직 : 0.3m 수평 : × 도섭 : 0.7m
탄약	12.7mm : 600발 7.62mm : 5,000발	엔진	모델 : Hercules JXD 마력 : 110hp	장갑	강철 (13mm)

Support Vehicles P 107

개발국	프랑스
개발완료	1937년
제작사	Unic
승무원	2명
최대속도	45km/h
항속거리	400km
전투중량	2.3

무장	주무장 : ×	크기	전장 : 4.85m 전고 : 1.95m 전폭 : 1.8m	장애물 극복	수직 : 0.3m 수평 : 1.05m 도섭 : 0.6m
탄약	-	엔진	모델 : Unic P39 마력 : 55hp	장갑	강철

2. 궤도형

Flakpanzer[1]) IV Wirbelwind

개발국	독일
개발완료	1943년
제작사	Ostbau Works
승무원	5명
최대속도	38km/h
항속거리	200km
전투중량	22톤

무장	주무장 : 4 x 20mm 기관총 : 1 x 7.92mm	크기	전장 : 5.92m 전고 : 2.76m 전폭 : 2.9m	장애물 극복	수직 : 0.6m 수평 : 2.2m 도섭 : 1m
탄약	20mm : 3,200발 7.92mm : 1,350발	엔진	모델 : Maybach HL 120 TR 112 마력 : 272hp	장갑	강철 (50mm)

Universal Carrier Mark I

개발국	영국
개발완료	1938년
제작사	Ford Motor
승무원	2(4)명
최대속도	51.5km/h
항속거리	257km
전투중량	4.4톤

무장	주무장 : 1 x 7.7mm or 1 x 13.9mm (anti-tank rifle[2]))	크기	전장 : 3.74m 전고 : 1.71m 전폭 : 2.1m	장애물 극복	수직 : 0.72m 수평 : 1.6m 도섭 : 0.51m
탄약	7.7mm : 250발(탄띠) 13.9mm : 5연발(탄창)	엔진	모델 : Ford 마력 : 85hp	장갑	강철 (12mm)

1) 대공장갑차
2) 원거리에서 보병이 전차를 격퇴할 수 있도록 철갑탄을 사용하는 대전차 소총. 1918년 독일에서 최초 제작되었으며 영국에서 주로 사용한 13.9mm(0.55inch)는 1937년 개발되어 일명 Boys Gun으로 불리며 AP(Armour-Piercing)탄과 APCR(Armour- Piercing, Composite Rigid, 일종의 고속 철갑탄)탄 연발 사격이 가능했음. 최대 300m에서 수직강판 20mm을 관통하여 보병용 대전차 화기로 사용되었을 뿐아니라 장갑차의 주포 대용으로도 사용 되었으나 2차대전 중반기부터 전차의 장갑이 비약적으로 증대하면서 무반동총이나 대전차 미사일로 대체됨.

Rhino Heavy Armoured Car

개발국	오스트레일리아
개발완료	1941년
제작사	Chullona Assembly
승무원	5명
최대속도	48.2km/h
항속거리	322km
전투중량	28톤

무장	주무장 : 1 x 40mm 기관총 : 2 x 7.62mm	크기	전장 : 6.4m 전고 : 2.6m 전폭 : 2.77m	장애물 극복	수직 : 2m 수평 : 2.44m 도섭 : 1.2m
탄약	40mm : 130발 7.62mm : 4,250발	엔진	모델 : Cadillac 마력 : 330hp	장갑	강철 (65mm)

Armoured Reconnaissance AMR-35

개발국	프랑스
개발완료	1935년
제작사	Louis Renault
승무원	2명
최대속도	54km/h
항속거리	200km
전투중량	6.5톤

무장	주무장 : 25mm or 13.2mm 기간총 : 7.5mm	크기	전장 : 3.5m 전고 : 1.73m 전폭 : 1.64m	장애물 극복	수직 : 0.61m 수평 : 1.52m 도섭 : 0.6m
탄약	25/13.2mm : 78/1,220발 7.5mm : 750발	엔진	모델 : Renault 마력 : 85hp	장갑	강철 (13mm)

3. 차륜형

Armored Car SdKfz 222

개발국	독일
개발완료	1942년
제작사	Eisenwerk Weserhütte
승무원	3명
최대속도	30km/h
항속거리	300km
전투중량	4.8톤

무장	주무장 : 1 x 20mm 기관총 : 1 x 7.92mm	크기	전장 : 4.8m 전고 : 2m 전폭 : 1.95m	장애물 극복	수직 : 0.25m 수평 : 1.24m 도섭 : 0.6m
탄약	20mm : 220발 7.92mm : 2,000발	엔진	모델 : Horch 3.8 마력 : 85hp	장갑	강철 (8mm)

Reconassiance Car SdKfz 234

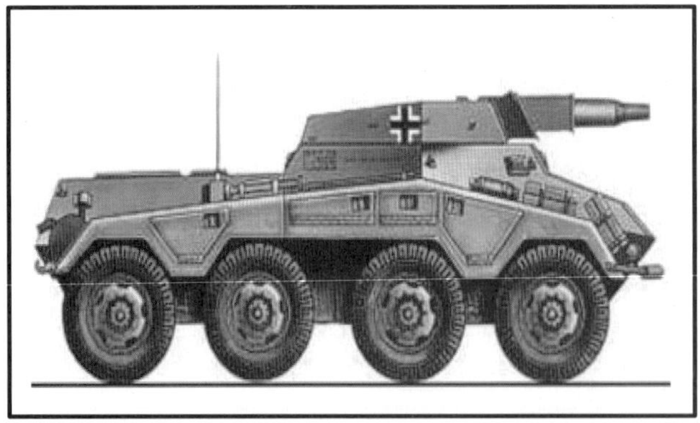

개발국	독일
개발완료	1944년
제작사	Buessing A.G.
승무원	4명
최대속도	80km/h
항속거리	900km
전투중량	11.5

무장	주무장 : 1 x 75m 기관총 : 1 x 7.92mm	크기	전장 : 6m 전고 : 2.21m 전폭 : 2.33m	장애물 극복	수직 : 0.48m 수평 : 2.1m 도섭 : 1.2m
탄약	75mm : 5발 7.92mm : 1,950발	엔진	모델 : Tatra 103 마력 : 220hp	장갑	강철 (30mm)

Russo-Balt Armored Car

개발국	러시아
개발완료	1914년
제작사	Izhorskij factory
승무원	5명
최대속도	60km/h
항속거리	260km
전투중량	4톤

무장	주무장 : 3 x 7.65mm	크기	전장 : 4.9m 전고 : 2.58m 전폭 : 2.0m	장애물 극복	수직 : 0.3m 수평 : 0.5m 도섭 : 0.6m
탄약	7.65mm : 9,000발	엔진	모델 : S24-40 마력 : 40hp	장갑	강철 (5mm)

BA-6 Armored Car

개발국	러시아
개발완료	1936년
제작사	GAZ factory
승무원	4명
최대속도	55km/h
항속거리	200km
전투중량	5.1톤

무장	주무장 : 1 x 45mm 기관총 : 2 x 7.62mm	크기	전장 : 4.65m 전고 : 2.10m 전폭 : 2.20m	장애물 극복	수직 : 0.3m 수평 : 0.5m 도섭 : 0.6m
탄약	45mm : 60발 7.62mm : 3,276발	엔진	모델 : GAZ-A 마력 : 40hp	장갑	강철 (10mm)

BA-10 Armored Car

개발국	러시아
개발완료	1937년
제작사	GAZ factory
승무원	4명
최대속도	53km/h
항속거리	300km
전투중량	5.14톤

무장	주무장 : 1 x 45mm 기관총 : 2 x 7.62mm	크기	전장 : 4.65m 전고 : 2.00m 전폭 : 2.20m	장애물 극복	수직 : 0.3m 수평 : 0.5m 도섭 : 0.6m
탄약	45mm : 49발 7.62mm : 2,079발	엔진	모델 : GAZ-MM 마력 : 50hp	장갑	강철 (15mm)

BA-27 Armored Car

개발국	러시아
개발완료	1939년
제작사	Izhorsky
승무원	4명
최대속도	48km/h
항속거리	350km
전투중량	4.4톤

무장	주무장 : 1 x 37mm 기관총 : 1 x 7.62mm	크기	전장 : 4.62m 전고 : 2.52m 전폭 : 1.81m	장애물 극복	수직 : 0.3m 수평 : 0.5m 도섭 : 0.9m
탄약	37mm : 60발 7.62mm : 1,260발	엔진	모델 : AMO 마력 : 35hp	장갑	강철 (7mm)

BA-64 Armored Car

개발국	러시아
개발완료	1942년
제작사	GAZ
승무원	2명
최대속도	80km/h
항속거리	540km
전투중량	2.3톤

무장	주무장 : 1 x 7.62mm	크기	전장 : 3.66m 전고 : 1.90m 전폭 : 1.53m	장애물 극복	수직 : 0.3m 수평 : × 도섭 : 0.5m
탄약	7.62mm : 1,260발	엔진	모델 : GAZ-64 마력 : 50hp	장갑	강철 (15mm)

T17 Armored Car

개발국	미국
개발완료	1941년
제작사	Ford Motor
승무원	5명
최대속도	60km/h
항속거리	720km
전투중량	13.7톤

무장	주무장 : 1 x 30mm 공축기관총[3] : 1 x 7.62mm	크기	전장 : 5.49m 전고 : 2.36m 전폭 : 2.7m	장애물 극복	수직 : 0.8m 수평 : × 도섭 : 0.53m
탄약	37mm : 103발 7.62mm : 5,250발	엔진	모델 : Hercules JXD 마력 : 97hp	장갑	강철 (44mm)

3) 주무장과 동일축선 상에 있는, 즉 주무장과 연동되는 기관총으로 포수가 보병 제압시 사용

M8 Greyhound Light Armored Car

개발국	미국
개발완료	1942년
제작사	Ford Motor
승무원	4명
최대속도	90km/h
항속거리	640km
전투중량	7.8톤

무장	주무장 : 1 x 37mm 공축기관총 : 1 x 7.62mm 기관총 : 1 x12.7mm	크기	전장 : 5m 전고 : 2.64m 전폭 : 2.54m	장애물 극복	수직 : 0.3m 수평 : 1.6m 도섭 : 0.61m
탄약	37mm : 80발 7.62mm : 1,500발 12.7mm : 400발	엔진	모델 : Hercules JXD 마력 : 110hp	장갑	강철 (19mm)

M16 Multiple Gun Motor Carriage

개발국	미국
개발완료	1942년
제작사	Ford Motor
승무원	5명
최대속도	67km/h
항속거리	320km
전투중량	9톤

무장	주무장 : 4 x 12.7mm	크기	전장 : 6.5m 전고 : 2.34m 전폭 : 2.16m	장애물 극복	수직 : 0.8m 수평 : × 도섭 : 0.8m
탄약	12.7mm : 5,000발	엔진	모델 : White 160AX 마력 : 128hp	장갑	강철 (12mm)

M20 Armored Utility Car

개발국	미국
개발완료	1943년
제작사	Ford Motor
승무원	6명
최대속도	90km/h
항속거리	400km
전투중량	5.8톤

무장	주무장 : 1 x12.7mm	크기	전장 : 4.98m 전고 : 2.3m 전폭 : 2.52m	장애물 극복	수직 : 0.3m 수평 : × 도섭 : 0.8m
탄약	12.7mm : 1,000발	엔진	모델 : Hercules 마력 : 110hp	장갑	강철 (19mm)

Austin Armoured Car

개발국	영국
개발완료	1914년
제작사	Austin Motor Co
승무원	5명
최대속도	55km/h
항속거리	200km
전투중량	5.2톤

무장	주무장 : 2 x 7.5mm	크기	전장 : 4.9m 전고 : 2.58m 전폭 : 2.0m	장애물 극복	수직 : 0.3m 수평 : 0.5m 도섭 : 0.6m
탄약	7.5mm : 6,000발	엔진	모델 : Austin 마력 : 50hp	장갑	강철 (8mm)

Lanchester 4x2 Armoured Car

개발국	영국
개발완료	1914년
제작사	Rolls-Royce
승무원	3(4)명
최대속도	80km/h
항속거리	220km
전투중량	4.7톤

무장	주무장 : 1 x 7.7mm (기관총)	크기	전장 : 4.88m 전고 : 2.29m 전폭 : 1.93m	장애물 극복	수직 : 0.3m 수평 : 0.5m 도섭 : 0.6m
탄약	7.7mm : 250발(탄띠)	엔진	모델 : Lanchester petrol 마력 : 60hp	장갑	강철 (8mm)

Rolls-Royce Armoured Car

개발국	영국
개발완료	1914년
제작사	Rolls-Royce
승무원	4명
최대속도	72km/h
항속거리	240km
전투중량	3.86톤

무장	주무장 : 1 x 7.7mm (기관총)	크기	전장 : 4.93m 전고 : 2.54mm 전폭 : 1.93m	장애물 극복	수직 : 0.3m 수평 : × 도섭 : 0.5m
탄약	7.7mm : 250발(탄띠)	엔진	모델 : Rolls-Royce 마력 : 50hp	장갑	강철 (12mm)

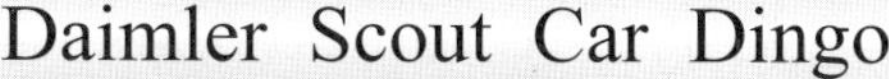

Daimler Scout Car Dingo

개발국	영국
개발완료	1938년
제작사	Daimler
승무원	2명
최대속도	88.5km/h
항속거리	320km
전투중량	3.2톤

구분	내용	구분	내용	구분	내용
무장	주무장 : 1 x 7.7mm or 1 x 13.9mm (anti-tank rifle)	크기	전장 : 1.7m 전고 : 2m 전폭 : 1.5m	장애물 극복	수직 : 0.3m 수평 : × 도섭 : 0.5m
탄약	7.7mm : 250발(탄띠) 13.9mm : 5연발(탄창)	엔진	모델 : Daimler 마력 : 55hp	장갑	강철 (30mm)

Daimler Armoured Car

개발국	영국
개발완료	1939년
제작사	Daimler
승무원	3명
최대속도	80km/h
항속거리	320km
전투중량	7.6톤

구분	내용	구분	내용	구분	내용
무장	주무장 : 1 x 40mm 공축기관총 : 1x 7.7mm	크기	전장 : 4m 전고 : 2.26m 전폭 : 2.46m	장애물 극복	수직 : 1.07m 수평 : 0.5m 도섭 : 1.21m
탄약	40mm : 52발 7.7mm : 2,700발	엔진	모델 : Daimler 27 마력 : 95hp	장갑	강철 (16mm)

Guy Armoured Car

개발국	영국
개발완료	1940년
제작사	Karrier
승무원	3명
최대속도	64km/h
항속거리	340km
전투중량	5.2톤

무장	주무장 : 1 x 15mm 기관총 : 1 x 7.7mm	크기	전장 : 4.12m 전고 : 2.29m 전폭 : 2.06m	장애물 극복	수직 : 1.1m 수평 : 0.5m 도섭 : 1.2m
탄약	15mm : 90발 7.7mm : 2,700발	엔진	모델 : Meadows 4ELA 마력 : 55hp	장갑	강철 (15mm)

Morris Light Reconnaissance Car

개발국	영국
개발완료	1940년
제작사	Morris Motor Company
승무원	3명
최대속도	80km/h
항속거리	385km
전투중량	3.7톤

무장	대전차소총 : 1 x 13.9mm 기관총 : 2 x 7.62 mm	크기	전장 : 4.06m 전고 : 1.88m 전폭 : 2.03m	장애물 극복	수직 : 0.3m 수평 : × 도섭 : 0.6m
탄약	13.9mm : 5연발(탄창) 7.62mm : 2,700발	엔진	모델 : Morris 마력 : 72hp	장갑	강철 (14mm)

AEC Armoured Car

개발국	영국
개발완료	1941년
제작사	Associated of Southall, London
승무원	3명
최대속도	65km/h
항속거리	400km
전투중량	11톤

무장	주무장 : 1 x 75mm 공축기관총 : 1 x 7.7mm	크기	전장 : 5.18m 전고 : 2.54m 전폭 : 2.74m	장애물 극복	수직 : 1.1m 수평 : 0.5m 도섭 : 1.2m
탄약	75mm : 30발 7.7mm : 2,600발	엔진	모델 : AEC 195 마력 : 155hp	장갑	강철 (30mm)

Armored Car Autoblinda 41

개발국	이탈리아
개발완료	1941년
제작사	IVECO-FIAT
승무원	4명
최대속도	76km/h
항속거리	400km
전투중량	7.5톤

무장	주무장 : 1 x 20mm 공축기관총 : 1 x 8mm 기관총 : 1 x 8mm	크기	전장 : 5.2m 전고 : 2.4m 전폭 : 1.92m	장애물 극복	수직 : 0.3m 수평 : 0.4m 도섭 : 0.7m
탄약	20mm : 456발 8mm : 1,992발	엔진	모델 : SPA Abm 1 마력 : 80hp	장갑	강철 (18mm)

Reconnaissance Car Laffly 80 AM

개발국	프랑스
개발완료	1934년
제작사	Laffly
승무원	4명
최대속도	80km/h
항속거리	400km
전투중량	7.5톤

무장	주무장 : 1 x 13.2mm 기관총 : 1 x 7.5mm	크기	전장 : 5.3m 전고 : 2.5m 전폭 : 2.2m	장애물 극복	수직 : 0.3m 수평 : 0.5m 도섭 : 0.6m
탄약	13.2mm : 1,690발 7.5mm : 2,100발	엔진	모델 : Laffly 80 마력 : 80hp	장갑	강철 (20mm)

Panhard P178 Armored Car

개발국	프랑스
개발완료	1935년
제작사	Panhard
승무원	4명
최대속도	55km/h
항속거리	200km
전투중량	8.5톤

무장	주무장 : 1 x 25mm 기관총 : 1 x 7.5mm	크기	전장 : 4.79m 전고 : 2.31m 전폭 : 2.01m	장애물 극복	수직 : 0.3m 수평 : 0.6m 도섭 : 0.6m
탄약	25mm : 150발 7.5mm : 3,150발	엔진	모델 : Panhard 마력 : 105hp	장갑	강철 (20mm)

Ⅳ. 2차대전(1946년) 이후 장갑차

1. 궤도형

ELBO Leonidas-2 APC

개발국	그리스
개발완료	1987년
제작사	ELBO
승무원	2 + 8명
최대속도	63km/h
항속거리	520km
전투중량	14.8톤

무장	주무장 : 1 x 12.7mm	크기	전장 : 5.85m 전고 : 1.69m 전폭 : 2.50m	장애물 극복	수직 : 0.8m 수평 : 2.1m 도섭 : 자체부양
탄약	12.7mm : 1,500발	엔진	모델 : STEYR 7FA 마력 : 320hp	장갑	알루미늄/강철
				화생방 방호: ○ / 야시장비: ○	

ELBO Kentaurus IFV

개발국	그리스
개발완료	1998년
제작사	ELBO
승무원	3 + 8명
최대속도	75km/h
항속거리	500km
전투중량	19.8톤

무장	주무장 : 1 x 30mm 기관총 : 1 x 7.62mm	크기	전장 : 6.28m 전고 : 2.45m 전폭 : 2.55m	장애물 극복	수직 : 0.85m 수평 : 2.15m 도섭 : 자체부양
탄약	30mm : 200발 7.62mm : 400발	엔진	모델 : MTU 6V 183 TE22 V-90 en 마력 : 420hp	장갑	알루미늄/강철
				화생방 방호: ○ / 야시장비: ○	

Marder 1A3 ICV

개발국	독일
개발완료	1968년
제작사	Rheinmetall Landsysteme GmbH
승무원	3 + 6명
최대속도	65km/h
항속거리	500km
전투중량	33.5톤

무장	주무장 : 1 x 20mm 공축기관총 : 1 x 7.62mm	크기	전장 : 6.88m 전고 : 3.02m 전폭 : 3.38m	장애물 극복	수직 : 1m 수평 : 2.5m 도섭 : 2m
탄약	20mm : 1,250발 7.62mm : 5,000발	엔진	모델 : MTU MB 833 Ea-500 마력 : 600hp	장갑	강철
				화생방 방호: ○ / 야시장비: ○	

Jagdpanzer Jaguar 1 SP ATGW[4)]

개발국	독일
개발완료	1968년
제작사	Rheinmetall Landsysteme GmbH
승무원	4명
최대속도	70km/h
항속거리	400km
전투중량	25.5톤

무장	대전차무기 : 1 x HOT 공축기관총 : 1 x 7.62mm 기관총 : 1 x 7.62mm	크기	전장 : 6.61m 전고 : 2.54m 전폭 : 3.12m	장애물 극복	수직 : 0.75m 수평 : 2m 도섭 : 1.2m
탄약	HOT : 20발 7.62mm : 3,200발	엔진	모델 : Daimler Benz MB 837 마력 : 500hp	장갑	강철 (50mm)
				화생방 방호: ○ / 야시장비: ○	

4) ATGW : Anti-Tank Guided Weapon

Wiesel 1 AAV[5] / ATGW

개발국	독일
개발완료	1990년
제작사	Rheinmetall Landsysteme GmbH
승무원	3명
최대속도	75km/h
항속거리	300km
전투중량	2.8톤

무장	주무장 : 1 x 20mm or 1 x TOW (대전차무기)	크기	전장 : 3.31m 전고 : 1.90m 전폭 : 1.82m	장애물 극복	수직 : 0.4m 수평 : 1.2m 도섭 : 자체부양
탄약	20mm : 400발 TOW : 7발	엔진	모델 : VW 마력 : 86hp	장갑	강철/알루미늄 화생방 방호: × / 야시장비: ○

Puma IFV

개발국	독일
개발완료	2006년
제작사	Rheinmetall and Krauss-Maffei
승무원	3 + 6명
최대속도	70km/h
항속거리	600km
전투중량	43톤

무장	주무장 : 1 x 30mm 공축기관총 : 1 x 5.56mm	크기	전장 : 7.4m 전고 : 3.1m 전폭 : 3.7m	장애물 극복	수직 : 1m 수평 : 2.4m 도섭 : 1.4m
탄약	30mm : 200발 5.56mm : 500발	엔진	모델 : MTU V10 892 마력 : 1,073hp	장갑	강철 (부가장갑) 화생방 방호: ○ / 야시장비: ○

5) AAV ; Airportable Armoured Vehicle (공중수송이 가능한 장갑차)

MT-LB MPTV[6)]

개발국	러시아
개발완료	1972년
제작사	Kharkov Tractor
승무원	2 + 11명
최대속도	61.5km/h
항속거리	500km
전투중량	9.7톤

무장	주무장 : 1 x 7.62mm	크기	전장 : 6.45m 전고 : 1.87m 전폭 : 2.86m	장애물 극복	수직 : 0.61m 수평 : 2.41m 도섭 : 자체부양
탄약	7.62mm : 2,500발	엔진	모델 : YaMZ 238 V 마력 : 240hp	장갑	강철/알루미늄 (10mm)
				화생방 방호: ○ / 야시장비: ○	

BMD-1 ACV[7)]

개발국	러시아
개발완료	1973년
제작사	Volgograd Tractor
승무원	3 + 4명
최대속도	70km/h
항속거리	320km
전투중량	7.5톤

무장	주무장 : 1 x 73mm 공축기관총 : 1 x 7.62mm 기관총 : 2 x 7.62mm 대전차무기 : 1 x AT-3	크기	전장 : 5.4m 전고 : 1.97m 전폭 : 2.63m	장애물 극복	수직 : 0.8m 수평 : 1.6m 도섭 : 자체부양
탄약	73mm : 40발 7.62mm : 2,000발 AT-3 : 3발	엔진	모델 : Type 5D-20 V-6 마력 : 240hp	장갑	알루미늄 (23mm)
				화생방 방호: ○ / 야시장비: ○	

6) MPTV : Multi-Purpose Tracked Vehicle

7) ACV : Airbone Combat Vehicle (공중수송되어 낙하산으로 투하가능한 공수부대용 장갑차)

BMD-3 ACV

개발국	러시아
개발완료	1989년
제작사	Volgograd Tractor
승무원	3 + 4명
최대속도	71km/h
항속거리	500km
전투중량	13.2톤

구분	내용	구분	내용	구분	내용
무장	주무장 : 1 x 30mm 공축기관총 : 1 x 7.62mm 유탄기관총 : 1 x 30mm 기관총 : 1 x 5.45mm 대전차무기 : 1 x AT-4/5	크기	전장 : 6.36m 전고 : 2.17m 전폭 : 3.14m	장애물 극복	수직 : 0.8m 수평 : 1.8m 도섭 : 자체부양
탄약	30mm : 860발 7.62mm : 2,000발 30mm유탄 : 551발 5.45mm : 2,160발 AT-4/5 : 6발	엔진	모델 : 2V-06 마력 : 450hp	장갑	알루미늄
				화생방 방호: ○ / 야시장비: ○	

BMP-1 ICV

개발국	러시아
개발완료	1973년
제작사	Kurgan Machine
승무원	3 + 8명
최대속도	65km/h
항속거리	600km
전투중량	13.5톤

구분	내용	구분	내용	구분	내용
무장	주무장 : 73mm 공축기관총 : 2 x 7.92mm 대전차무기 : 1 x Sagger	크기	전장 : 6.74m 전고 : 2.15m 전폭 : 2.94m	장애물 극복	수직 : 0.8m 수평 : 2.2m 도섭 : 자체부양
탄약	73mm : 40발 7.92mm : 2,000발 Sagger : 4발	엔진	모델 : UTD-20 마력 : 300hp	장갑	강철/알루미늄 (33mm)
				화생방 방호: ○ / 야시장비: ○	

BMP-2 IFV

개발국	러시아
개발완료	1982년
제작사	Kurgan Machine
승무원	3 + 7명
최대속도	65km/h
항속거리	600km
전투중량	14.3톤

무장	주무장 : 1 x 30mm 공축기관총 : 1 x 7.62mm 대전차무기 : 1 x Spandrel	크기	전장 : 6.74m 전고 : 2.45m 전폭 : 3.15m	장애물 극복	수직 : 0.8m 수평 : 2.5m 도섭 : 자체부양
탄약	30mm : 500발 7.62mm : 2,000발 Spandrel : 4발	엔진	모델 : UTD-20 마력 : 300hp	장갑	강철/알루미늄
				화생방 방호: ○ / 야시장비: ○	

SO-120 SPH/Mortar[8)]

개발국	러시아
개발완료	1985년
제작사	Kharkov Tractor
승무원	4명
최대속도	60km/h
항속거리	500km
전투중량	8.7톤

무장	주무장 : 1 x 120mm	크기	전장 : 6.02m 전고 : 2.3m 전폭 : 2.63m	장애물 극복	수직 : 0.8m 수평 : 1.8m 도섭 : 자체부양
탄약	120mm : 25발	엔진	모델 : 5D20 마력 : 240hp	장갑	알루미늄 (15mm)
				화생방 방호: ○ / 야시장비: ○	

8) 자주 박격포차

BMP-3 ICV

개발국	러시아
개발완료	1990년
제작사	Kurgan Machine
승무원	3 + 7명
최대속도	70km/h
항속거리	600km
전투중량	18.7톤

무장	주무장 : 유탄기관총 : 공축기관총 : 기관총 : 대전차무기 :	1 x 100mm 1 x 30mm 1 x 7.62mm 2 x 7.62mm AT-10	크기	전장 : 7.14m 전고 : 2.30m 전폭 : 3.15m	장애물 극복	수직 : 0.8m 수평 : 2.5m 도섭 : 자체부양
탄약	100mm : 30mm유탄 : 7.62mm : AT-10 :	40발 500발 6,000발 8발	엔진	모델 : Type UTD-29M 마력 : 500hp	장갑	강철/알루미늄 (35mm) 화생방 방호: ○ / 야시장비: ○

Terminator BMPT[9] Ramka

개발국	러시아
개발완료	2005년
제작사	Urals Transport
승무원	5명
최대속도	651km/h
항속거리	550km
전투중량	47톤

무장	주무장 : 공축기관총 : 유탄기관총 : 기관총 : 대전차무기 :	2 x 30mm 1 x 7.62mm 2 x 30mm 1 x 7.62mm 4 x Kornet	크기	전장 : 6.95m 전고 : 2.23m 전폭 : 3.54m	장애물 극복	수직 : 0.85m 수평 : 2.8m 도섭 : 1.8m
탄약	30mm : 7.62mm : 3mm유탄 : 7.62mm : Kornet :	900발 2,000발 600발 2,000발 4발	엔진	모델 : B-92C2 마력 : 1,000hp	장갑	강철 (반응장갑) 화생방 방호: ○ / 야시장비: ○

9) BMPT(=TSCV) : Tank Support Combat Vehicle

M113 APC

개발국	미국
개발완료	1967년
제작사	FMC
승무원	2 + 11명
최대속도	66km/h
항속거리	480km
전투중량	12.1톤

무장	주무장 : 1 x 12.7mm	크기	전장 : 5.3m 전고 : 1.85m 전폭 : 2.68m	장애물 극복	수직 : 0.61m 수평 : 1.68m 도섭 : 자체부양
탄약	12.7mm : 2,000발	엔진	모델 : Detroit 6V-83 마력 : 275hp	장갑	알루미늄 (44mm) 화생방 방호: ○ / 야시장비: ○

LVTP7 AAV[10)]

개발국	미국
개발완료	1970년
제작사	United Defense LP
승무원	3 + 25명
최대속도	64km/h
항속거리	482km
전투중량	22.84톤

무장	주무장 : 1 x 12.7mm	크기	전장 : 8.16m 전고 : 3.31m 전폭 : 3.27m	장애물 극복	수직 : 0.91m 수평 : 2.44m 도섭 : 자체부양
탄약	12.7mm : 1,000발	엔진	모델 : Detroit 8V-83T 마력 : 400hp	장갑	알루미늄 (45mm) 화생방 방호: × / 야시장비: ○

10) AAV : Amphibious Assault Vehicle (해병대용 상륙돌격장갑차)

M901 TOW Vehicle

개발국	미국
개발완료	1976년
제작사	FMC
승무원	4(5)명
최대속도	67.6km/h
항속거리	483km
전투중량	11.80톤

무장	대전차무기 : 2 x TOW 기관총 : 1 x 7.62mm	크기	전장 : 4.83m 전고 : 3.35m 전폭 : 2.69m	장애물 극복	수직 : 0.61m 수평 : 1.68m 도섭 : 자체부양
탄약	TOW : 12발 7.62mm : 1,000발	엔진	모델 : Detroit 6V-83 마력 : 215hp	장갑	알루미늄 (38mm)
				화생방 방호: × / 야시장비: 선택	

Armored IFV

개발국	미국
개발완료	1979년
제작사	BAE Systems
승무원	3 + 7명
최대속도	61.2km/h
항속거리	490km
전투중량	13.69톤

무장	주무장 : 1 x 25mm 기관총 : 1 x 7.62mm	크기	전장 : 5.26m 전고 : 2.80m 전폭 : 2.82m	장애물 극복	수직 : 0.64m 수평 : 1.63m 도섭 : 자체부양
탄약	25mm : 324발 7.62mm : 1,840발	엔진	모델 : Detroit 6V-83T 마력 : 264hp	장갑	알루미늄/라미네이트
				화생방 방호: 선택 / 야시장비: ○	

M2A3 Bradley IFV

개발국	미국
개발완료	1981년
제작사	BAE Systems
승무원	3 + 7명
최대속도	61km/h
항속거리	400km
전투중량	36.66톤

무장	주무장 : 1 x 25mm 공축기관총 : 1 x 7.62mm 대전차무기 : 2 x TOW	크기	전장 : 6.55m 전고 : 3.38m 전폭 : 3.28m	장애물 극복	수직 : 0.92m 수평 : 2.54m 도섭 : 자체부양
탄약	25mm : 900발 7.62mm : 4,000발 TOW : 7발	엔진	모델 : Cummins VTA-903T 마력 : 600hp	장갑	알루미늄/강철/라미네이트
				화생방 방호: ○ / 야시장비: ○	

M-60P APC

개발국	세르비아 몬테니그로
개발완료	1965년
제작사	Yugoimport SDPR
승무원	3 + 10명
최대속도	45km/h
항속거리	400km
전투중량	11톤

무장	주무장 : 1 x 12.7mm 기관총 : 1 x 7.92mm	크기	전장 : 5.02m 전고 : 2.39m 전폭 : 2.77m	장애물 극복	수직 : 0.6m 수평 : 2m 도섭 : 1.35m
탄약	12.7mm : 500발 7.92mm : 500발	엔진	모델 : FAMOS 마력 : 140hp	장갑	강철 (25mm)
				화생방 방호: ○ / 야시장비: ○	

M-80 ICV

개발국	세르비아 몬테니그로
개발완료	1975년
제작사	Yugoimport SDPR
승무원	3 + 7명
최대속도	60km/h
항속거리	500km
전투중량	13.7톤

구분	항목	구분	항목	구분	항목
무장	주무장 : 1 x 20mm 공축기관총 : 1 x 7.62mm 대전차무기 : 1 x Sagger	크기	전장 : 6.4m 전고 : 2.5m 전폭 : 2.59m	장애물 극복	수직 : 0.8m 수평 : 2.2m 도섭 : 자체부양
탄약	20mm : 400발 7.62mm : 2,250발 Sagger : 4발	엔진	모델 : HS 115-2 V-8 마력 : 260hp	장갑	강철/알루미늄(30mm) 화생방 방호: ○ / 야시장비: ○

Bionix 25 IFV

개발국	싱가폴
개발완료	1997년
제작사	Technologies Kinetics
승무원	3 + 7명
최대속도	70km/h
항속거리	415km
전투중량	23톤

구분	항목	구분	항목	구분	항목
무장	주무장 : 1 x 25mm 공축기관총 : 1 x 7.62mm 기관총 : 1 x 7.62mm	크기	전장 : 5.92m 전고 : 2.57m 전폭 : 2.7m	장애물 극복	수직 : 0.6m 수평 : 2.0m 도섭 : 1m
탄약	25mm : 900발 7.62mm : 2,000발	엔진	모델 : Detroit 6V-92TA 마력 : 475hp	장갑	강철 화생방 방호: × / 야시장비: ○

Pbv 302 APC

개발국	스웨덴
개발완료	1965년
제작사	BAE Systems
승무원	2 + 10명
최대속도	66km/h
항속거리	300km
전투중량	13.5톤

무장	주무장 : 1 x 20mm	크기	전장 : 5.35m 전고 : 2.5m 전폭 : 2.86m	장애물 극복	수직 : 0.61m 수평 : 1.8m 도섭 : 자체부양
탄약	20mm : 505발	엔진	모델 : Volvo-Penta 마력 : 280hp	장갑	강철/알루미늄
				화생방 방호: ○ / 야시장비: ○	

BV 206S APC

개발국	스웨덴
개발완료	1981년
제작사	BAE Systems
승무원	4 + 8명
최대속도	52km/h
항속거리	300km
전투중량	7톤

무장	주무장 : ×	크기	전장 : 6.92m 전고 : 2.1m 전폭 : 2m	장애물 극복	수직 : × 수평 : × 도섭 : 자체부양
탄약	-	엔진	모델 : Steyr M16 마력 : 186hp	장갑	강철/알루미늄
				화생방 방호 / 야시장비: 선택	

Combat Vehicle 9040

개발국	스웨덴
개발완료	1993년
제작사	Bofors
승무원	3 + 8명
최대속도	70km/h
항속거리	600km
전투중량	22.8톤

구분	내용	구분	내용	구분	내용
무장	주무장 : 1 x 40mm 공축기관총 : 1 x 7.62mm	크기	전장 : 6.47m 전고 : 2.5m 전폭 : 3.01m	장애물 극복	수직 : 1.0m 수평 : 2.4m 도섭 : 1.4m
탄약	40mm : 238발 7.62mm : 3,000발	엔진	모델 : Scania DS14 마력 : 550hp	장갑	강철
				화생방 방호: ○ / 야시장비: ○	

FV432 APC

개발국	영국
개발완료	1962년
제작사	GKN Sankey
승무원	2 + 10명
최대속도	52km/h
항속거리	480km
전투중량	15.28톤

구분	내용	구분	내용	구분	내용
무장	주무장 : 1 x 7.62mm	크기	전장 : 5.25m 전고 : 2.28m 전폭 : 2.8m	장애물 극복	수직 : 0.61m 수평 : 2.05m 도섭 : 1.07m
탄약	7.62mm : 1,600발	엔진	모델 : Rolls-Royce k60 마력 : 240hp	장갑	강철 (12mm)
				화생방 방호: ○ / 야시장비: ○	

Spartan APC

개발국	영국
개발완료	1978
제작사	BAE Systems
승무원	3 + 4명
최대속도	80.5km/h
항속거리	483km
전투중량	8.17톤

무장	주무장 : 1 x 7.62mm	크기	전장 : 5.13m 전고 : 2.26m 전폭 : 2.25m	장애물 극복	수직 : 0.5m 수평 : 2.06m 도섭 : 1.07m
탄약	7.62mm : 3,000발	엔진	모델 : Jaguar J60 No1 마력 : 190hp	장갑	알루미늄
				화생방 방호: ○ / 야시장비: ○	

Warrior ICV

개발국	영국
개발완료	1986년
제작사	BAE Systems
승무원	3 + 7
최대속도	75km/h
항속거리	660km
전투중량	28톤

무장	주무장 : 1 x 30mm 기관총 : 1 x 7.62mm	크기	전장 : 6.34m 전고 : 2.80m 전폭 : 3.03m	장애물 극복	수직 : 0.75m 수평 : 2.5m 도섭 : 1.3m
탄약	30mm : 250발 7.62mm : 2,000발	엔진	모델 : Perkins CV8 TCA V-8 마력 : 550hp	장갑	알루미늄/강철
				화생방 방호: ○ / 야시장비: ○	

Saurer 4K 4FA APC

개발국	오스트리아
개발완료	1961년
제작사	Steyr-Daimler-Puch AG
승무원	2 + 8명
최대속도	65km/h
항속거리	370km
전투중량	15톤

무장	주무장 : 1 x 20mm	크기	전장 : 5.4m 전고 : 2.1m 전폭 : 2.5m	장애물 극복	수직 : 0.8m 수평 : 2.2m 도섭 : 1m
탄약	20mm : 100발	엔진	모델 : Saurer 4FA 마력 : 250hp	장갑	강철 (20mm)
				화생방 방호: × / 야시장비: ×	

ASCOD IFV

개발국	오스트리아
개발완료	1996년
제작사	Steyr-Daimler-Puch AG
승무원	3 + 8명
최대속도	70km/h
항속거리	600km
전투중량	28톤

무장	주무장 : 1 x 25mm 기관총 : 1 x 7.62mm	크기	전장 : 6.99m 전고 : 2.65m 전폭 : 3.15m	장애물 극복	수직 : 0.95m 수평 : 2.5m 도섭 : 1.2m
탄약	25mm : 402발 7.62mm : 2,900발	엔진	모델 : MTU 8V 183 TE22 마력 : 600hp	장갑	강철
				화생방 방호: ○ / 야시장비: ○	

Boraq APC

개발국	이란
개발완료	1987년
제작사	Defencd industries
승무원	3 + 8명
최대속도	65km/h
항속거리	500km
전투중량	13톤

무장	주무장 : 1 x 12.7mm	크기	전장 : 6.65m 전고 : 1.75m 전폭 : 3.25m	장애물 극복	수직 : 0.7m 수평 : 2.5m 도섭 : 자체부양
탄약	12.7mm : 1,000발	엔진	모델 : V-8 마력 : 330hp	장갑	강철/알루미늄 (18mm) 화생방 방호 / 야시장비 : 선택

Oto Melara IFV

개발국	이탈리아
개발완료	1982년
제작사	Oto Melara
승무원	2 + 7명
최대속도	64.4km/h
항속거리	550km
전투중량	11.6톤

무장	주무장 : 1 x 12.7mm 기관총 : 1 x 7.62mm	크기	전장 : 5.04m 전고 : 2.55m 전폭 : 2.69m	장애물 극복	수직 : 0.61m 수평 : 1.68m 도섭 : 자체부양
탄약	12.7mm : 1,050발 7.62mm : 1,000발	엔진	모델 : Detroit 6V-53 마력 : 215hp	장갑	알루미늄/강철 화생방 방호: × / 야시장비: ○

Dardo IFV

개발국	이탈리아
개발완료	1985년
제작사	Oto Melara
승무원	2 + 7명
최대속도	70km/h
항속거리	500km
전투중량	23톤

무장	주무장 : 1 x 25mm 공축기관총 : 1 x 7.62mm 대전차무기 : 2 x TOW	크기	전장 : 6.71m 전고 : 2.64m 전폭 : 3.14m	장애물 극복	수직 : 0.85m 수평 : 2.5m 도섭 : 1.5m
탄약	25mm : 200발 7.62mm : 700발 TOW : 2발	엔진	모델 : IVECO 8260 V-6 마력 : 520hp	장갑	알루미늄/강철
				화생방 방호: ○ / 야시장비: ○	

Type SU 60 APC

개발국	일본
개발완료	1956년
제작사	Mitsubishi
승무원	4 + 6명
최대속도	45km/h
항속거리	300km
전투중량	11.8톤

무장	주무장 : 1 x 12.7mm 기관총 : 1 x 7.62mm	크기	전장 : 4.85m 전고 : 2.31m 전폭 : 2.4m	장애물 극복	수직 : 0.62m 수평 : 1.82m 도섭 : 1m
탄약	12.7mm : 1,000발 7.62mm : 1,000발	엔진	모델 : Mitsubishi 8 HA 21 WT 마력 : 220hp	장갑	강철
				화생방 방호: × / 야시장비: ×	

Type 60 160m SP RG[11)]

개발국	일본
개발완료	1960년
제작사	Mitsubishi
승무원	3명
최대속도	45km/h
항속거리	250km
전투중량	8톤

무장	주무장 :	2 x 106mm	크기	전장 :	4.3m	장애물 극복	수직 :	0.6m
	기관총 :	1 x 12.7mm		전고 :	1.6m		수평 :	1.8m
				전폭 :	2.23m		도섭 :	0.7m
탄약	106mm :	8발	엔진	모델 :	Komatsu Model 6T 120-2	장갑	강철 (12mm)	
	12.7mm :	1,000발		마력 :	120hp	화생방 방호: × / 야시장비: 선택		

Type 73 APC

개발국	일본
개발완료	1974년
제작사	Mitsubishi
승무원	3 + 9명
최대속도	70km/h
항속거리	300km
전투중량	13.3톤

무장	주무장 :	1 x 12.7mm	크기	전장 :	5.8m	장애물 극복	수직 :	0.7m
	기관총 :	1 x 7.62mm		전고 :	2.2m		수평 :	2m
				전폭 :	2.8m		도섭 :	자체부양
탄약	12.7mm :	1,000발	엔진	모델 :	Mitsubishi 4ZF	장갑	알루미늄	
	7.62mm :	1,000발		마력 :	300hp	화생방 방호: ○ / 야시장비: ○		

11) RG : Recoilless Gun (무반동총)

Type 89 ICV

개발국	일본
개발완료	1991년
제작사	Mitsubishi
승무원	3 + 7명
최대속도	70km/h
항속거리	400km
전투중량	27톤

구분	내용	구분	내용	구분	내용
무장	주무장 : 1 x 35mm 공축기관총 : 1 x 7.62mm 대전차무기 : 2 x Jyu-MAT	크기	전장 : 6.7m 전고 : 2.50m 전폭 : 3.2m	장애물 극복	수직 : 0.8m 수평 : 2.4m 도섭 : 1m
탄약	35mm : 251발 7.62mm : 2,000발 Jyu-MAT : 4발	엔진	모델 : Type 6 SY 31 WA 마력 : 600hp	장갑	강철 화생방 방호: ○ / 야시장비: ○

YW 531 H APC

개발국	중국
개발완료	1962년
제작사	NORINCO
승무원	2 + 13명
최대속도	65km/h
항속거리	500km
전투중량	13.6톤

구분	내용	구분	내용	구분	내용
무장	주무장 : 1 x 12.7mm	크기	전장 : 6.13m 전고 : 2.59m 전폭 : 3.06m	장애물 극복	수직 : 0.6m 수평 : 2.2m 도섭 : 자체부양
탄약	12.7mm : 1,120발	엔진	모델 : Deutz BF8L 413F 마력 : 320hp	장갑	강철/알루미늄 화생방 방호: ○ / 야시장비: ○

Type 90 APC

개발국	중국
개발완료	1991년
제작사	NORINCO
승무원	2 + 13명
최대속도	67km/h
항속거리	500km
전투중량	14.5톤

무장	주무장 : 1 x 12.7mm	크기	전장 : 6.75m 전고 : 2.38m 전폭 : 3.15m	장애물 극복	수직 : 0.7m 수평 : 2.2m 도섭 : 자체부양
탄약	12.7mm : 1,120발	엔진	모델 : KHD BF8L413F 마력 : 320hp	장갑	강철/알루미늄 (12mm)
				화생방 방호: ○ / 야시장비: ○	

AMX VCI ICV[12)]

개발국	프랑스
개발완료	1955년
제작사	Creusot-Loire
승무원	3 + 10명
최대속도	60km/h
항속거리	350km
전투중량	15톤

무장	주무장 : 1 x 12.7mm	크기	전장 : 5.7m 전고 : 2.41m 전폭 : 2.67m	장애물 극복	수직 : 0.65m 수평 : 0.6m 도섭 : 1m
탄약	12.7mm : 1,000발	엔진	모델 : SOFAM 8Gxb 마력 : 250hp	장갑	강철 (30mm)
				화생방 방호: ○ / 야시장비: ○	

12) ICV(=IFV) : Infantry Combat Vehicle

AMX-10P ICV

개발국	프랑스
개발완료	1968년
제작사	GIAT
승무원	3 + 8명
최대속도	65km/h
항속거리	500km
전투중량	14.5톤

구분	내용	구분	내용	구분	내용
무장	주무장 : 1 x 20mm 공축기관총 : 1 x 7.62mm	크기	전장 : 5.90m 전고 : 2.83m 전폭 : 2.83m	장애물 극복	수직 : 0.7m 수평 : 2.1m 도섭 : 자체부양
탄약	20mm : 760발 7.62mm : 2,000발	엔진	모델 : Hispano-Suiza HS-115 마력 : 260hp	장갑	알루미늄
				화생방 방호: ○ / 야시장비: ○	

K200 APC

개발국	한국
개발완료	1984년
제작사	Daewoo
승무원	3 + 9명
최대속도	74km/h
항속거리	480km
전투중량	12.9톤

구분	내용	구분	내용	구분	내용
무장	주무장 : 1 x 12.7mm 기관총 : 1 x 7.62mm	크기	전장 : 5.49m 전고 : 2.52m 전폭 : 2.85m	장애물 극복	수직 : 0.64m 수평 : 1.68m 도섭 : 자체부양
탄약	12.7mm : 2,000발 7.62mm : 3,000발	엔진	모델 : MAN D-2848T 마력 : 280hp	장갑	알루미늄/강철
				화생방 방호: ○ / 야시장비: ○	

2. 차륜형

OMC Ratel 20 IFV

개발국	남아프리카 공화국
개발완료	1979년
제작사	BAE Systems
승무원	4 + 7명
최대속도	105km/h
항속거리	860km
전투중량	18.5톤

<table>
<tr><td rowspan="3">무장</td><td>주무장 : 1 x 20mm</td><td rowspan="3">크기</td><td>전장 : 7.21m</td><td rowspan="3">장애물 극복</td><td>수직 : 0.6m</td></tr>
<tr><td>공축기관총 : 1 x 7.62mm</td><td>전고 : 2.92m</td><td>수평 : 1.15m</td></tr>
<tr><td>기관총 : 2 x 7.92mm</td><td>전폭 : 2.52m</td><td>도섭 : 1.2m</td></tr>
<tr><td rowspan="2">탄약</td><td>20mm : 1,200발</td><td rowspan="2">엔진</td><td>모델 : Bussing D 3256 BTXF</td><td>장갑</td><td>강철 (20mm)</td></tr>
<tr><td>7.62mm : 6,000발</td><td>마력 : 282hp</td><td colspan="2">화생방 방호: × / 야시장비: 선택</td></tr>
</table>

OMC Ratel 90 FSV[13)]

개발국	남아프리카 공화국
개발완료	1979년
제작사	South African National Defence
승무원	4 + 7명
최대속도	105km/h
항속거리	1,000km
전투중량	18.5톤

<table>
<tr><td rowspan="3">무장</td><td>주무장 : 1 x 90mm</td><td rowspan="3">크기</td><td>전장 : 7.21m</td><td rowspan="3">장애물 극복</td><td>수직 : 0.6m</td></tr>
<tr><td>공축기관총 : 1 x 7.62mm</td><td>전고 : 2.40m</td><td>수평 : 1.15m</td></tr>
<tr><td>기관총 : 1 x 7.62mm</td><td>전폭 : 2.7m</td><td>도섭 : 1.2m</td></tr>
<tr><td rowspan="2">탄약</td><td>90mm : 69발</td><td rowspan="2">엔진</td><td>모델 : D 3256 BTXF</td><td>장갑</td><td>강철 (20mm)</td></tr>
<tr><td>7.62mm : 6,000발</td><td>마력 : 282hp</td><td colspan="2">화생방 방호: × / 야시장비: 선택</td></tr>
</table>

13) FSV : Fire Support Vehicle (화력지원차량)

Casspir Mk III APC

개발국	남아프리카 공화국
개발완료	1983년
제작사	BAE Systems
승무원	2 + 10명
최대속도	90km/h
항속거리	850km
전투중량	12.58톤

무장	주무장 : 1/2 x 7.62mm	크기	전장 : 6.9m 전고 : 3.13m 전폭 : 2.45m	장애물 극복	수직 : 0.5m 수평 : 1.06m 도섭 : 1m
탄약	7.62mm : 2,000발	엔진	모델 : ADE-352T 마력 : 170hp	장갑	강철 화생방 방호: × / 야시장비: ×

Mamba Mk II APC

개발국	남아프리카 공화국
개발완료	1984년
제작사	BAE Systems
승무원	2 + 9명
최대속도	102km/h
항속거리	900km
전투중량	6.8톤

무장	주무장 : 1 x 12.7mm	크기	전장 : 5.46m 전고 : 2.50m 전폭 : 2.21m	장애물 극복	수직 : 0.4m 수평 : 0.9m 도섭 : 1m
탄약	12.7mm : 1,000발	엔진	모델 : Daimler-Benz OM 352 마력 : 123hp	장갑	강철 화생방 방호: × / 야시장비: ×

Rooikat Armoured Car

개발국	남아프리카 공화국
개발완료	1989년
제작사	BAE Systems
승무원	4명
최대속도	120km/h
항속거리	1,000km
전투중량	28톤

무장	주무장 : 1 x 76mm 공축기관총 : 1 x 7.62mm 기관총 : 1 x 7.62mm	크기	전장 : 8.2m 전고 : 2.8m 전폭 : 2.9m	장애물 극복	수직 : 1m 수평 : 2m 도섭 : 1.5m
탄약	76mm : 48발 7.62mm : 3,000발	엔진	모델 : V-10 마력 : 563hp	장갑	강철
				화생방 방호: ○ / 야시장비: ○	

RG-31 Nyala APC

개발국	남아프리카 공화국
개발완료	2002년
제작사	BAE Systems
승무원	2 + 10명
최대속도	105km/h
항속거리	900km
전투중량	7.37톤

무장	주무장 : 1 x 7.62mm	크기	전장 : 6.40m 전고 : 2.72m 전폭 : 2.47m	장애물 극복	수직 : 0.3m 수평 : × 도섭 : 1m
탄약	7.62mm : 2,500발	엔진	모델 : Mercedes-Benz 마력 : 167hp	장갑	강철
				화생방 방호: × / 야시장비: ×	

RG-32M APC

개발국	남아프리카 공화국
개발완료	2004년
제작사	BAE Systems
승무원	1 + 4명
최대속도	120km/h
항속거리	750km
전투중량	5.1톤

무장	주무장 : 1 x 7.62mm	크기	전장 : 4.6m 전고 : 1.95m 전폭 : 1.8m	장애물 극복	수직 : 0.3m 수평 : 0.6m 도섭 : 0.6m
탄약	7.62mm : 1,000발	엔진	모델 : VM Motori HR694HT2 마력 : 148hp	장갑	강철
				화생방 방호 / 야시장비: 선택	

UR-416 APC

개발국	독일
개발완료	1969년
제작사	Rheinmetall Landsysteme GmbH
승무원	2 + 8명
최대속도	81km/h
항속거리	700km
전투중량	7.6톤

무장	주무장 : 1 x 7.62mm	크기	전장 : 5.1m 전고 : 2.52m 전폭 : 2.25m	장애물 극복	수직 : 0.55m 수평 : × 도섭 : 1.3m
탄약	7.62mm : 1,000발	엔진	모델 : Daimler-Benz OM 352 마력 : 120hp	장갑	강철 (9mm)
				화생방 방호: × / 야시장비: 선택	

Spahpanzer Luchs RCV

개발국	독일
개발완료	1975년
제작사	Rheinmetall Landsysteme GmbH
승무원	4명
최대속도	90km/h
항속거리	730km
전투중량	20톤

무장	주무장 : 1 x 20mm 기관총 : 1 x 7.62mm	크기	전장 : 7.74m 전고 : 2.91m 전폭 : 2.98m	장애물 극복	수직 : 0.6m 수평 : 1.9m 도섭 : 자체부양
탄약	20mm : 375발 7.62mm : 100발	엔진	모델 : Daimler-Benz OM 403A 마력 : 390hp	장갑	강철/알루미늄
				화생방 방호: ○ / 야시장비: ○	

Transportpanzer 1 (Fuchs) APC

개발국	독일
개발완료	1979년
제작사	Rheinmetall Landsysteme GmbH
승무원	2 + 10명
최대속도	105km/h
항속거리	800km
전투중량	19톤

무장	주무장 : 1 x 7.62mm	크기	전장 : 6.83m 전고 : 2.30m 전폭 : 2.98m	장애물 극복	수직 : 0.6m 수평 : 1.1m 도섭 : 자체부양
탄약	7.62mm : 1,000발	엔진	모델 : Mercedes-Benz OM 402A 마력 : 320hp	장갑	강철/알루미늄
				화생방 방호: ○ / 야시장비: ○	

Condor APC

개발국	독일
개발완료	1981년
제작사	Rheinmetall Landsysteme GmbH
승무원	2 + 12명
최대속도	100km/h
항속거리	900km
전투중량	12.4톤

무장	주무장 : 1 x 20mm 기관총 : 1 x 7.62mm	크기	전장 : 6.13m 전고 : 2.79m 전폭 : 2.47m	장애물 극복	수직 : 0.55m 수평 : × 도섭 : 자체부양
탄약	20mm : 220발 7.62mm : 500발	엔진	모델 : Daimler-Benz OM 352A 마력 : 168hp	장갑	강철/알루미늄
				화생방 방호 / 야시장비: 선택	

TM 170 APC

개발국	독일
개발완료	1999년
제작사	Rheinmetall Landsysteme GmbH
승무원	2 + 10
최대속도	100km/h
항속거리	870km
전투중량	11.65톤

무장	주무장 : 2 x 7.62mm	크기	전장 : 6.14m 전고 : 2.32m 전폭 : 2.47m	장애물 극복	수직 : 0.6m 수평 : × 도섭 : 자체부양
탄약	7.62mm : 1,000발	엔진	모델 : Daimler-Benz OM 366 마력 : 240hp	장갑	강철/알루미늄 (8mm)
				화생방 방호 / 야시장비: 선택	

Dingo Scout Car

개발국	독일
개발완료	2000년
제작사	Krayss-Maffei Wegmann
승무원	5명
최대속도	90km/h
항속거리	700km
전투중량	8.8톤

무장	주무장 : 1 x 7.62mm	크기	전장 : 5.40m 전고 : 2.3m 전폭 : 2.3m	장애물 극복	수직 : 0.3m 수평 : × 도섭 : 1.2m
탄약	7.62mm : 500발	엔진	모델 : Mercedes-Benz 마력 : 240hp	장갑	강철 화생방 방호 / 야시장비: 선택

Fennek Multipurpose Carrier

개발국	독일
개발완료	2001년
제작사	Krauss-Maffei Wegmann
승무원	3명
최대속도	115km/h
항속거리	860km
전투중량	9.7톤

무장	주무장 : 1 x 12.7 mm	크기	전장 : 5.58m 전고 : 2.55m 전폭 : 2.2m	장애물 극복	수직 : 0.3m 수평 : × 도섭 : 1.0m
탄약	12.7mm : 500발	엔진	모델 : Deutz diesel 마력 : 240hp	장갑	알루미늄 화생방 방호 / 야시장비: 선택

BRDM-1 Scout Car

개발국	러시아
개발완료	1957년
제작사	Arzama Machinery
승무원	5명
최대속도	80km/h
항속거리	500km
전투중량	5.6톤

무장	주무장 : 1 x 7.62mm	크기	전장 : 5.7m 전고 : 1.9m 전폭 : 2.25m	장애물 극복	수직 : 0.4m 수평 : 1.22m 도섭 : 자체부양
탄약	7.62mm : 1,250발	엔진	모델 : GAZ-40P 마력 : 90hp	장갑	강철/알루미늄 (10mm) 화생방 방호: × / 야시장비: ○

BRDM-2 Scout Car

개발국	러시아
개발완료	1966년
제작사	Arzama Machinery
승무원	4명
최대속도	100km/h
항속거리	750km
전투중량	7톤

무장	주무장 : 1 x 14.5mm 기관총 : 1 x 7.62mm	크기	전장 : 5.75m 전고 : 2.31m 전폭 : 2.35m	장애물 극복	수직 : 0.4m 수평 : 1.25m 도섭 : 자체부양
탄약	14.5mm : 500발 7.62mm : 2,000발	엔진	모델 : GAZ-41 마력 : 140hp	장갑	강철/알루미늄 (3~7mm) 화생방 방호: ○ / 야시장비: ○

BRDM-2 ATGW

개발국	러시아
개발완료	1973년
제작사	Arzama Machinery
승무원	2(3)명
최대속도	100km/h
항속거리	750km
전투중량	7톤

무장	대전차무기 : 6 x Sagger	크기	전장 : 5.75m 전고 : 2.01m 전폭 : 2.35m	장애물 극복	수직 : 0.4m 수평 : 1.25m 도섭 : 0.3m
탄약	Sagger : 14발	엔진	모델 : GAZ-41 마력 : 140hp	장갑	강철 (14mm) 화생방 방호: ○ / 야시장비: ○

BTR-40 APC

개발국	러시아
개발완료	1950년
제작사	Arzama Machinery
승무원	2 + 8명
최대속도	80km/h
항속거리	285km
전투중량	5.3톤

무장	주무장 : 1 x 7.62mm	크기	전장 : 5m 전고 : 1.75m 전폭 : 1.9m	장애물 극복	수직 : 0.47m 수평 : 0.7m 도섭 : 0.8m
탄약	7.62mm : 1,250발	엔진	모델 : GAZ-40 마력 : 80hp	장갑	강철 (8mm) 화생방 방호: × / 야시장비: ○

BTR-152 APC

개발국	러시아
개발완료	1950년
제작사	Arzama Machinery
승무원	2 + 17명
최대속도	75km/h
항속거리	600km
전투중량	8.95톤

무장	주무장 : 1 x 7.62mm	크기	전장 : 6.55m 전고 : 2.36m 전폭 : 2.32m	장애물 극복	수직 : 0.6m 수평 : 0.69m 도섭 : 0.8m
탄약	7.62mm : 1,250발	엔진	모델 : ZIL-123 마력 : 110hp	장갑	강철 (4~13.5mm) 화생방 방호: × / 야시장비: ○

BTR-60PB APC

개발국	러시아
개발완료	1961년
제작사	Arzama Machinery
승무원	2 + 12명
최대속도	80km/h
항속거리	500km
전투중량	10.3톤

무장	주무장 : 1 x 7.62mm	크기	전장 : 7.56m 전고 : 2.06m 전폭 : 2.84m	장애물 극복	수직 : 0.4m 수평 : 2m 도섭 : 자체부양
탄약	7.62mm : 2,000발	엔진	모델 : 2xGAZ-49B 마력 : 180hp	장갑	강철/알루미늄 (9mm) 화생방 방호: ○ / 야시장비: ○

BTR-70 APC

개발국	러시아
개발완료	1980년
제작사	Arzama Machinery
승무원	2 + 9명
최대속도	80km/h
항속거리	600km
전투중량	11.5톤

무장	주무장 : 1 x 14.5mm 기관총 : 1 x 7.62mm	크기	전장 : 7.54m 전고 : 2.24m 전폭 : 2.8m	장애물 극복	수직 : 0.5m 수평 : 2m 도섭 : 자체부양
탄약	14.5mm : 500발 7.62mm : 2,000발	엔진	모델 : 2xZMZ-4905 마력 : 120hp	장갑	강철/알루미늄 (9mm)
				화생방 방호: ○ / 야시장비: ○	

BTR-80 APC

개발국	러시아
개발완료	1987년
제작사	Arzama Machinery
승무원	3 + 7명
최대속도	90km/h
항속거리	600km
전투중량	13.6톤

무장	주무장 : 1 x 14.5mm 기관총 : 1 x 7.62mm	크기	전장 : 7.65m 전고 : 2.35m 전폭 : 2.90m	장애물 극복	수직 : 0.5m 수평 : 2m 도섭 : 자체부양
탄약	14.5mm : 500발 7.62mm : 2,000발	엔진	모델 : KamAZ-7203 마력 : 260hp	장갑	강철/알루미늄 (9mm)
				화생방 방호: ○ / 야시장비: ○	

BTR-90 APC

개발국	러시아
개발완료	1994년
제작사	Arzama Machinery
승무원	3 + 7명
최대속도	100km/h
항속거리	800km
전투중량	20.92톤

무장	주무장 : 1 x 30mm 유탄기관총 : 1 x 30mm 기관총 : 1 x 7.62mm 대전차무기 : 1 x AT-5	크기	전장 : 7.64m 전고 : 2.98m 전폭 : 3.20m	장애물 극복	수직 : 0.8m 수평 : 2m 도섭 : 자체부양
탄약	30mm : 500발 30mm유탄 : 400발 7.62mm : 2,000발 AT-5 : 4발	엔진	모델 : Turbocharged multifuel 마력 : 510hp	장갑	강철/알루미늄
				화생방 방호: ○ / 야시장비: ○	

ABI Armoured Car

개발국	루마니아
개발완료	1986년
제작사	Ratmil Regie Automoma
승무원	2 + 4명
최대속도	90km/h
항속거리	600km
전투중량	4톤

무장	주무장 : 1 x 12.7mm 기관총 : 1 x 7.62mm	크기	전장 : 4.22m 전고 : 2.12m 전폭 : 2.22m	장애물 극복	수직 : 0.3m 수평 : × 도섭 : 0.3m
탄약	12.7mm : 1,000발 7.62mm : 2,000발	엔진	모델 : D-127 마력 : 68hp	장갑	강철 (4~10mm)
				화생방 방호: ○ / 야시장비: ○	

TAB-71 APC

개발국	루마니아
개발완료	1972년
제작사	Ratmil Regie Automoma
승무원	3 + 8명
최대속도	95km/h
항속거리	500km
전투중량	11톤

무장	주무장 : 1 x 14.5mm 기관총 : 1 x 7.62mm	크기	전장 : 7.22m 전고 : 2.7m 전폭 : 2.83m	장애물 극복	수직 : 0.4m 수평 : 2m 도섭 : 자체부양
탄약	14.5mm : 500발 7.62mm : 2,000발	엔진	모델 : 2xV-6 마력 : 140hp	장갑	강철/알루미늄 (9mm)
				화생방 방호: ○ / 야시장비: ○	

TAB-77 APC

개발국	루마니아
개발완료	1996년
제작사	Ratmil Regie Automoma
승무원	2 + 9명
최대속도	83km/h
항속거리	550km
전투중량	13.35톤

무장	주무장 : 1 x 14.5mm 기관총 : 1 x 7.62mm	크기	전장 : 7.42m 전고 : 1.92m 전폭 : 2.95m	장애물 극복	수직 : 0.5m 수평 : 2m 도섭 : 자체부양
탄약	14.5mm : 600발 7.62mm : 2,500발	엔진	모델 : 2xModel 797-05M1 마력 : 132hp	장갑	강철/알루미늄 (8mm)
				화생방 방호: ○ / 야시장비: ○	

TABC-79 APC

개발국	루마니아
개발완료	1997년
제작사	Ratmil Regie Automoma
승무원	3 + 4명
최대속도	80km/h
항속거리	700km
전투중량	9.28톤

<table>
<tr><td rowspan="2">무장</td><td rowspan="2">주무장 : 1 x 14.5mm
기관총 : 1 x 7.62mm</td><td rowspan="2">크기</td><td rowspan="2">전장 : 5.65m
전고 : 2.34m
전폭 : 2.81m</td><td>장애물 극복</td><td>수직 : 0.3m
수평 : 0.7m
도섭 : 자체부양</td></tr>
<tr></tr>
<tr><td rowspan="2">탄약</td><td rowspan="2">14.5mm : 500발
7.62mm : 2,000발</td><td rowspan="2">엔진</td><td rowspan="2">모델 : 798.05N2 turbo
마력 : 154hp</td><td>장갑</td><td>강철/알루미늄 (8mm)</td></tr>
<tr><td colspan="2">화생방 방호: ○ / 야시장비: ○</td></tr>
</table>

LAV-150

개발국	미국
개발완료	1964년
제작사	Textron Marine, Land Systems
승무원	5명
최대속도	88.54km/h
항속거리	643km
전투중량	9.89톤

<table>
<tr><td>무장</td><td>주무장 : 1 x 20mm
공축기관총 : 1 x 7.62mm
기관총 : 1 x 7.62mm</td><td>크기</td><td>전장 : 5.69m
전고 : 2.54m
전폭 : 2.26m</td><td>장애물 극복</td><td>수직 : 0.61m
수평 : ×
도섭 : 자체부양</td></tr>
<tr><td rowspan="2">탄약</td><td rowspan="2">20mm : 400발
7.62mm : 3,200발</td><td rowspan="2">엔진</td><td rowspan="2">모델 : V-504 V-8
마력 : 202hp</td><td>장갑</td><td>강철/알루미늄</td></tr>
<tr><td colspan="2">화생방 방호: × / 야시장비: 선택</td></tr>
</table>

LAV-300

개발국	미국
개발완료	1982년
제작사	Textron Marine, Land Systems
승무원	3 + 9명
최대속도	105km/h
항속거리	925km
전투중량	14.7톤

무장	주무장 : 1 x 90mm 공축기관총 : 1 x 7.62mm 기관총 : 1 x 7.62mm	크기	전장 : 6.4m 전고 : 2.7m 전폭 : 2.54m	장애물 극복	수직 : 0.61m 수평 : × 도섭 : 자체부양
탄약	90mm : 39발 7.62mm : 600발	엔진	모델 : Cummins 6 CTA 8.3 마력 : 260hp	장갑	강철/알루미늄
				화생방 방호 / 야시장비: 선택	

Dragoon90 Armoured Vehicle

개발국	미국
개발완료	1982년
제작사	AV Technology
승무원	4명
최대속도	115.9km/h
항속거리	869km
전투중량	12.7톤

무장	주무장 : 1 x 90mm 공축기관총 : 1 x 7.62mm	크기	전장 : 5.89m 전고 : 2.82m 전폭 : 2.49m	장애물 극복	수직 : 0.61m 수평 : × 도섭 : 자체부양
탄약	90mm : 24발 7.62mm : 333발	엔진	모델 : Detroit 6V-53T 마력 : 300hp	장갑	강철/알루미늄
				화생방 방호 / 야시장비: 선택	

Gage Scout Car

개발국	미국
개발완료	1983년
제작사	Textron Marine, Land Systems
승무원	2(3)명
최대속도	88km/h
항속거리	846km
전투중량	7.24톤

무장	주무장 : 2 x 7.62mm	크기	전장 : 5.01m 전고 : 2.16m 전폭 : 2.06m	장애물 극복	수직 : 0.61m 수평 : 1.14m 도섭 : 1.17m
탄약	7.62mm : 2,600발	엔진	모델 : Cummins V-6 마력 : 155hp	장갑	강철 (8mm) 화생방 방호: × / 야시장비: 선택

M1114 Armoured Vehicle

개발국	미국
개발완료	1994년
제작사	O'Gara-Hess, Eisenhardt Armoring
승무원	4명
최대속도	125km/h
항속거리	443km
전투중량	5.5톤

무장	주무장 : 1 x 12.7mm	크기	전장 : 4.99m 전고 : 1.9m 전폭 : 2.3m	장애물 극복	수직 : 0.3m 수평 : × 도섭 : 0.76m
탄약	12.7mm : 1,000발	엔진	모델 : V-8 마력 : 190hp	장갑	강철 화생방 방호: × / 야시장비: ×

ASV[14] 150

개발국	미국
개발완료	2000년
제작사	Textron Marine, Land Systems
승무원	4명
최대속도	100km/h
항속거리	708km
전투중량	13.41톤

무장	주무장 : 1 x 40mm 공축기관총 : 1 x 12.7mm	크기	전장 : 6.07m 전고 : 2.05m 전폭 : 2.59m	장애물 극복	수직 : 0.60m 수평 : × 도섭 : 1.50m
탄약	40mm : 600발 12.7mm : 800발	엔진	모델 : Cummins 6CTA 8.3 마력 : 260hp	장갑	강철/복합
				화생방 방호: ○ / 야시장비: ○	

BDX APC

개발국	벨기에
개발완료	1976년
제작사	Beherman Demoen Engineering
승무원	2 + 10명
최대속도	100km/h
항속거리	900km
전투중량	10.7톤

무장	주무장 : 1 x 7.62mm	크기	전장 : 5.05m 전고 : 2.06m 전폭 : 2.5m	장애물 극복	수직 : 0.4m 수평 : × 도섭 : 자체부양
탄약	7.62mm : 3,000발	엔진	모델 : Chryler V-8 마력 : 180hp	장갑	강철/알루미늄 (12.7mm)
				화생방 방호 / 야시장비: 선택	

14) ASV : Armored Security Vehicle (미 헌병부대용 보안차량)

EE-9 Cascavel Armoured Car

개발국	브라질
개발완료	1974년
제작사	ENGESA
승무원	3명
최대속도	100km/h
항속거리	880km
전투중량	13.4톤

무장	주무장 : 1 x 90mm 공축기관총 : 1 x 7.62mm 기관총 : 1 x 7.62mm	크기	전장 : 6.2m 전고 : 2.68m 전폭 : 2.64m	장애물 극복	수직 : 0.6m 수평 : × 도섭 : 1m
탄약	90mm : 44발 7.62mm : 2,200발	엔진	모델 : Detroit 6V-53N 마력 : 212hp	장갑	강철
				화생방 방호: × / 야시장비: 선택	

EE-11 Urutu APC

개발국	브라질
개발완료	1974년
제작사	ENGESA
승무원	1 + 12명
최대속도	105km/h
항속거리	850km
전투중량	14톤

무장	주무장 : 1 x 12.7mm	크기	전장 : 6.1m 전고 : 2.9m 전폭 : 2.65m	장애물 극복	수직 : 0.6m 수평 : × 도섭 : 자체부양
탄약	12.7mm : 1,000발	엔진	모델 : Detroit 6V-53T 마력 : 260hp	장갑	강철/알루미늄
				화생방 방호 / 야시장비: 선택	

EE-3 Jararaca Scout Car[15)]

개발국	브라질
개발완료	1980년
제작사	ENGESA
승무원	3명
최대속도	100km/h
항속거리	700km
전투중량	5.8톤

무장	주무장 : 1 x 12.7mm	크기	전장 : 4.16m 전고 : 2.3m 전폭 : 2.24m	장애물 극복	수직 : 0.4m 수평 : × 도섭 : 0.6m
탄약	12.7mm : 1,000발	엔진	모델 : Mercedes Benz 마력 : 120hp	장갑	강철
				화생방 방호 / 야시장비: 선택	

Terrex APC

개발국	싱가폴
개발완료	2004년
제작사	Timoney Technology
승무원	2 + 12명
최대속도	110km/h
항속거리	800km
전투중량	25톤

무장	주무장 : 1 x 40mm 기관총 : 1 x 7.62mm	크기	전장 : 7m 전고 : 2.1m 전폭 : 2.7m	장애물 극복	수직 : 0.7m 수평 : 2m 도섭 : 1.5m
탄약	40mm : 60발 7.62mm : 250발	엔진	모델 : Caterpillar Inc. C-9 마력 : 400hp	장갑	알루미늄 / 강철
				화생방 방호: ○ / 야시장비: ○	

15) Scout Car : 정찰차

Roland APC

개발국	스위스
개발완료	1964년
제작사	MOWAG Motowagenfabrik AG
승무원	3 + 3명
최대속도	110km/h
항속거리	500km
전투중량	4.7톤

무장	주무장 : 1 x 7.62mm	크기	전장 : 4.44m 전고 : 2.03m 전폭 : 2.01m	장애물 극복	수직 : 0.4m 수평 : × 도섭 : 1m
탄약	7.62mm : 1,000발	엔진	모델 : V-8 마력 : 202hp	장갑	강철 (8mm)
				화생방 방호: × / 야시장비: 선택	

Eagle RCV

개발국	스위스
개발완료	1995년
제작사	MOWAG Motowagenfabrik AG
승무원	4명
최대속도	125km/h
항속거리	450km
전투중량	5.1톤

무장	주무장 : 1 x 7.62mm	크기	전장 : 4.9m 전고 : 1.75m 전폭 : 2.28m	장애물 극복	수직 : 0.3m 수평 : × 도섭 : 0.76m
탄약	7.62mm : 400발	엔진	모델 : General Motors 6.5 마력 : 160hp	장갑	강철
				화생방 방호: ○ / 야시장비: 선택	

Mowag Piranha APC (6×6 / 8×8)

개발국	스위스
개발완료	2002년
제작사	General Dynamics European
승무원	2 + 12/14명
최대속도	100km/h
항속거리	600km
전투중량	12.5/16.5톤

무장	주무장 : 12.7mm / 30mm/ 90mm 선택적용	크기	전장 : 6.25/6.96m 전고 : 1.99m 전폭 : 2.66m	장애물 극복	수직 : 0.6m 수평 : 1.8mm 도섭 : 자체부양
탄약	12.7mm : 2,000발 30mm : 173발 90mm : 40발	엔진	모델 : Diesel 마력 : 350/400hp	장갑	강철/알루미늄 (10mm) 화생방 방호: ○ / 야시장비: 선택

VEC Cavalry Scout Vehicle

개발국	스페인
개발완료	1978년
제작사	Santa Barbara Sistemas
승무원	5명
최대속도	103km/h
항속거리	800km
전투중량	13.75톤

무장	주무장 : 1 x 25mm 공축기관총 : 1 x 7.62mm	크기	전장 : 6.1m 전고 : 2.51m 전폭 : 2.5m	장애물 극복	수직 : 0.6m 수평 : 1.5m 도섭 : 자체부양
탄약	25mm : 170발 7.62mm : 250발	엔진	모델 : Scania DS9 마력 : 310hp	장갑	알루미늄 화생방 방호 / 야시장비: 선택

BMR-600 IFV

개발국	스페인
개발완료	1979년
제작사	Santa Barbara Sistemas
승무원	2 + 10명
최대속도	103km/h
항속거리	1,000km
전투중량	14톤

무장	주무장 : 1 x 12.7mm	크기	전장 : 6.15m 전고 : 2.36m 전폭 : 2.5m	장애물 극복	수직 : 0.6m 수평 : 1.35m 도섭 : 자체부양
탄약	12.7mm : 2,500발	엔진	모델 : Pegaso 9157/8 마력 : 310hp	장갑	알루미늄 (38mm) 화생방 방호 / 야시장비: 선택

Aligator RCV

개발국	슬로바키아
개발완료	2002년
제작사	Kerametal
승무원	1 + 5명
최대속도	120km/h
항속거리	600km
전투중량	6.7톤

무장	주무장 : 1 x 7.62mm or 1 x 12.7mm	크기	전장 : 4.37m 전고 : 1.95m 전폭 : 2.2m	장애물 극복	수직 : 0.4m 수평 : 0.8m 도섭 : 0.3m
탄약	7.62/12.7mm : 1,000발	엔진	모델 : Deutz BF6 1013 마력 : 189hp	장갑	강철 화생방 방호 / 야시장비: 선택

BOV-VP APC

개발국	슬로베니아
개발완료	1982년
제작사	MPP Vozila doo
승무원	2 + 8명
최대속도	95km/h
항속거리	500km
전투중량	9.4톤

무장	주무장 : 1 x 7.62mm	크기	전장 : 5.7m 전고 : 2.34m 전폭 : 2.54m	장애물 극복	수직 : 0.54m 수평 : 0.64m 도섭 : 1.1m
탄약	7.62mm : 2,000발	엔진	모델 : Deutz F 6L 413 F 마력 : 150hp	장갑	알루미늄 (8mm)
				화생방 방호: × / 야시장비: ○	

Ferret Scout Car

개발국	영국
개발완료	1949년
제작사	Daimler
승무원	2명
최대속도	93km/h
항속거리	306km
전투중량	4.4톤

무장	주무장 : 1 x 7.62mm	크기	전장 : 3.84m 전고 : 1.88m 전폭 : 1.91m	장애물 극복	수직 : 0.41m 수평 : 1.22m 도섭 : 0.91m
탄약	7.62mm : 1,000발	엔진	모델 : Rolls-Royce B60 Mk 6A 마력 : 129hp	장갑	강철 (8~16mm)
				화생방 방호: × / 야시장비: ×	

Shorland Armoured Patrol Car

개발국	영국
개발완료	1965년
제작사	Tenix Defence Systems
승무원	3명
최대속도	120km/h
항속거리	630km
전투중량	3.6톤

무장	주무장 : 1 x 7.62mm	크기	전장 : 4.49m 전고 : 1.8m 전폭 : 1.8m	장애물 극복	수직 : 0.23m 수평 : × 도섭 : 0.5m
탄약	7.62mm : 1,600발	엔진	모델 : Rover 4 -stoke v-8 마력 : 134hp	장갑	강철 (8mm) 화생방 방호: × / 야시장비: ×

Saracen APC

개발국	영국
개발완료	1972년
제작사	ALVIS PLC
승무원	2 + 10명
최대속도	72km/h
항속거리	400km
전투중량	10.17톤

무장	주무장 : 2 x 7.62mm	크기	전장 : 5.23m 전고 : 2.47m 전폭 : 2.54m	장애물 극복	수직 : 0.46m 수평 : 1.52m 도섭 : 1.07m
탄약	7.62mm : 3,000발	엔진	모델 : Rolls-Royce B80 Mk 6A 마력 : 160hp	장갑	강철 (16mm) 화생방 방호: × / 야시장비: ×

Saladin Armoured Car

개발국	영국
개발완료	1972년
제작사	ALVIS PLC
승무원	3명
최대속도	72km/h
항속거리	400km
전투중량	11.59톤

무장	주무장 : 1 x 76mm 공축기관총 : 1 x 7.62mm 기관총 : 1 x 7.62mm	크기	전장 : 5.29m 전고 : 2.39m 전폭 : 2.54m	장애물 극복	수직 : 0.46m 수평 : 1.52m 도섭 : 1.07m
탄약	76mm : 42발 7.62mm : 2,750발	엔진	모델 : Rolls-Royce B80 Mk 6A 마력 : 170hp	장갑	강철 (8~32mm)
				화생방 방호: × / 야시장비: ×	

Fox LAC

개발국	영국
개발완료	1973년
제작사	Vickers Defence Systems
승무원	3명
최대속도	104km/h
항속거리	434km
전투중량	6.12톤

무장	주무장 : 1 x 30mm 기관총 : 1 x 7.62mm	크기	전장 : 5.08m 전고 : 2.2m 전폭 : 2.14m	장애물 극복	수직 : 0.5m 수평 : 1.22m 도섭 : 1m
탄약	30mm : 99발 7.62mm : 2,600발	엔진	모델 : Jaguar XK 마력 : 190hp	장갑	알루미늄
				화생방 방호: × / 야시장비: ○	

Saxon APC

개발국	영국
개발완료	1976년
제작사	BAE Systems
승무원	2 + 8(10)명
최대속도	96km/h
항속거리	480km
전투중량	11.66톤

<table>
<tr><td>무장</td><td>주무장 : 1 x 7.62mm</td><td>크기</td><td>전장 : 5.17m
전고 : 2.63m
전폭 : 2.49m</td><td>장애물 극복</td><td>수직 : 0.41m
수평 : ×
도섭 : 1.12m</td></tr>
<tr><td rowspan="2">탄약</td><td rowspan="2">7.62mm : 1,000발</td><td rowspan="2">엔진</td><td>모델 : Bedford 800</td><td>장갑</td><td>강철</td></tr>
<tr><td>마력 : 164hp</td><td colspan="2">화생방 방호: × / 야시장비: ×</td></tr>
</table>

Gage Ranger APC

개발국	영국
개발완료	1980년
제작사	Textron Land System
승무원	2 + 6명
최대속도	113km/h
항속거리	482km
전투중량	4.54톤

<table>
<tr><td>무장</td><td>주무장 : 1 x 7.62mm</td><td>크기</td><td>전장 : 4.7m
전고 : 2.01m
전폭 : 2m</td><td>장애물 극복</td><td>수직 : 0.25m
수평 : ×
도섭 : 0.6m</td></tr>
<tr><td rowspan="2">탄약</td><td rowspan="2">7.62mm : 1,000발</td><td rowspan="2">엔진</td><td>모델 : Dodge 360 CID</td><td>장갑</td><td>강철</td></tr>
<tr><td>마력 : 180hp</td><td colspan="2">화생방 방호: × / 야시장비: ×</td></tr>
</table>

Pandur APC

개발국	오스트레일리아
개발완료	1994년
제작사	Steyr-Daimler-Puch AG
승무원	2 + 8명
최대속도	100km/h
항속거리	700km
전투중량	13.5톤

무장	주무장 : 1 x 12.7mm	크기	전장 : 5.70m 전고 : 1.82m 전폭 : 2.5m	장애물 극복	수직 : 0.5m 수평 : 1.1m 도섭 : 1.5m
탄약	12.7mm : 1,000발	엔진	모델 : Steyr WD 612.95 마력 : 260hp	장갑	강철 (8mm)
				화생방 방호: ○ / 야시장비: ○	

Tenix S600 APC

개발국	오스트레일리아
개발완료	1999년
제작사	Tenix Defense Systems
승무원	1 + 11명
최대속도	110km/h
항속거리	1,000km
전투중량	12.5톤

무장	주무장 : 1 x 12.7mm	크기	전장 : 5.76m 전고 : 2.70m 전폭 : 2.95m	장애물 극복	수직 : 0.5m 수평 : × 도섭 : 1.2m
탄약	12.7mm : 1,000발	엔진	모델 : Mercedes-Benz 마력 : 214hp	장갑	강철
				화생방 방호: × / 야시장비: 선택	

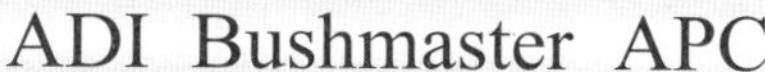

ADI Bushmaster APC

개발국	오스트레일리아
개발완료	2003년
제작사	ADI Limited
승무원	2 + 8명
최대속도	120km/h
항속거리	1,000km
전투중량	15톤

무장	주무장 : 1 x 7.62mm	크기	전장 : 7.09m 전고 : 2.65m 전폭 : 2.5m	장애물 극복	수직 : 0.44m 수평 : × 도섭 : 1.2m
탄약	7.62mm : 1,000발	엔진	모델 : Caterpiller 3126 ATAAC 마력 : 300hp	장갑	강철 화생방 방호: × / 야시장비: ×

Guardian APC

개발국	우크라이나
개발완료	2004년
제작사	Malyshev
승무원	3 + 6명
최대속도	100km/h
항속거리	800km
전투중량	16.4톤

무장	주무장 : 1 x 30mm 공축기관총 : 1 x 12.7mm 유탄기관총 : 1 x 30mm	크기	전장 : 7.65m 전고 : 2.86m 전폭 : 2.90m	장애물 극복	수직 : 0.5m 수평 : 2m 도섭 : 자체부양
탄약	30mm : 350발 12.7mm : 2,000발 30mm유탄 : 29발	엔진	모델 : Deutz BF6M1015 마력 : 326hp	장갑	강철/알루미늄 화생방 방호: ○ / 야시장비: ○

RAM AA[16)]

개발국	이스라엘
개발완료	1979년
제작사	RAMTA
승무원	2 + 7명
최대속도	96km/h
항속거리	800km
전투중량	5.75톤

무장	주무장 : 2 x 20mm	크기	전장 : 5.52m 전고 : 1.72m 전폭 : 2.03m	장애물 극복	수직 : 0.8m 수평 : × 도섭 : 1m
탄약	20mm : 360발	엔진	모델 : Deutz 마력 : 132hp	장갑	강철 (8mm)
				화생방 방호: × / 야시장비: 선택	

Kader Walid APC

개발국	이집트
개발완료	1967년
제작사	Kader Factory
승무원	2 + 8/10명
최대속도	86km/h
항속거리	800km
전투중량	12톤

무장	주무장 : 1 x 7.62mm	크기	전장 : 6.12m 전고 : 2.3m 전폭 : 2.57m	장애물 극복	수직 : 0.5m 수평 : × 도섭 : 0.8m
탄약	7.62mm : 1,000발	엔진	모델 : Disel 마력 : 168hp	장갑	강철 (8mm)
				화생방 방호: × / 야시장비: ×	

16) AA ; Anti-Aircraft (방공)

Kader Fahd APC

개발국	이집트
개발완료	1986년
제작사	Kader Factory
승무원	2 + 10명
최대속도	90km/h
항속거리	800km
전투중량	10.9톤

무장	주무장 : 1 x 7.62mm	크기	전장 : 6m 전고 : 2.1m 전폭 : 2.45m	장애물 극복	수직 : 0.5m 수평 : 0.9m 도섭 : 0.7m
탄약	7.62mm : 1,000발	엔진	모델 : Mercedes - Benz 마력 : 168hp	장갑	강철 (10mm) 화생방 방호 / 야시장비: 선택

Type 6616 Armoured Car

개발국	이탈리아
개발완료	1972년
제작사	IVECO-FIAT
승무원	3명
최대속도	100km/h
항속거리	700km
전투중량	8톤

무장	주무장 : 1 x 20mm 공축기관총 : 1 x 7.62mm	크기	전장 : 5.37m 전고 : 2.04m 전폭 : 2.5m	장애물 극복	수직 : 0.45m 수평 : × 도섭 : 자체부양
탄약	20mm : 400발 7.62mm : 1,000발	엔진	모델 : model 8062.24 마력 : 160hp	장갑	강철/알루미늄 화생방 방호 / 야시장비: 선택

Type 6614 APC

개발국	이탈리아
개발완료	1977년
제작사	IVECO-FIAT
승무원	1 + 10명
최대속도	100km/h
항속거리	700km
전투중량	8.5톤

무장	주무장 : 1 x 12.7mm 기관총 : 1 x 7.62mm	크기	전장 : 5.86m 전고 : 2.18m 전폭 : 2.5m	장애물 극복	수직 : 0.4m 수평 : × 도섭 : 자체부양
탄약	12.7mm : 1,000발 7.62mm 2,000발	엔진	모델 : IVECO 8062.24 마력 : 160hp	장갑	강철/알루미늄 (6-8mm)
				화생방 방호: × / 야시장비: 선택	

Centauro Tank Destroyer

개발국	이탈리아
개발완료	1991년
제작사	IVECO-FIAT
승무원	4명
최대속도	105km/h
항속거리	800km
전투중량	25톤

무장	주무장 : 1 x 105mm 공축기관총 : 1 x 7.62mm 기관총 : 1 x 7.62mm	크기	전장 : 8.56m 전고 : 2.74m 전폭 : 3.05m	장애물 극복	수직 : 0.55m 수평 : 1.2m 도섭 : 1.5m
탄약	105mm : 40발 7.62mm : 4,000발	엔진	모델 : IVECO FIAT VTCA v-6 마력 : 520hp	장갑	강철
				화생방 방호: ○ / 야시장비: ○	

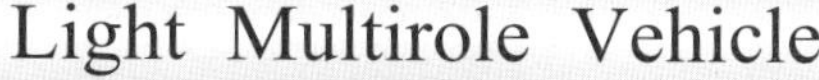

Light Multirole Vehicle

개발국	이탈리아
개발완료	2001년
제작사	IVECO-FIAT
승무원	1 + 4명
최대속도	130km/h
항속거리	500km
전투중량	7톤

무장	주무장 : 1 x 12.7mm	크기	전장 : 4.81m 전고 : 2.05m 전폭 : 2.42m	장애물 극복	수직 : 0.5m 수평 : × 도섭 : 1.5m
탄약	12.7mm : 1,000발	엔진	모델 : IVECO turbo 마력 : 185hp	장갑	라미네이트
				화생방 방호 / 야시장비: 선택	

Type 82 CCV[17)]

개발국	일본
개발완료	1982년
제작사	Mitsubishi
승무원	3명
최대속도	100km/h
항속거리	500km
전투중량	13.5톤

무장	주무장 : 1 x 12.7mm 기관총 : 1 x 7.62mm	크기	전장 : 5.72m 전고 : 2.37m 전폭 : 2.48m	장애물 극복	수직 : 0.6m 수평 : 1.5m 도섭 : 1m
탄약	12.7mm : 1,000발 7.62mm : 1,000발	엔진	모델 : Osuzu 10PBI 마력 : 305hp	장갑	강철
				화생방 방호: × / 야시장비: ○	

17) CCV : Command Communication Vehicle (지휘용 차량)

Type 87 RCV

개발국	일본
개발완료	1987년
제작사	Komatsu
승무원	5명
최대속도	100km/h
항속거리	500km
전투중량	15톤

무장	주무장 : 1 x 25mm 공축기관총 : 1 x 7.62mm	크기	전장 : 5.99m 전고 : 2.8m 전폭 : 2.48m	장애물 극복	수직 : 0.6m 수평 : 1.5m 도섭 : 1m
탄약	25mm : 300발 7.62mm : 1,000발	엔진	모델 : Isuzu 10PBI 마력 : 305hp	장갑	알루미늄
				화생방 방호: × / 야시장비: ○	

WZ 551 APC

개발국	중국
개발완료	1992년
제작사	NORINCO
승무원	2 + 11명
최대속도	90km/h
항속거리	800km
전투중량	15톤

무장	주무장 : 1 x 25mm 기관총 : 1 x 7.62mm	크기	전장 : 6.73m 전고 : 2.89m 전폭 : 2.86m	장애물 극복	수직 : 0.5m 수평 : 1.2m 도섭 : 자체부양
탄약	25mm : 400발 7.62mm : 1,000발	엔진	모델 : Deutz BF8L 413FC V8 마력 : 320hp	장갑	강철/알루미늄 (8mm)
				화생방 방호: ○ / 야시장비: ○	

LAV[18]-25

개발국	캐나다
개발완료	1983년
제작사	General Motors Defense
승무원	3 + 8명
최대속도	99km/h
항속거리	500km
전투중량	16.33톤

무장	주무장 : 1 x 25mm 공축기관총 : 1 x 7.62mm 기관총 : 1 x 7.62mm	크기	전장 : 6.40m 전고 : 2.70m 전폭 : 2.67m	장애물 극복	수직 : 0.6m 수평 : 1.98m 도섭 : 1.5m
탄약	25mm : 420발 7.62mm : 1,740발	엔진	모델 : Caterpillar 3126B 마력 : 350hp	장갑	강철/알루미늄 (10mm) 화생방 방호: × / 야시장비: ○

Bison APC

개발국	캐나다
개발완료	1990년
제작사	General Motors Defense
승무원	2 + 8명
최대속도	100km/h
항속거리	665km
전투중량	12.94톤

무장	주무장 : 1 x 7.62mm	크기	전장 : 6.45m 전고 : 2.21m 전폭 : 2.5m	장애물 극복	수직 : 0.51m 수평 : 2.06m 도섭 : 자체부양
탄약	7.62mm : 2,000발	엔진	모델 : Detroit 6V-53T 마력 : 275hp	장갑	강철/알루미늄 화생방 방호: ○ / 야시장비: ○

18) LAV : Light Armourec Vehicle

RH ALAN LOV APC

개발국	크로아티아
개발완료	1992년
제작사	RH ALAN
승무원	2 + 10명
최대속도	110km/h
항속거리	700km
전투중량	8.2톤

무장	주무장 : 1 x 12.7mm	크기	전장 : 5.89m 전고 : 1.98m 전폭 : 2.39m	장애물 극복	수직 : 0.5m 수평 : × 도섭 : 1m
탄약	12.7mm : 1,000발	엔진	모델 : Deutz BT6L 912S 마력 : 130hp	장갑	강철
				화생방 방호 / 야시장비: 선택	

Akrep(Scorpion) RCV

개발국	터키
개발완료	1994년
제작사	Otokar Otobus Karoseri Sanayi AS
승무원	3명
최대속도	125km/h
항속거리	1,000km
전투중량	3.7톤

무장	주무장 : 2 x 7.62mm	크기	전장 : 4.19m 전고 : 2.56m 전폭 : 1.91m	장애물 극복	수직 : 0.32m 수평 : × 도섭 : 0.65m
탄약	7.62mm : 3,230발	엔진	모델 : Land Rover V-8 마력 : 111hp	장갑	강철
				화생방 방호: × / 야시장비: ○	

Otokar APC

개발국	터키
개발완료	1994년
제작사	Otokar Otobus Karoseri Sanayi AS
승무원	2 + 6명
최대속도	125km/h
항속거리	500km
전투중량	3.6톤

무장	주무장 : 1 x 7.62mm	크기	전장 : 4.16m 전고 : 2.75m 전폭 : 1.81m	장애물 극복	수직 : 0.32m 수평 : × 도섭 : 0.6m
탄약	7.62mm : 1,000발	엔진	모델 : Land Rover V-8 마력 : 111hp	장갑	강철
				화생방 방호: × / 야시장비: ×	

XA-200 APC

개발국	핀란드
개발완료	1983년
제작사	Patria Vehicles
승무원	3 + 8명
최대속도	90km/h
항속거리	800km
전투중량	22톤

무장	주무장 : 1 x 12.7mm	크기	전장 : 7.45m 전고 : 2.60m 전폭 : 2.95m	장애물 극복	수직 : 0.6m 수평 : 1m 도섭 : 1.5m
탄약	12.7mm : 1,000발	엔진	모델 : Valmet 마력 : 295hp	장갑	강철 (10mm)
				화생방 방호 / 야시장비: 선택	

Patria AMV[19)]

개발국	핀란드
개발완료	2001년
제작사	Patria Vehicles
승무원	3 + 8 명(모델별 상이)
최대속도	100km/h
항속거리	800km
전투중량	28톤

무장	주무장 : 1 x 12.7mm	크기	전장 : 7.7m 전고 : 2.3m 전폭 : 2.8m	장애물 극복	수직 : 0.7m 수평 : 2m 도섭 : 1.5m
탄약	12.7mm : 1,000발	엔진	모델 : Scania DC121 마력 : 536hp	장갑	강철
				화생방 방호: ○ / 야시장비: ○	

Chaimite APC

개발국	포루투갈
개발완료	1966년
제작사	BRAVIA SARL
승무원	2 + 9명
최대속도	110km/h
항속거리	1,050km
전투중량	7.3톤

무장	주무장 : 1 x 7.62mm	크기	전장 : 5.61m 전고 : 2.26m 전폭 : 2.26m	장애물 극복	수직 : 0.9m 수평 : × 도섭 : 자체부양
탄약	7.62mm : 500발	엔진	모델 : M75 V-8 마력 : 210hp	장갑	강철/알루미늄 (7.94mm)
				화생방 방호: × / 야시장비: 선택	

19) AMV : Armoured Modular Vehicle (장갑모듈화차량)

Panhard AML LAC[20)]

개발국	프랑스
개발완료	1961년
제작사	Panhard
승무원	3명
최대속도	90km/h
항속거리	600km
전투중량	5.5톤

<table>
<tr><td>무장</td><td>주무장 : 1 x 90mm
공축기관총 : 1 x 7.62mm</td><td>크기</td><td>전장 : 5.11m
전고 : 2.07m
전폭 : 1.97m</td><td>장애물 극복</td><td>수직 : 0.3m
수평 : 0.8m
도섭 : 1.1m</td></tr>
<tr><td rowspan="2">탄약</td><td rowspan="2">90mm : 20발
7.62mm : 2,000발</td><td rowspan="2">엔진</td><td rowspan="2">모델 : Panhard 4HD
마력 : 98hp</td><td>장갑</td><td>강철 (8~12mm)</td></tr>
<tr><td colspan="2">화생방 방호: × / 야시장비: 선택</td></tr>
</table>

Panhard M3 APC

개발국	프랑스
개발완료	1971년
제작사	Panhard
승무원	2 + 10명
최대속도	90km/h
항속거리	600km
전투중량	6.1톤

<table>
<tr><td>무장</td><td>무장 : 1 x 7.62mm</td><td>크기</td><td>전장 : 4.45m
전고 : 2.48m
전폭 : 2.4m</td><td>장애물 극복</td><td>수직 : 0.3m
수평 : 0.8m
도섭 : 자체부양</td></tr>
<tr><td rowspan="2">탄약</td><td rowspan="2">7.62mm : 6,000발</td><td rowspan="2">엔진</td><td rowspan="2">모델 : Panhard 4HD
마력 : 90hp</td><td>장갑</td><td>강철/알루미늄 (12m)</td></tr>
<tr><td colspan="2">화생방 방호 / 야시장비: 선택</td></tr>
</table>

20) LAC : Light Armoured Car

Panhard VBL Scout Car

개발국	프랑스
개발완료	1985년
제작사	Panhard
승무원	3명
최대속도	95km/h
항속거리	800km
전투중량	3.6톤

무장	주무장 : 1 x 7.62mm 대전차무기 : 1 x MILAN	크기	전장 : 3.87m 전고 : 2.14m 전폭 : 2.02m	장애물 극복	수직 : 0.5m 수평 : 0.5m 도섭 : 0.9m
탄약	7.62mm : 3,000발 MILAN : 6발	엔진	모델 : Peugeot XD3T 마력 : 105hp	장갑	강철 (11.5mm) 화생방 방호: ○ / 야시장비: ○

AML LAC

개발국	프랑스
개발완료	1961년
제작사	Panhard
승무원	3명
최대속도	90km/h
항속거리	600km
전투중량	16.36톤

무장	주무장 : 1 x 90mm 공축기관총 : 1 x 7.62mm	크기	전장 : 5.11m 전고 : 2.07m 전폭 : 1.97m	장애물 극복	수직 : 0.3m 수평 : 3.1m 도섭 : 1.1m
탄약	90mm : 20발 7.62mm : 2,000발	엔진	모델 : Panhard 4 HD 마력 : 98hp	장갑	강철 (8~12mm) 화생방 방호: × / 야시장비: 선택

Berliet VXB-170 APC

개발국	프랑스
개발완료	1973년
제작사	Berliet
승무원	1 + 11명
최대속도	85km/h
항속거리	750km
전투중량	12.7톤

무장	주무장 : 1 x 7.62mm	크기	전장 : 5.99m 전고 : 2.05m 전폭 : 2.5m	장애물 극복	수직 : 0.3m 수평 : × 도섭 : 자체부양
탄약	7.62mm : 1,000발	엔진	모델 : Berliet V800 MV-8 마력 : 170hp	장갑	강철/알루미늄 (7mm) 화생방 방호: × / 야시장비: 선택

VAB APC

개발국	프랑스
개발완료	1976년
제작사	Renault Trucks Defense
승무원	2 + 10명
최대속도	92km/h
항속거리	1,000km
전투중량	13톤

무장	주무장 : 1 x 12.7mm	크기	전장 : 5.98m 전고 : 2.06m 전폭 : 2.49m	장애물 극복	수직 : 0.6m 수평 : × 도섭 : 자체부양
탄약	12.7mm : 1,000발	엔진	모델 : Renault MID 06.20.45 마력 : 220hp	장갑	강철/알루미늄 화생방 방호: ○ / 야시장비: ○

AMX-10RC RCV[21)]

개발국	프랑스
개발완료	1978년
제작사	GIAT
승무원	4명
최대속도	85km/h
항속거리	1,000km
전투중량	15.88톤

무장	주무장 : 1 x 105mm 기관총 : 1 x 7.62mm	크기	전장 : 9.15m 전고 : 2.66m 전폭 : 2.95m	장애물 극복	수직 : 0.8m 수평 : 1.65m 도섭 : 자체부양
탄약	105mm : 38발 7.62mm : 4,000발	엔진	모델 : Baudouin 6F 11 SRX 마력 : 280hp	장갑	알루미늄
				화생방 방호: ○ / 야시장비: ○	

ERC 90 F4 Sagaie Armoured Car

개발국	프랑스
개발완료	1979년
제작사	Panhard
승무원	3
최대속도	95km/h
항속거리	700km
전투중량	8.3톤

무장	주무장 : 1 x 90mm 공축기관총 : 1 x 7.62mm	크기	전장 : 7.70m 전고 : 2.26m 전폭 : 2.50m	장애물 극복	수직 : 0.8m 수평 : 1.1m 도섭 : 자체부양
탄약	90mm : 20발 7.62mm : 2,000발	엔진	모델 : Peugeot V-8 마력 : 155hp	장갑	강철/알루미늄 (10mm)
				화생방 방호 / 야시장비: 선택	

21) RCV : Reconnaissance Vehicle (정찰차량)

VBCI IFV

개발국	프랑스
개발완료	2008년
제작사	VBCI
승무원	2 + 9명
최대속도	100km/h
항속거리	750km
전투중량	28톤

무장	주무장 : 1 x 25mm 공축기관총 : 1 x 7.62mm	크기	전장 : 7.80m 전고 : 2.26m 전폭 : 2.98m	장애물 극복	수직 : 0.7m 수평 : 2m 도섭 : 1.2m
탄약	25mm : ? 7.62mm : ?	엔진	모델 : Renalt 마력 : 550hp	장갑	알루미늄 /티타늄
				화생방 방호: ○ / 야시장비: ○	

FUG Scout Car

개발국	헝가리
개발완료	1964년
제작사	Ministry Defense
승무원	2 + 4명
최대속도	87km/h
항속거리	600km
전투중량	6.5톤

무장	주무장 : 1 x 7.62mm	크기	전장 : 5.79m 전고 : 2.25m 전폭 : 2.5m	장애물 극복	수직 : 0.4m 수평 : 1.2m 도섭 : 자체부양
탄약	7.62mm : 1,250발	엔진	모델 : Csepel D.414.44 마력 : 100hp	장갑	강철/알루미늄 (13mm)
				화생방 방호: × / 야시장비: ○	

PSZH-IV(OT-65) APC

개발국	헝가리
개발완료	1965년
제작사	Ministry Defense
승무원	3 + 6명
최대속도	80km/h
항속거리	500km
전투중량	7.6톤

무장	주무장 : 1 x 14.5mm 기관총 : 1 x 7.62mm	크기	전장 : 5.66m 전고 : 2.31m 전폭 : 2.5m	장애물 극복	수직 : 0.4m 수평 : 0.6m 도섭 : 자체부양
탄약	14.5mm : 500발 7.62mm : 2,000발	엔진	모델 : Csepel D.414.44 마력 : 100hp	장갑	강철/알루미늄 (14mm)
				화생방 방호: ○ / 야시장비: ○	

Boxer MRAV[22)]

개발국	컨소시움 (Germany, Netherlands, UK)
개발완료	2003년
제작사	ARTEC GmbH
승무원	3 + 8명
최대속도	103km/h
항속거리	1,050km
전투중량	33톤

무장	주무장 : 1 x 12.7mm	크기	전장 : 7.93m 전고 : 2.37m 전폭 : 2.99m	장애물 극복	수직 : 0.8m 수평 : 2m 도섭 : 1.5m
탄약	12.7mm : 1,000발	엔진	모델 : MTU Diesel 마력 : 710hp	장갑	강철 부가장갑
				화생방 방호: ○ / 야시장비: ○	

22) MRAV : Multi Role Armoured Vehicle (다기능장갑차량)

찾아보기

〈ㅇ〉

〈ㅈ〉

〈ㅊ〉

〈ㅋ〉

〈ㅌ〉

■ 저자약력

허장욱(許張旭)

공학박사(일본 동경공대 기계물리공학과)
예비역 육군대령
現 금오공과대학교 지능기계공학과 교수
前 탄약사 기술관리처장
방위사업청 KHP사업단 체계종합담당
〈저서〉
정비성 설계기술, 지상무기체계 원리 등 다수 출판

정상훈(鄭詳勳)

경영학석사(인천대학교 경영대학원)
현역 육군소령
방위사업청 신특수유도무기계약팀 탄약담당
前 방위사업청 KHP사업단 항공전자장비담당
방위사업청 지상장비기술지원팀 형상관리담당
〈저서〉
기술관리 점검표 (공저)

전차, 장갑차

초판 인쇄 2013년 5월 25일
초판 발행 2013년 5월 28일

인지

저 자 **허장욱 · 정상훈**
발행자 **신 대 영**
발행소 **양 서 각**

주소 : 서울시 도봉구 쌍문2동 716-27
전화 : 02) 991-6234~5
FAX : 02) 907-2114
등록 : 1992년 4월 30일 제3-412호

ISBN 978-89-5568-379-0 **[정가 28,000원]**